复杂。

3) 关系模型(Ralational Model)

关系模型是以关系理论为基础发展起来的数据模型，用关系来表示数据之间的联系。它用二维表结构来表示实体与实体之间的联系。在这种模型中，一个二维表就是一个关系。二维表中存放两类数据：表示实体本身的数据和实体之间的联系。其主要的特征是：关系中每一个数据项(二维表中的数据)不可再分，是最基本的单位；每一列是同属性的，列数根据需要设置，且各列的顺序是任意的。

关系模型有很强的数据表达能力，结构单一，数据操作方便，最容易被用户接受，是目前应用最广泛的数据模型，也是最重要的数据模型。表 1.1 是“学生基本情况”关系。

表 1.1　学生基本情况

学号	姓名	性别	班级	学院	课程名称	成绩
40901001	张无忌	男	英语 0901	外语学院	计算机	88
40901002	赵敏	女	英语 0901	外语学院	法律基础	90
40902001	林诗茵	女	新闻 0901	新闻学院	思想道德	92
40902002	李寻欢	男	新闻 0901	新闻学院	Access	91
40903001	郭靖	男	软件 0901	软件学院	VB	70
40903002	张蓉	女	软件 0901	软件学院	多媒体	80

利用关系模型建立的关系数据库是目前应用最广泛的数据库，Microsoft SQL Server、Microsoft Access、Microsoft FoxPro、Oracle 和 Sybase 等都属于基于关系数据模型的关系数据库管理系统。

4) 面向对象模型(Object Oriented Model)

面向对象模型是一种新兴的数据模型，它采用面向对象的方法来设计数据库。关于什么是面向对象，目前尚无统一标准的定义，但我们可以通过一些具体的例子来理解面向对象的含义。面向对象模型的基本概念如下：

(1) 类(Class)：定义了一件事物的抽象特点。例如，人是一个类，人类具有身高、体重、性别、皮肤颜色等属性，人类还具有走路、说话等功能(有些人可能存在功能障碍，这时，我们仍然认为其具有走路、说话功能，只不过其功能的效果低于正常人而已)。

(2) 对象(Object)：类的实例称为对象。例如，张三丰是人类的一个实例。

(3) 方法(Method)：类所能完成的事，所具有的功能。例如人类能完成“走路”这件事。

(4) 继承性(Inheritance)：一个类会有“子类”，子类比原本的类(称为父类)更加具体化。例如，“黄种人”这个类就是人类的一个子类，它继承(拥有)了人类的属性、功能，有身高、体重、性别且皮肤颜色为黄色，黄种人也能走路、说话。继承性这种特性给编程带来方便：一旦编写好了“人”类，编写黄种人、白种人、黑种人的类时，就不需要重新开始，只要继承人类的属性和功能，并分别修改皮肤颜色为黄色、白色、黑色，这些新类就编写完成，不需要再为每一种新类单独编写身高、体重及走路和说话的代码。

(5) 封装性(Encapsulation)：隐藏了一些属性，隐藏了一些方法的具体执行步骤。例如，只要知道张三丰这个对象具有走路的功能，我们就能指挥他从武当山走到少林寺，至于张三丰是怎么通过神经驱动骨骼肌肉运动从而完成走路功能的，我们不想知道，也无需知道。

(6) 事件(Event)：由某对象发出且为其他对象所能感知的行动称为事件。消息(Message)

也是一种类型的事件。例如，张三丰使用其说话功能发给徒弟张翠山一条消息：“我口渴了”，张翠山这个对象收到消息后，使用自身的送茶水功能给老师送了一杯茶。

(7) 多态性(Polymorphism)：指由继承而产生的相关的不同的类，其对象对同一消息会做出不同的响应。例如，张三丰和郭靖都是黄种人的实例，收到“表演武功”这条消息后，张三丰打了一路太极拳，郭靖练了一套降龙十八掌。

面向对象数据模型具有更强的表示现实世界的能力，是数据模型发展的重要方向。

1.2 关系数据库

关系数据库建立在严格的关系理论基础上，它简单灵活、数据独立性高。自从 E.J.Codd 在 20 世纪 70 年代提出关系数据库之后，涌现出许多性能良好的关系数据库管理系统，如大中型数据库管理系统 Oracle、Sybase、SQL Server 和小型桌面式数据库管理系统 Visual FoxPro、Access 等，而且几乎所有新推出的数据库管理系统都支持关系数据模型。

1.2.1 关系数据库基本术语

本节将结合 Access 2003 介绍关系数据库管理系统的基本概念。

1. 关系与表

一个关系的逻辑结构是一张(有行、列的)二维表，每个关系有一个关系名称(对应表名称)。

2. 属性与字段

一个二维表中垂直方向的列称为属性，每一个属性都有一个名字称为属性名，表中第一行给出属性名。在 Access 2003 中，表的列称为字段，每一个字段的名字称为字段名。一个关系有多少个字段可根据需要在创建表时规定。例如，在表 1.1 给出的的二维表中有学号、姓名、性别、班级、学院、课程名称和成绩 7 个字段。

3. 元组与记录

一个二维表中水平方向的行称为元组。一个元组由一组具体的属性值构成，表示一个实体。在 Access 2003 中，表的行称为记录。例如，在表 1.1 中有 6 条记录。

4. 分量

元组中的一个属性值称为元组的一个分量。

5. 域

属性的取值范围称为域，不同的属性具有不同的取值范围。例如，对表 1.1 来说，“性别”这个属性的取值范围只能是男和女，“成绩”的取值范围一般在 0～100 之间。

6. 关键字

表中可以唯一地标识一个元组的属性或者属性的组合，称为关键字。在 Access 2003 中，主关键字对应的是一个字段或者多个字段的组合。例如，表 1.1 的“学号”字段就可以作为关键字，其值可以唯一地标识每一条记录，而“性别”字段值不能唯一标识一个记录——男生女生都有多人，因此“性别”不能作为关键字。

7. 外关键字

当一张二维表(如表 A)的主关键字包含在另一张二维表(如表 B)中时，A 表中的主关键字便成为 B 表的外关键字。由此可见，外关键字表示了两个关系之间的联系。以另一个关系的外关键字做主关键字的表被称为主表，有时也称父表；具有此外关键字的表称为主表的从表，有时也称子表。

8. 关系模式

关系模式是对关系的描述，包括关系名、组成该关系的属性名和属性到域的映像。通常简记为

关系名(属性名 1，属性名 2，…，属性名 n)

例如，表 1.1 学生基本情况表的关系模式可记为

学生基本情况(学号,姓名,性别,班级，学院，课程名称，成绩)

9. 实体

客观存在并可相互区别的事物称为实体。

10. 联系

实体集之间的对应关系称为联系，它反映现实世界事物之间的相互关联。实体间的联系按联系方式可分为三种类型：一对一联系(1∶1)、一对多联系(1∶n)、多对多联系(m∶n)。

1.2.2　关系的完整性

关系的完整性指关系数据库中数据的正确性和可靠性，关系数据库管理系统的一个重要功能就是保证关系的完整性。关系完整性包括实体完整性、参照完整性和用户自定义完整性。

1．实体完整性(Entity Integrity)

实体完整性指数据表中记录的唯一性，即同一个表中不允许出现重复的记录。设置数据表的关键字可保证数据的实体完整性。例如，学生信息表中的“学号”字段为关键字，若编辑“学号”字段时出现相同的学号，数据库管理系统就会提示用户，并拒绝该编辑操作。

2．参照完整性(Referential Integrity)

参照完整性指相关数据表中的数据必须保持一致。例如，学生信息表中的“学号”字段和成绩表中的“学号”字段应保持一致。若修改了学生信息表中的“学号”字段，则应同时修改成绩记录表中的“学号”字段，否则会导致参照完整性错误。

3．用户自定义完整性(User-Defined Integrity)

用户自定义完整性指用户根据实际需要而定义的数据完整性。例如，可规定“性别”字段值为“男生”或“女生”，“成绩”字段值必须是 0～100 范围内的整数。

1.2.3　关系的基本运算

关系运算就是指从关系(表)中查询需要的数据。关系的基本运算分为两类：一类是传

统的集合运算，包括并、交、差和广义笛卡尔积等；另一类是专门的关系运算，包括选择、投影、连接等。

1. 传统的集合运算

传统的集合运算包括并、交、差和广义笛卡尔积四种运算。

(1) 并(Union)。设有两个关系 R 和 S，它们具有相同的结构。R 和 S 的并是由属于 R 或属于 S 的元组组成的集合，并运算符为∪，记为 T = R∪S。

(2) 差(Difference)。R 和 S 的差是由属于 R 但不属于 S 的元组组成的集合，运算符为–，记为 T = R – S。

(3) 交(Intersection)。R 和 S 的交是由既属于 R 又属于 S 的元组组成的集合，运算符为∩，记为 T = R∩S，R∩S = R – (R – S)。

(4) 广义笛卡儿积(Extended Cartesian Product)。设 R 为(K_1 行，n 列)关系，S 为(K_2 行，m 列)关系，二者的广义笛卡尔积记为 R × S，则是一个(K_1*K_2 行，n + m 列)的关系，如表 1.2～表 1.4 所示。

表 1.2　关系 R

学号	姓名	学院
40901001	张无忌	外语学院
40901002	赵敏	外语学院

表 1.3　关系 S

学号	姓名	课程名称	成绩
40901002	赵敏	大学英语	90
40902002	李寻欢	Access	91
40903001	郭靖	VB	70

表 1.4　广义笛卡儿积 R × S

学号	姓名	学院	学号	姓名	课程名称	成绩
40901001	张无忌	外语学院	40901002	赵敏	大学英语	90
40901001	张无忌	外语学院	40902002	李寻欢	Access	91
40901001	张无忌	外语学院	40903001	郭靖	VB	70
40901002	赵敏	外语学院	40901002	赵敏	大学英语	90
40901002	赵敏	外语学院	40902002	李寻欢	Access	91
40901002	赵敏	外语学院	40903001	郭靖	VB	70

2. 关系运算

关系运算包括选择、投影、连接等。

(1) 选择(Select)。选择是指从一个关系中选取满足给定条件的所有元组。选择的条件以逻辑表达式给出，使得逻辑表达式为真的元组被选取。选择是从行的角度进行的运算，经过选择运算可以得到一个新的关系，其关系模式不变，但其中的元组是原关系的一个子集。例如，从表 1.5 中选择满足“学院为外语学院”这一条件的结果如表 1.6 所示。

表 1.5　学生信息表

学号	姓名	学院	课程名称	成绩
40901001	张无忌	外语学院	大学英语	79
40901002	赵敏	外语学院	大学英语	90
40902002	李寻欢	新闻学院	Access	91
40903001	郭靖	软件学院	VB	70
40903002	张蓉	软件学院	多媒体	80

表 1.6　学生信息表(1)

学号	姓名	学院	课程名称	成绩
40901001	张无忌	外语学院	大学英语	79
40901002	赵敏	外语学院	大学英语	90

(2) 投影 (Project)。所谓投影，就是从关系中取出若干个属性，消除重复的元组后形成的新的关系。投影所得到的新关系模式所包含的属性个数往往比原关系少或者属性排列的顺序不同，但其中的属性是原关系的一个子集。例如，从表 1.5 中选取“学号”、“姓名”和“学院”这 3 个属性字段的投影结果如表 1.7 所示。

表 1.7　学生信息表(2)

学号	姓名	学院
40901001	张无忌	外语学院
40901002	赵敏	外语学院
40902002	李寻欢	新闻学院
40903001	郭靖	软件学院
40903002	张蓉	软件学院

(3) 连接(Join)。连接是指从两个关系中选取满足连接条件的元组组成新的关系。连接运算从两个关系中选取属性拼接成一个新的关系，生成的新关系中包含满足条件的元组。连接过程通过连接条件来控制，连接条件中会出现两个关系中的公共属性或者具有相同语义的属性。如将表 1.8 和表 1.9 通过“学号”属性连接形成表 1.5。

表 1.8　学生信息表(3)

学号	姓名	学院
40901001	张无忌	外语学院
40901002	赵敏	外语学院
40902002	李寻欢	新闻学院
40903001	郭靖	软件学院
40903002	张蓉	软件学院

表 1.9　学生信息表(4)

学号	课程名称	成绩
40901001	大学英语	79
40901002	大学英语	90
40902002	Access	91
40903001	VB	70
40903002	多媒体	80

在对关系数据库进行操作时，利用关系运算，可以方便地在一个或多个关系中抽取所

需的各种数据，建立或重组新的关系。

1.3 数据库设计

1.3.1 数据库设计

数据库设计的目标是在 DBMS 的支持下，按照应用系统的要求，设计一个结构合理、使用方便、效率较高的数据库系统。

数据库设计涉及两方面：结构设计和行为设计。

结构设计是从数据结构角度对数据库进行的设计。由于数据结构是静态的，因此数据库的结构设计又称为数据库的静态结构设计。其设计过程是：先将现实世界中的事物及事物之间的联系用 E-R 图表示，再将各 E-R 图汇总，得出数据库的概念结构模型，再将概念结构模型转换为关系数据库的关系结构模型。

行为设计指根据系统用户的行为对数据库进行的设计，是指数据查询、统计、事务处理等。由于用户的行为是动态的，因此数据库的行为设计又称为数据库的动态设计。其设计过程是：首先将现实世界中的数据及其应用情况用数据流图和数据字典表示(具体内容见 1.3.2 节)，并描述用户的数据操作要求，从而得出系统的功能结构和数据库结构。

1.3.2 数据库设计的基本阶段

数据库设计可分为 8 个阶段：需求分析、总体设计、详细设计、数据库实现、优化、数据输入、测试和维护。各阶段的主要任务分别介绍如下。

1. 需求分析

设计数据库的第一步是确定数据库的目的以及如何使用，通过与数据库的最终用户交流，了解和掌握数据库应用系统开发对象(也称为用户，指待使用数据库应用系统的部门)的工作流程和每个岗位的职责、每个环节的工作内容，了解和掌握信息从开始产生或建立，到最后输出、存档或销毁所经过的传递和转换过程，了解和掌握各类人员在整个系统活动过程中的作用。

为了实现设计目标，首先要进行下述准备工作：

(1) 与数据库的最终用户交流，了解用户对信息和处理各有什么要求。

(2) 确定哪些工作应由计算机来做，哪些工作手工操做。

(3) 了解用户对操作界面和报表输出格式各有什么要求，对信息的安全性、完整性有什么要求。

(4) 集体讨论数据库所要解决的问题，并描述数据库需要生成的报表。

(5) 收集当前用于记录数据的表格。

(6) 参考某个设计得较好而且与当前要设计的数据库相似的数据库。

总之，在设计数据库之前应进行系统调查和分析，以搜集足够的数据库设计的依据。接着完成如下工作：画出数据流图，建立数据字典和编写需求说明书。

(1) 画出数据流图。数据流图(Data Flow Diagram，DFD)是描述实际业务管理系统工作流程的一种图形表示。数据流图使用带箭头的连线表示数据的流动方向，或者表示前者(即不带箭头的一端)对后者(即箭头所指向的一端)的使用，用圆圈表示进行信息处理的环节，用双线段或开口矩形表示存档文件或实物，用矩形表示参与活动的人员或部门。

(2) 建立数据字典。数据字典(Data Dictionary)是对系统流程中数据和处理的描述。在数据库应用系统设计中，它是最原始的数据字典，以后在概要设计和详细设计中的数据字典都由它依次变换和修改而得到。

(3) 编写需求说明书。需求说明书就是系统总体设计方案，它包括数据流图和数据字典；包括系统设计总体目标，系统适宜采用的计算机系统和数据库管理系统及相应配置情况；包括系统开发人员组成、开发费用和时间要求；包括划分系统边界，即哪些数据和处理由计算机完成，哪些数据和处理仍由人工完成；包括对用户使用系统的要求等许多方面的详细内容。需求说明书是开发单位与用户共同协商达成的文档，一般要经过有关方面的专家进行评审和通过。它是以后各阶段进行开发、设计的主要依据，也是最终进行系统测试的依据。

2. 总体设计

总体设计阶段将需求分析阶段的结果模块化，明确本系统的数据流向等关系，并画出业务流程图，设计整个项目的框架。同时，还要考虑需要哪些功能模块，每个模块大体需要完成哪些功能，以及它们之间有什么关系等问题。

3. 详细设计

详细设计阶段是在系统模块化的基础上，把系统的功能具体化，逐步完善系统的功能需求，为具体的设计打好基础。

4. 数据库实现

数据库实现阶段主要根据详细设计的结果把原始数据装入数据库，建立一个具体的数据库并编写和调试相应的应用程序。应用程序开发要求开发出一个可依赖的、有效的数据库存取程序，满足用户的处理要求。数据库实现主要指表和查询的实现，对于 Access 2003 来说，还包括窗体、报表和数据访问页等对象的实现，具体内容详见本书后面章节。

5. 优化

数据库设计完成后，还应检查该设计，找出可能存在的问题。在设计阶段修改数据库要比修改已经填满数据的数据库容易得多。

6. 数据输入

数据输入阶段要将目前得到的数据输入到数据库的表中。注意，表中数据不是一成不变的，它可在库的使用过程中动态变化。

7. 测试

测试阶段根据需求说明书来审核已开发的系统，确保该系统能够完全实现用户期望的功能。只有顺利通过测试的系统，才能够投入实际使用。

8. 维护

维护是为了保证用户在正常情况下能运行使用数据库，其工作内容包括对用户的培训、软件缺陷的跟踪和升级等。平时由数据库管理员做日常的系统管理和维护工作，要经常听

取用户意见，利用系统测试和分析软件对系统运行状态进行检测，以便更好地维护系统。

当系统运行一段时间后，用户会提出新的功能需求，数据库管理员应尽量在原有系统基础上给予修改和扩充。随着时间的推移和数据库技术的飞速发展，原有系统总有一天不能满足用户的新要求和客观环境的需要，此时必须重新设计——到此，一个数据库系统的生命周期就结束了，新系统的生命周期就开始了。

开发一个完善的数据库应用系统不可能一蹴而就，上述 8 个阶段往往需要不断被重复。

1.4 Access 2003 的基础知识

Access 2003 是基于 Windows 的一个方便灵活、面向应用的关系数据库管理系统，人们可以利用它来进行大量数据的管理工作，不管是处理公司的客户订单数据、管理自己的个人通讯录，还是记录和处理科研数据。现在，Access 已成为世界上最流行的桌面数据库管理系统。

1.4.1 Access 2003 的特点

Access 2003 提供了表、查询、窗体、报表、页、宏和模块 7 种用来建立数据库系统的对象，并提供了多种向导、生成器、模板使得数据存储、数据查询、界面设计和报表生成等操作规范化。Access 2003 为建立功能完善的数据库管理系统提供了方便，也使得普通用户不必编写代码就可以完成大部分数据管理的任务。Access 2003 的主要特点如下：

(1) 存储简单。Access 2003 管理的对象有表、查询、窗体、报表、页、宏和模块，以上对象都存放在后缀为.mdb 的数据库文件中，便于用户操作和管理。

(2) 具有面向对象的开发环境。Access 2003 集成了面向对象的开发工具，利用面向对象的方式将数据库系统中的各种功能对象化，将数据管理的各种功能封装在各类对象中。用户可以通过对象的方法、属性完成数据库的操作和管理，极大地简化了数据库的开发工作。

(3) 界面友好、易操作。Access 2003 具有很多可视化工具，风格与其他 Windows 窗体应用程序完全一样，易于新手学习使用。

(4) 具有集成开发环境，能处理多种类型的数据。Access 2003 中集成了各种向导和生成器工具，使得建立数据库、创建表、设计用户界面、设计数据查询和打印报表等操作可以方便、有序和可视化地进行，因此具有良好的二次开发特性，能极大地提高开发人员的工作效率。实际上，Access 不仅仅是一个关系数据库管理系统(这是它的本职工作)，还是一款功能强大的数据库开发设计工具。

利用 Access 强大的 DDE(动态数据交换)及 OLE(对象的连接和嵌入)特性，可以在数据表中嵌入位图、声音、Excel 表格和 Word 文档等对象。利用数据库访问页面对象生成 HTML 文件，可以轻松构建基于 Access 的 Internet/Intranet 的应用。

(5) Access 2003 支持 ODBC(开放数据库连接，Open Database Connectivity)。ODBC 是微软公司开放服务结构(Windows Open Services Architecture，WOSA)中有关数据库的一个组成部分，它建立了一组规范，并提供了一组对数据库访问的标准 API(应用程序编程接口)。

ODBC 提供给程序员一种访问数据库内容的简单方法,该方法与具体的编程语言无关，与具体的数据库系统无关，与具体的操作系统无关。

Access 2003 支持 ODBC 意味着其他系统的应用程序可以很方便地访问 Access 2003 中存储的数据。

1.4.2　Access 2003 的功能

Access 2003 的主要功能如下：

(1) 定义数据表，并利用表来存储信息。

(2) 定义表之间的关系，从而将分散在各个表中相关的数据有效地结合起来。

(3) 方式多样的数据处理能力：可以创建查询来检索数据；可以创建窗体来查看、输入及更改表中的数据；可以创建报表来分析数据并将数据以特定的方式打印出来。

(4) 创建数据访问页，通过 Web 网页来访问数据库中的数据。

(5) 开发应用程序：可以利用宏和模块功能编写简单的应用程序，建立一个数据库系统。

1.4.3　Access 2003 的启动与退出

Access 2003 的启动与退出的方法与 Microsoft 公司的 Word、Excel 和 Outlook 等软件的启动与退出的方法相同。

1. 启动 Access 2003

启动 Access 2003 主要有如下两种方法：

(1) 在 Windows 的“开始”菜单(参见图 1.8)中选择“所有程序”→“Microsoft Office”→“Microsoft Office Access 2003”命令。

(2) 在 Windows 的“资源管理器”中双击需要打开的 Access 2003 数据库文件，即可启动 Access 2003，并打开数据库。图 1.9 为双击“学生信息”数据库文件后打开的窗口。

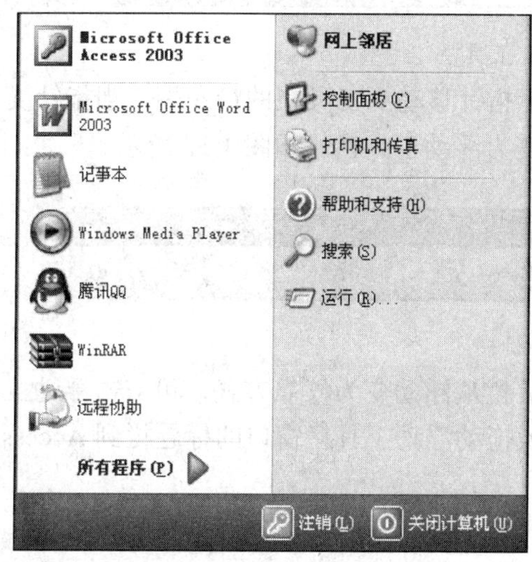

图 1.8　从“开始”菜单启动 Access 2003

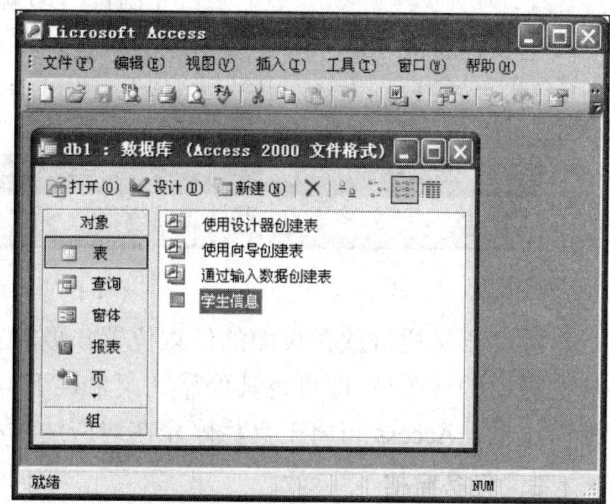

图 1.9　打开数据库后的 Access 环境

2．退出 Access 2003

退出 Access 2003 方法有如下几种：

(1) 选择“文件”→“退出”命令。

(2) 单击 Access 标题栏右侧的☒按钮。

(3) 使用“Alt + F4”快捷键。

(4) 双击 Access 2003 窗口标题栏左上角的控制菜单。

1.4.4　Access 2003 的环境

Access 2003 环境主要由菜单栏、工具栏、任务窗格和数据库窗口等组成。

1．菜单栏

菜单栏显示在 Access 标题栏的下方，如图 1.10(a)所示。Access 菜单栏可根据当前操作对象更新其内容。例如，在打开表时，Access 在菜单栏中增加了“格式”和“记录”菜单，见图 1.10(b)。

文件(F)　编辑(E)　视图(V)　插入(I)　工具(T)　窗口(W)　帮助(H)

(a) 未打开表时的菜单栏

文件(F)　编辑(E)　视图(V)　插入(I)　格式(O)　记录(R)　工具(T)　窗口(W)　帮助(H)

(b) 打开表后的菜单栏

图 1.10　菜单栏

2．工具栏

工具栏中的命令按钮用于执行常用的菜单命令，通常情况下，Access 仅显示“数据库”工具栏，如图 1.11 所示。

图 1.11　“数据库”工具栏

工具栏通常“停靠”在菜单栏的下方。将鼠标指针移动到工具栏的最左端，当指针变为✥时，按下鼠标左键，拖动工具栏，即可将其变为浮动工具栏，如图 1.12 所示。

图 1.12　浮动工具栏

浮动工具栏可放在桌面的任意位置。要将工具栏从浮动变为停靠方式，可双击浮动工具栏窗口的标题栏，即可将其停靠到菜单栏下方；或拖动浮动工具栏窗口的标题栏到 Access 窗口边框，Access 可将工具栏停靠在对应边框处。

3．任务窗格

任务窗格是一个显示常见任务快捷方式的工具栏。在菜单栏或工具栏上单击鼠标右键，在弹出的快捷菜单中选择“任务窗格”命令，即可显示任务窗格。任务窗格通常停靠在 Access 窗口的右侧，可像工具栏一样将其变为浮动窗口。默认情况下，任务窗格中显示了“开始工作”快捷方式，如图 1.13 所示。单击任务窗格标题栏，可弹出任务窗格快捷菜单，如图 1.14 所示。

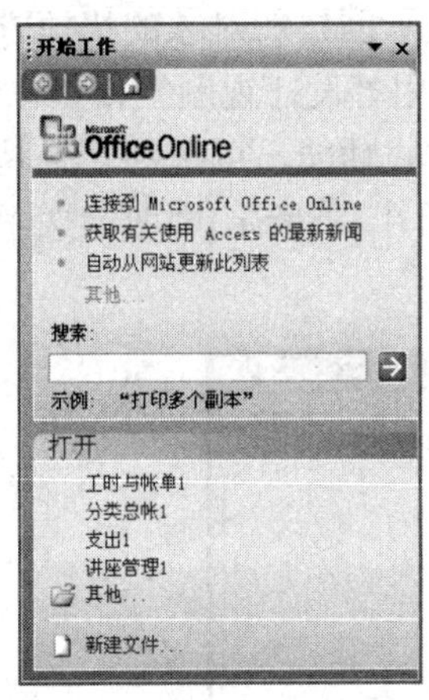

图 1.13　“开始工作”快捷方式

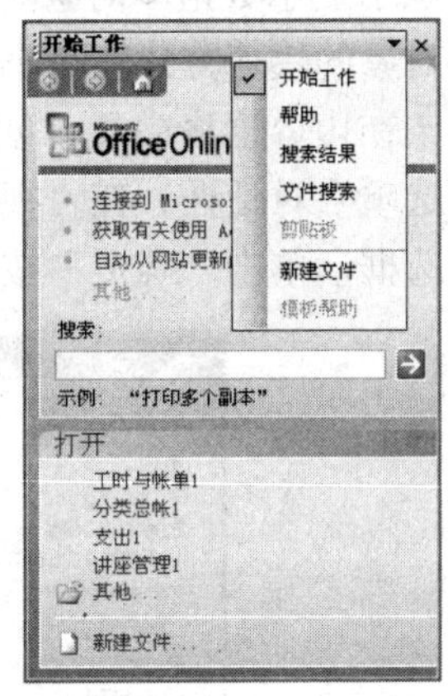

图 1.14　任务窗格快捷菜单

4．数据库窗口

数据库窗口是完成各种操作的主面板，其主要包含菜单栏、工具栏和内容窗格 3 部分，如图 1.15 所示。

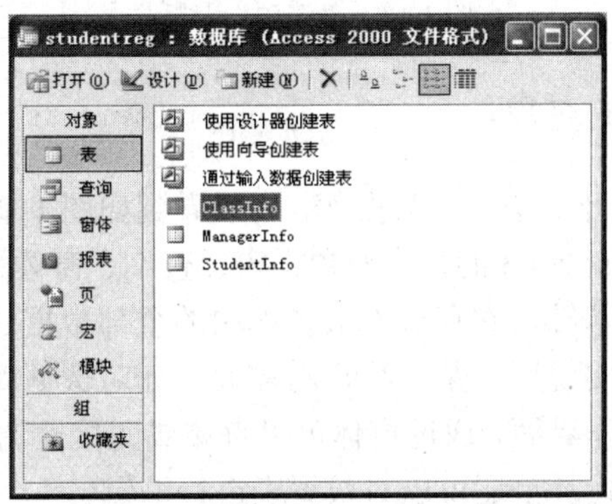

图 1.15　数据库窗口

“对象”菜单栏包含 7 个按钮：表、查询、窗体、报表、页、宏和模块按钮。单击菜单栏中的按钮即可在内容窗格中显示对应的数据库对象和用于创建新对象的快捷方式。

“组”用于存放各种数据库对象的快捷方式。“组”菜单栏默认只有一个“收藏夹”按钮。将各种不同的数据库对象拖动到“收藏夹”中，Access 则在“收藏夹”组中为对象创建一个快捷方式。

如果要添加新的组，可用鼠标右键单击菜单栏，在弹出的快捷菜单中选择“新组”命令，打开“新建组”对话框，如图 1.16 所示。在“新组名称”文本框中输入组名，单击“确定”按钮即可创建一个新组。

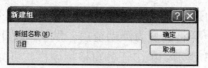

图 1.16　“新建组”对话框

内容窗格除了显示数据库对象清单外，还显示用于创建新对象的快捷方式。各种数据库对象创建新对象的快捷方式略有不同，主要包括使用“设计视图”和“向导”创建对象。

如果要取消在内容窗格中显示创建新对象快捷方式功能，可选择“工具”→“选项”命令，打开“选项”对话框。在“视图”选项卡(如图 1.17 所示)中取消选中“新建对象的快捷方式”复选框，单击“确定”按钮关闭对话框。

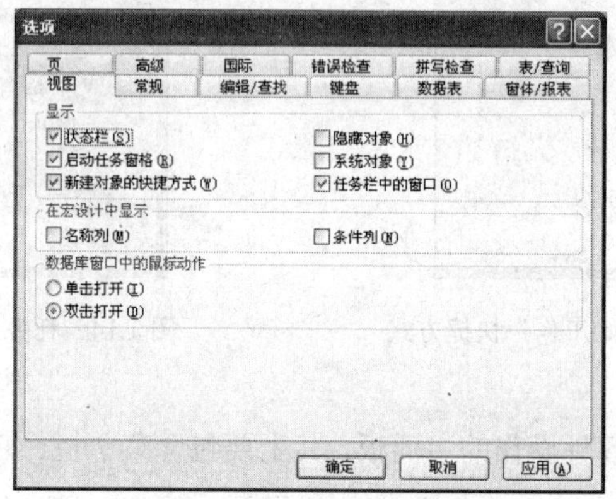

图 1.17　“选项”对话框

1.4.5　Access 2003 的对象

进入 Access 2003，打开一个示例数据库，可以看到如图 1.18 所示的界面，在这个界面的“对象”栏中包含 Access 2003 的 7 个对象：表、查询、窗体、报表、页、宏和模块。其中，表是数据库的核心与基础，它存放着数据库中的全部数据信息。报表、查询和窗体都从表中获得数据信息，以实现用户某一特定的需要，如对数据库中数据的查找、计算等。窗体可以提供一个用户操作界面，通过窗体可以直接或间接地调用宏或模块，并执行查询、打印、预览和计算等功能，甚至还可以对数据表进行编辑。

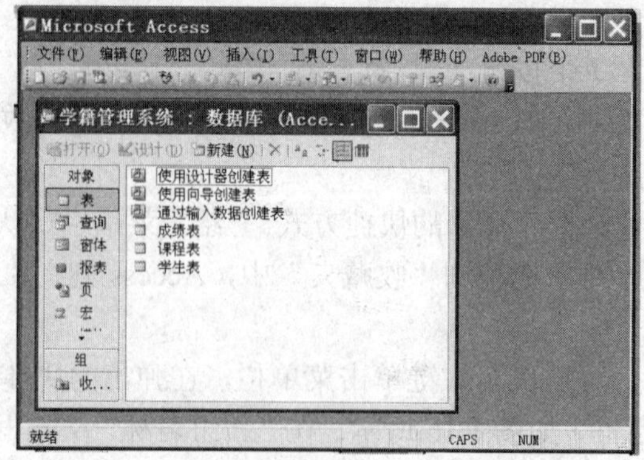

图 1.18　Access 对象的关系图

1. 表

表是数据库中实际存储数据的地方，是数据库的物质基础，它存放着数据库中的全部数据信息。查询、窗体、报表、页、宏和模块等数据库对象使用的数据都来自表。

Access 2003 的表和数据表是两个不同的概念。数据表是数据的一种显示方式(视图)，它以行列方式显示来自表、查询、窗体、视图或存储过程的窗口。在数据表中可删除、添加、修改或查询数据。

Access 2003 数据库的表分为本地表和链接表。保存在当前数据库中的表称为本地表，在当前数据库中使用但存储在其他数据库中的表称为链接表。

2. 查询

查询可以从表、查询中提取满足特定条件的数据，查询是数据库的核心和灵魂。查询要使用预定义的 SQL 语句，如 SELECT、UPDATE 或 DELETE 语句。使用查询还可以修改、添加或删除数据库记录。在报表、窗体和过程等数据库对象中都使用查询。

图 1.19 显示了从学生表、课程表和成绩表中，通过选择查询收集到的“期末成绩>=90 的学生学号、姓名、课程名称和期末成绩”信息。

查询1：选择查询

学号	姓名	课程名称	期末成绩
40901002	赵敏	大学英语	90
40901002	赵敏	法律基础	90
40902001	林诗茵	思想道德修养	92
40902002	李寻欢	Access数据库技术	91
40903001	郭靖	大学体育	92

图 1.19　查询结果

3. 窗体

Access 的窗体有多种用途，可以向表输入数据、创建对话框或创建切换面板。在打开窗体时，Access 从一个或多个数据源中检索数据，并按用户设计的窗体版面布局在窗体上显示数据，例如：从学生表、课程表和成绩表中显示学生部分信息，如图 1.20 所示。

图 1.20　窗体

4. 报表

报表用于提供数据的打印格式，报表中的数据可以来自表、查询或 SQL 语句。在 Access 2003 中可以创建多种类型的报表，如图 1.21 所示为学生成绩报表。

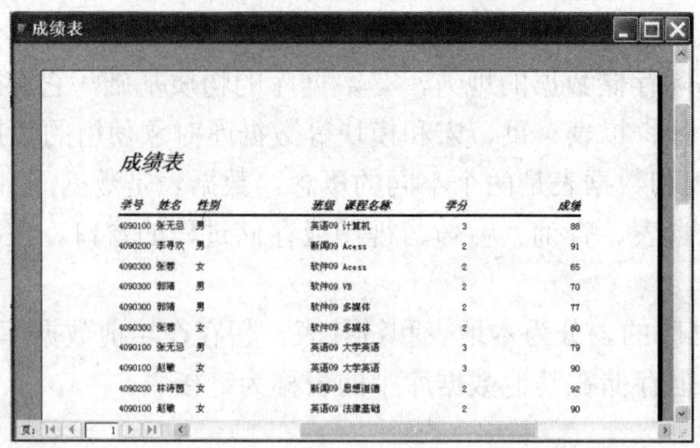

成绩表

学号	姓名	性别	班级	课程名称	学分	成绩
4090100	张无忌	男	英语09	计算机	3	88
4090200	李寻欢	男	新闻09	Acess	2	91
4090300	张[illegible]	女	软件09	Acess	2	65
4090300	郭靖	男	软件09	VB	2	70
4090300	郭靖	男	软件09	多媒体	2	77
4090300	张[illegible]	女	软件09	多媒体	2	80
4090100	张无忌	男	英语09	大学英语	3	79
4090100	赵敏	女	英语09	大学英语	3	90
4090200	林诗茵	女	新闻09	思想道德	2	92
4090100	赵敏	女	英语09	法律基础	2	90

图 1.21 报表

5. 数据访问页

数据访问页是特殊的 HTML 文档，用于通过 Internet 或 Intranet 访问 Access 数据库。在数据访问页中可以执行记录的添加、删除、保存、撤销更改、排序或筛选等操作。图 1.22 显示了一个数据访问页。

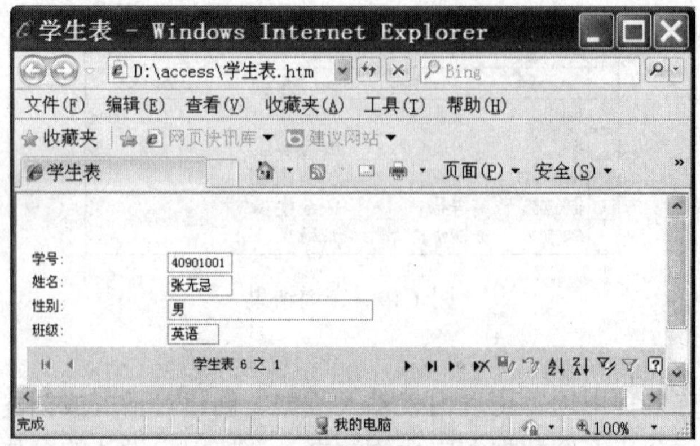

图 1.22 数据访问页

6. 宏

宏是指一个或多个操作的集合，其中每个操作实现特定的功能。例如，可设置某个宏当用户在宏对象窗口双击该宏按钮时运行，以打开“学生信息”窗体，如图 1.23 所示。

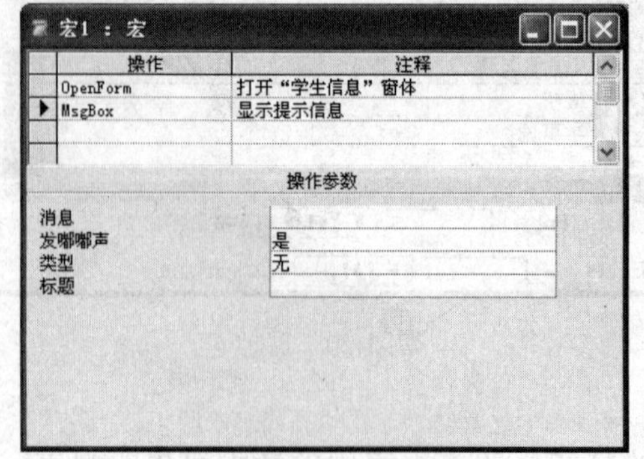

图 1.23 定义宏

7. 模块

模块是 VBA 声明和过程的集合，它可以是窗体模块、报表模块或标准模块。窗体和报表模块指特定窗体或报表的后台代码，标准模块则是与窗体和报表无关的独立模块。使用 VBA，可以通过编程来扩展 Access 应用程序的功能。

关于这些对象的详细情况，我们将在后续章节逐一介绍。

1.5　数据库的基本操作

1.5.1　打开和关闭数据库

打开和关闭数据库是数据库最基本的操作。

1. 打开数据库

打开数据库有下列两种方法。

(1) 从 Access 中打开数据库。在启动 Access 程序后，可选择“文件”→“菜单”命令打开数据库，操作步骤如下：

① 选择“文件”→“菜单”命令，或选择“开始工作”任务窗格中的“打开”选项，或单击 Access 工具栏中的按钮，打开“打开”对话框，如图 1.24 所示。

② 在“查找范围”下拉列表框中选择数据库文件所在的文件夹，在文件列表中选择要打开的数据库文件，单击“打开”按钮，或者在文件列表中双击数据库文件，打开如图 1.25 所示的“安全警告”对话框。

③ 单击“打开”按钮，打开数据库。

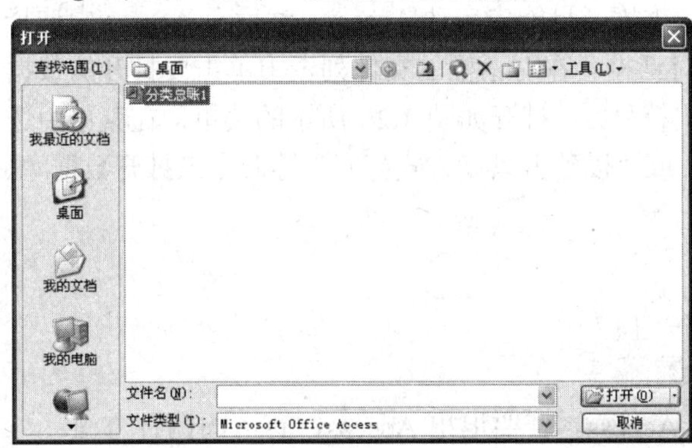

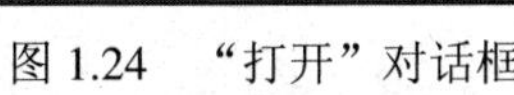
图 1.24　“打开”对话框

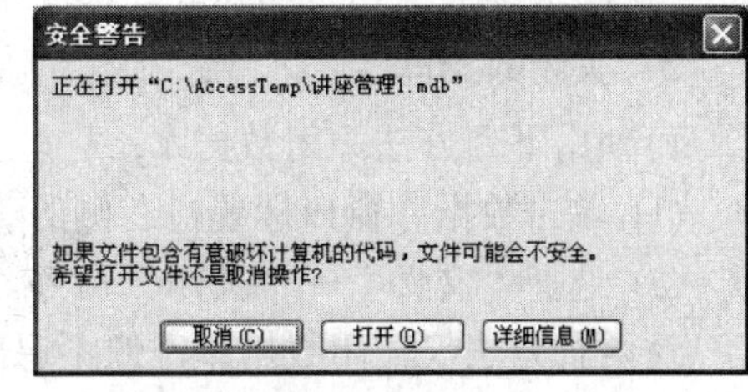

图 1.25　“安全警告”对话框

(2) 从 Windows 资源管理器中打开数据库。从 Windows 资源管理器中可以直接打开数据库，操作步骤如下：

① 在 Windows 桌面上双击“我的电脑”图标，打开 Windows 资源管理器。

② 打开数据库所在的文件夹。

③ 双击数据库文件，打开“安全警告”对话框。

④ 在“安全警告”对话框中单击“打开”按钮，打开数据库。

2. 数据库的打开方式

Access 2003 提供了 4 种数据库打开方式。

(1) 可读写方式：单击图 1.26 中的“打开”命令即可，被打开的数据库文件可与其他用户共享，这是数据库的默认打开方式。打开数据库后，既可查看数据库对象，又可修改或创建新的数据库对象。

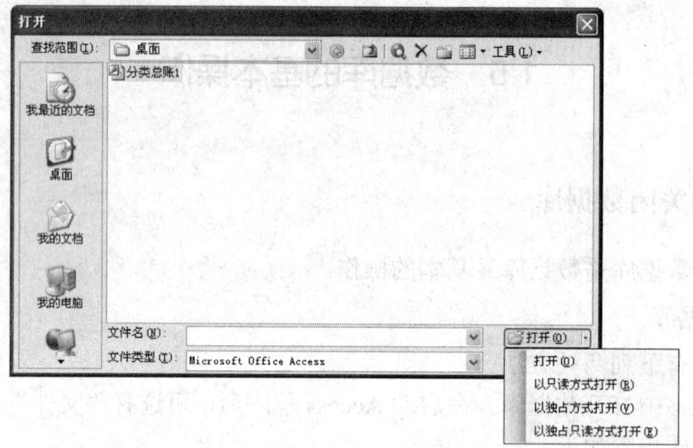

图 1.26 数据库打开方式菜单

(2) 以只读方式打开：只能使用、查看数据库中各个数据库对象，不能执行修改或创建新数据库对象操作。

(3) 以独占方式打开：打开后，其他用户不能使用该数据库。

(4) 以独占只读方式打开：只能使用、查看数据库对象，不能执行修改或创建新数据库对象操作，也不允许其他人打开数据库。

要以只读、独占或独占只读方式打开数据库，只能先启动 Access，然后在 Access 中选择“文件”→“打开”命令，打开“打开”对话框。在对话框的文件列表中单击要打开的数据库文件，然后单击“打开”按钮右端的箭头符号▾，打开如图 1.26 所示的菜单，在菜单中选择“以只读方式打开”、“以独占方式打开”或“以独占只读方式打开”等命令来打开数据库。

3. 关闭数据库

可使用下列方法关闭数据库：

(1) 单击数据库窗口标题栏右侧的☒按钮。

(2) 选择“文件”→“关闭”命令。

这两种方法仅关闭数据库，但不退出 Access。若要退出 Access，有下面两种方法：

(1) 单击 Access 标题栏右侧的☒按钮。

(2) 选择“文件”→“退出”命令。

1.5.2 数据库的创建

Access 数据库是表、查询、窗体、报表、页、宏和模块等对象的容器，是一个独立的文件。Access 数据库应用程序开发总是从创建 Access 数据库文件开始的。创建新的 Access 数据库使用“新建文件”任务窗格，如图 1.27 所示。

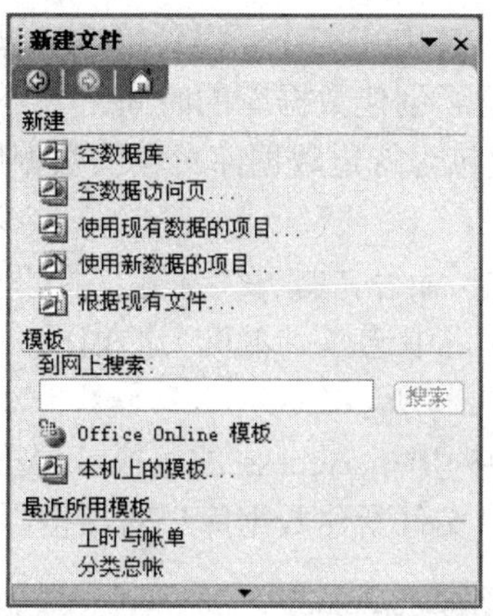

图 1.27　“新建文件”任务窗格

打开“新建文件”任务窗格的方法有如下三种：

(1) 选择“文件”→“新建”命令。

(2) 按 Ctrl + N 组合键。

(3) 选择“开始工作”任务窗格中的“新建文件”选项。

1. 创建空数据库

很多情况下，我们会先创建一个没有数据的数据库，即空数据库。

【例 1.1】　创建一个空数据库。

操作步骤如下：

(1) 选择“文件”→“新建”命令，打开“新建文件”任务窗格。

(2) 在“新建文件”任务窗格中选择“空数据库”选项，打开“文件新建数据库”对话框，如图 1.28 所示。

(3) 在“保存位置”下拉列表框中选择保存数据库文件的文件夹，在“文件名”文本框中输入文件名 MyFirstDB，单击“创建”按钮，Access 用指定的名字创建数据库，并将其打开。■

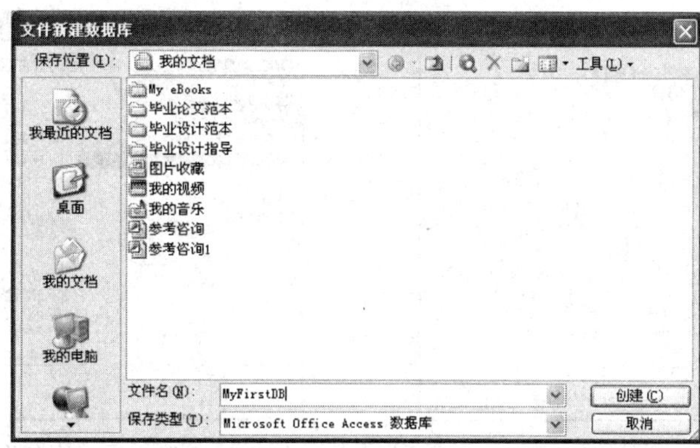

图 1.28　“文件新建数据库”对话框

2. 使用模板创建数据库

Access 为用户提供了一系列的数据库模板，包括订单、分类总账、服务请求管理、工时与账单、讲座管理、库存控制、联系人管理、支出、资产追踪和资源调度等模板。使用

模板就像让一个专业的设计人员替用户工作一样。用户可以在模板的基础上进行设计，添加自己的数据，这样便大大节省了创建数据库的时间。

【例 1.2】 使用模板创建包含特定数据库对象的数据库。

操作步骤如下：

(1) 选择“文件”→“新建”命令，打开“新建文件”任务窗格。

(2) 在“新建文件”任务窗格中选择“本机上的模板”选项，打开“模板”对话框，选择“数据库”选项卡，如图 1.29 所示。

(3) 在“数据库”选项卡中列出了 Access 的模板，单击用于创建数据库的模板图标，然后单击“确定”按钮，打开“文件新建数据库”对话框，如图 1.30 所示。

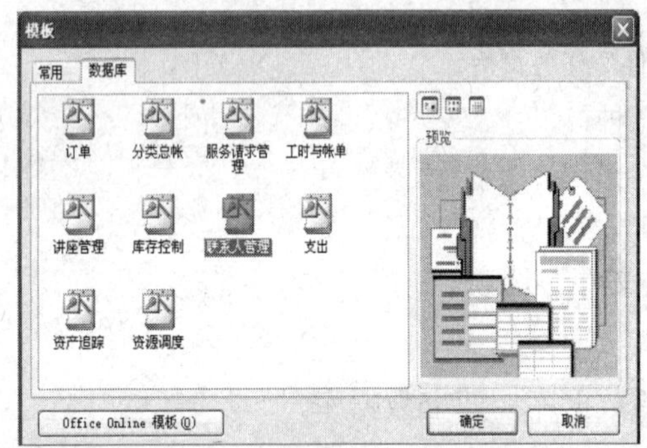

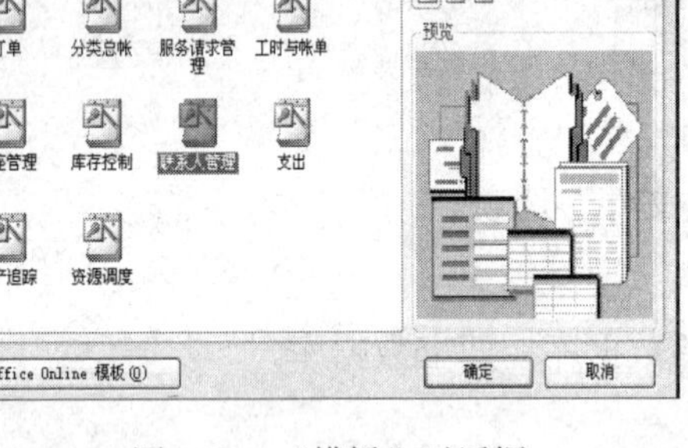

图 1.29 “模板”对话框

图 1.30 指定文件保存位置和文件名

(4) 在“保存位置”下拉列表框中选择保存数据库的文件夹，在“文件名”文本框中输入文件名，单击“创建”按钮创建数据库。

(5) Access 自动打开新建的数据库，并启动数据库向导创建模板中的各种数据库对象。图 1.31 显示了使用“联系人管理”模板的数据库向导对话框。

(6) 单击“下一步”按钮，打开数据库向导的选择表对话框，如图 1.32 所示。在该对话框中可选择数据库包含的表和表包含的字段。

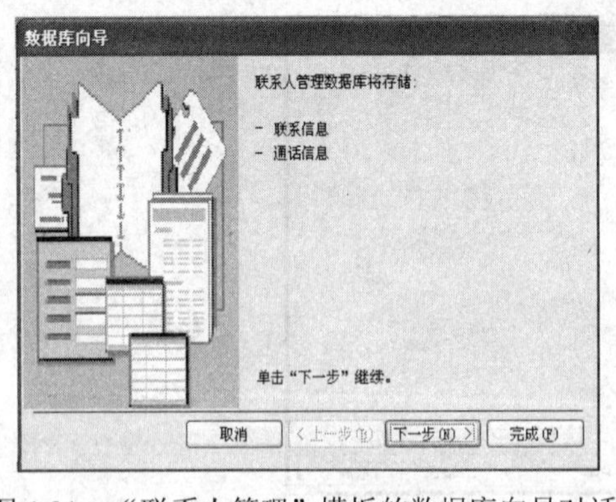

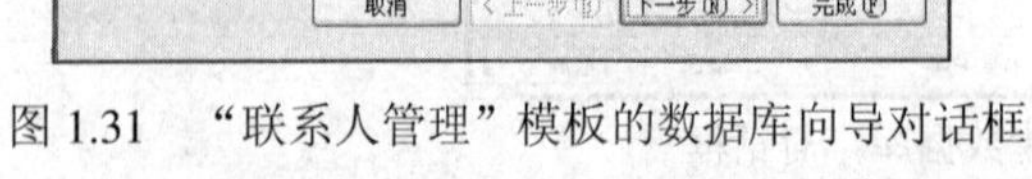

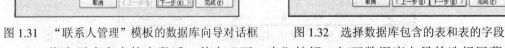

图 1.31 “联系人管理”模板的数据库向导对话框

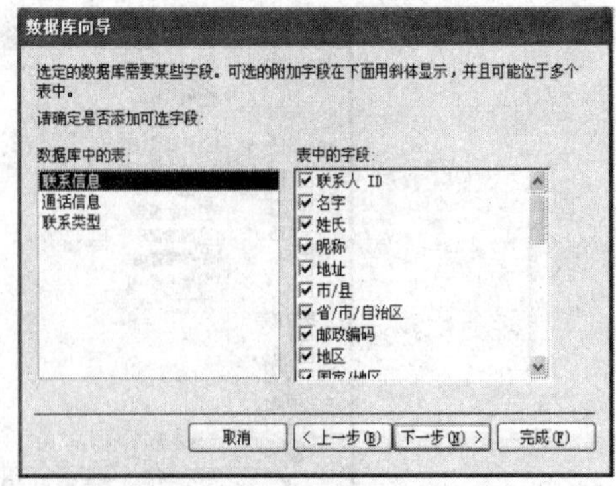

图 1.32 选择数据库包含的表和表的字段

(7) 指定了表和表的字段后，单击“下一步”按钮，打开数据库向导的选择屏幕显示样式对话框，如图 1.33 所示。在该对话框中可选择数据库中窗体的显示样式。

(8) 指定了屏幕显示样式后，单击“下一步”按钮，打开数据库向导的选择报表打印样式对话框，如图 1.34 所示。在该对话框中可选择数据库中报表的打印样式。

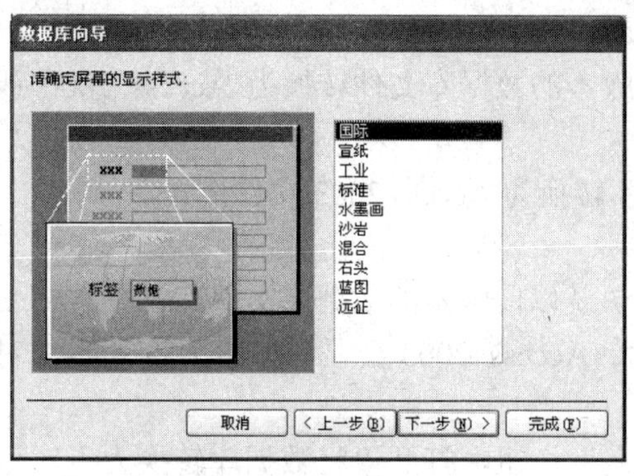

图 1.33　选择屏幕的显示样式

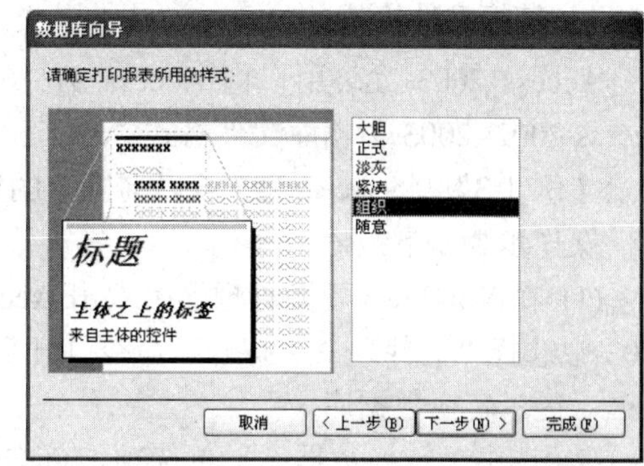

图 1.34　选择报表的打印样式

(9) 指定了报表打印样式后，单击“下一步”按钮，打开数据库向导的指定数据库标题对话框，如图 1.35 所示。在该对话框中可为数据库指定一个标题，并可为所有报表添加一幅图片。

(10) 单击“下一步”按钮，打开数据库向导的完成信息对话框，如图 1.36 所示。在该对话框中可选择在创建指定数据库对象后是否启动该数据库。若选择启动数据库，则可在创建完数据库对象后，启动该数据库。

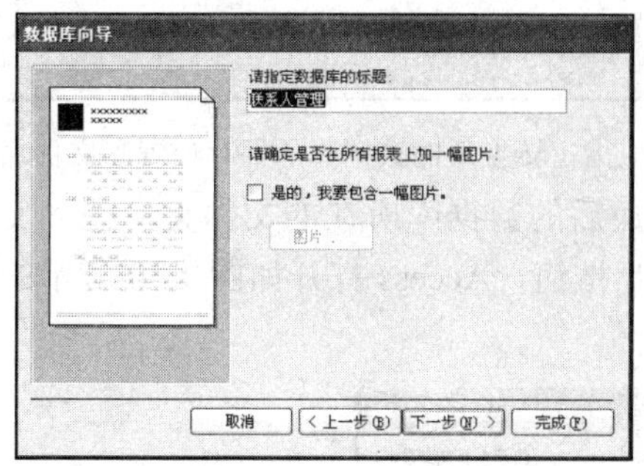

图 1.35　指定数据库标题

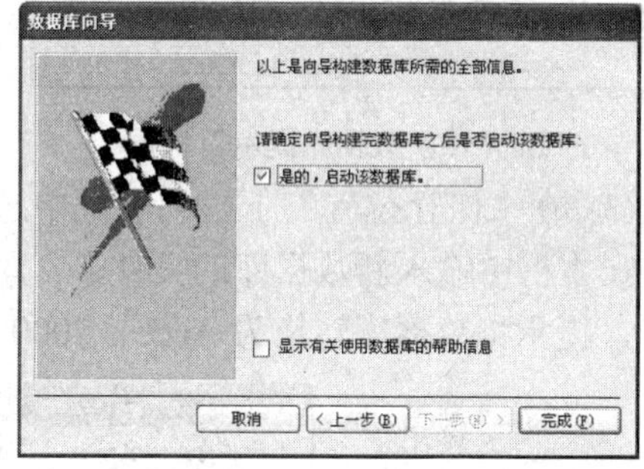

图 1.36　数据库向导的完成信息对话框

(11) 最后单击“完成”按钮，数据库向导按照所作设置创建各个数据库对象。■

1.5.3　Access 数据库的格式

在 Access 2003 中所创建的数据库，默认为 Access 2003 文件格式。在数据库窗口的标题栏中可看到数据库文件格式，如图 1.37 所示。

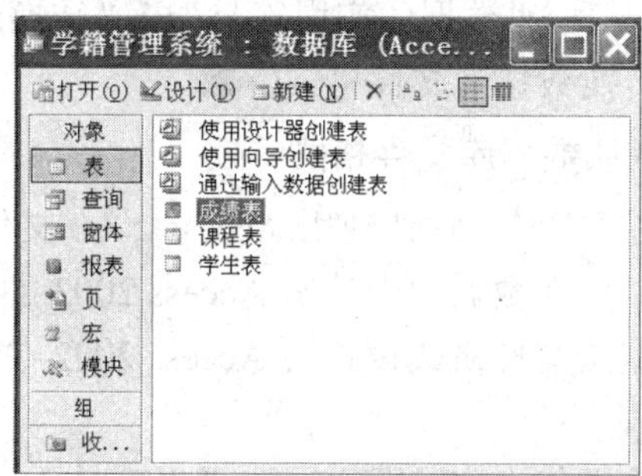

图 1.37　数据库窗口

1. 转换文件格式

Access 2003 允许用户将 Access 97 及以前版本的数据库文件转换为 Access 2000 或 Access 2002–2003 数据库文件格式。

【例 1.3】 将 Access 97 或以前版本的数据库转换为 Access 2003 文件格式。

操作步骤如下：

(1) 在 Windows 资源管理器中双击 Access 97 及以前版本的数据库文件，或在 Access 2003 中选择“文件”→“打开”命令打开数据库。Access 2003 会显示如图 1.38 所示的对话框，提示转换数据库。

(2) 选中“转换数据库”单选项，单击“确定”按钮，打开“将数据库转换为”对话框，如图 1.39 所示。

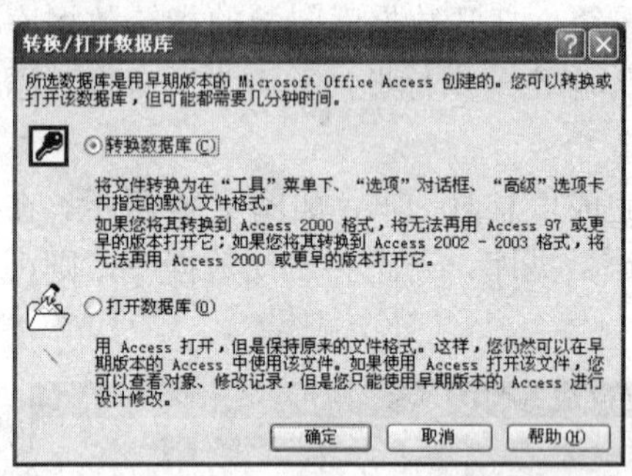

图 1.38 转换数据库提示对话框

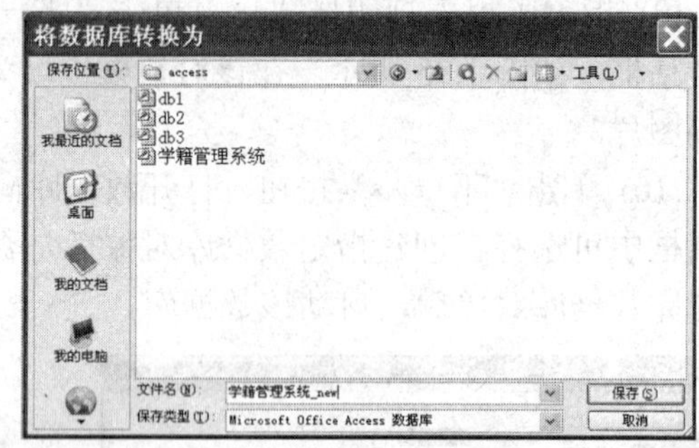

图 1.39 指定转换后的数据库的保存位置和文件名

(3) 在“保存位置”下拉列表框中选择保存转换后的数据库所在的文件夹，在“文件名”文本框中输入新数据库的文件名。单击“保存”按钮，Access 打开如图 1.40 所示的对话框，提示将数据库转换为 Access 2000 格式。

图 1.40 转换数据库提示

(4) 单击“确定”按钮，Access 完成格式转换，并打开转换后的数据库。

(5) 再将 Access 2000 格式的数据库转换为其他数据库文件格式：在 Access 2003 中打开 Access 2000 数据库后，选择“工具”→“数据库实用工具”→“转换数据库”→“转为 Access 97 文件格式”或“工具”→“数据库实用工具”→“转换数据库”→“转换为 Access 2002–2003 文件格式”命令转换数据库文件格式。■

2. 设置 Access 2003 默认数据库文件格式

在 Access 2003 中创建数据库时，默认使用 Access 2000 文件格式，可将默认文件格式设置为 Access 2002–2003，以便在数据库中使用 Access 2003 的新功能。

【例 1.4】 将 Access 默认文件格式设置为 Access 2002–2003。

操作步骤如下：

(1) 创建新数据库或打开现有的数据库后，选择“工具”→“选项”命令，打开“选

项”对话框。

(2) 单击“高级”选项卡，如图 1.41 所示。

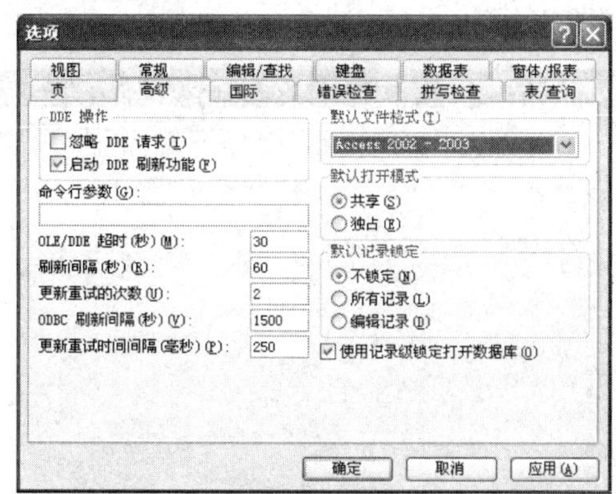

图 1.41　设置默认数据库文件格式

(3) 在“默认文件格式”下拉列表框中选择“Access 2002–2003”选项，单击“确定”按钮关闭对话框。以后 Access 就会使用 Access 2002–2003 文件格式创建数据库。■

1.5.4　压缩和修复数据库

存放 Access 2003 数据库的.mdb 文件类似一块独立的硬盘，在数据库的使用过程中，不断在其上进行的修改、创建、删除等各种操作会在该.mdb 文件中产生大量“碎片”(即同一模块对象可能被分散到.mdb 文件的各个角落)，这将导致数据库文件使用效率下降(想象一下，是从一个排放整齐的书架上找书容易，还是从一个摆放凌乱的书架上找书容易？)。

另外，数据库也可能在使用中遭到破坏。例如：由于本地或网络服务器故障，在对数据库进行操作时发生问题；在打开数据库的情况下，重新启动计算机；在对数据库对象进行了修改但还未来得及保存时，突然死机或停电。这些情况都有可能导致结果不正确。

压缩/修复数据库可以对数据库文件进行重新整理和优化，从而消除在删除数据或数据库对象时产生的磁盘碎片，修复被破坏的数据(注意，不是所有的破坏都能被修复)。从 Access 2000 开始，Microsoft Access 已将压缩和修复 Microsoft Access 数据库合并到了一个处理过程中。

要压缩和修复 Access 数据库，用户必须对该数据库具有“打开/运行”和“以独占方式打开”的权限。注意，如果数据库的压缩过程失败，则有可能破坏数据库。这种情况下损坏的数据库被修复的希望很小，所以在压缩数据库前应该进行备份，以免发生不测。

1．压缩和修复当前 Access 文件

Access 2003 允许对当前数据库执行压缩和修复操作，压缩和修复后的数据库仍与原数据库名称相同。若要压缩共享的 Access 数据库，应确保没有其他用户将其打开。

选择“工具”→“数据库实用工具”→“压缩和修复数据库”命令即可压缩和修复当前 Access 文件。

2．压缩和修复未打开的 Access 文件

若要压缩共享的数据库，首先要确保没有其他用户打开它。具体操作步骤如下：

(1) 选择“文件”→“关闭”命令，关闭当前 Access 文件。

(2) 选择“工具”→“数据库实用工具”→“压缩和修复数据库”命令，打开“压缩数据库来源”对话框，如图 1.42 所示。

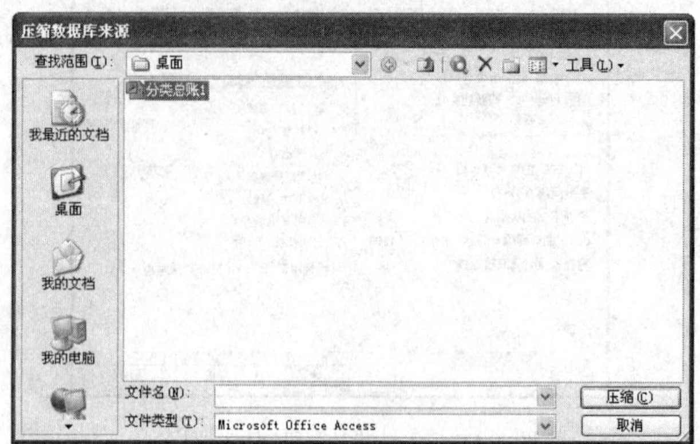

图 1.42　选择压缩数据库

(3) 在“查找范围”下拉列表框中选择数据库所在的文件夹，在文件列表中选择要压缩的数据库文件，单击“压缩”按钮，打开“将数据库压缩为”对话框，如图 1.43 所示。

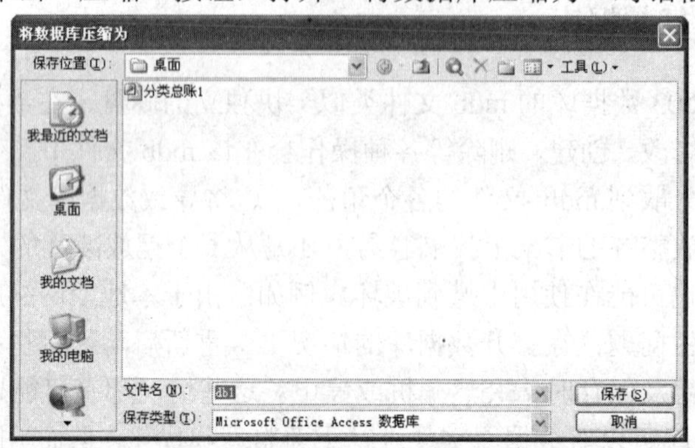

图 1.43　指定压缩后的数据库文件名

(4) 在“保存位置”下拉列表框中选择保存压缩后的数据库的文件夹，在“文件名”文本框中输入数据库文件名，单击“保存”按钮执行压缩操作。若将压缩数据库使用相同的名称保存在相同位置，Access 会打开如图 1.44 所示的对话框提示是否替换原文件。单击“是”按钮可替换原数据库；单击“否”按钮，可重新指定压缩数据库的文件名。

图 1.44　替换数据库文件提示

3. 在关闭数据库时自动压缩和修复

可设置在每次关闭数据库时对其进行压缩和修复，操作步骤如下：

(1) 选择“工具”→“选项”命令，打开“选项”对话框。

(2) 单击对话框的“常规”选项卡，如图 1.45 所示。

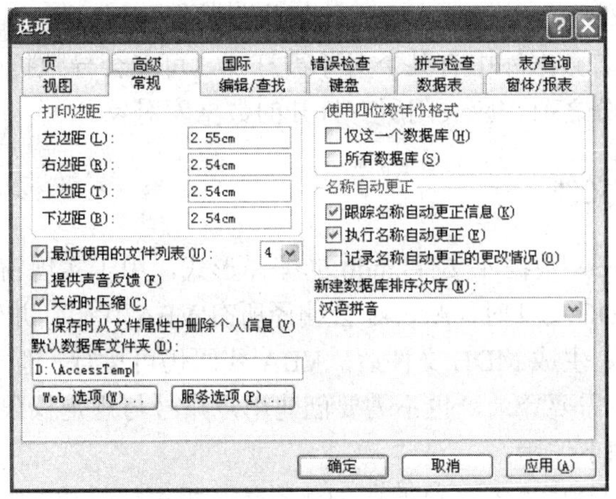

图 1.45　设置关闭时压缩

(3) 选中“关闭时压缩”复选框。

(4) 单击“确定”按钮关闭对话框。

如果关闭了共享数据库，但仍有其他用户打开该数据库，则不会压缩数据库。

1.5.5　拆分数据库

在客户机/服务器应用程序中，存放数据的表通常存放于服务器的数据库中，称为后端数据库，而查询、窗体、报表、宏、模块和指向数据访问页的快捷方式等对象保存在客户机的数据库中，称为前端数据库。在开发时，所有数据库对象一般都在本地使用。为了能将表快速、高效地移到服务器上，Access 提供了拆分数据库工具。

数据库拆分器向导帮助用户将当前数据库迁移到后端数据库。拆分后的后端数据库可作为共享数据库，而前端数据库则可复制到多个客户机上。客户机上的数据库对象也允许用户根据需要进行修改。

拆分数据库的操作步骤如下：

(1) 打开需要进行拆分的数据库。

(2) 选择“工具”→“数据库实用工具”→“拆分数据库”命令，打开“数据库拆分器”对话框，如图 1.46 所示。

(3) 单击“拆分数据库”按钮，打开“创建后端数据库”对话框，如图 1.47 所示。

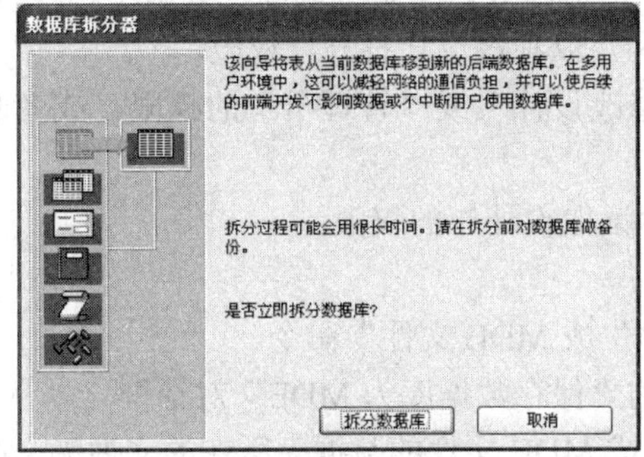

图 1.46　数据库拆分器

图 1.47　保存后端数据库

(4) 在“保存位置”下拉列表框中选择后端数据库的保存位置，在“文件名”文本框中输入后端数据库文件名，单击“拆分”按钮执行数据库拆分操作。

需要注意的是，若数据库中有某个对象被打开，可能会导致拆分不能顺利完成。所以在打开数据库进行拆分之前，应关闭所有打开的数据库对象。

1.5.6 生成 MDE 文件

MDE 文件是 Access 数据库文件 .mdb 的编译形式，用于实现窗体、报表以及 VBA 代码的安全。在生成 MDE 文件时，Access 会编译所有 VBA 代码，并删除所有可编辑的源代码，然后压缩数据库。生成 MDE 文件后，VBA 代码仍可运行，但不能查看或修改。生成 MDE 文件后，用户不需要登录，也不需要创建用户账号与规定权限。

MDE 文件具有如下作用：

(1) 避免在设计视图中查看、修改或创建窗体、报表或模块。

(2) 阻止添加、删除或更改指向对象库或数据库的引用。

(3) 不允许更改使用 Access 或 VBA 对象模型的属性或方法的代码——MDE 文件不包含源代码。

(4) 阻止导入或导出窗体、报表或模块，但可以在表、查询、数据访问页和宏中导入或导出非 MDE 数据库。任何 MDE 文件中的表、查询、数据访问页或宏都能导入到其他 Access 数据库中，但窗体、报表或模块不能导入到其他 Access 数据库中。

在生成 MDE 文件之前，需对数据库进行备份。若需要修改 MDE 文件中的数据库，如修改窗体、报表或模块的设计，则必须打开原始的 Access 数据库来修改它，并重新生成 MDE 文件。

在生成 MDE 文件时应注意下列问题：

(1) 必须有访问 VBA 代码的密码。

(2) 若复制了数据库，必须先删除复制的表和属性。

(3) 若引用了其他数据库或加载项，则必须将引用链中的所有数据库和加载项保存为 MDE 文件。

(4) 若定义了数据库密码或用户级安全机制，则这些功能仍适用于 MDE 文件。若要删除数据库密码或用户级安全机制，必须在生成 MDE 文件前删除。

使用带有用户级安全机制设置的数据库生成 MDE 文件时，要注意下列问题：

(1) 必须连接工作组信息文件，它用于定义用户访问数据库账号或创建数据库。

(2) 用户账号必须有数据库的“打开/运行”和“以独占方式打开”权限。

(3) 用户账号对数据库中的任何表必须有“修改设计”或“管理员”的权限，或者必须是数据库中任何表的拥有者。

(4) 用户账号对数据库中的所有对象必须有“读取设计”的权限。

生成 MDE 文件的操作步骤如下：

(1) 选择“工具”→“数据库实用工具”→“生成 MDE 文件”命令。

(2) 若未打开数据库，则打开如图 1.48 所示的“保存数据库为 MDE”对话框。

(3) 在“查找范围”下拉列表框中选择用于生成 MDE 文件的数据库所在的文件夹，在文件列表中双击数据库文件，或在单击数据库文件后单击“生成”按钮。

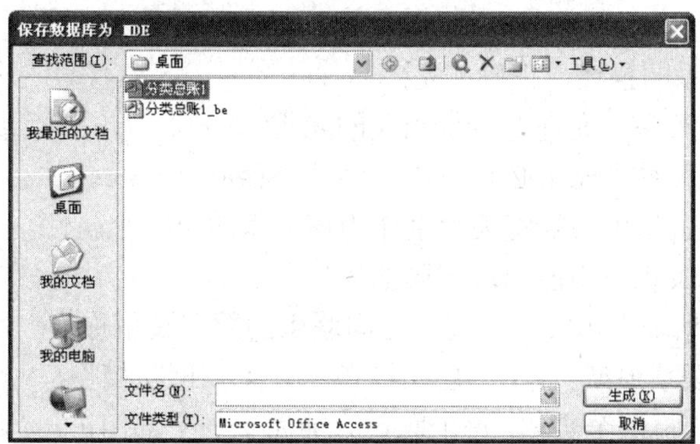

图 1.48　选择生成 MDE 文件的数据库

(4) Access 打开“安全警告”对话框，单击“打开”按钮打开数据库。

(5) 打开数据库后，Access 打开如图 1.49 所示的“将 MDE 保存为”对话框。若在选择“工具”→“数据库实用工具”→“生成 MDE 文件”命令时已经打开了数据库，则直接打开该对话框。在“保存位置”下拉列表中选择保存 MDE 文件的文件夹，在“文件名”文本框中输入 MDE 文件名。单击“保存”按钮，执行生成 MDE 文件操作。

图 1.49　保存 MDE 文件

习题 1

一、选择题

1. Access 2003 所基于的数据模型是(　　)。

   A. 层次模型　　B. 网状模型　　C. 关系模型　　D.混合模型

2. 数据库系统与文件系统的最主要区别是(　　)。

   A. 数据库系统复杂，而文件系统简单

   B. 文件系统不能解决数据冗余和数据独立性问题，而数据库系统可以解决

   C. 文件系统不能管理程序文件，而数据库系统能够管理各种类型的文件

   D. 文件系统管理的数据较少，而数据库系统可以管理数量庞大的数据

3. 从关系模型中指定若干个属性组成新的关系的运算称为(　　)。

A. 选择　　B. 投影　　C. 连接　　D. 排序

4. 下列对于关系的描述，正确的是(　　)。

A. 同一个关系中允许有完全相关的元组

B. 在一个关系中元组必须按关键字升序存放

C. 在一个关系中必须将关键字作为该关系的第一个属性

D. 同一个关系中不能出现相同的属性名

5. 用二维表数据来表示实体与实体之间联系的数据模型称为(　　)。

A. 实体-联系模型　　B. 层次模型　　C. 网状模型　　D. 关系模型

6. 设有部门和职员两个实体，每个职员只能属于一个部门，一个部门可以有多个职员，则部门与职员实体之间的联系类型是(　　)。

A. 1∶1　　B. 1∶n　　C. m∶n　　D. 无任何联系

7. 专门的关系运算不包括(　　)。

A. 选择运算　　B. 投影运算　　C. 连接运算　　D. 广义笛卡尔运算

8. 数据库(DB)、数据库系统(DBS)和数据库管理系统(DBMS)三者之间的关系是(　　)。

A. DB 包括 DBS 和 DBMS　　B. DBS 包括 DB 和 DBMS

C. DBMS 包括 DB 和 DBS　　D. 没有任何包含关系

9. 数据库是(　　)。

A. 以一定的组织结构保存在辅助存储器中的数据的集合

B. 一些数据的集合

C. 辅助存储器上的一个文件

D. 磁盘上的一个数据文件

10. Access 是(　　)数据库管理系统。

A. 层状　　B. 网状　　C. 关系型　　D. 树状

二、简答题

1. 简述数据库系统的组成。

2. 简述关系模型的特点。

3. 什么是实体？什么是属性？在 Access 的数据表中，它们被称为什么？

4. 什么是主键？什么是外键？试举例说明。

第 2 章　表

表是数据库的基础组成部分，设计结构合理的表并仔细规划表之间的关系是创建数据库最关键的步骤。Access 数据库的其他对象，如查询、窗体等都建立在表之上。

本章介绍表的基本知识及操作，学习这些内容有助于读者理解如何设计表以及如何创建和构造高效的数据库。

2.1　表　概　述

Access 属于关系型数据库，数据之间的关系(Relationship)是通过表的行和列来表示的，因此表具有二维结构。一个实际的表可能是图 2.1 所示的样子。

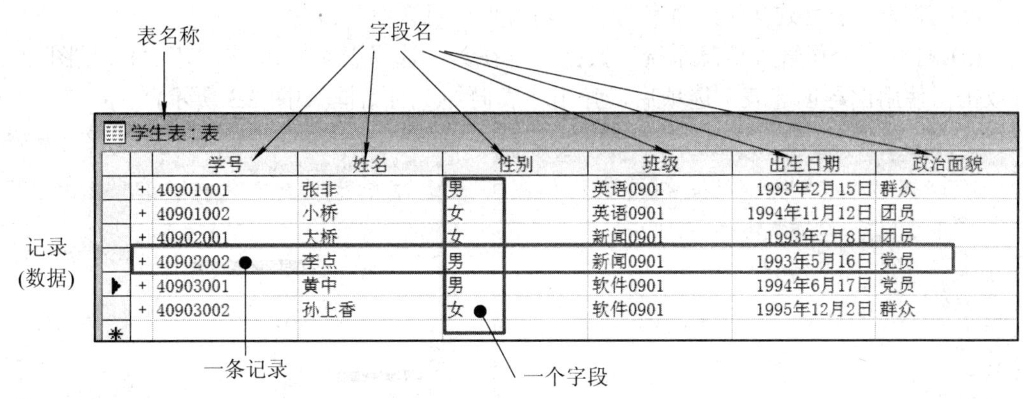

学号	姓名	性别	班级	出生日期	政治面貌
40901001	张非	男	英语0901	1993年2月15日	群众
40901002	小桥	女	英语0901	1994年11月12日	团员
40902001	大桥	女	新闻0901	1993年7月8日	团员
40902002	李点	男	新闻0901	1993年5月16日	党员
40903001	黄中	男	软件0901	1994年6月17日	党员
40903002	孙上香	女	软件0901	1995年12月2日	群众

图 2.1　Access 表：学生表

图 2.1 中所显示的表的名称为“学生表”。一个数据库中可能有多个表，表名就是用来区分这些表的，因此，同一个数据库中表名不允许重复。

图 2.1 中，字段名(FieldName)指的是表中某列的名称。字段(有时也称“属性”)命名需遵循以下规则：

(1) 字段名长度不能超过 64 个字符。

(2) 同一表中字段名不能重复出现。

(3) 字段名可以使用字母、数字、汉字和空格(但不能以空格作开头)，不能包含“!”、“.”、“[”、“]”、不可打印符号(如 Enter 键)。(这条规则也是 VBA 中对象及变量的命名规则，我们将在第 8 章介绍 VBA。)

不同字段的数据类型可以不同，也可以相同。例如，上面的学生表中，“姓名”、“性别”、“班级”这三个字段的数据类型都是文本字符类，而“出生日期”这个字段中存储的是时

间类型数据。2.3 节将介绍如何设计字段。

图 2.1 中，每一行数据都是表的一条记录(Record)，这些记录的集合构成表的所有数据。一条记录可以有多个字段，例如学生表的“李点”这条记录行中就含有姓名、性别、班级等多个字段。表中允许不含任何记录，这样的表称为空表。

2.2　创建表的 4 种方法

在 Access 2003 中，常用的直接创建表的方法有 3 种：使用表向导创建表、使用设计器创建表及通过手工输入数据创建表。除此之外，我们也可以从外部数据库直接导入表。

2.2.1　使用表向导创建表

Access 提供了多种类型的向导，用户只要按提示来选择要包括在表中的项，就可以逐步完成表的创建过程。下面我们通过一个例子来展示这个过程。

【例 2.1】 使用表向导，在“公司管理信息系统”数据库中创建一个“产品”表。

操作步骤如下：

(1) 建立一个空数据库，命名为“公司管理信息系统”。

(2) 打开“公司管理信息系统”数据库，在其中选择表对象(单击“表”)，见图 2.2，再双击“使用向导创建表”选项后，弹出“表向导”对话框(如图 2.3 所示)。

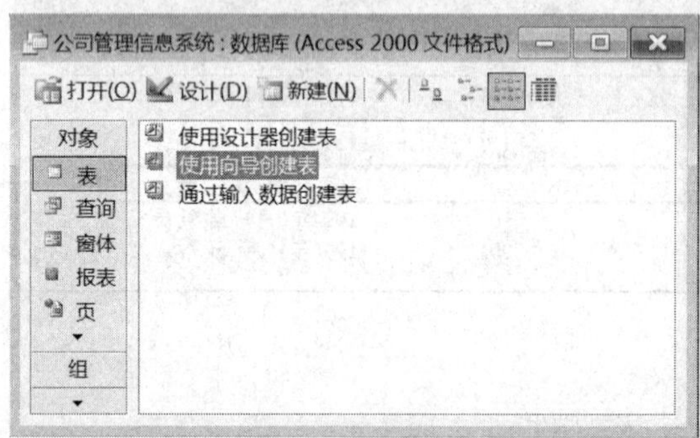

图 2.2　打开数据库选择“使用向导创建表”

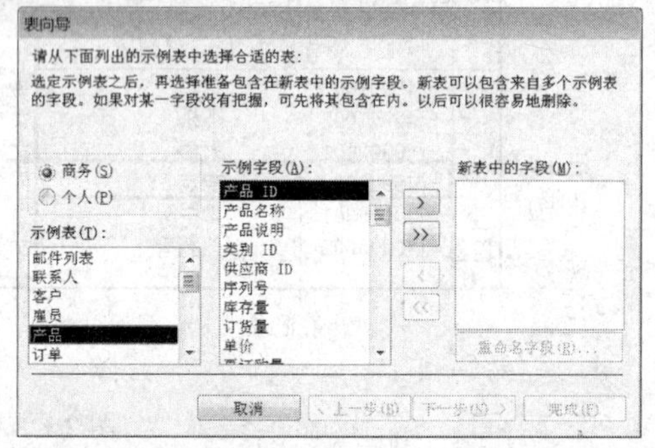

图 2.3　“表向导”对话框

(3) 在图 2.3 的“示例表”一栏中选择“产品”，然后在“示例字段”栏中依次双击“产品 ID”、“产品名称”、“供应商 ID”、“订货量”、“产品说明”，将其放入“新表中的字段”栏，如图 2.4 所示。点击图 2.4 中的 › 符号，也能把某项字段名从“示例字段”栏放入“新表中的字段”栏。» 符号能把“示例字段”栏中所有项放入“新表中的字段”栏。‹、« 符号的作用则分别与 ›、» 相反。另外，如果想把“新表中的字段”栏中某项去掉，可以直接在此项上双击鼠标左键。

(4) 在图 2.4 中单击“下一步”按钮，将得到图 2.5，此时表向导提示需要输入表名称及设置主键。主键是一个表中用于区分不同记录的标识，正如身份证号码可以区分每个人一样，主键可以区分每一条记录。在此处，我们都采用默认选项，直接点击“下一步”按钮，显示图 2.6。

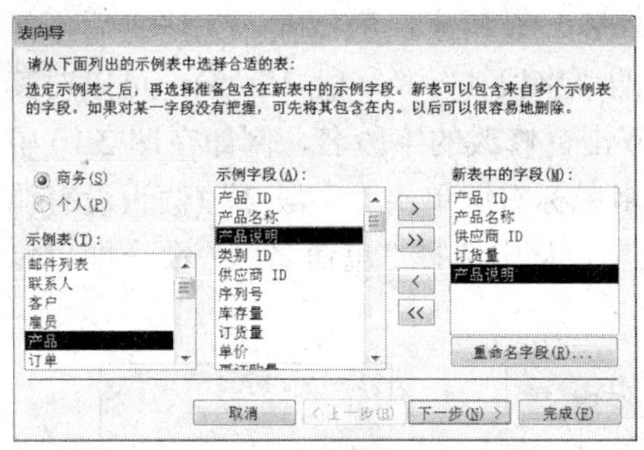

图 2.4　选择新表的字段图

图 2.5　设置表名称及主键

(5) 图 2.6 中表向导询问选择创建表之后的动作，我们直接采用默认选项，点击“完成”按钮，得到图 2.7 所示的数据表视图，在该图中，可以填入产品数据。■

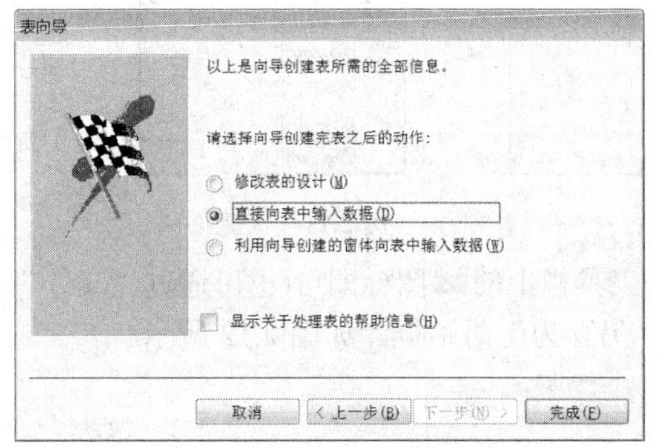

图 2.6　选择创建表之后的动作图

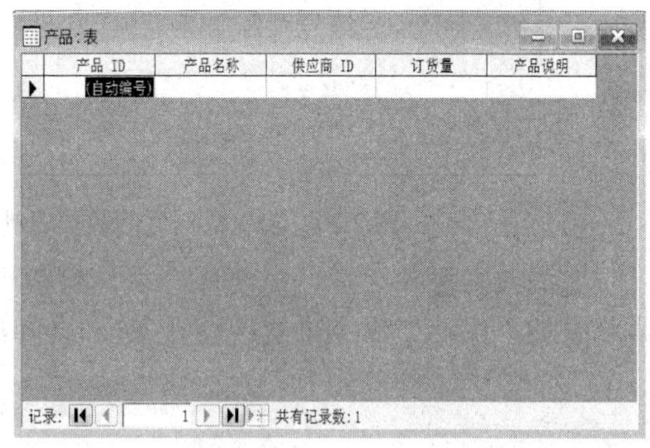

图 2.7　数据表视图

表向导能快速方便地创建表，但示例表中的内置选项有限，不可能完全满足实际数据库需求。不过这一点无需担心，Access 提供了强大、方便的设计视图，可以让我们随时改进表设计。

2.2.2　通过手工输入数据创建表

Access 2003 允许我们直接把数据输入到空表中并命名字段，通过这种方式可以创建表。

在图 2.2 中，如果我们点击工具栏上的“新建”按钮，将得到图 2.8 所示的一个“新建表”对话框。在“新建表”对话框中选择数据表视图后点击“确定”按钮，就得到了如图 2.9 所示的一张空白表的数据表视图。

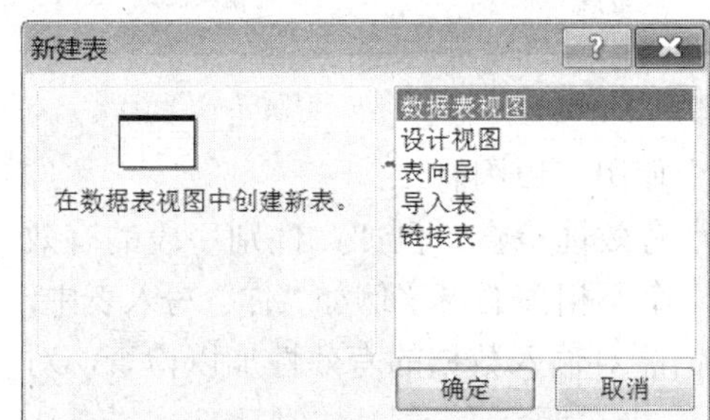

图 2.8　“新建表”对话框

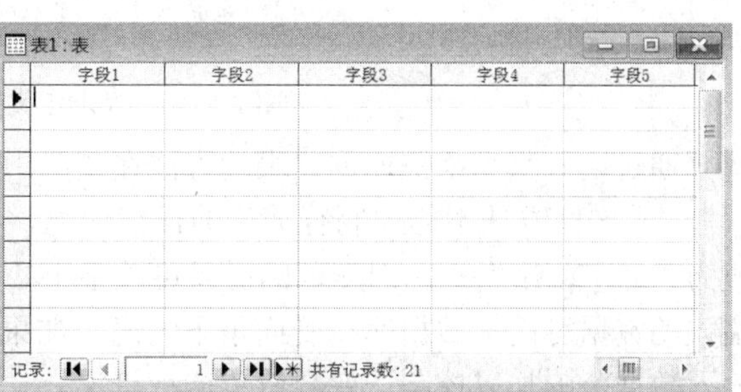

图 2.9　一张空白表的数据表视图

在图 2.9 中，我们可以输入一些记录数据，如图 2.10 所示。数据输入完毕之后，如果不想使用 Access 自动提供的字段名(即图 2.10 中的“字段 1”、“字段 2”等)，可以对其进行修改。修改字段名的方法有两种：一是用鼠标双击待修改的字段名，例如在图 2.10 中双击“字段 2”，使其被选中处于可修改状态；二是用鼠标右键单击“字段 2”(假设没有调换鼠标的左右键功能)，弹出如图 2.11 所示的快捷菜单，从中选择“重命名列”命令即可修改字段名。

表1：表

字段1	字段2	字段3	字段4
40901001	张非	男	
40901002	小桥	女	
40902001	大桥	女	
40902002	李点	男	
40903001	黄中	男	
40903002	孙上香	女	

记录：

图 2.10　输入数据后的数据表视图

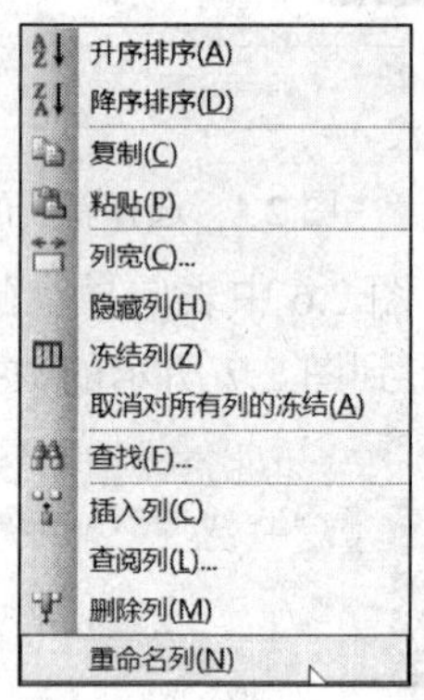

图 2.11　快捷菜单

完成改名操作之后，需要保存表，只要点击工具栏上的图标即可(也可通过“文件”菜单中的“保存”命令来实现)，这时，会弹出“另存为”对话框，如图 2.12 所示。

图 2.12　“另存为”对话框

在图 2.12 中输入合适的表名称，然后点击“确定”按钮，此时，会弹出“尚未定义主键”提示对话框(2.3.4 节将介绍主键)。如果想立即创建主键就选择“是”，如果想以后创建主键就选择“否”，如果不想马上保存就选择“取消”。

图 2.13　“尚未定义主键”对话框

通过输入数据来快速创建表的方法在实际中很少使用，原因有二：

(1) 这种方法不能控制有关表的详细信息，进行有效性检查。例如，性别字段的有效值为“男”或者“女”，而输入的时候可能不小心把一个不相关的汉字例如“你”写入表中，错误的数据可能被数据库接受而留下隐患；如果我们能对输入数据的有效性加以检查，对输入数据范围加以控制，就会避免这种错误。

(2) 这种方法为数据类型修改带来不便。例如，如果需要把字段的数据类型由“时间”

类型改为“数字”类型，则在保存表时(尤其是表中数据很多时)数据转换过程有可能非常长；另外，如果字段的数据类型与更改后的数据类型发生冲突，则可能丢失一些数据。因此，稳妥的做法应该是在输入大量数据之前先完善表的设计，以免更改导致已经输入的数据受到影响。

与使用向导创建的表一样，已通过输入数据创建的表也可以随时通过设计视图来改进和完善表设计。

2.2.3 通过导入外部数据创建表

Access 2003 允许我们从已创建的文件中导入数据来创建表，所支持的文件类型包括 Access 文件、dBASE、Excel、HTML、Lotus、Outlook、XML、Txt、ODBC 数据库文件等。

【例 2.2】 利用 Excel 文件“软工成绩.xls”中的成绩数据在“公司管理系统”数据库中创建一个名为“成绩表”的表。

操作步骤如下：

(1) 打开“公司管理信息系统”数据库，如图 2.14 所示依次选择“文件”→“获取外部数据”→“导入”命令。

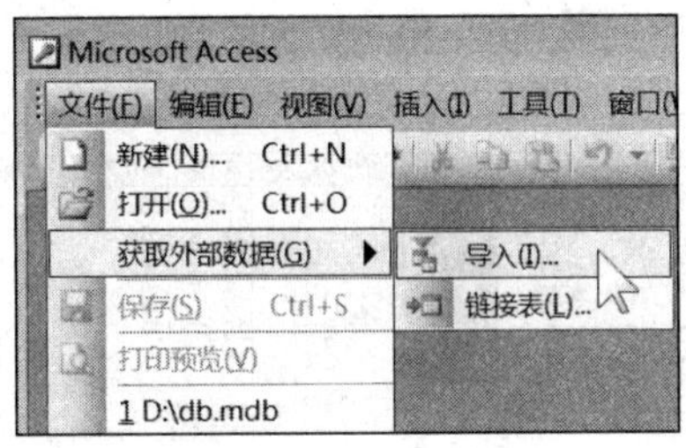

图 2.14 选择导入命令

(2) 在弹出的“导入”对话框(见图 2.15)中选择文件类型“Microsoft Excel”，然后从文件列表中选择“软工成绩.xls”文件，再点击“导入”命令，弹出“导入数据表向导”对话框，见图 2.16。

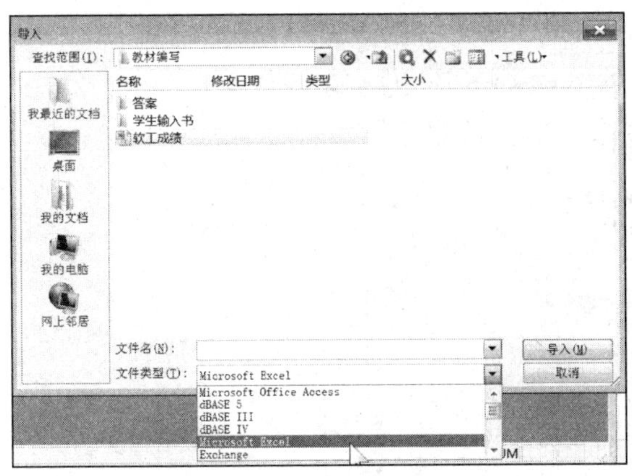

图 2.15 “导入”对话框

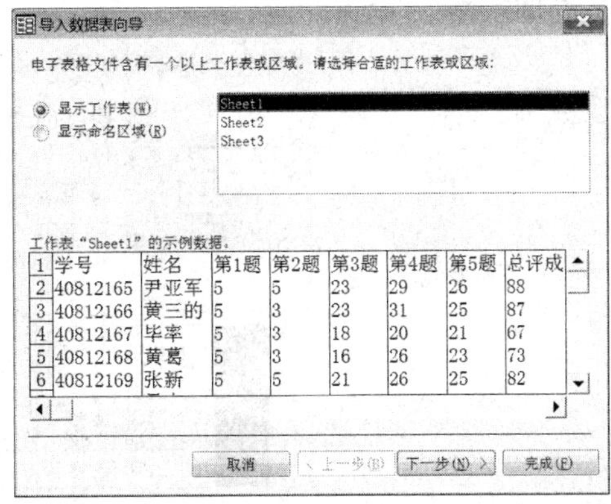

图 2.16 导入数据表向导 1：选择工作表

(3) 在图 2.16 中点击“下一步”按钮，向导将询问第一行是否包含列标题，见图 2.17，在其中勾选“第一行包含列标题”后点击“下一步”按钮，得到图 2.18。

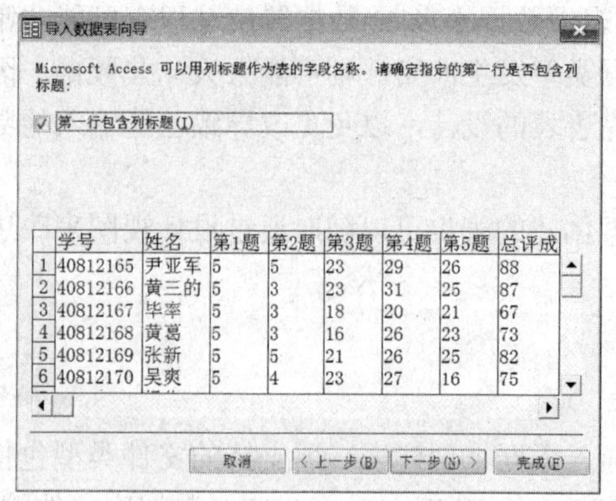

图 2.17　导入数据表向导 2：确定列标题

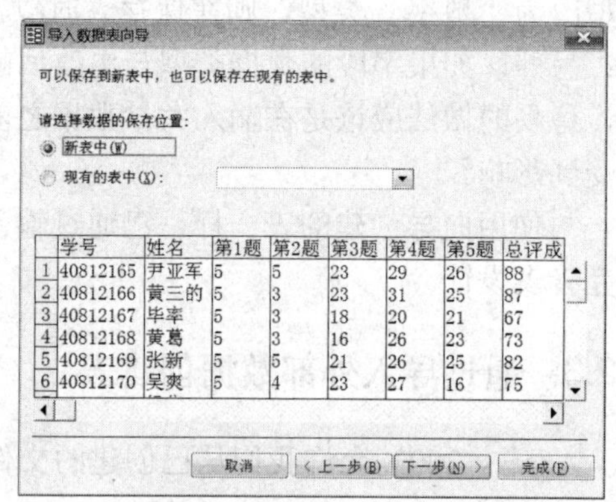

图 2.18　导入数据表向导 3：选择数据保存位置

(4) 在图 2.18 中确定将数据放在新表中还是导入到已有表中，默认放在新表中。我们选择默认选项，然后点击“下一步”按钮进入图 2.19 所示界面。

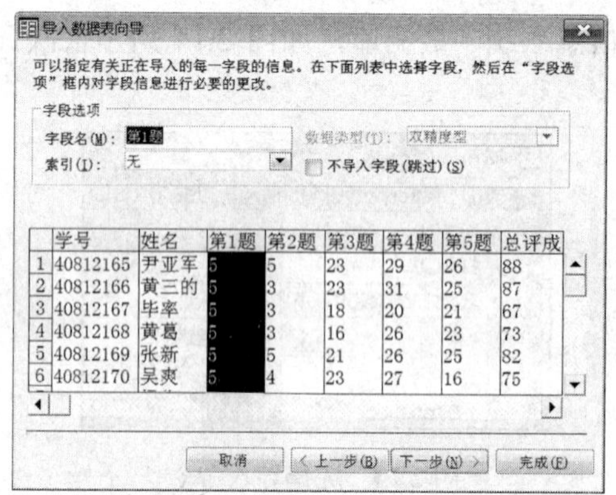

图 2.19　导入数据表向导 4：指定字段信息

(5) 图 2.19 用于指定每一个字段的名称和索引等信息，也可以选择不导入某列，这给数据输入带来了相当大的灵活性。本例均采用默认值，点击“下一步”按钮，进入图 2.20 所示界面。

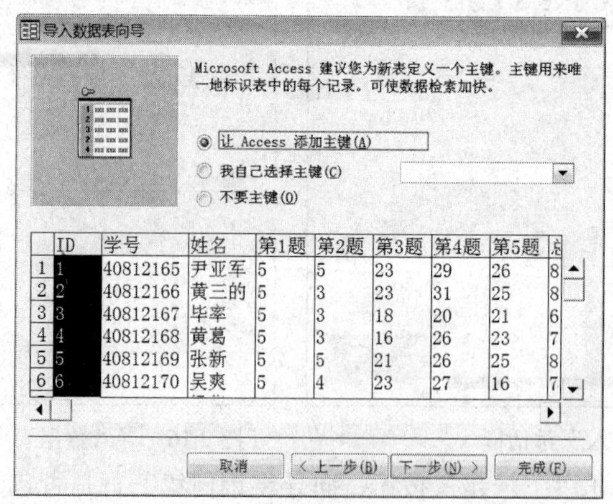

图 2.20　导入数据表向导 5：指定主键

(6) 图 2.20 要求用户指定主键，系统自动添加一列 ID(自动编号)，如果用户不指定主键的话，新表就以此 ID 列作为主键。点击“下一步”按钮，进入图 2.21 所示界面。

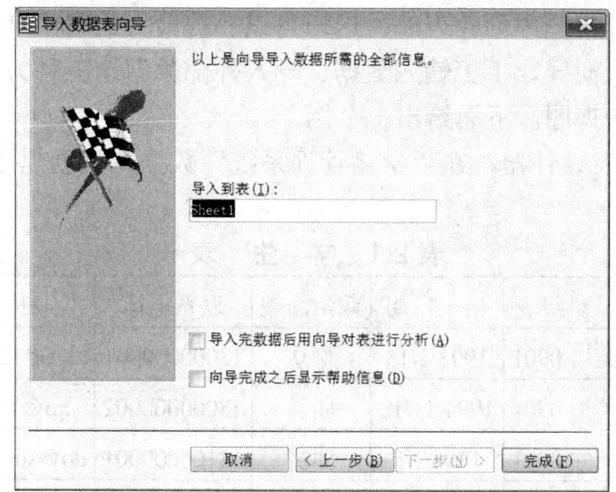

图 2.21　导入数据表向导 6：指定主键

(7) 图 2.21 提示输入新表的名称，默认为数据来源的工作表名(Sheet1)。将表名称改为“成绩表”，点击“完成”按钮，弹出完成导入提示对话框，如图 2.22 所示。

图 2.22　导入数据表向导 7：完成导入

(8) 在图 2.22 中点击“确定”按钮完成导入操作，最后打开新表“成绩表”，如图 2.23 所示。■

成绩表：表

ID	学号	姓名	第1题	第2题	第3题
1	40812165	尹亚军	5	5	23
2	40812166	黄三的	5	3	23
3	40812167	毕率	5	3	18
4	40812168	黄葛	5	3	16
5	40812169	张新	5	5	21
6	40812170	吴爽	5	4	23
7	40812171	杨华	5	5	23
8	40812172	郭凌文	5	5	25
9	40812173	沈哲	5	3	23
10	40812174	孙鑫	5	3	19
11	40812175	侯涛	5	2	17
12	40812176	刁阳	5	3	20
13	40812177	王义	1	1	3
14	40812178	杨尧房	5	3	24
15	40812179	姚立	5	4	22
16	40812180	陈祝	5	4	18
17	40812181	赫大	5	4	18

记录：1　共有记录数：49

图 2.23　生成的新表

类似地，我们可以从外部数据库中直接导入表至本数据库。

导入外部数据能快速创建表，尤其是快速地输入数据。如果对新创建的表不满意，可以再通过表设计器在表的设计视图中进行调节，直至满意为止。

2.2.4 使用设计器创建表

使用设计器在设计视图中创建表时，用户可以获得最大的自由来控制表的各种字段特征。如前所述，当用表向导、手工输入数据、导入外部数据这三种方法创建的表需要修改时，也将用到表的设计视图。下面给出一个例子。

【例 2.3】 利用表设计器，在“学籍管理系统”数据库中创建“学生表”，其内容如表 2.1 所示。

表 2.1 学 生 表

学号	姓名	性别	班级	出生日期	政治面貌	联系电话	E-mail	照片	简历
40901001	张非	男	英语 0901	1993/2/15	群众	13000000001	zf@126.com	Package	河北..
40901002	小桥	女	英语 0901	1994/11/12	团员	13000000002	xq@163.com	Package	三国..
40902001	大桥	女	新闻 0901	1993/7/8	团员	13100000001	dq@snnu.edu.cn	Package	折戟..
40902002	李点	男	新闻 0901	1993/5/16	党员	13100000002	ld@yahoo.com	Package	字曼..
40903001	黄中	男	软件 0901	1994/6/17	党员	13500000001	hz@sina.com	Package	被描..
40903002	孙上香	女	软件 0901	1995/12/2	群众	13500000002	ssx@sohu.com	Package	是三..

操作步骤如下：

(1) 打开“学籍管理系统”数据库(如果该库尚未建立，就建立一个名为“学籍管理系统”的空数据库)，在表对象窗口(如图 2.24 所示)内双击“使用设计器创建表”，得到图 2.25 所示的表。

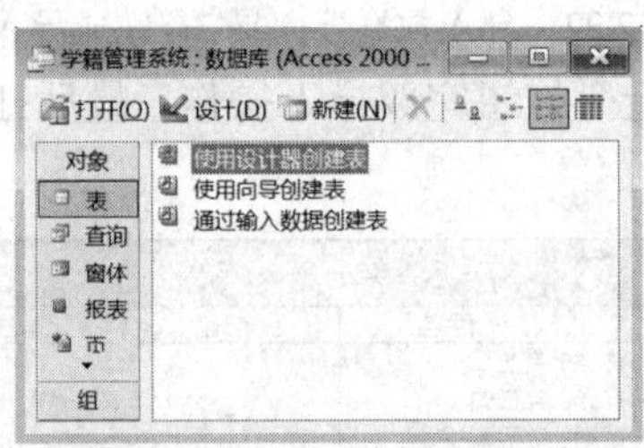

图 2.24 使用设计器创建表

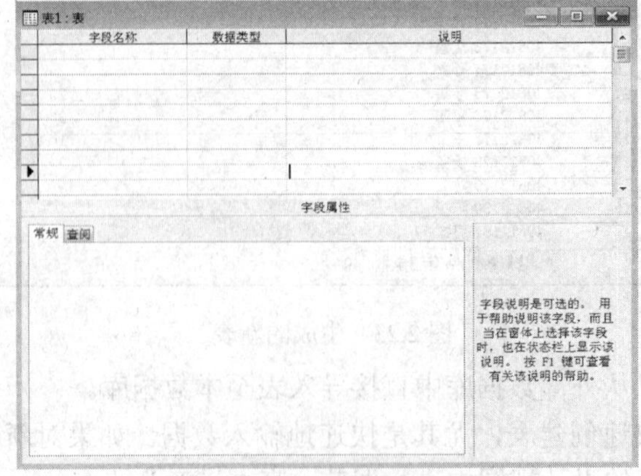

图 2.25 表的设计视图

(2) 在图 2.25 显示的表设计视图的“字段名称”栏内依次输入表 2.1 的表头行内容，并按图 2.26 所示设定相应的字段类型。

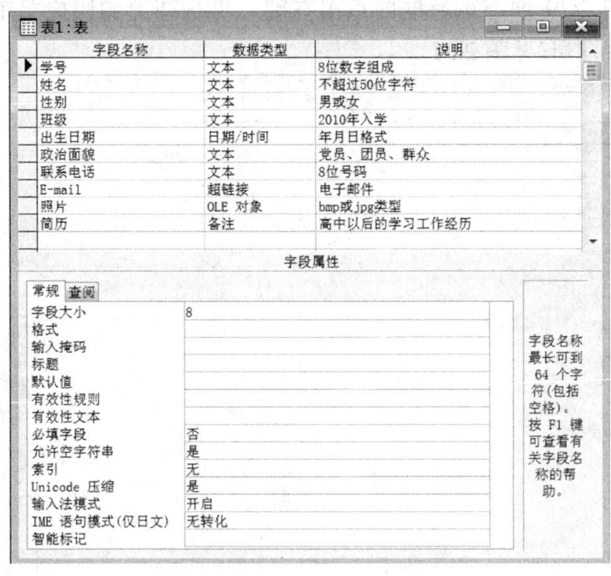

图 2.26　设计学生表的字段

(3) 图 2.26 中每个字段名对应的数据类型是从下拉表中选定的，而不是输入的。在“说明”栏内填写的是一些注释文字，用来说明字段内容。注释对数据库操作没有任何影响。设置完字段后点击工具栏上的保存按钮，就会弹出图 2.27 所示的对话框，提示输入表名称。在此键入“学生表”。以后打开“学生表”时，如点击“另存为”命令也会出现图 2.27 所示的对话框；如果点击“保存”命令，则不会出现“另存为”对话框，而直接将表存盘。在图 2.27 中点击“确定”按钮将提示定义主键(见图 2.28)。

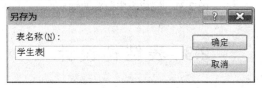

图 2.27　保存表

(4) 图 2.28 询问是否创建主键，如果让系统自动设置主键，则 Access 会为我们插入一个名为“编号”、类型为“自动编号”的字段作为主键。这个“编号”字段将用记录在表中的自然位置顺序来编号，因为记录的自然位置序号不会重复，故可以用来唯一地标识每一条记录。■

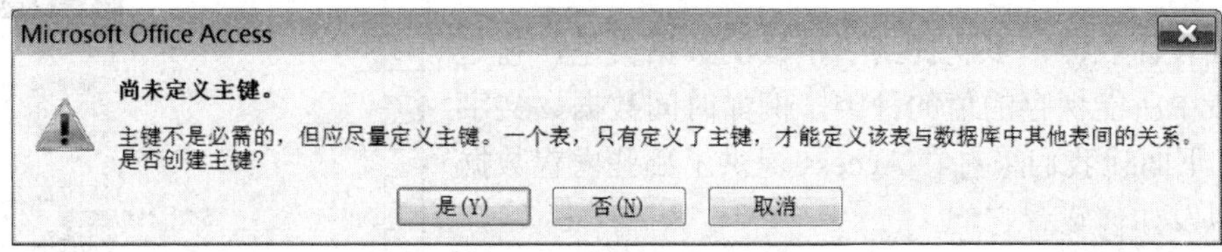

图 2.28　提示定义主键

至此就完成了表的结构设计。注意，设计视图中，我们只建立表的结构，不包括数据输入。下面只要切换到数据表视图，就可以输入表 2.1 中的数据至学生表。切换视图的方法很简单，只要在图 2.29 顶部矩形框内点击右键，再从弹出的快捷菜单(见图 2.30)中选择“数据表视图”命令即可(见图 2.31)。

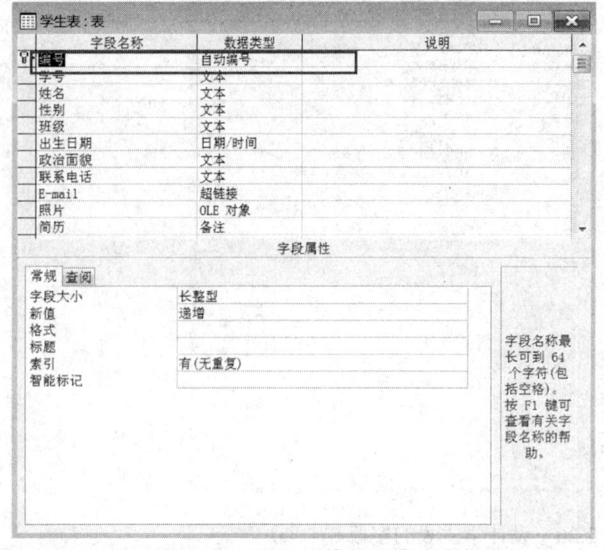

图 2.29　插入“编号”作为主键

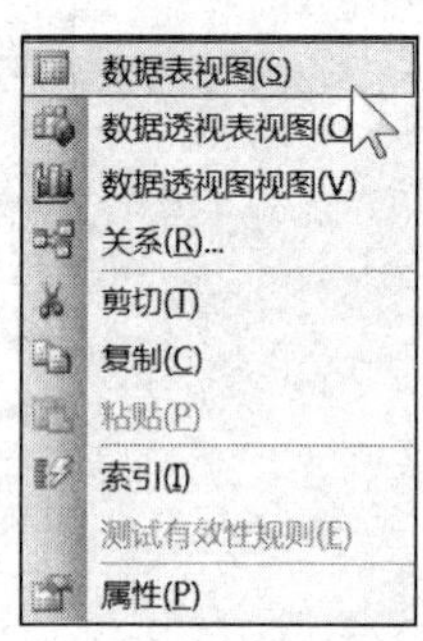

图 2.30　快捷菜单

学生表：表

学号	姓名	性别	班级	出生日期	政治面貌	联系电话	E-Mail	照片	简历
40901001	张非	男	英语0901	1993年2月15日	群众	13000000001	zf@126.com	Package	河北涿郡
40901002	小桥	女	英语0901	1994年11月12日	团员	13000000002	xq@163.com	Package	三国时期
40902001	大桥	女	新闻0901	1993年7月8日	团员	13100000001	dq@snnu.edu.cn	Package	折戟沉沙
40902002	李点	男	新闻0901	1993年5月16日	党员	13100000002	ld@yahoo.com	Package	字曼成，
40903001	黄中	男	软件0901	1994年6月17日	党员	13500000001	hz@sina.com	Package	被描述为
40903002	孙上香	女	软件0901	1995年12月2日	群众	13500000002	ssx@sohu.com	Package	是三国时

图 2.31　完成表中数据的输入

2.3　表结构设计

通过前面的学习，我们已经能够创建表，这相当于搭建了一个屋子的主体框架。下面我们来学习如何“装修这间屋子”，即更细节的表设计知识：如何设计表的字段类型(这个过程中会用到表达式生成器)和设置主键。

2.3.1　字段数据类型

前面设计表时，多次提到了字段的数据类型，它是指该字段中所能保存的值的种类，例如时间数据、文字数据等。下面让我们来看看 Access 提供了哪些内置数据类型，以及如何设置它们。

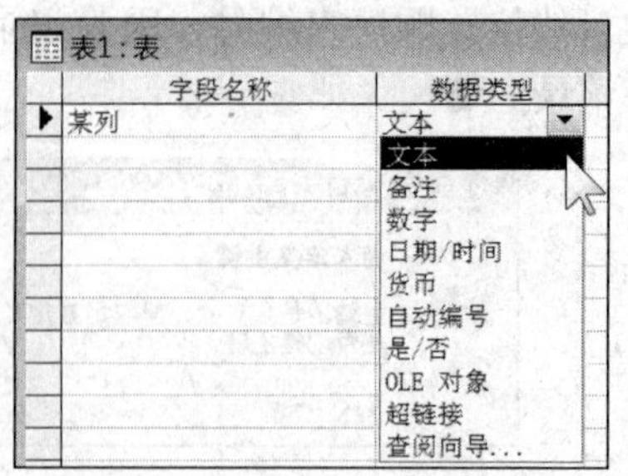

图 2.32　数据类型下拉表

在表的设计视图中，命名某字段后用鼠标点击“数据类型”栏右部的▼符号，就弹出了如图 2.32 所示的数据类型下拉表，该表列出了 Access 2003 支持的字段数据类型，包括文本、备注、数字、日期/时间、货币、自动编号、是/否、OLE 对象、超链接、查阅向导，共 10 种类型，其具体的说明见表 2.2。

表 2.2　Access 2003 表支持的数据类型

数据类型	说　明	实　例
文本	(1) 文本(即字符)或文本与数字的组合，以及不需要计算的数字。 (2) 系统默认值。如果用户不设定字段的类型，则 Access 默认此字段存储的是文本类型数据。 (3) 最大长度为 255 个字符	(1) 电话号码 029-85310161； (2) 张 3； (3) 学号 4001061
备注	(1) 长文本或文本和数字的组合。 (2) 最多为 65 535 个字符	请参考 2.4 节
数字	用于数学计算的数值数据。	23.1
日期/时间	(1) 从 100 到 9999 年的日期与时间值。 (2) 8 个字节	(1) 10/3/2012 (2) 23:07 PM
货币	(1) 用于数学计算的数值数据，这里的数学计算对象是带有 1 到 4 位小数的数据。 (2) 精确到小数点左边 15 位和小数点右边 4 位。 (3) 一个货币值数据占用 8 个字节的存储空间	￥41.99
自动编号	(1) 存储由 Access 分配的连续或随机编号。 (2) 这些编号不重复，无法进行更新	123 124
是/否	(1) “是”和“否”值。 (2) 等价形式：Yes/No、True/False 或 On/Off	True
OLE 对象	(1) 存储由 Access 以外的程序创建、链接、嵌入到 Access 表中的对象。 (2) 一个 OLE 对象最多为 1G 字节(受磁盘空间限制)	Excel 工作表、Word 文档、图形或声音
超链接	(1) 文本或文本和以文本形式存储的数字的组合，用作超链接地址。超链接地址最多包含三部分：显示的文本(在字段或控件中显示的文本)；地址(指向文件(UNC 路径)或页(URL)的路径)；子地址(位于文件或页中的地址)。 (2) 超链接数据类型三个部分中的每一部分最多只能包含 2048 个字符	陕西师范大学主页
查阅向导	(1) 创建一个字段，该字段可以使用列表框或组合框从另一个表或值列表中选择一个值。 (2) 单击该字段类型将启动“查阅向导”，在向导完成之后，Access 2003 将基于在向导中选择的值来设置数据类型。 (3) 查阅向导占用的存储空间大小与用于执行查阅的主键字段大小相同，通常为 4 个字节	性别 男 男 女 在图中，当点击右侧倒三角形符号时，弹出列表(男，女)选项，用户可方便地从中选择一个值

正确地选择数据类型有以下优点：

(1) 可控制性。数据类型确定可在字段中存储哪些种类的信息，防止出错并增强数据的有效性。例如，将数据类型设置为“数字”可防止输入无效的文本。

(2) 方便性。数据类型有助于管理数据库对磁盘空间的要求以及提高执行速度。

更改数据类型后保存表时需要注意：

(1) 如果涉及大量的数据转换处理，时间会比较长。

(2) 如果字段中的数据类型与更改后的数据类型属性设置发生冲突，可能会丢失一些数据。

在 Access 2003 中如果想要获取关于“字段数据类型”的帮助，可在设计视图中单击“数据类型”列中的任意位置，再按 F1。其他时候想要获取帮助，均可采用类似方法。

2.3.2 字段属性

在设计视图中创建表时，除了要设置字段名和字段数据类型之外，还需要设置字段的属性。如图 2.33 所示，适用于文本类型数据的字段属性包括字段大小、格式、输入掩码等等。

字段属性实际上是一组约束条件，用来控制数据的输入及显示。例如，对于“学生表”的性别字段，我们可以设置有效输入只能是“男”或者“女”，如果用户输入了其他字符，则告知用户输入无效。

要查看字段属性的详细信息，可在“设计”视图底部单击每个字段属性，再按 F1。

下面介绍常见的字段属性。

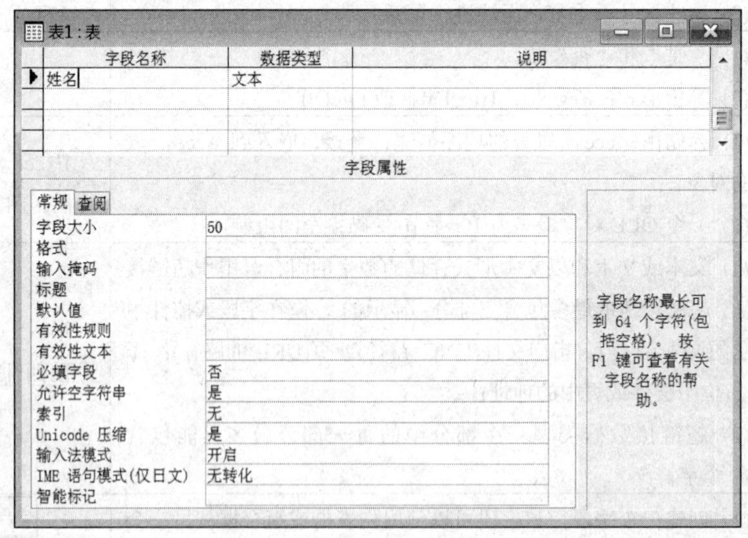

图 2.33　常见字段属性

1. 字段大小(FieldSize)

(1) 字段大小用来设置“文本”、“数字”或“自动编号”类型的字段中可保存数据的最大容量。

(2) 如果字段数据类型为“文本”，则字段大小为 0 到 255 之间的某个整数。默认值为 50。

(3) 如果字段数据类型为“自动编号”，则字段大小属性可设为“长整型”或“同步复制 ID”。

(4) 如果字段数据类型为“数字”，则字段大小属性值将按表 2.3 设置。

表 2.3 “数字”类型的“字段大小”属性值设置

设 置	说　　明	小数位数	存储量
字节	保存从 0 到 225(无小数位)的数字	无	1 字节
小数	存储从 $-10^{38}-1$ 到 $10^{38}-1$ 范围的数字(.adp)； 存储从 $-10^{28}-1$ 到 $10^{28}-1$ 范围的数字(.mdb)	28	12 字节
整型	保存从–32 768 到 32 767(无小数位)的数字	无	2 字节
长整型	默认值； 保存从 –2 147 483 648 到 2 147 483 647(无小数位)的数字	无	4 字节
单精度	保存从 –3.402823E38 到 –1.401298E–45 的负值，从 1.401298E –45 到 3.402823E38 的正值	7	4 字节
双精度	保存从–1.79769313486231E308 到 –4.94065645841247E–324 的负值以及从 4.94065645841247E–324 到 1.79769313486231E308 的正值	15	8 字节
同步复制 ID	全局唯一标识符(GUID)	N/A	16 字节

几点说明：

(1) 字段大小不是设置得越大越好，因为较小的数据处理的速度更快，需要的内存更少，所以设置时应秉持“够用即好”的原则。

(2) 如果在一个已包含数据的字段中，将字段大小设置值由大转换为小，可能会丢失数据。例如，当把“文本”类型字段的字段大小从 255 改成 50 时，则超过 50 个字符以外的数据都会丢失。在设计视图中，一旦保存对字段大小属性的更改，就无法撤消由更改该属性所产生的数据变化。

(3) 如果“数字”数据类型字段中的数据大小不适合新的字段大小设置，小数位可能被四舍五入，或得到一个空(Null)值。例如，如果将单精度数据类型变为整型，则小数值将四舍五入为最接近的整数，而且如果值大于 32 767 或小于–32 768，该字段将成为空字段。

2. 格式(Format)

(1) 格式属性用来定义数字、日期、时间和文本的显示方式，因而改变格式只会影响显示方式，不会改变数据的值，也不会影响数据的存储方式。

(2) Microsoft Access 为“时间/日期”、“数字”和“货币”、“文本”和“备注”和“是/否”数据类型提供预定义格式。预定义格式与国家/地区设置(通过双击 Windows“控制面板”中的“区域设置”设定)有关。Microsoft Access 显示对应于所选国家/地区的格式。例如，如果在“常规”选项卡中选取“英语(美国)”，则 1234.56 的“货币”格式是$1,234.56，如果在“常规”选项卡中选取“英语(英国)”，该数字将显示为 £1,234.56。

(3) 如果在表设计视图中设置字段的格式属性，Microsoft Access 将使用该格式在数据表中显示数据，这种格式称为自定义格式。自定义格式中可以使用的符号及其含义见表 2.4。

表 2.4 自定义格式中使用的符号及其含义

符 号	意 义
空格	将空格显示为原义字符
"ABC"	将双引号内的字符显示为原义字符
!	实施左对齐而不是右对齐
*	用下一个字符填满可用的空格
\	将下一个字符显示为原义字符，也可以通过在左右放置双引号的方式将其显示为原义字符
[color]	在方括号之间用指定颜色显示已设置了格式的数据，可用的颜色有：黑、兰、绿、青、红、紫红、黄、白

(4) 预定义“日期/时间”数据类型的格式如表 2.5 所示。自定义“日期/时间”格式时所用符号及含义如表 2.6 所示。(注意：格式是按照 Windows 区域设置中的设置显示的，与 Windows 区域设置中所指定的设置不一致的自定义格式将被忽略。另外，如果要将逗号或其他分隔符添加到自定义格式中，请将分隔符用双引号括起，如：mmm d","yyyy。)一些自定义设置示例显示在表 2.7 中。

表 2.5 “日期/时间”数据类型的预定义格式

设 置	说 明
常规日期	(默认值)如果值只是一个日期，则不显示时间；如果值只是一个时间，则不显示日期。该设置是“短日期”与“长时间”设置的组合。 示例：4/3/93，05:34:00 PM，4/3/93 05:34:00 PM
长日期	与 Windows 区域设置中的“长日期”设置相同。 示例：1993 年 4 月 3 日
中日期	示例：93-04-03
短日期	与 Windows 区域设置中的“短日期”设置相同。 示例：93-4-3 警告：“短日期”设置假定 00-1-1 和 29-12.31 之间的日期是 21 世纪的日期(即假定年从 2000 到 2029 年)，而 30-1-1 到 99-12.31 之间的日期假定为 20 世纪的日期(即假定年从 1930 到 1999 年)
长时间	与 Windows 区域设置中的“时间”选项卡上的设置相同。 示例：17:34:23
中时间	示例：下午 5:34
短时间	示例：17:34

表 2.6　自定义“日期/时间”格式时使用的符号及其含义

符　号	说　明
：(冒号)	时间分隔符。分隔符是在 Windows 区域设置中设置的
/	日期分隔符
c	与“常规日期”的预定义格式相同
d	一个月中的日期，根据需要以一位或两位数显示(1 到 31)
dd	一个月中的日期，用两位数字显示(01 到 31)
ddd	星期名称的前三个字母(Sun 到 Sat)
dddd	星期名称的全称(Sunday 到 Saturday)
ddddd	与“短日期”的预定义格式相同
dddddd	与“长日期”的预定义格式相同
w	一周中的日期(1 到 7)
ww	一年中的周(1 到 53)
m	一年中的月份，根据需要以一位或两位数显示(1 到 12)
mm	一年中的月份，以两位数显示(01 到 12)
mmm	月份名称的前三个字母(Jan 到 Dec)
mmmm	月份的全称(January 到 December)
q	以一年中的季度来显示日期(1 到 4)
y	一年中的日期数(1 到 366)
yy	年的最后两个数字(01 到 99)
yyyy	完整的年(0100 到 9999)
h	小时，根据需要以一位或两位数显示(0 到 23)
hh	小时，以两位数显示(00 到 23)
n	分钟，根据需要以一位或两位数显示(0 到 59)
nn	分钟，以两位数显示(00 到 59)
s	秒，根据需要以一位或两位数显示(0 到 59)
ss	秒，以两位数显示(00 到 59)
ttttt	与“长时间”的预定义格式相同
AM/PM	以大写字母 AM 或 PM 相应显示的 12 小时时钟
am/pm	以小写字母 am 或 pm 相应显示的 12 小时时钟
A/P	以大写字母 A 或 P 相应显示的 12 小时时钟
a/p	以小写字母 a 或 p 相应显示的 12 小时时钟
AMPM	以适当的上午/下午指示器显示 24 小时时钟，如 Windows 区域设置中所定义

表 2.7 自定义“日期/时间”格式示例

设　置	显　示
ddd", "mmm d", "yyyy	Mon, Jun 2, 1997
mmmm dd", "yyyy	June 02, 1997
"This is week number "ww	This is week number 22
"Today is "dddd	Today is Tuesday
"A.D. " #;# " B.C."	正数将在年代之前显示“A.D.”，负数则在年代之后显示“B.C.”

(5) 预定义的“数字”和“货币”数据类型的格式如表 2.8 所示，示例见表 2.9。自定义“数字/货币”数据类型格式时所使用的符号及其含义如表 2.10 所示，自定义的数字格式可以有一到四个节使用英文分号“;”作为列表项分隔符，每一节的格式含义见表 2.11。自定义数字格式示例见表 2.12。

表 2.8　“数字/货币”数据类型的预定义格式

设　置	说　明
常规数字	(默认值)以输入的方式显示数字
货币	使用千位分隔符； 对于负数、小数以及货币符号、小数点位置按照 Windows“控制面板”中的设置。
欧元	使用欧元符号，不考虑 Windows 的“区域设置”中指定的货币符号
固定	至少显示一位数字； 对于负数、小数以及货币符号、小数点位置按照 Windows“控制面板”中的设置
标准	使用千位分隔符； 对于负数、小数以及货币符号、小数点位置按照 Windows“控制面板”中的设置
百分比	乘以 100 再加上百分号(%)； 对于负数、小数以及货币符号、小数点位置按照 Windows“控制面板”中的设置
科学计数	使用标准的科学计数法

表 2.9　预定义数字格式示例

设　置	数据	显示	设置	数据	显示
常规数字	3456.789 –3456.789 ￥213.21	3456.789 –3456.789 ￥213.21	标准	3456.789	3,456.79
货币	3456.789 –3456.789	￥3,456.79 (￥3,456.79)	百分比	3 0.45	300% 45%
固定	3456.789 –3456.789 3.56645	3456.79 –3456.79 3.57	科学记数	3456.789 –3456.789	3.46E + 03 –3.46E + 03

表 2.10　自定义“数字/货币”数据类型格式时所使用的符号及其含义

符　号	说　　明
.（英文句号）	小数分隔符，分隔符在 Windows“区域设置”中设置
,（英文逗号）	千位分隔符
0	数字占位符，显示一个数字或 0
#	数字占位符，显示一个数字或不显示
$	显示原义字符“$”
%	百分比，数字将乘以 100，并附加一个百分比符号
E– 或 e–	科学计数法，在负数指数后面加上一个减号(－)，在正数指数后不加符号。该符号必须与其他符号一起使用，如 0.00E–00 或 0.00E00
E+ 或 e+	科学计数法，在负数指数后面加上一个减号(－)，在正数指数后面加上一个正号(＋)。该符号必须与其他符号一起使用，如 0.00E＋00

表 2.11　自定义“数字/货币”数据类型格式时各节的含义及示例

节	说　明	示　　例
第一节	正数的格式	$#,##0.00[Green];($#,##0.00)[Red];"Zero";"Null" (读者可以尝试将上面内容写入“格式”属性，然后在数据表视图输入数据，观察显示格式)
第二节	负数的格式	
第三节	零值的格式	
第四节	Null 值的格式	

表 2.12　自定义数字格式示例

设置	说　　明
0;(0);;"Null"	按常用方式显示正数；负数在圆括号中显示；如果值为 Null 则显示“Null”
+0.0；–0.0；0.0	在正数或负数之前显示正号(＋)或负号(－)；如果数值为零则显示 0.0

(6) 自定义文本和备注类型格式时使用的符号如表 2.13 左侧所示。“文本”和“备注”字段的自定义格式最多有两个节，每节含义如表 2.13 右侧所示，示例见表 2.14。

表 2.13　自定义“文本”和“备注”格式时使用的符号及节的说明

符号	说　　明	节	说　　明
@	要求文本字符(字符或空格)	第一节	有文本的字段的格式
&	不要求文本字符		
<	强制所有字符为小写	第二节	有零长度字符串及 Null 值的字段的格式
>	强制所有字符为大写		

表 2.14 “文本”及“备注”的自定义格式示例

设　置	数　据	显　示
@@@-@@-@@@@	465043799	465-04-3799
@@@@@@@@@	465-04-3799	465-04-3799
	465043799	465043799
>	davolio	DAVOLIO
	DAVOLIO	DAVOLIO
	Davolio	DAVOLIO
<	davolio	davolio
	DAVOLIO	davolio
	Davolio	davolio
@;"Unknown"	Null 值	Unknown
	零长度字符串	Unknown
	任何文本	显示出与输入相同的文本

(7) “是/否”类型的预定义格式中“是”、“True”以及“On”是等效的，“否”、“False”以及“Off”也是等效的。如果指定了某个预定义的格式并输入了一个等效值，则将显示等效值的预定义格式。“是/否”数据类型可以使用包含用“;”分割的、最多三个节的自定义格式，如表 2.15 所示。

表 2.15 “是/否”类型自定义格式的三个节内容说明

节	说　明
第一节	该节不影响“是/否”数据类型，但需要有一个分号 (;) 作为占位符
第二节	在“是”、“True”或“On”值的位置要显示的文本
第三节	在“否”、“False”或“Off”值的位置要显示的文本

3. 输入掩码(InputMask)

(1) 输入掩码用来控制数据输入的格式。如果在数据上定义了输入掩码同时又设置了格式属性，在显示数据时，格式属性将优先，而忽略输入掩码。

(2) 输入掩码属性最多可包含三个用分号(;)分隔的节，各节的含义如表 2.16 所示。

表 2.16 “输入掩码”属性各节含义

节	说　明
第一节	指定输入掩码本身，例如，!(999) 999-9999。如果要查看可以用来定义输入掩码的字符列表，请参阅表 2.17
第二节	在输入数据时，指定 Microsoft Access 是否在表中保存字面显示字符。如果在该节使用 0，所有字面显示字符(例如电话号码输入掩码中的括号)都与数值一同保存；如果输入了 1 或未在该节中输入任何数据，则只有键入到控件中的字符才能保存
第三节	指定 Microsoft Access 为一个空格所显示的字符，而这个空格应该在输入掩码中键入字符的地方。对于该节，可以使用任何字符，如果要显示空字符串，则需要将空格用双引号(" ") 括起

(3) 可以使用表 2.17 中的字符来自定义输入掩码。输入掩码示例在表 2.18 中。

表 2.17　自定义输入掩码字符及其含义

字符	说　明
0	数字(0 到 9，必需输入，不允许加号(+)与减号(−))
9	数字或空格(非必需输入，不允许加号和减号)
#	数字或空格(非必需输入；在“编辑”模式下空格显示为空白，但是在保存数据时空白将删除；允许加号和减号)
L	字母(A 到 Z，必需输入)
?	字母(A 到 Z，可选输入)
A	字母或数字(必需输入)
a	字母或数字(可选输入)
&	任一字符或空格(必需输入)
C	任一字符或空格(可选输入)
. , : ; - /	小数点占位符及千位、日期与时间的分隔符(实际的字符将根据 Windows“控制面板”中“区域设置”对话框中的设置而定)
<	将所有字符转换为小写
>	将所有字符转换为大写
!	使输入掩码从右到左显示，而不是从左到右显示。键入掩码中的字符始终都是从左到右填入的。可以在输入掩码中的任何地方包括感叹号
\	使接下来的字符以字面字符显示(例如，\A 只显示为 A)

表 2.18　输入掩码示例

输 入 掩 码	示 例 数 值
(000) 000-0000	(206) 555-0248
(999) 999-9999	(206) 555-0248 ( ) 555-0248
(000) AAA-AAAA	(206) 555-TELE
#999	−20 2000
>L????L?000L0	GREENGR339M3 MAY R 452B7
>L0L 0L0	T2F 8M4
00000-9999	98115- 98115 -3007
>L<??????????????	Maria Brendan
SSN 000-00-0000	SSN 555-55-5555
>LL00000-0000	DB51392-0493

4. 标题(Caption)

(1) 如果为表字段指定了标题，则以此标题作为数据表视图中相应的列标题，并且控

件附属标签的名称也将使用此指定标题，关于控件及附属标签我们将在“窗体”章中进一步介绍。如果没有指定标题，则字段的字段名将被用作为“数据表”视图中的列标题。

(2) 标题属性是一个最多包含 2048 个字符的字符串表达式。

(3) 若要在标题文本中显示&字符本身，请在标题的设置中包含两个&字符(&&)。例如，若要显示“Save & Exit”，应该在“标题”属性框中键入“Save && Exit”。

5. 默认值(DefaultValue)

(1) 在默认值属性中指定的字符串值，将在新建记录时由 Access 自动输入到字段中。例如，可以将“城市”字段的默认值设为“西安”，这样，当用户在表中添加记录时，西安将自动出现在新记录上。用户可以选择接受该默认值，也可以输入其他城市的名称。

(2) 默认值也可以使用表达式，例如，输入 now()，则新记录的字段中将显示输入数据时的日期和时间。关于表达式我们将在 2.5 节详细介绍。

(3) “自动编号”或 OLE 对象数据类型的字段没有默认值属性。

(4) 默认值属性仅应用于新增记录。如果更改了默认值属性，则更改不会自动应用于已有的记录。

6. 有效性规则(ValidationRule)和有效性文本(ValidationText)

(1) 有效性规则属性可以指定对输入到记录、字段或控件中的数据的要求。当输入的数据违反了有效性规则的设置时，可以使用“有效性文本”属性指定将显示给用户的消息。例如图 2.34 中，性别字段的有效性规则是“"男" or "女"”，如果用户输入的是“男”“女”这两个字符之外的其他字符，Access 将提示：“性别字段只能输入"男" 或者 "女"”。

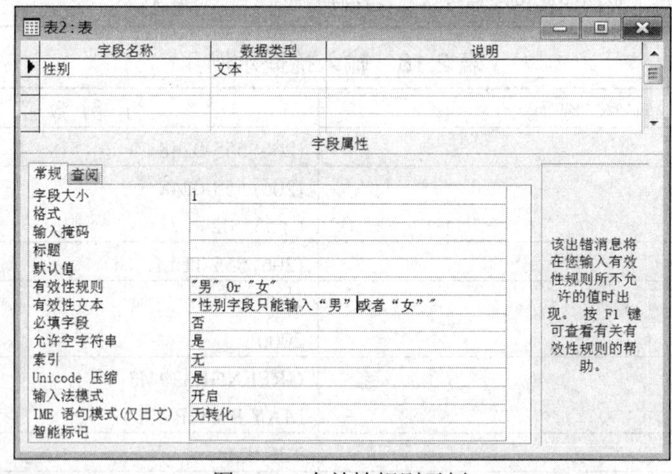

图 2.34　有效性规则示例

(2) 有效性规则属性的最大长度为 2048 个字符。有效性文本属性设置的最大长度是 255 个字符。

(3) 如果只设置了有效性规则属性但没有设置有效性文本属性，当违反了有效性规则时，Access 2003 将显示标准的错误消息。如果设置了有效性文本属性，所输入的文本将作为错误消息显示。

(4) 表 2.19 是使用表达式的有效性规则及有效性文本示例，如果为某个字段创建有效性规则，Access 2003 通常不允许 Null 值存储在该字段中。如果要使用 Null 值，必须将“Is

Null”添加到有效性规则中，如“<> 8 Or Is Null”，并确保“必填字段”属性设置为“否”。

表 2.19 有效性规则及有效性文本表达式示例

有效性规则属性	有效性文本属性
<> 0	输入项必须是非零值
> 1000 Or Is Null	输入项必须为空值或大于 1000
Like "A????"	输入项必须是 5 个字符并以字母 A 开头
>= #1/1/96# And <#1/1/97#	输入项必须是 1996 年中的日期
DLookup("客户 ID", "客户", "客户 ID = Forms!客户!客户 ID") Is Null	输入项必须是唯一的“客户 ID”(域聚合函数只允许在窗体级的有效性中使用)

7. 必填字段(Required)

(1) 必填字段属性用以指定字段中是否必须有值。必填字段属性只有两种取值：“是”或“否”。如果设置为“是”，则该字段必须被填写上数据，不允许为空；如果设置为“否”，该字段允许不输入数据。

(2) 必填字段属性不能应用于“自动编号”字段。

(3) 如果将表中一个已包含数据的字段其必填字段属性设为“是”，Access 2003 将给予一个可选项以检查在该字段的所有存在记录中是否含有值。不过，如果现有记录的该字段中含有 Null 值，仍然可以要求在所有新记录的字段中必须输入值。

8. 允许空字符串(AllowZeroLength)

(1) 允许空字符串属性用以指定在表字段中零长度字符串(" ") 是否为有效输入项。允许空字符串属性只能设置为“是”或者“否”。

(2) 允许空字符串属性与必填字段属性是相互独立的。必填字段属性仅确定 Null 值是否对字段有效。如果允许空字符串属性设为“是”，则该零长度字符串将对字段有效，与必填字段属性的设置无关。表 2.20 列出了上两种属性设置组合的结果。

表 2.20 “允许空字符串”属性与“必填字段”属性设置组合的结果

必填字段	允许空字符串	用户的操作	保存的值
否	否	按 Enter 按空格键 输入零长度字符串	Null Null (不允许)
否	是	按 Enter 按空格键 输入零长度字符串	Null Null 零长度字符串
是	否	按 Enter 按空格键 输入零长度字符串	(不允许) (不允许) (不允许)
是	是	按 Enter 按空格键 输入零长度字符串	(不允许) 零长度字符串 零长度字符串

9. 索引(Indexed)

(1) 索引可加速对索引字段的查询，还能加速排序及分组操作。例如，如果在“姓氏”字段中搜索某一雇员的姓名，可以创建该字段的索引，以加快搜索具体姓名的速度。“索引”属性可以使用的设置见表 2.21。

表 2.21　“索引”属性可以使用的设置

设　置	说　明
否	(默认值)无索引
是(有重复)	该索引允许重复
是(无重复)	该索引不允许重复

(2) 只能在表设计视图的“字段属性”节中设置“索引”属性。通过设置表设计视图的“字段属性”窗格中的“索引”属性，可以设置单一字段索引。单击“视图”菜单的“索引”或工具栏上的“索引”按钮，则可以在“索引”窗口中设置多字段索引，如图 2.35 所示。如果在“索引”窗口中添加单一字段索引，Microsoft Access 会把该字段的索引属性设为“是”。

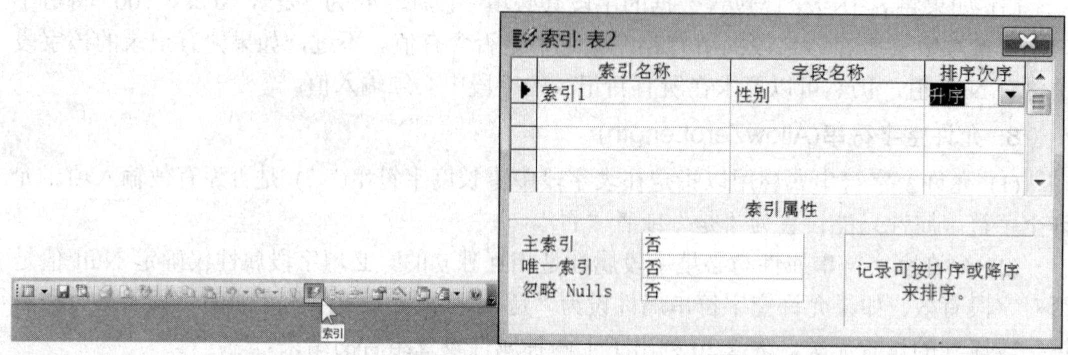

图 2.35　设置多字段索引

(1) 使用索引属性可以在表中使用单一字段进行记录的查找与排序。该字段可以包含唯一值或非唯一值。例如，可以为“雇员”表中的“雇员 ID”字段创建索引，表中每一个雇员的编号都是唯一的；或者可以为“名字”字段创建索引，字段中部分姓名可以重复。

(2) 不能对“备注”、“超链接”或“OLE 对象”等数据类型的字段编制索引。

(3) 可以根据需要创建多个索引。索引在保存表时创建，并且在更改或添加记录时，索引可以自动更新。任何时候都可以在表“设计”视图中添加或删除索引。

(4) 如果表的主键为单一字段，Microsoft Access 将自动把该字段的索引属性设为“是”(无重复)。

10. Unicode 压缩

(1) 指定是否允许对该字段进行 Unicode 压缩。Unicode 是 Unicode Consortium 开发的一种字符编码标准，该标准采用多(于一)个字节代表每一字符，使用单个字符集代表世界上几乎所有的书面语言。

(2) Unicode 压缩属性的默认值为“是”。

11. 输入法模式(IMEMode)

输入法模式属性用于选择输入数据时的输入法，如图 2.36 所示，默认为开启。

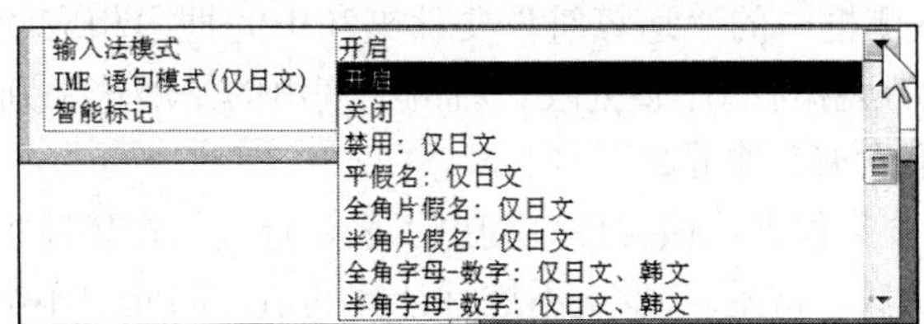

图 2.36　输入法模式选项

2.3.3　表达式及表达式生成器

表达式是众多 Microsoft Access 运算的基本组成部分，可用于执行计算、操作字符或测试数据。本节集中列出了关于 Microsoft Access 表达式的知识，部分内容超出了本章范围，这样做是为了方便检索，当在后面章节遇到表达式的问题时，可以回到此处查询。

1. 表达式生成器

Access 用表达式生成器来帮助用户输入表达式。“表达式生成器”如图 2.37 所示。

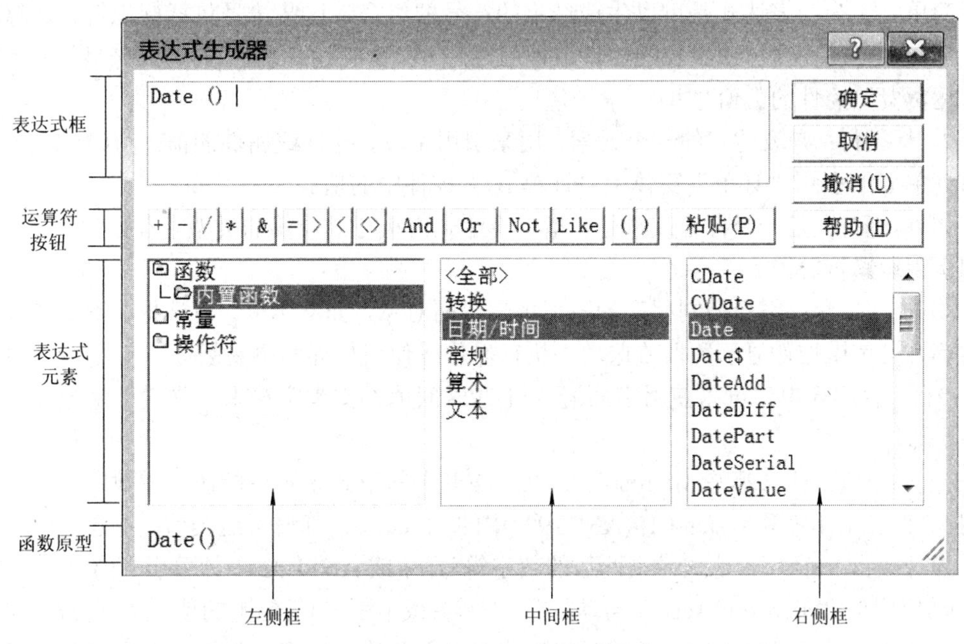

图 2.37　表达式生成器

(1) 图 2.37 中的“表达式框”是生成器上方的一个区域，可在其中创建表达式。表达式由算术或逻辑运算符、常数、函数和字段名称、控件和属性的某种组合构成。表达式的计算结果为某单个值。利用表达式可执行计算、操作字符或测试数据。生成器的下方区域可用以创建表达式的元素，然后将这些元素粘贴到表达式框中以形成表达式，也可以直接在表达式框中键入表达式的组分部分。

(2) 图 2.37 中，“运算符按钮”位于生成器的中部，包含 +、–、*、/ 等运算符。如果单击某个运算符按钮，“表达式生成器”将在表达式框中的插入点位置插入相应的运算符。

(3) 单击左下角左侧框中的“运算符”文件夹和中间框中相应的运算符类别，可以得到表达式中所能使用的运算符的完整列表。右侧框列出的是所选类别中的所有运算符。

表达式元素生成器含有三个框：

① “左侧框”包含文件夹，该文件夹列出了表、查询、窗体及报表等数据库对象，以及内置和用户定义的函数、常量(常量是不进行计算的值，因此也不会发生变化。例如，数字 210 以及文本“每季度收入”都是常量。表达式以及表达式产生的值都不是常量)、运算符和常用表达式。

② “中间框”列出左侧框中选定文件夹内特定的元素或特定的元素类别。例如，如果在左边的框中单击“内置函数”，中间框便列出 Microsoft Access 内置函数的类别。

③ “右侧框”列出了在左侧框和中间框中选定元素的值。例如，如果在左侧框中单击“内置函数”，并在中间框中选定了一种函数类别，则右侧框将列出选定类别中所有的内置函数。

2. 表达式

(1) 表达式：是算术或逻辑运算符、常数、函数和字段名称、控件和属性的任意组合。或者简单定义为：表达式是可以生成结果的符号的组合。这些符号包括标识符、运算符和值。例如，可以在窗体或报表的控件中使用“= [小计] + [运货费]”表达式来显示“小计”和“运货费”控件的数值总和。

① 标识符：是表达式的一个元素，用来引用字段、控件或属性的值。例如，Forms![订单]![订单 ID] 引用“订单”窗体上“订单 ID”控件中的值。

② 运算符：是一个标记或符号，指定表达式内执行的计算的类型。有数学、比较、逻辑和引用运算符等。

③ 控件：允许用户控制程序的图形用户界面对象，如文本框、复选框、滚动条或命令按钮等。可使用控件显示数据或选项、执行操作或使用户界面更易阅读。

(2) 在表达式中，可以使用字面值、日期/时间值、文本字符串、常量、函数或标识符来指定值。

① 字面值：代表那些 Microsoft Access 按其书写形式来对待的值，如数字、字符串或日期。"北京"、100 和#1-Jan-01#(ANSI-92 中的 '1-Jan-01')都属于这类值。

② 日期/时间值：表达式元素两边的数字符号(#)(或 ANSI-92 中的单引号('))表示该元素是日期/时间值。Microsoft Access 自动将数字符号(或单引号)所包围的值作为日期/时间值来对待，并允许用任何常用的日期或时间格式来键入此值。注意：如果表中字段的数据类型是日期/时间，在此字段的有效性表达式或条件表达式中不必为日期/时间值两边键入数字符号(或半角单引号)。可以用任一常用的日期或时间格式键入值，Microsoft Access 会自动在该值的两边插入正确的符号。

③ 文本字符串：表达式元素两边的半角双引号(")表示此元素为文本。在有效性表达式或条件表达式中键入文本时，可以不必键入半角双引号，Microsoft Access 会自动插入半角双引号。例如，如果键入表达式：北京，则 Microsoft Access 将如下显示表达式："北京"。

如果想让表达式产生包含在半角双引号中的字符串，可以将嵌套的字符串包含在半角单引号(')或三重半角双引号(") 中。例如，下面两个表达式完全等同：

Forms![联系人]![城市].DefaultValue = ' "北京" '

Forms![联系人]![城市].DefaultValue = " " "北京" " "

④ 常量：代表不会发生更改的值。True、False 和 Null(Null 标明丢失或未知的数据。在 Visual Basic 中，Null 关键字表示 Null 值。有些字段(如主键字段)不可以包含 Null 值)等都是常量，它们由 Microsoft Access 自动定义。可以在 Visual Basic for Applications(VBA)中定义自己的常量，以便在 Microsoft Visual Basic 过程中使用。

⑤ 函数根据计算或其他运算的结果返回值。Microsoft Access 包含许多内置的函数，例如：

Date()函数返回当前日期；

Sum()函数返回一组字段值的总和；

DLookUp()函数返回某一特定字段值。

⑥ 标识符可以引用字段、控件或属性的值。例如，下列标识符引用“订单”窗体上“订购日期”控件的 DefaultValue 属性的值：Forms![订单]![订购日期].DefaultValue。

(3) 表达式的计算结果为单个值。

3. 使用表达式

下列时刻可能需要使用表达式：

(1) 要设置一个属性以定义计算控件、建立有效性规则或要设置默认字段值。

(2) 要输入一个条件表达式、创建计算字段、更新查询或筛选表中的记录。

(3) 要为执行宏中的一项操作或一系列操作设置条件，或要为多项操作指定参数。

(4) 要在 Microsoft Visual Basic for Applications(VBA)过程中，为多个函数、语句和方法指定参数。

(5) 要在“查询”窗口的 SQL 视图查询，或者要在属性设置或参数中使用 SQL 语句时。

4. 生成表达式

(1) 在标识符中将字段、控件或属性包含在方括号([ ])中，表明该元素是表、查询、窗体、报表、字段或控件的名称。

(2) 在标识符中键入对象名称时，如果对象名称中包含空格或特殊的字符(如下划线)，则请用方括号将名称括起来。如果名称不含空格或特殊字符，则可以不用方括号。Microsoft Access 会自动插入方括号。例如，可以键入“= 运费 + 订单数量”表达式作为“控件来源”属性的设置，以便计算“运费”和“订单数量”字段值的总和，Microsoft Access 将显示如下表达式：= [运费] + [订单数量]。例外情况见下一条说明。

(3) 例外情况：在“有效性规则”的属性设置中或查询设计网格的“条件”单元格中，Microsoft Access 并不总在所有名称的两边自动插入方括号。如果输入的是对象名称，请确保在其两边键入方括号，否则，Microsoft Access 可能会假设输入内容是文本，并为它插入双引号。

5. 在表达式中使用!和.

在标识符中使用 ! 和 . (点)运算符可以指示随后将出现的项目类型。

(1) ! 运算符指出随后出现的是用户定义项中的一个元素。例如，使用 ! 运算符可以引用一个打开着的窗体、报表，或打开着的窗体或报表上的控件。表 2.22 中是一些 ! 运算符示例。

表 2.22 ! 运算符示例

标识符	引　用
Forms![订单]	打开着的“订单”窗体
Reports![发票]	打开着的“发票”报表
Forms![订单]![订单 ID]	打开着的“订单”窗体上的“订单 ID”控件

(2) . (点)运算符通常指出随后出现的是 Microsoft Access 定义的项。例如，使用 . (点)运算符可以引用窗体、报表或控件的属性。另外，还可以使用 . (点)运算符引用 SQL 语句中的字段值、方法(方法类似于语句或函数的过程，它对特定对象进行操作。例如，可将 Print 方法应用于 Debug 对象，以将打印输出传输到“即时”窗口)或某个集合。表 2.23 中是一些 . 运算符示例。

表 2.23 . 运算符示例

标 识 符	引　用
Reports![发票]![货主名称].Visible	“发票”报表上“货主名称”控件的 Visible 属性
SELECT 雇员.雇员 ID, 订单.订单 ID FROM 雇员 INNER JOIN 订单 ON 雇员.雇员 ID = 订单.雇员 ID;	“雇员”表和“订单”表中的“雇员 ID”字段
DoCmd.Close	Microsoft Visual Basic 中的 Close 方法
Forms![订单].Properties.Refresh	“订单”窗体 Properties 集合的 Refresh 方法

(3) 字段值、控件值或属性值的组合。可以使用&(连接)运算符将字段、控件或属性的值与字面字符串组合在一起。例如，下列表达式将字面字符串“[类别 ID] =”和“产品”窗体上“类别 ID”控件的值组合在一起：

"[类别 ID] = " & Forms![产品]![类别 ID]

(4) 在某些情况下，例如在诸如 DLookup 等域聚合函数(域聚合函数例如 DAvg 或 DMax，这些函数用于计算记录集(域)的统计数据)中，字段、控件或属性的值都必须显示在半角单引号(')或半角双引号(")中。要做到这一点，最简单的方法是在字面字符串两边加上半角单引号，然后在表达式中字段、控件或属性的值之后加上另一个由半角单引号包围的字面字符串，如下所示：

"[类别 ID] = ' " & Forms![产品]![类别 ID] & " ' "

(5) 已有的 Microsoft Access 应用程序可能使用竖线运算符(| |)来替换双引号和&(连接)运算符的起始、结束组合，如下所示(但建议不要使用竖线，因为在某些情况下它们可能会产生不可预料的结果)：

"[类别 ID] = '|Forms![产品]![类别 ID]|' "

6. 自行创建的表达式

(1) 在属性表(属性表用于查看或修改各种不同对象(如表、查询、字段、窗体、报表、

数据访问页及控件)的属性)、设计网格(设计网格是在查询设计视图或“高级筛选/排序”窗口中设计查询或筛选时所用的网格。对于查询，该网格以前称为“QBE 网格”)或操作参数(操作参数为有些宏操作所必需的其他信息，例如受操作影响的对象或执行操作的特殊条件)中输入表达式时，如果键入的表达式长度超过标准的输入区域，则可以在“显示比例”框中键入表达式。若要打开“显示比例”框，请在焦点(焦点是一种接受通过鼠标或键盘操作或 SetFocus 方法进行的用户输入的能力，焦点可由用户或由应用程序设置，具有焦点的对象通常由突出显示的标题或标题栏指示)位于将输入表达式的地方时按 Shift + F2 键。

(2) 在属性表、设计网格或操作参数中输入表达式时，Microsoft Access 将：

① 在焦点改变时，替用户插入特定字符。根据表达式输入位置的不同，Microsoft Access 会自动在窗体、报表、字段或控件名称的两端插入方括号([ ])，在日期的两端插入数字符号(#)，在文本的两端插入半角双引号(")。

② 在向计算控件(计算控件是在窗体、报表或数据访问页上用来显示表达式结果的控件，每当表达式所基于的值发生改变，就重新计算一次结果)中添加表达式时，必须在表达式前添加等号(=)。Access 不会为您插入等号。

③ 识别国际版本的特定区域的函数名称、属性名称和列表项分隔符。对于大多数的 Microsoft Access 国际版本，在表达式中输入函数或属性时，可以在属性表、设计网格或操作参数中输入它的本地名称(用各自的语言)。在为函数指定多个参数(参数是为操作、事件、方法、属性、函数或过程提供信息的值)时，使用该特定国家/地区的列表项分隔符。可将“数字”选项卡上的列表分隔符指定为 Microsoft Windows“控制面板”中“区域设置”的一部分。对于大多数国际版本，默认的列表项分隔符是半角分号(;)。但是，在 Microsoft Visual Basic 代码中，必须键入函数或属性的英文名称，并使用半角逗号(,)作为列表项分隔符。

2.3.4　设置主键

主键是一种非常重要的信息项，关系数据库中的表应当有一个主键。主键是指一个或一组区分不同记录的字段。关于主键有以下知识：

(1) 主键字段唯一标识一个记录。

(2) 主键应当是一些不经常更改的信息，如学号或雇员 ID 代码等。

(3) 通常，主键只是一个字段(如零件号)。在某些情况下，主键可能是组合在一起的两三个字段(如制造零件号和国家编号)，它们唯一地标识每个国家的零件。

(4) 通过主键，可将不同的表连接起来，同时还可以避免数据重复。

(5) 当将两个表进行关联时，父表的主键成为子表的外键。子表中通过外键引用相关的父表中的信息。

(6) 在一个表中，如果尚未使用“表向导”设置主键，则可以在“设计”视图中设置主键。之后，还可根据需要更改主键。图 2.38 是一个学生表主键设置的示例。

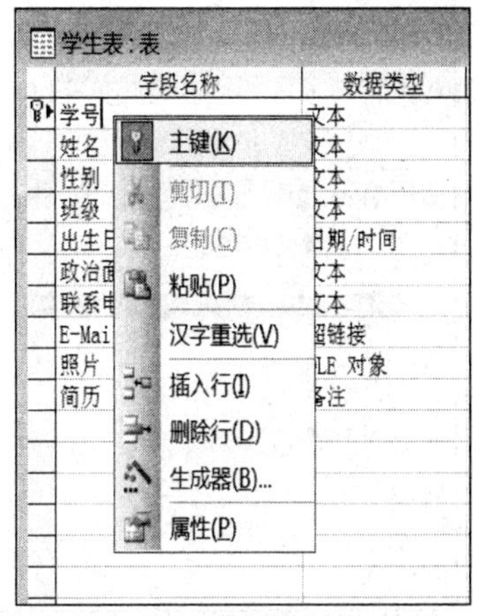

图 2.38　学生表的主键——学号

主键对数据库系统设计的重要性无论怎么强调都不过分，用当今流行语来形容即：主键之外都是浮云。相信读者在阅读完 2.7 节之后，将对这句话有更深感受。

2.4 设置表之间的关系

一个数据库中通常可有多个表，将数据分开存放可避免数据冗余，便于更新数据，但是这并不意味着数据位于一个孤岛中。在本节中，我们将展示如何用强大而高效的方法将数据组合在一起。

在设置多个表之后，将需要确定一个表如何知道另一个表。通过定义关系可使一个表快速引用另一个表中的数据。表间关系类型有三种：一对一、一对多和多对多。

2.4.1 一对一关系

在一对一关系中，A 表中的一条记录只能与 B 表中的一条记录匹配，且 B 表中的一条记录只能与 A 表中的一条记录匹配。

图 2.39 中的“学生表”和“联系方式表”就是一对一关系的。每位学生将在“联系方式表”表中列出一次，反之亦然。

学生表：表

学号	姓名	性别
40901001	张非	男
40901002	小桥	女
40902001	大桥	女
40902002	李点	男
40903001	黄中	男
40903002	孙上香	女

联系方式表：表

学号	联系电话
40901001	13000000001
40901002	13000000002
40902001	13100000001
40902002	13100000002
40903001	13500000001
40903002	13500000002

图 2.39 学生表和联系方式表的一对一关系

点击工具栏上的关系命令后弹出如图 2.40 所示的“关系”对话框，从中选择“学生表”和“联系方式表”，将“学生表”的“学号”拖到“联系方式表”上的“学号”字段，就会弹出如图 2.41 所示的“编辑关系”对话框。勾选相应选项后点“创建”按钮，得到图 2.42 所示的一对一关系。

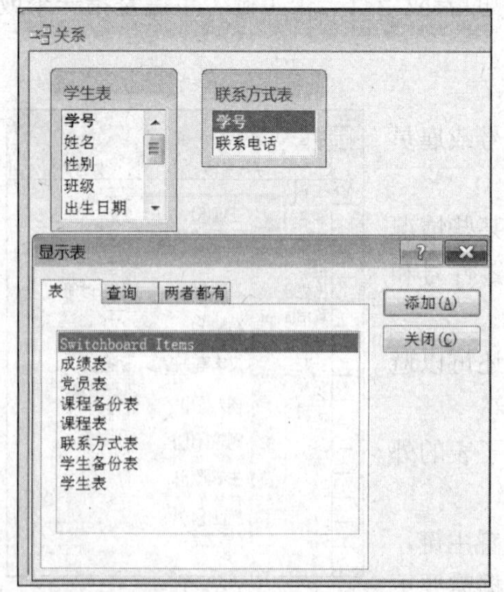

图 2.40 从显示表对话框中添加两个表

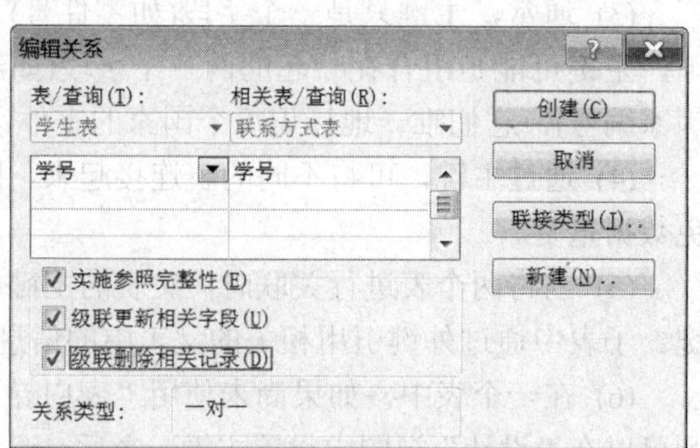

图 2.41 “编辑关系”对话框

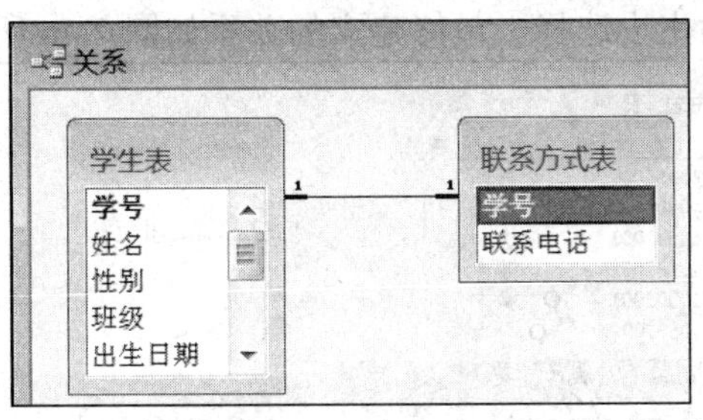

图 2.42　建立的一对一关系

2.4.2　一对多关系

在一对多关系中，A 表中的一个记录与 B 表中的多个记录相关，但是 B 表中的记录只与 A 表中的一个记录相关。

如图 2.43 所示，“学生表”中的一个学生可以有多门课程成绩，而“成绩表”中的任意一条记录只能是学生表中某一个学生的成绩。

仿照上面一对一关系的建立方法，我们可得到如图 2.44 所示的一对多关系。

学生表：表

学号	姓名
40901001	张非
40901002	小桥
40902001	大桥
40902002	李点
40903001	黄中
40903002	孙上香

成绩表：表

学号	课程号	平时成绩	期末成绩
40901001	1001	80	88
40901001	2001	70	79
40901002	2001	85	90
40901002	3002	77	90
40902001	3001	90	92
40902002	1002	96	91
40903001	1003	50	70
40903001	1004	85	77
40903001	4001	90	92
40903002	1002	70	65
40903002	1004	75	80
40903002	4001	92	88

图 2.43　一对多关系

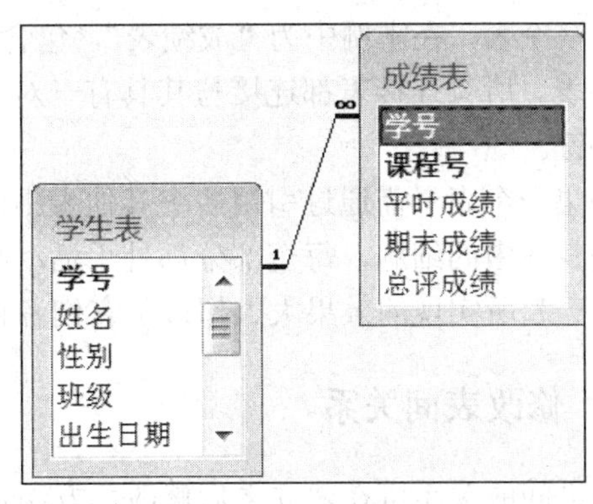

图 2.44　在 Access 中建立的一对多关系

2.4.3　多对多关系

在多对多关系中，A 表中的一个记录与 B 表中的多个记录相关，B 表中的一个记录与 A 表中的多个记录相关。

建立这种类型的关系需要一个称为“连接表”的第三方表，也就是说 A 和 B 之间不直接建立关系，而是分别与某 C 表(即连接表)建立一对多关系，进而形成 A 与 B 之间的多对多关系。连接表包含另两个表的主键，并将它们用作其外键。

参考图 2.45，“课程表”里面的每一个课程号都可能在“成绩表”中出现多次，即形成一对多关系，这样，加上前面建立的“学生表”与“成绩表”之间的一对多关系(见图 2.44)，就建立了“学生表”与“课程表”之间的多对多关系：一个学生可以拥有多门课程号，一

个课程号也可以有多个学生去选择。最终建立的关系如图 2.46 所示。

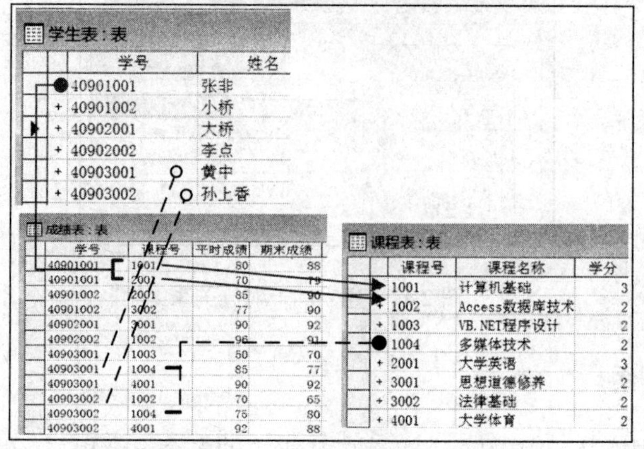

图 2.45　三个表之间的关系

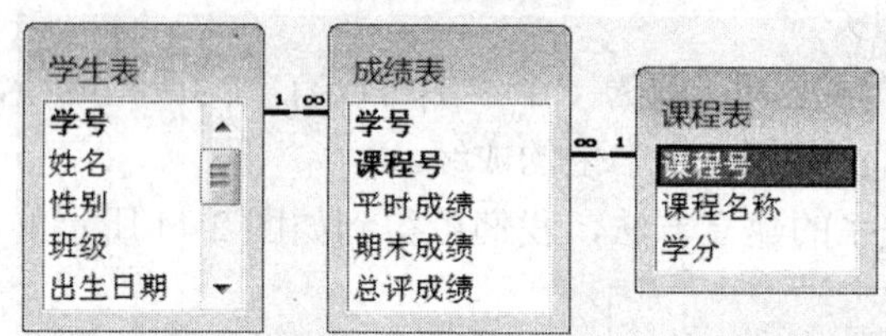

图 2.46　学生表和课程表之间形成多对多关系

第三个表，在本例中为“成绩表”，包含“学生表”和“课程表”的主键，是另两个表的连接表。所有连接表都连接与其具有一对多关系的表，这些被连接的表的主键就是连接表的外键。

如果一个表只需通过引用多个其他表中的信息来与它们相关，则数据库的各个部分就好像是身体中的细胞，每个部分都处于活动状态，每个部分都有适于其功能业务的大小，它们在一起所实现的效果大大超过了它们各自能力的加和。

2.4.4　修改表间关系

表之间的关系可在建立之后修改，方法是选中关系连线后单击右键，弹出如图 2.47 所示的快捷菜单，在里面选择删除或编辑关系。当选择“编辑关系”命令时，就弹出了图 2.48 所示的“编辑关系”对话框。

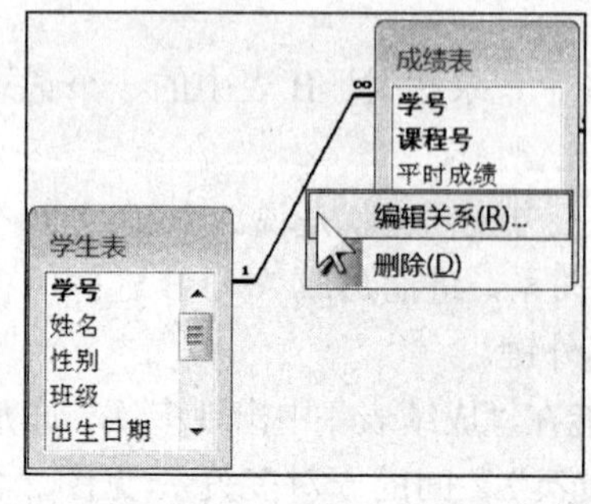

图 2.47　修改表之间的关系

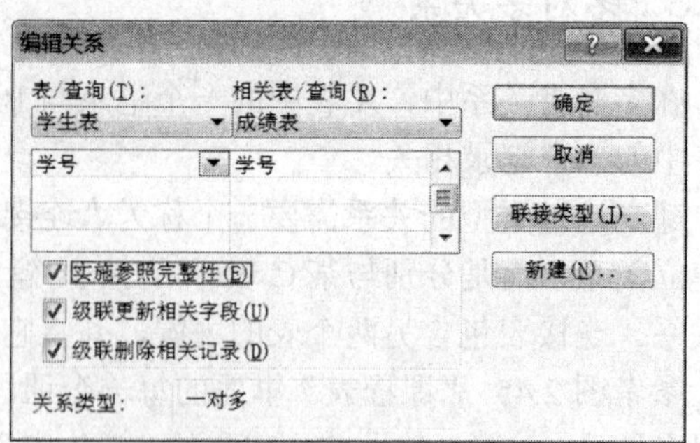

图 2.48　“编辑关系”对话框

在图 2.48 中，我们可以设置“实施参照完整性”。所谓参照完整性是指一系列规则，这些规则用来维护表间已定义的关系。如果对表的操作破坏了完整性，Access 会拒绝这种操作，并且给出出错信息。

如果选中了“级联更新相关字段”，则无论何时修改 A 表中的主键值，B 表会在相关位置处做同步更新。我们假设 A 与 B 建立了一对多关系，例如，在上面的学生表中将学号“40901001”改为“40901009”，则成绩表中原来的“40901001”将自动改为“40901009”，如图 2.49 所示。

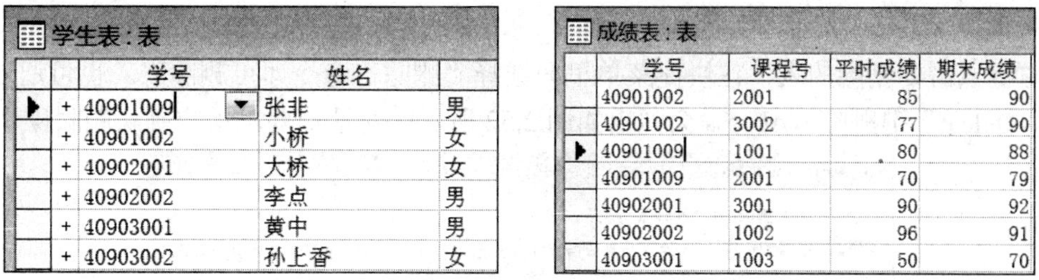

学生表：表

学号	姓名	
40901009	张非	男
40901002	小桥	女
40902001	大桥	女
40902002	李点	男
40903001	黄中	男
40903002	孙上香	女

成绩表：表

学号	课程号	平时成绩	期末成绩
40901002	2001	85	90
40901002	3002	77	90
40901009	1001	80	88
40901009	2001	70	79
40902001	3001	90	92
40902002	1002	96	91
40903001	1003	50	70

图 2.49　修改学生表中主键字段(40901001→40901009)导致成绩表中外键字段相应更新

“级联删除相关记录”与“级联更新相关字段”类似，表示“一删全删”。读者可自行尝试修改删除。

2.5　表 的 操 作

1. 打开/关闭表

在数据库中用鼠标左键双击某表对象可打开该表。另一种方法是选中表对象后，使用工具栏或菜单上面的“打开”命令。

2. 调整表外观

设置外观可增强表的可读性。如图 2.50 所示，打开表后选择“格式”菜单，可设置表的行高、列宽、字体形状颜色等。

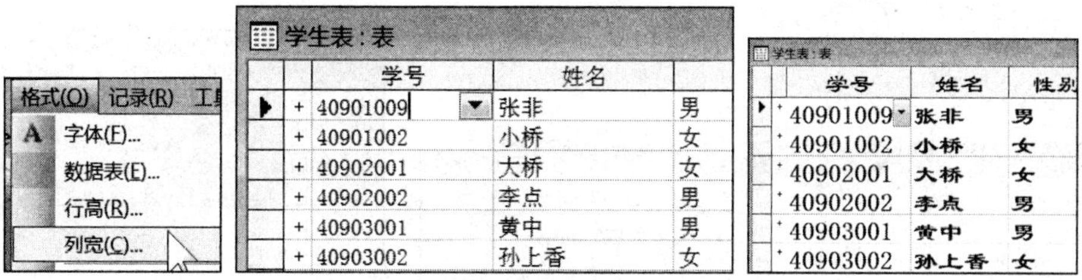

学生表：表

学号	姓名	
40901009	张非	男
40901002	小桥	女
40902001	大桥	女
40902002	李点	男
40903001	黄中	男
40903002	孙上香	女

学生表：表

学号	姓名	性别
40901009	张非	男
40901002	小桥	女
40902001	大桥	女
40902002	李点	男
40903001	黄中	男
40903002	孙上香	女

图 2.50　修改表的外观

3. 复制和粘贴表

当在一个已有大量数据的表中进行操作时，例如修改表的结构，最好先复制一份作为备份，然后再开始操作，这是一个良好的习惯，可以保证数据安全。

复制一个表的方法有多种，可以使用工具栏上的复制命令，也可以使用快捷键“Ctrl＋C”，然后选择“粘贴”命令或按“Ctrl＋V”键，如图 2.51 所示，出现“粘贴表方式”对话框，针对这些粘贴选项即可做出相应选择。

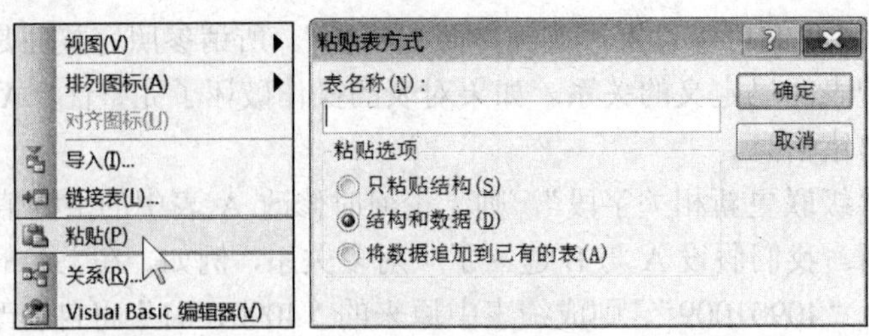

图 2.51 “粘贴”命令及“粘贴表方式”对话框

4. 删除表

右键点击要删除的表，在快捷菜单里面选择“删除”命令即可删除表。也可通过键盘上的“Delete”键删除。Access 会弹出如图 2.52 所示的对话框要求用户确认删除操作。

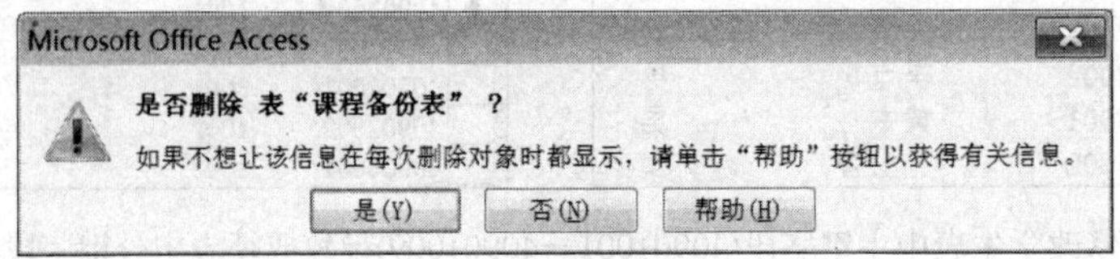

图 2.52 删除确认对话框

5. 重命名表

选中要重命名的表后点击 F2 键或从右键快捷菜单里面选择“重命名”命令，输入新的表名称即可。

6. 查找和替换

打开表后，按“Ctrl + F”组合键或在“编辑”菜单里面选择“查找”命令，即弹出如图 2.53 所示的对话框。通常选择匹配方式为“字段任何部分”，这样只要表中内容包含查找内容即能找到记录项。

7. 排序记录

打开表后，选择“记录”菜单中的“排序”命令，即可对表中记录进行排序，如图 2.54 所示。

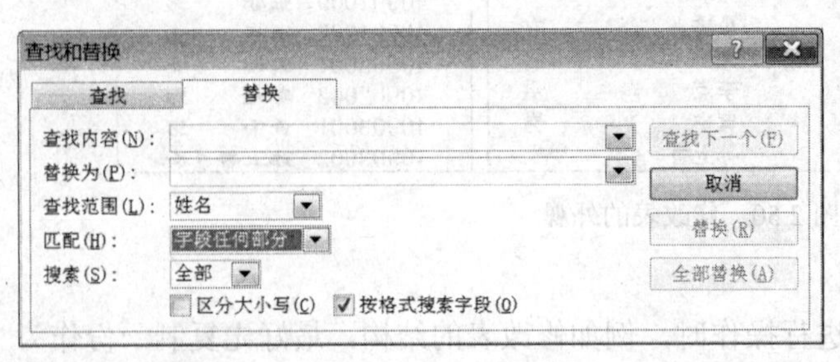

图 2.53 “查找和替换”对话框

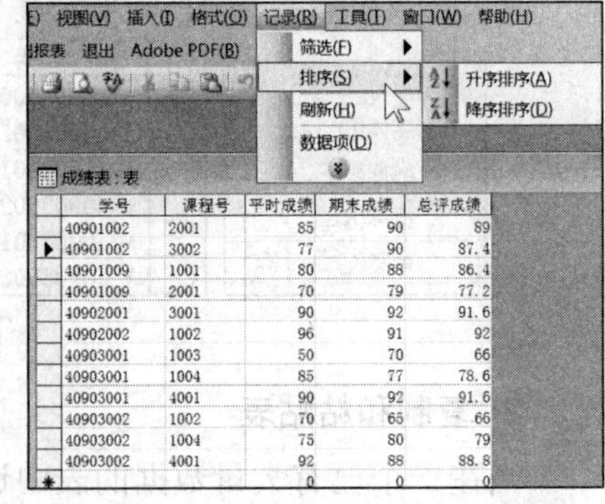

学号	课程号	平时成绩	期末成绩	总评成绩
40901002	2001	85	90	89
40901002	3002	77	90	87.4
40901009	1001	80	88	86.4
40901009	2001	70	79	77.2
40902001	3001	90	92	91.6
40902002	1002	96	91	92
40903001	1003	50	70	66
40903001	1004	85	77	78.6
40903001	4001	90	92	91.6
40903002	1002	70	65	66
40903002	1004	75	80	79
40903002	4001	92	88	88.8
*		0	0	0

图 2.54 对表中数据排序

8. 筛选记录

在查看表时，经常希望将满足条件的记录选出来，这就需要筛选记录。筛选记录操作

将满足条件的记录显示出来，将不满足条件的记录隐藏起来。常用的筛选方式有“按窗体筛选”、“按选定内容筛选”、“内容排除筛选”和“高级筛选/排序”四种。

“按窗体筛选”要先打开(学生)表，然后选择“记录”菜单上的“筛选”命令，出现如图 2.55 左边所示的“按窗体筛选”对话框。假如要查找所有女生的信息，则在性别字段上选择“女”，再点击工具栏上的“应用筛选”按钮，如图 2.55 右边所示得到筛选结果。

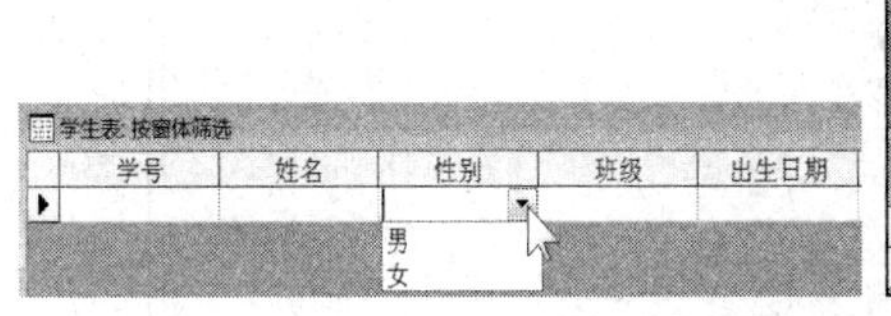

图 2.55　“按窗体筛选”对话框、“应用筛选”按钮和筛选结果

“按选定内容筛选”要先在学生表中选择某值，如图 2.56 所示，选择了性别字段的“男”，然后选择“记录”菜单中的“按选定内容筛选”命令，就得到了图 2.56 中最右边的结果。

图 2.56　按选定内容筛选

“内容排除筛选”的操作过程和“按选定内容筛选”一样，所不同的是得到的结果是“按选定内容筛选”的补集，例如，如果选择了性别字段的“男”，则筛选得到的是女生。

“高级筛选/排序”将得到如图 2.57 所示的筛选设计网格窗口，在网格上输入条件表达式，将得到右边的筛选结果。高级筛选实际上就是下一章将要介绍的选择查询。

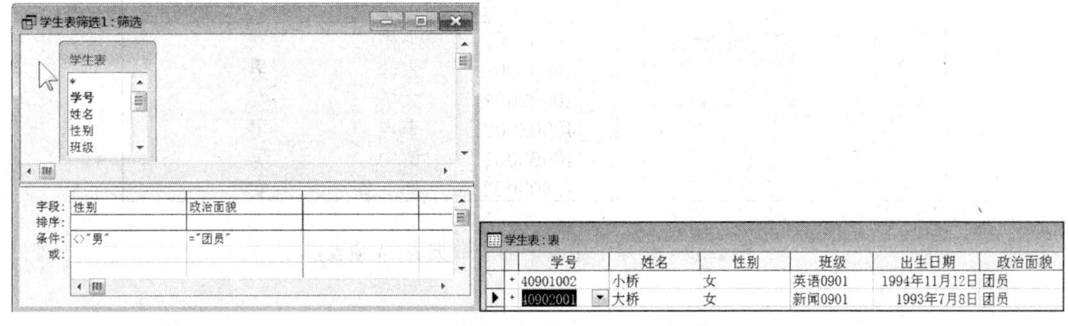

图 2.57　高级筛选设计网格和筛选结果

9. 使用子表

在设计了一对一或一对多关系的表之间，可以做到在一个表中操作的同时查看另一个表的内容。我们称前者为父表，后者为子表。

如图 2.58 所示，打开学生表，选择“插入”菜单中的“子数据表”命令，然后从“插入子数据表”对话框中选择“成绩表”，得到最右边所示的结果：点击“+”号，在任何一

个学号处都可展开该学号对应的成绩表内容。

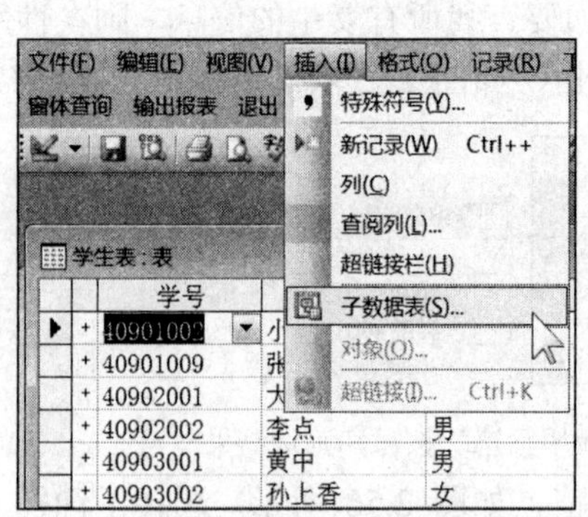

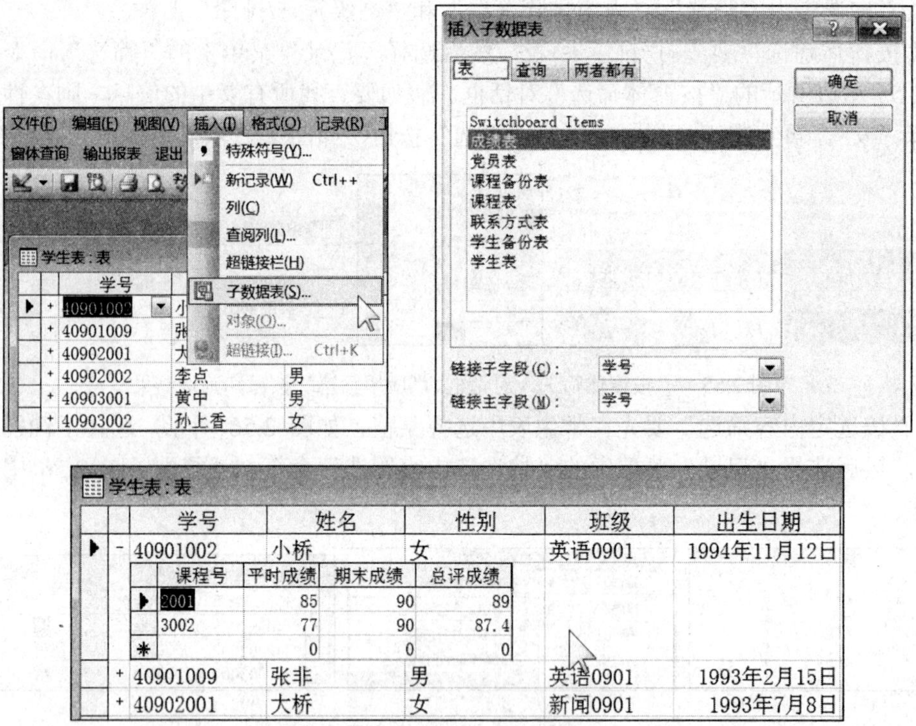

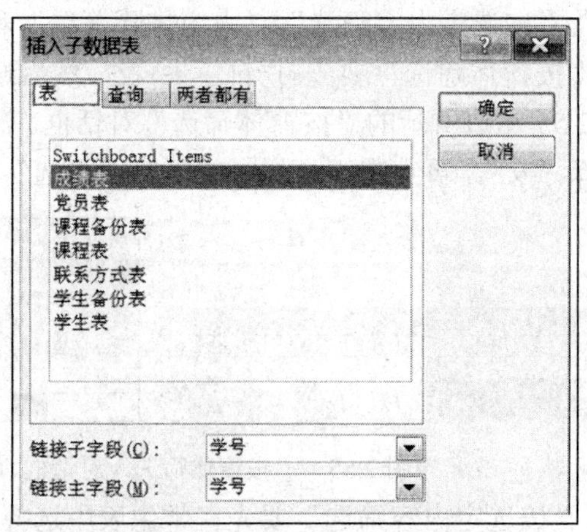

学生表：表

	学号	姓名	性别	班级	出生日期
-	40901002	小桥	女	英语0901	1994年11月12日
+	40901009	张非	男	英语0901	1993年2月15日
+	40902001	大桥	女	新闻0901	1993年7月8日

课程号	平时成绩	期末成绩	总评成绩
2001	85	90	89
3002	77	90	87.4
*	0	0	0

图 2.58　使用子表

当需要删除子数据表时，选择当前表，然后点击“格式”→“子数据表”→“删除”命令，就得到图 2.59 所示的删除成绩表的学生表。

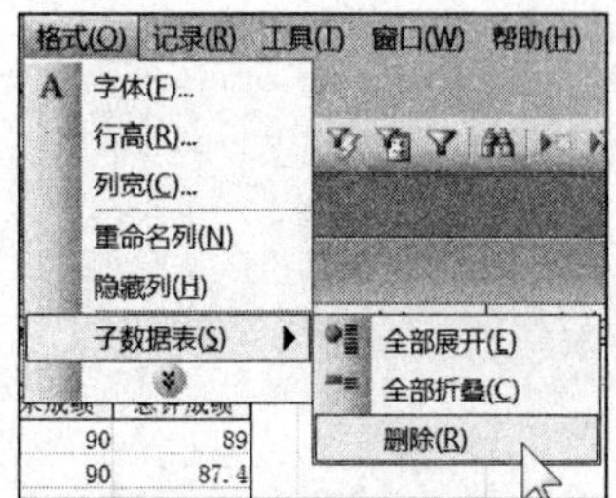

学生表：表

学号	姓名	性别
40901002	小桥	女
40901009	张非	男
40902001	大桥	女
40902002	李点	男
40903001	黄中	男
40903002	孙上香	女

图 2.59　删除学生表中的子数据表(成绩表)

2.6　数据导入和导出

关于如何从外部文件导入数据，我们已经在第 2.2.3 节做了介绍。本节介绍如何将数据库中的数据表导出，形成供其它程序使用的对象。

【例 2.4】 将学生表导出保存为 Excel 文件。

操作步骤如下：

打开数据库，单击学生表，选择“文件”→“导出”命令，弹出“将表‘学生表’导

出为"对话框，如图 2.60 所示。输入 Excel 文件名，再选择格式为"Microsoft Excel 97-2003"后，点击"全部导出"按钮即可。■

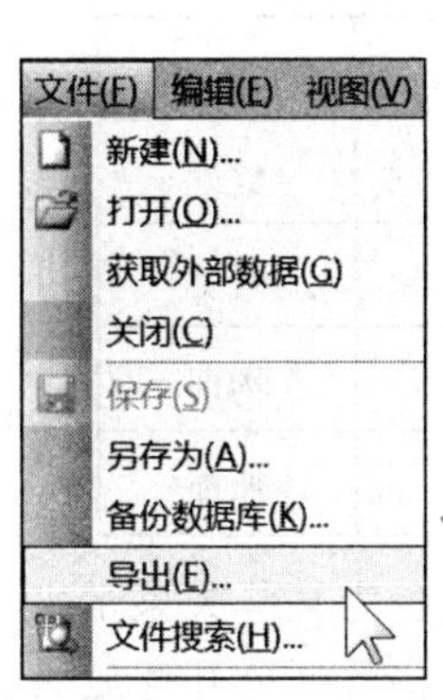

图 2.60 导出学生表为 Excel 文件

Access 导出功能支持的文件类型包括 Access 文件、dBASE、Excel、HTML、Lotus、Outlook、XML、Txt、ODBC 数据库文件等，这点和导入文件时基本一样。

2.7 如何设计高效的表

在动手创建表之前，花一段时间思考一下将如何使用数据库中的数据，这有助于理解需要哪些表，以及表将包含何种数据。之后，再开始设计表，这时应当分析数据关系并检查是否存在数据重复现象。可以通过询问下列问题来帮助更好地构造数据表：

(1) 每个记录是否唯一？

(2) 记录是否在其他位置重复？

(3) 任何详细信息或者任何一组详细信息是否在多个记录或表中重复？

(4) 是否可以在不更改其他记录的情况下方便地更改记录？

(5) 每个记录是否都包含属于该记录的所有详细信息？

(6) 每个记录是否都只包含属于该记录的详细信息，是否都特定于该记录的标识？

(7) 表中是否有任何依赖其他字段的字段？

让我们观察表 2.24 所给出的学生课程成绩表(学生姓名，课程，课程编号，成绩)。

表 2.24 学生课程成绩表

学生姓名	课程	课程编号	成绩
张三	数学	1001	90
李四	语文	1002	95
王五	物理	1003	80
赵六	地理	1004	85

在这个表中，如果要删除一个学生的记录，则连带着课程编号也被删除了。设计这样的表结构显然存在问题。一个好的方法是将表 2.24 分成两个表来保存，如表 2.25 和表 2.26 所示。此时，删除一个学生的记录不会导致课程编号消失。

表 2.25　学生成绩表

学生姓名	课程编号	成绩
张三	1001	90
李四	1002	95
王五	1003	80
赵六	1004	85

表 2.26　课程表

课程编号	课程
1001	数学
1002	语文
1003	物理
1004	地理

从上面例子可以看到，如果设计出来的表不具有最佳结构，则会为某些关系带来不良后果：丢失数据、必须在多个位置更新数据或者无法添加新数据。将数据分开存放具有一系列好处：

(1) 高效，不必在每个表中存储冗余信息。

(2) 可控，在不包含重复信息的结构完善的数据库中，更便于更新、删除和扩展数据。

(3) 准确，通过避免重复，减少了出错机会。

(4) 保证数据完整性，可以在唯一表中添加或删除字段或记录而不会影响数据结构，无需重新设计数据库。

以上，我们对数据库设计有了初步的概念。为了使设计过程更加规范、有据可循，人们经研究发现，只要遵循一定的设计规则，又称数据库设计范式，就能设计出良好的关系型数据库。

关系数据库范式目前有 8 种，基本的有 1NF(第一范式，First Normal Form)、2NF(第二范式)和 3NF(第三范式)，这三个条件对于大多数情况来说已经够用了。另外还有三种范式适合于一些特殊情况下的规范化处理，包括 Boyce/Codd 范式(或 BCNF)、4NF(第四范式)、5NF(第五范式)、6NF(第六范式)和 DKNF(DK 范式)。

1. 第一范式 1NF

所谓第一范式(1NF)是指数据库表的每一列都是不可分割的基本数据项，或者说，如果某关系所定义的域都是标量(0 维的量，例如点是标量，线不是标量)，则其满足第一范式。

表 2.27 所显示的关系不满足 1NF，“课程编号”列不是标量。该表需要分割。

表 2.27　学生成绩表

学生姓名	课程编号	成　绩
张三	数学，1001	90
李四	语文，1002	95
王五	物理，1003	80
赵六	地理，1004	85

2. 第二范式 2NF

如果一个关系(表)是第一范式的，并且它的所有属性只依赖于候选属性(可以成为主键或者说主属性的属性)，则称该关系(表)满足第二范式(2NF)。

第二范式(2NF)是在第一范式(1NF)的基础上建立起来的，即满足第二范式(2NF)必须先满足第一范式(1NF)。第二范式要求数据库表中的每个记录或行，必须可以通过某一个属性(列)或多个属性(列)的组合被唯一地区分，这个属性或属性组合就是我们在 2.3.4 节设置的主键。换句话说，第二范式要求非主属性非部分地依赖于主属性。

3. 第三范式 3NF

如果一个关系(表)满足第二范式，并且所有的非主属性(列)都是相互独立的，则称其满足第三范式。

观察表 2.28，“城市”和“城市代码”两个属性不是相互独立的，修改其中一列会导致另外一列也需要更新，它们之间存在一定的依赖关系，因此不满足第三范式。

表 2.28 学生分布表

学生姓名	学号(主键)	城市	城市代码
张三	4001	北京	100000
李四	4002	西安	710062
王五	4003	宝鸡	721014
赵六	4004	兰州	730000

4. BCNF

BCNF 是指任何属性(包括非主属性和主属性)都不能被非主属性所决定。第三范式要求非主属性之间不能有函数依赖关系，BCNF 是对第三范式的进一步加强，是第三范式的一个子集。要应用 BCNF 必须满足三个前提条件：

(1) 该关系必须拥有两个或多个候选属性。

(2) 至少两个候选属性是复合的。

(3) 候选属性间必须有重叠的属性。

作为例子，我们来分析这样的一个表：

订单表(供货商代号，供货商名称，产品代号，质量，单价)

在这个表中单一字段无法构成主键(因为一个供货商可提供多个产品)，能成为候选属性的是(供货商代号，产品代号)和(供货商名称，产品代号)。订单表符合前三个范式的所有要求，但不满足 BCNF，因为存在着函数依赖关系：

(供货商代号，产品代号) → (供货商名称，产品代号)

这种依赖性导致该订单表存在严重数据冗余。正确做法是将该表划分为两个更小的表：

供货商表(供货商代号，供货商名称)

订单表(供货商代号，产品代号，质量，单价)

5. 其他范式

第四范式要求重复组不应当放到一个关系中，第五范式用来处理“连接依赖”问题，等等，这里不再介绍，感兴趣的读者可参考其他数据库书籍文献。

总之，规范化的目的是使数据库表结构更合理，消除存储异常，使数据冗余尽量小，便于数据的插入、删除和更新。规范化的基本方法就是在不丢失信息的前提下，将关系(表)分解。常用的范式是前三个，它们由数据库先驱英国人 E.J.Codd 在上世纪七十年代提出。

习题 2

一、选择题

1. Access 数据库文件的扩展名是(　　)。

   A. .mdb　　B. .doc　　C. .txt　　D. .xls

2. 数据表中的一行称为(　　)。

   A. 记录　　B. 标题　　C. 字段　　D. 窗体

3. 数据表中的一列称为(　　)。

   A. 记录　　B. 标题　　C. 字段　　D. 窗体

4. 在数据表中需要存放图片的字段类型应该是(　　)。

   A. OLE 对象型　　B. 备注型

   C. 文本型　　D. 自动编号型

5. 如果A表中的一条记录与B表中的多条记录相匹配，则表A与表B的关系是(　　)。

   A. 无意义　　B. 一对多

   C. 多对一　　D. 不确定

6. 若要修改字段类型，应在数据表的(　　)视图中进行。

   A. 设计　　B. 数据表

   C. 浏览　　D. 预览

7. 在关系数据模型中，域是指(　　)。

   A. 字段　　B. 属性的取值范围

   C. 属性　　D. 记录

8. 要求成绩的取值范围在 0～100 之间，应在表设计视图的“成绩”字段的“有效性规则”框中输入(　　)。

   A. Between 0 and 100　　B. 0～100

   C. 0 or 100　　D. 0 and 100

9. 文本型字段最多可存储的字符个数是(　　)。

   A. 8　　B. 155　　C. 255　　D. 6400

10. 以下关于主键的说法中，(　　)是错误的。

    A. 作为主键的字段不允许出现空值(Null)

    B. 作为主键的字段允许出现空值(Null)

    C. 使用自动编号是创建主键的最简单方法

    D. 不能确定任何一个字段的值是唯一时，可将两个以上的字段组合为主键

11. Access 字段名不能包含(　　)字符。

A. !　　B. %　　C. -　　D. _

12. 数据的最小访问单位是(　　)。

A. 表　　B. 字节　　C. 字段　　D. 记录

13. 表中有一“电话”字段，文本型，要确保输入的电话只能为 8 位数字(不能有空格)，应将该字段输入掩码设为(　　)。

A. ########　　B. 00000000　　C. 99999999　　D. ????????

14. 为某字段定义了输入掩码，又设置了格式属性，则数据显示时(　　)。

A. 格式属性优于输入掩码　　B. 输入掩码优于格式属性

C. 互相冲突　　D. 都不对

15. 表中的隐藏列(　　)。

A. 暂时看不见　　B. 永远消失

C. 取消隐藏也不能显示　　D. 一旦隐藏不能再显示

二、填空题

1. 主键有________、________和________三种。

2. 输入掩码“>”字符的作用是________。

3. 将文本型字符串“4”、“6”、“12”按升序排序，结果为________。

三、实验题

在电脑硬盘上建立一个“学号-姓名-2”文件夹，其中，“学号”、“姓名”分别对应学生的学号和姓名，“2”代表第 2 章实验。如果无学号则“学号”项填“id”，无姓名则“姓名”项填“me”。以下操作均在此文件夹下完成。

1. 在“学籍管理系统”空数据库中建立以下 3 个表对象：

(1) 课程表(如下所示)

字段名称	数据类型	字段大小
课程号	文本	4
课程名称	文本	20
学分	长整型	

将“课程号”设为主键，将“学分”字段设为必填字段，并录入以下数据(可多添加)：

课程号	课程名称	学分
1001	计算机基础	3
1002	Access 数据库技术	2
1003	VB.NET 程序设计	2
1004	多媒体技术	2
2001	大学英语	3
3001	思想道德修养	2
3002	法律基础	2
4001	大学体育	2

(2) 学生表(如下所示)。

字段名称	数据类型	字段大小
学号	文本	8
姓名	文本	8
性别	查阅向导型	
班级	文本	6
出生日期	日期/时间型	
政治面貌	文本型	2
联系电话	文本型	11
E-mail	超级链接型	
照片	OLE 对象型	
简历	备注型	

将“学号”设为主键，设置出生日期显示方式为长日期，并录入以下数据(可多添加)：

学号	姓名	性别	班级	出生日期	政治面貌	联系电话	E-Mail
40901001	小桥	男	英语 0901	1993-2-15	群众	13000000001	xq@163.com
40901002	张非	女	英语 0901	1994-11-12	团员	13000000002	zf@126.com
40902001	大桥	女	新闻 0901	1993-7-8	团员	13100000001	dq@snnu.edu.cn
40902002	李点	男	新闻 0901	1993-5-16	党员	13100000002	ld@yahoo.com
40903001	黄中	男	软件 0901	1994-6-17	党员	13500000001	hz@sina.com
40903002	孙上香	女	软件 0901	1995-12-2	群众	13500000002	ssx@sohu.com

(3) 成绩表(如下所示)。

字段名称	数据类型	字段大小
学号	文本	8
课程号	文本	4
平时成绩	单精度型	
期末成绩	单精度型	
总评成绩	单精度型	

将“学号”与“课程号”两个字段设为主键；将“平时成绩”和“期末成绩”字段分别设置有效性，成绩在 0～100 之间；并录入以下数据(可多添加)：

学号	课程号	平时成绩	期末成绩	总评成绩
40901001	1001	80	88	
40901001	2001	70	79	
40901002	2001	85	90	
40901002	3002	77	90	
40902001	3001	90	92	
40902002	1002	96	91	
40903001	1003	50	70	
40903001	1004	85	77	
40903002	1002	70	65	
40903002	1004	75	80	

2. 表操作：

(1) 将学生表复制一份在数据库中，名为学生信息表；

(2) 将学生信息表导出为 Excel 表，名为学生信息.xls；

(3) 将学生信息表删除；

(4) 冻结学生表中的“学号”、“姓名”字段；

(5) 隐藏学生表中的“电话”及“E-mail”字段；

(6) 将课程表的字体、字形、字号及颜色调整为楷体、粗体、小四号及深蓝色；

(7) 设置课程表单元格效果为平面，网格线为蓝色，背景为白色；

(8) 利用“查找/替换”将课程表中的“计算机基础”替换为“大学计算机基础”。

3. 排序/筛选：

(1) 简单排序：对成绩表按“期末成绩”降序排序；

(2) 复杂排序：对学生表按“班级”升序排序，“班级”相同的按“姓名”升序排序；

(3) 按选定内容筛选：在学生表中筛选出“软件 0901”的所有信息；

(4) 按窗体筛选：在学生表中筛选出女生；

(5) 按筛选目标筛选：在学生表中筛选出姓张的同学；

(6) 内容排除筛选：在学生表中筛选出非党员。

4. 表间关系：

(1) 建立学生表、成绩表和课程表表间关系；

(2) 设置实施参照完整性、级联更新和级联删除；

(3) 展开和折叠子数据表。

第3章 查 询

数据库要在实际应用中发挥作用，就需使数据库中的数据作为解答问题或执行任务的资源。不管是比较每周销售额、跟踪包裹信息、查找所有居住在北京的俱乐部成员，查询都可以帮助我们检索数据并有效使用数据。在任何数据库系统中，查询都是最重要的部分之一，它是我们建立数据库的主要目的之一。可以这样理解：表是数据库的肉体，查询是数据库的灵魂。

查询的功能不仅在于从数据库的表中准确无误地返回每个记录，如果是那样，我们可以直接浏览表，而不需要执行查询操作。查询可使用户检索、组合、重用和分析数据，如查询既可以从多个表中检索数据，也可以作为窗体、报表和数据访问页的数据源。

在这一章，我们主要介绍 Access 查询的用法，此外还将简要介绍 SQL 查询。

3.1 查询概述

将大量数据输入数据库后，如何再从数据库中有效提取数据呢？由上一章内容我们已经知道：为了减少表数据冗余，需要把数据存放到多个表中。这样做方便了数据库管理，但也带来了负面影响，主要体现在当需要查看数据时，必须打开多个相关的表。另外，表中的结果可能时时处在更新过程中，如果只有过去的查询结果，我们将不能看到新的情况。使用查询可以避免上述种种不利影响。

Access 为我们提供了一系列工具来设计查询。无论用户何时运行查询，查询都会检索数据库中的最新数据。查询所返回的数据称为记录集。用户可以浏览记录集、在记录集中进行选择、排序记录集以及打印记录集。通常，不保存使用查询生成的记录集，但保存用于获得结果的查询结构和条件。通过重新运行查询，可以随时再次检索最新数据。查询具有标题，因此可以方便地找到它们并再次使用它们。

因为 Access 保存查询结构和条件，所以，如果用户频繁地需要某一组信息(例如特定年份的销售额)，那么可以避免每次都搜索此数据，仅通过重新运行此查询即可。这样就极大方便了用户的操作。同时，Access 也允许创建并保存多个查询，以便以不同方式检索数据。另外，修改查询也非常方便，甚至可以使用一个或多个查询的结果作为其他查询的数据源从而提高工作效率。

3.2 查询哪些内容

在开始考虑创建查询之前，最好先从逻辑上理清楚要查询哪些内容。问题表达得越清楚，查询的定义就会越准确。表3.1的示例可以提示用户如何表达自己的问题。

表3.1　表达问题示例

公司销售和产品数据库	个人网店数据库	CBA联赛数据库
公司在本地区最受欢迎的商品是什么？	有多少种类的货品，价格是多少？	哪个队在去年所有比赛中积分最高？
如果放弃最滞销的产品线，利弊是什么？	今年国庆哪些货品可以做活动促销？	今年谁定购了队服，所需的尺码是多少？
什么商品成本最高？	同类商品的价格是多少？	

更进一步，可能需要再确定如下一些问题：

(1) 想要如何选择数据？例如，是否想要查看排在前10位的项目、高于(或低于)某个数量的所有项目或居住在某地之外某个国家的所有员工？

(2) 需要哪些数据库字段？例如，对于公司销售最好的五种饮料组成的列表，用户可能想要“饮料名称”、“制造商”和“供应商”字段，而不需要“灌装所在地”字段。

(3) 获得所需的数据之后，是否还想获得其他信息？例如，是否想要将销售数量乘以价格，或查看最近的折扣对销售额产生的影响？

3.3　Access支持的查询类型

Access提供多种不同类型的查询，如表3.2所示，以满足用户对数据的多种不同需求。

表3.2　Access查询类型

查询类型	说　明
选择查询	从一个或多个表中检索数据并在数据表中显示记录集。这是最常用的查询类型
参数查询	提示用户输入用来定义查询的值，例如指定的销售结果区域，或指定的房屋价格范围，然后检索显示相应的记录集合
交叉表查询	同时使用行标题和列标题排列记录集，使记录集更容易查看
操作查询	创建新表或更改现有表
SQL 查询	使用SQL语句所创建的高级查询

(1) 选择查询：从一个或多个表中检索数据并在数据表中显示记录集，还可以将数据分组、求和、计数、求平均值以及进行其他统计分析。

(2) 参数查询：在运行时显示一个对话框，提示用户输入用作查询条件的信息。用户可以设计一个参数查询以提示输入多项信息，例如设计一个参数查询以提示用户输入两个日期，运行该查询将检索在这两个日期之间的时间范围所对应的所有数据。

(3) 交叉表查询通过同时使用行标题和列标题来排列记录集，以使记录集更便于查看。

这样，数据可以同时按两种分类显示。

(4) 操作查询用于创建新表，或通过对现有表添加数据、删除及更新数据来更改现有表。因为操作查询功能很强大，它实际上是在更改表数据，所以应该在运行操作查询之前备份数据。

(5) SQL 查询是使用结构化查询语言(SQL)语句创建的查询。SQL 是查询、更新和管理关系数据库的高级方式。创建这种类型的查询时，Access 可以替用户创建 SQL 语句，当然，用户也可以创建自己的 SQL 语句。

3.4 选择查询

选择查询是最常用的查询类型，它能从多个表中“选出”满足条件的记录来组成查询结果。创建选择查询的方式有两种：使用向导和使用设计视图。

3.4.1 使用向导创建选择查询

向导也称为“简单查询向导”，它可以自动执行一些工作来初步设置查询的结构。下面我们看一个简单例子。

【例 3.1】 利用向导创建一个查询，命名为“出生查询”，查询“学籍管理系统”中所有学生的学号、姓名、性别和出生日期信息。

操作步骤如下：

(1) 打开学籍管理数据库(该库已经在上一章中建立，并且在其中已存在三个表：学生表、成绩表和课程表)，双击“查询”对象中的“使用向导创建查询”项(如图 3.1 所示)。在弹出的“简单查询向导”对话框中选择“学生表”，如图 3.2 所示。

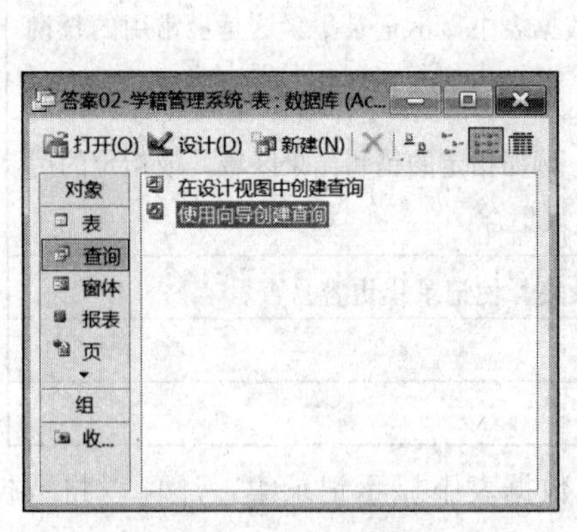

图 3.1 新建查询

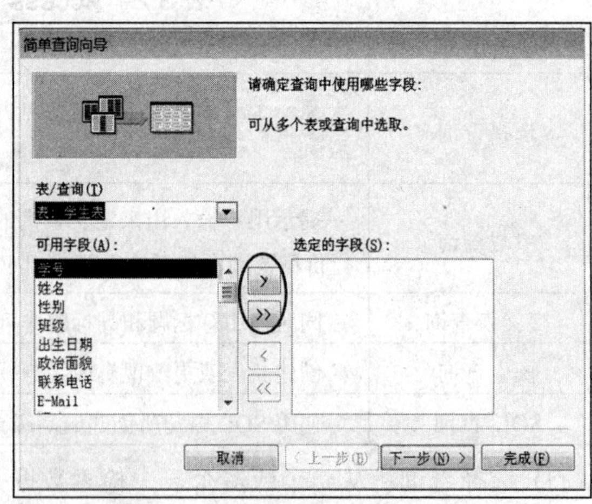

图 3.2 “简单查询向导”对话框

(2) 在图 3.2 中，双击可用字段中的“学号”、“姓名”、“性别”和“出生日期”，将其加入“选定的字段”框中，如图 3.3 所示。设置完成后点击“下一步”按钮，弹出图 3.4 所示界面。

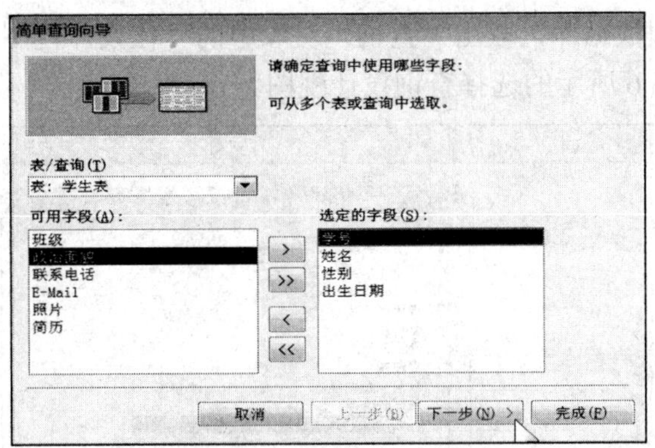

图 3.3 选定字段已设置好

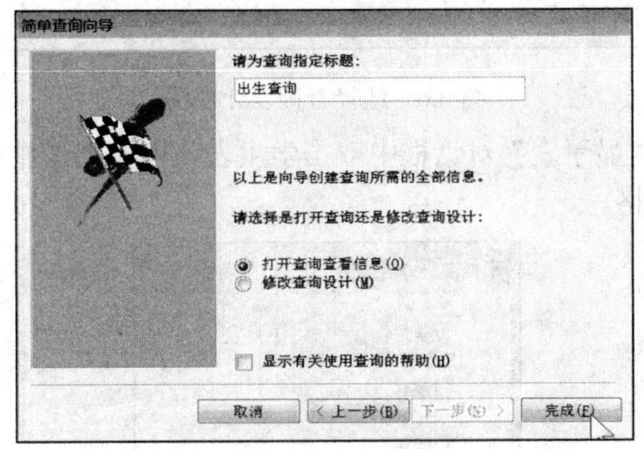

图 3.4 指定查询标题

(3) 在图 3.4 中，按向导要求为查询指定标题。点击“完成”按钮，得到最终查询结果，如图 3.5 所示。■

出生查询 : 选择查询

学号	姓名	性别	出生日期
40901002	小桥	女	1994年11月12日
40901009	张非	男	1993年2月15日
40902001	大桥	女	1993年7月8日
40902002	李点	男	1993年5月16日
40903001	黄中	男	1994年6月17日
40903002	孙上香	女	1995年12月2日

图 3.5 查询结果

查询向导通过一系列步骤快速地为我们创建了查询结构，并得到查询结果。但使用向导不能为查询添加选择条件，不能完全控制查询，不够灵活。实际使用过程中，这个缺点并不严重，我们可以先用向导创建查询，然后在设计视图中通过改进查询来获得所需结果。

3.4.2 使用设计视图创建选择查询

在设计视图中，用户在创建查询时有全部控制权。可将需要的字段拖动到网格中，然后输入用来检索数据的条件，这样即可创建查询。

【例 3.2】 利用查询的设计视图创建一个查询，命名为“出生查询”，查询“学籍管理系统”中所有学生的学号、姓名、性别和出生日期。

操作步骤如下:

(1) 打开学籍管理数据库，双击“查询”对象中的“在设计视图中创建查询”项(如图3.1 所示)，弹出如图 3.6 所示的选择查询设计视图。

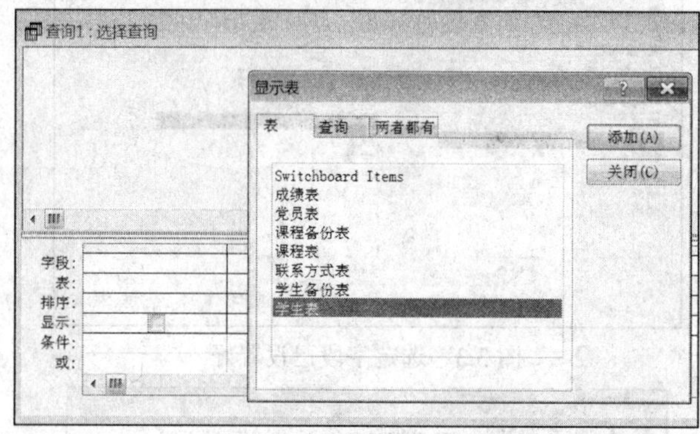

图 3.6 选择查询设计视图

(2) 在图 3.6 中的“显示表”对话框中双击学生表，再关闭“显示表”对话框，就得到如图 3.7 所示的设计网格。

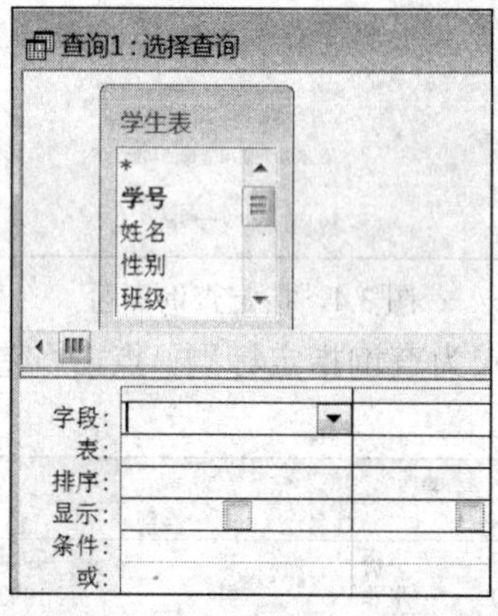

图 3.7 选择查询的设计网格

(3) 在图 3.7 所示的“学生表”框中，依次双击学号、姓名、性别和出生日期，也可以在设计网格的字段项中点击选择学生表的字段，或者将“学生表”框中的字段拖到设计网格的字段中，得到图 3.8 所示的结果。

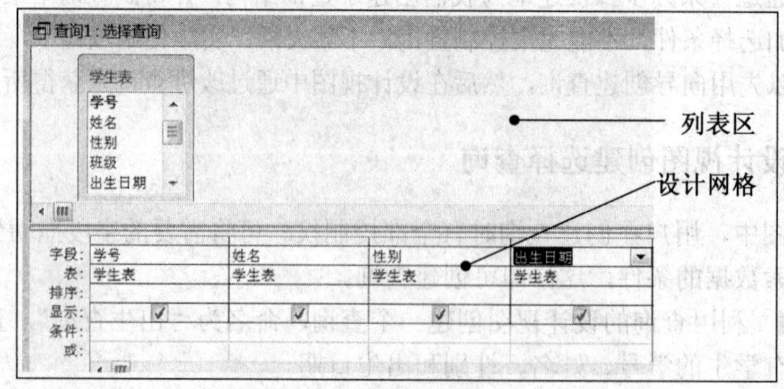

图 3.8 设计查询字段

(4) 点击工具栏上的!按钮，或者从菜单栏上执行“查询”→“运行”命令(见图3.9)，就得到了与图3.5一样的查询结果。

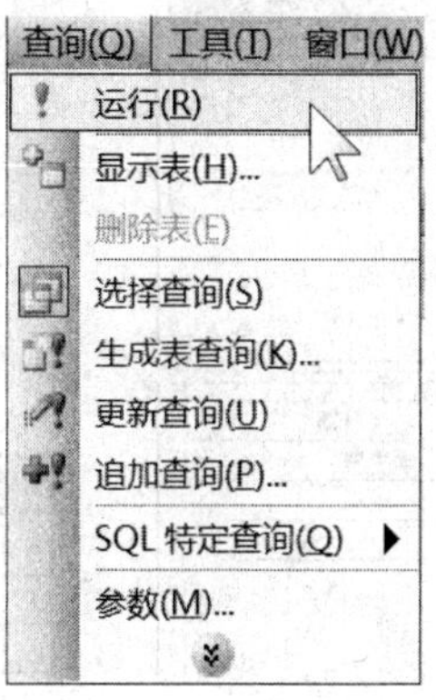

图3.9 “运行”命令

(5) 点击工具栏上的保存按钮，在提示框内输入查询名称，确定即可。■

图3.8所示的设计网格中有多个行，各行的作用列于表3.3。注意，有的行只在特殊情况下才显现，例如总计行只在点击了工具栏上的总计按钮Σ后才出现。

表3.3 设计网格中行的作用

行的名称	作　用
字段	设置查询对象时要选择的字段
表	设置字段所在的表或查询的名称
总计	定义字段在查询中的运算方法
排序	定义字段的排序方式
显示	定义选择的字段是否在数据表(查询结果)视图中显示出来
条件	设置字段限制条件
或	设置“或”条件来进行记录的选择

3.5 查询条件设置

在本节，我们对如何设置查询条件以及相关问题进行详细说明。

3.5.1 显示字段

有时，并不需要显示查询检索到的所有数据，此时用户可以指定让哪些字段在结果中显示。如图3.10所示，如果去掉“学号”字段“显示”栏中的√，则查询结果(见图3.11)中不显示“学号”字段。

“显示”栏可以让用户决定是否显示查询中使用的各个字段，但是请注意，无论是否指定了某字段的条件，都可以显示或不显示该字段。用户可以在使用此查询时随时选中或

取消选中每个字段的“显示”栏，而无需创建新查询。

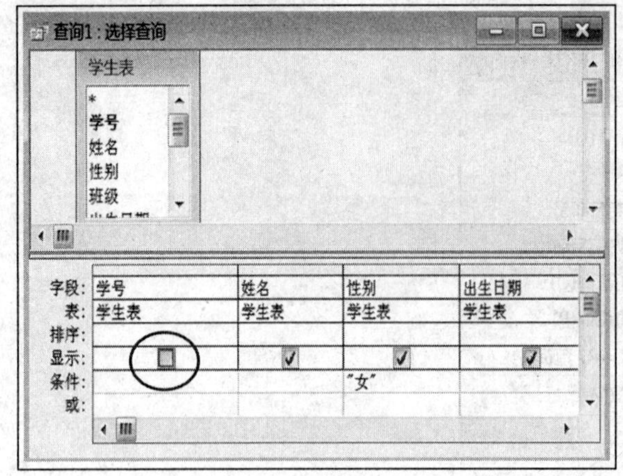

图 3.10　去掉“学号”字段的显示标志√

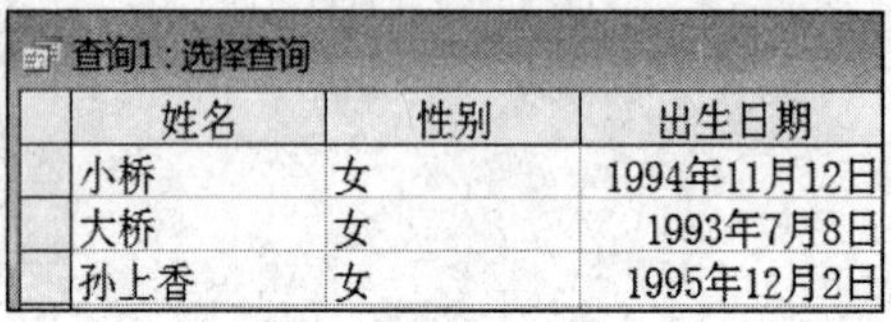

查询1：选择查询

姓名	性别	出生日期
小桥	女	1994年11月12日
大桥	女	1993年7月8日
孙上香	女	1995年12月2日

图 3.11　查询结果中不显示“学号”字段

3.5.2　排序

排序可以让查询结果包含更丰富的信息，可帮助用户精确定位目标数据，因而也使所获得的数据更有用。例如，您可以查找最畅销和最滞销的产品，或找出所有大于某个金额的住宅销售额。

【例 3.3】 利用查询的设计视图创建一个查询，命名为“平时成绩前 25%的学生查询”，查询“学籍管理系统”中包含所有课程的、平时成绩最高的前 25%的学生，显示其姓名、性别、平时成绩。

操作步骤如下：

(1) 打开学籍管理系统数据库，如图 3.12 所示，在查询设计视图里面添加两个表“学生表”和“成绩表”，这两个表之间在上一章中已经建立了一对多关系。

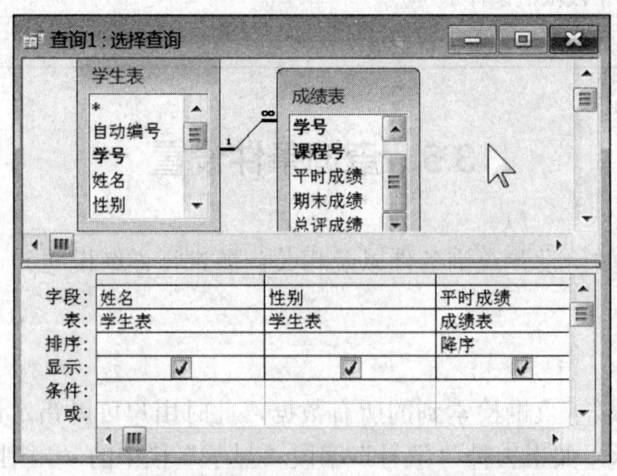

图 3.12 设置“平时成绩”字段为降序

(2) 设置“平时成绩”字段处的“排序”栏内为降序，并在工具栏上的“上限值”对话框内选择 25%，“上限值”位置如图 3.13 左边所示。

(3) 点击工具栏上的查询运行命令“!”，即得到如图 3.13 右边所示的最终查询结果。如果不设置 25%条件，则将得到全部的课程成绩及对应的学生姓名和性别。■

25%
5
25
100
5%
25%
All

查询1：选择查询

姓名	性别	平时成绩
李点	男	96
孙上香	女	92
黄中	男	90
大桥	女	90

图 3.13　设置显示前 25%学生的成绩记录及查询结果

3.5.3　设置常量查询条件

条件是指建立在查询中的详细信息，用于标识要检索的特定数据。常量指不变的量，包括数值、文本等数据，例如字符串“张三”就是一个常量，数字 1 也是一个常量，另外还包括一些系统预定义的量如 pi = 3.1415926，等等。

如图 3.14 所示，如果我们只想看女生的情况，则可在设计网格的“条件”栏中写入“女”(Access 会自动替用户加上英文双引号""，不过，一个好的输入习惯是自己添加双引号)。查询程序就会在检索过程中进行匹配，把性别字段中不等于“女”的记录全部去除。查询结果如图 3.15 所示。

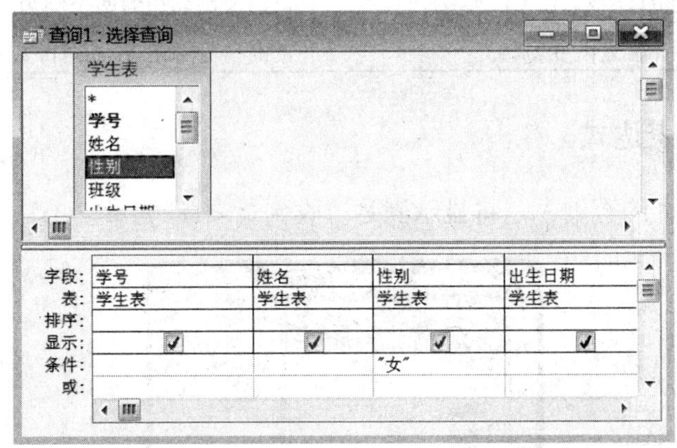

图 3.14　在性别字段的“条件”栏中设置“女”

查询1：选择查询

学号	姓名	性别	出生日期
40901002	小桥	女	1994年11月12日
40902001	大桥	女	1993年7月8日
40903002	孙上香	女	1995年12月2日

图 3.15　查询结果

条件可以很简单，也可以更复杂。复杂条件可以包括多个条件，例如，增加出生日期限制为：1994 年以后出生。当要求多个条件同时被满足时，将这些条件写在一行内，即逻辑与；当只需满足条件之一时，要将多个条件写入不同的行内，即逻辑或。

使用常量作为查询条件的示例在表 3.4 之中。

表 3.4　使用常量作为查询条件示例

字段名	条　件	功　能
考试成绩	< 60	查询考试成绩小于 60 分的记录
	Between 80 And 90	查询考试成绩在 80～90 分之间的记录
	>=80 And 90	
职称	"教授"	查询职称为“教授”的记录
	"教授"Or"副教授"	查询职称为“教授”或“副教授”的记录
	Right([职称]，2)= "教授"	
	InStr([职称]，"教授"=1 Or InStr(职称]，"教授")=2	
姓名	In("张三"，"王武") "张三"Or"王武"	查询姓名为“张三”或“王武”的记录
	Not"张三"	查询姓名不为“张三”的记录
	Left([姓名]，1)= "王"	查询姓“王”的记录
	Like"王*"	
	Instr([姓名]，"王")=1	
	Len([姓名])<=2	查询姓名为两个字的记录
课程名	Right([课程名]，2)= "基础"	查询课程名最后两个字为“基础”的记录
学号	Mid([学号]，5,2)=03	查询学号中第 5、6 两位数字为“03”的记录

3.5.4　使用条件表达式

在如图 3.16 设计的查询中，将显示满足“收到量 < (订购量 − 3)”条件的交易 ID。

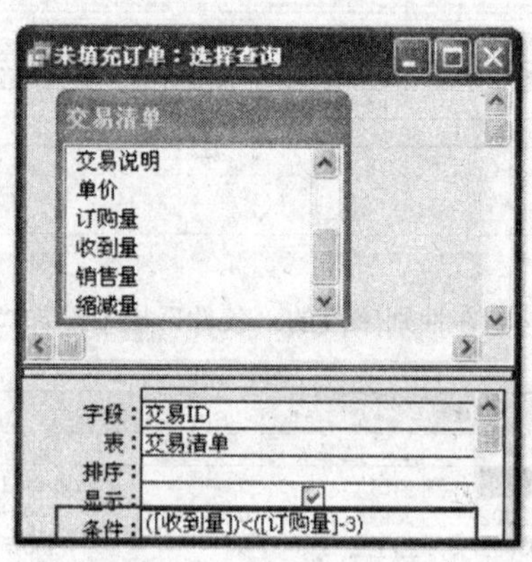

图 3.16　一个查询条件表达式示例

当希望找到包含与输入的条件相等(＝)的数据的记录时，用户可以在“条件”单元格中输入文本、数字或日期。即使只是输入一个简单的条件，Access 也会在后台编写一个表达式。

表达式把值(文本或数字)与内置函数、字段、计算式、运算符(例如大于号>)和常数结合起来。表达式的某些用途是计算数字、设置条件、将数据与预设的值进行比较、设置条件(如果 x 为真，则执行 y)以及把文本字符串加在一起，例如使用“&”符号把人的名和姓连起来(有时称为连接)。

创建表达式时，可以把文本、数字、日期、标识符(例如字段名)、运算符(例如 = 或 +)、内置函数以及常数(一个预设的不变的值，例如“True”)结合起来。

创建表达式时，也会经常用到表达式生成器来帮助用户构建表达式。表达式生成器已经在上一章里做了详细介绍。在查询设计网格中，用鼠标右键单击所希望创建表达式的单元格，例如一个字段的“条件”单元格，然后在快捷菜单中单击“构建”即可。

如果用户清楚知道所需要的表达式的语法，可直接在查询设计网格中自己键入表达式。不过，即使不知道表达式的语法，用户也能发现表达式生成器非常有用，因为可以使用它来创建表达式的基本结构，然后再键入其他部分来完善表达式。

3.5.5 常见条件类型的说明

前面我们已经看到了设置简单条件的方法和结果。表 3.5 总结了一些常见的条件类型。

表 3.5 Access 条件类型

类 型	示 例	说 明
文本	"管理员"	找出所有职务为管理员的雇员
数字	03	找出所有章节号为 03 的课程
日期	#04/03/06#	找出所有与 04/03/06 匹配的日期
带有比较运算符的表达式	<Now()	使用称为 Now() 的日期函数来检索所有在今天以前的日期
带有计算式的表达式	([收到数])<([订购数]−3)	在条件中使用计算式

(1) 文本：在具体的词或词组前后加上引号。我们之前已经注意到，当运行查询时，Access 会自动在文本条件前后加上引号，但是遇到包含多个词或多个句号的复杂条件时，这种自动添加的引号可能不正确，例如：

"New York, N.Y." 或 "Sao Paulo"

(2) 数字：可以在条件中使用数字和计算式。如果数据存储在数字字段(只包含数字的字段)中，不要在数字前后加引号。但如果数字存储在文本字段中(例如，作为地址的一部分)，则一定要在数字前后加引号。

(3) 日期：可以用多种方法把数据与日期做比较。记住，要在日期前后加上数字标记(#)。用户可能注意到当运行查询时，Access 会自动地以一定格式在日期前后加上数字标记，但还是应该检查数字标记加得是否正确，以免使用了 Access 不能识别的日期格式。

(4) 带有比较运算符和计算式的表达式：可以把文本、数字、日期和函数与比较式和计算式结合在一起使用。

注意：如果检索数字或日期，但没有得到希望的结果，用户可能需要检查字段的类型。例如，某些数字可能被视为文本，例如地址中的数字；而某些表达式(例如大于表达式)可能起了不同的作用。用户可以通过在设计视图中查看包含该字段的表来确定数据类型。

3.5.6 常用函数说明

表 3.6 列出了一些常用函数及其功能，在表达式里可能经常会用到它们。

表 3.6 常 用 函 数

函 数	功 能
Count(字符表达式)	返回字符表达式中数值型数据的个数。字符表达式可以是一个字段名，也可以是含有字段名的表达式，但所含的字段的数据类型必须是数值型
Min(字符表达式)	返回字符表达式中的最小值
Max(字符表达式)	返回字符表达式中的最大值
Avg(字符表达式)	返回字符表达式中值的平均值
Sum(字符表达式)	返回字符表达式中值的总和
Day(日期)	返回值范围为 1～31，即指定日期中的日
Month(日期)	返回值范围为 1～12，即指定日期中的月份
Year(日期)	返回值范围为 100～9999，即指定日期中的年份
Weekday(日期)	返回值范围为 1～7(其中 1 代表星期天，7 代表星期六)，即指定日期是星期几
Hour(日期/时间)	返回值范围为 1～23，即指定日期时间中的小时
Date()	返回当前的系统日期
Time()	返回当前的系统时间
Now()	返回当前的系统日期时间
Len(字符表达式)	返回字符表达式的字符个数，即长度
If(逻辑表达式，值 1，值 2)	以逻辑表达式为判断条件，在其值为真时，返回值 1，否则返回值 2

表 3.7 列出了使用日期结果作为查询条件的示例。

表 3.7 使用日期结果作为查询条件示例

字段名	条 件	功 能
工作时间	Between#1992-01-01#And#1992-12-31#	查询 1992 年参加工作的记录
	Year([工作时间])=1992	
	<Date()-15	查询 15 天前参加工作的记录
	Between Date() And Date()-20	查询 20 天之内参加工作的记录
出生日期	Year([出生日期])=1980	查询 1980 年出生的记录
工作时间	Year([工作时间])=1999 And Month([工作时间])=4	查询 1999 年 4 月参加工作的记录

表 3.8 列出了使用字段的一部分作为查询条件的示例。

表 3.8 使用字段一部分作为查询条件示例

字段名	条 件	功 能
课程名	Like"计算机"	查询课程名以“计算机”开题的记录
	Left([课程名], 1)= "计算机"	
	Instr([课程名], "计算机")=1	
	Like"*计算机*"	查询课程名中包含“计算机”的记录
姓名	Not"王*"	查询不姓“王”的记录

3.5.7 在表达式中使用运算符

运算符是符号和单词，它们规定了要对数据采取的操作。

运算符能把数据与某个值进行比较、完成数学运算、使用多个条件、合并文本字段(也称为连接)，此外还具有许多其他功能。下面对表达式中运算符的基本类型做简单介绍。

(1) 比较运算符：这类运算符能把数据库中的数据与某些值或者与其他字段进行比较。例如检索所有库存量为 100 个或超过 100 个的产品(>=100)，或所有低于 70 分的成绩(<70)。常用的比较运算符有：= (等于)，< (小于)，> (大于)，<> (不等于)，>= (大于等于)，<= (小于等于)。

(2) 算术运算符：这类运算符能完成数学运算，例如把字段加在一起(分类汇总 + 小费)或把字段乘以规定的折扣率(费率*.50)。注意，虽然在编程时可将 0.5 简记为.5，但不鼓励这种做法，还是直接写 0.5 为好。

(3) 逻辑运算符：这类运算符应用逻辑来判断条件是真还是假；一些常用的逻辑运算符有 And、Or 和 Not。

如果想找到介于两个值之间的某个值，例如想查看价格介于 25 元与 40 元之间的所有产品，则可以在条件栏内使用 Between 运算符，形式为“Between 较低值 And 较高值”，即 Between 25 And 40。注意，除了能找到介于两个值之间的值以外，此表达式也能找到正好与下限值和上限值相等的值。

表 3.9 列出了所有逻辑运算符及其含义。

表 3.9 逻辑运算符及其含义

逻辑运算符	说 明
Not	当 Not 连接的表达式为真时，整个表达式为假
And	当 And 连接的表达式为真时，整个表达式为真，否则为假
Or	当 Or 连接的表达式为假时，整个表达式为假，否则为真

表 3.10 列出了一些特殊运算符及其含义。

表 3.10 特殊运算符及其含义

特殊运算符	说 明
In	用于指定一个字段值的列表，列表中的任意一个值都可与查询的字段相匹配
Between	用于指定一个字段值的范围，指定的范围之间用 And 连接
Like	用于指定查找文本字段的字符模式。在所定义的字符模式中，用“？”表示该位置可匹配任何一个字符；用“*”表示该位置可匹配任何多个字符；用“#”表示该位置可匹配一个数字；用方括号描述可匹配的字符范围
Is Null	用于指定一个字段为空
Is Not Null	用于指定一个字段为非空

3.5.8 使用计算表达式

查询表时有时会需要计算数据，例如按国家或地区查看总运费、将两个字段相加或用价格乘以一个百分比。这时可以使用“总计查询”来进行多种运算，包括对满足特定条件的记录进行清点和求平均值。当计算完成后，还可以创建计算字段，并让该字段与数据库中的其他字段一起显示。在这些情况下，计算结果都不会存储在数据库中，这样有助于控制数据库的大小和提高效率。

利用总计查询可以对一组项目执行计算。它不仅可以求数据的总计，还可以计算一组项目的平均值、统计项目数、找到最小或最大数，等等。

在设计总计查询前，先弄清楚要按哪个字段对数据进行分组，例如按“性别”字段对学生进行分组。

【例 3.4】 已知“学生表”和“成绩表”分别如图 3.17 和图 3.18 所示，设计一个查询，显示每位同学“期末成绩”的平均值。

学生表 : 表

学号	姓名	性别
40901002	小桥	女
40901009	张非	男
40902001	大桥	女
40902002	李点	男
40903001	黄中	男
40903002	孙上香	女

图 3.17 学生表

成绩表 : 表

学号	课程号	平时成绩	期末成绩
40901002	2001	85	90
40901002	3002	77	90
40901009	1001	80	88
40901009	2001	70	79
40902001	3001	90	92
40902002	1002	96	91
40903001	1003	50	70
40903001	1004	85	77
40903001	4001	90	92
40903002	1002	70	65
40903002	1004	75	80
40903002	4001	92	88

图 3.18 成绩表

操作步骤如下：

(1) 打开“学籍管理系统”数据库，在查询设计视图里面添加两个表“学生表”和“成绩表”，这两个表之间在上一章中已经建立了一对多关系。如果未建立，则需要设计表结构，并将数据输入其中。(以下，我们假设所有表及关系都已建立好。)

(2) 在设计视图中添加“成绩表”和“学生表”，并在设计网格中选取字段，如图 3.19 所示。

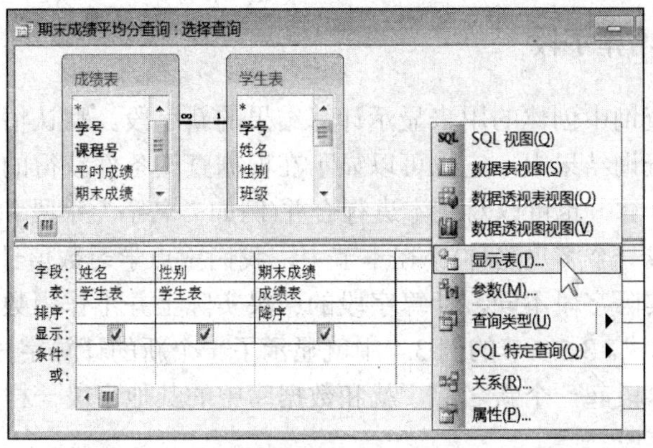

图 3.19 计算期末成绩平均值的查询设计

(3) 单击“查询设计”工具栏上的“总计”按钮Σ，即在设计网格里增加显示“总计”行，如图 3.20 所示。

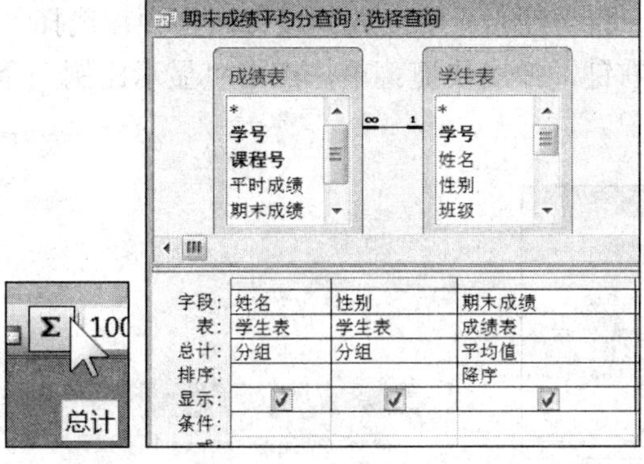

图 3.20 点击“总计”按钮后设计网格出现总计行

(4) 设置“姓名”列的总计行为“分组”。这是因为我们要统计每个学生的平均成绩，相当于每个学生自成一组，每组都有多门课成绩。在“成绩表”的总计行里选择“平均值”。

(5) 右键在列表框内或标题栏上单击，弹出如图 3.21 所示的快捷菜单，单击“数据表视图”命令，即可查看计算结果，如图 3.22 所示。如果想返回去继续设计查询，则可在图 3.22 的标题栏上单击右键，会弹出如图 3.23 所示的快捷菜单，选择“查询设计”命令，即可返回设计视图。■

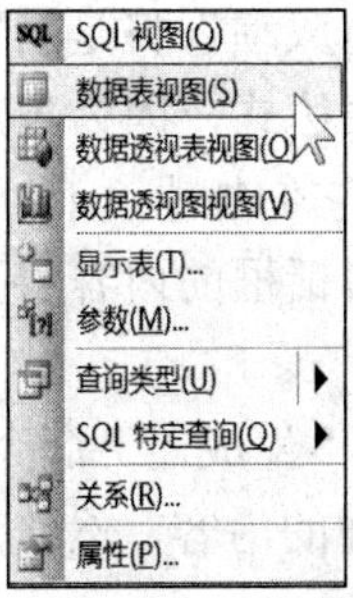

SQL 视图(Q)
数据表视图(S)
数据透视表视图(O)
数据透视图视图(V)
显示表(T)...
参数(M)...
查询类型(U)
SQL 特定查询(Q)
关系(R)...
属性(P)...

图 3.21 快捷菜单

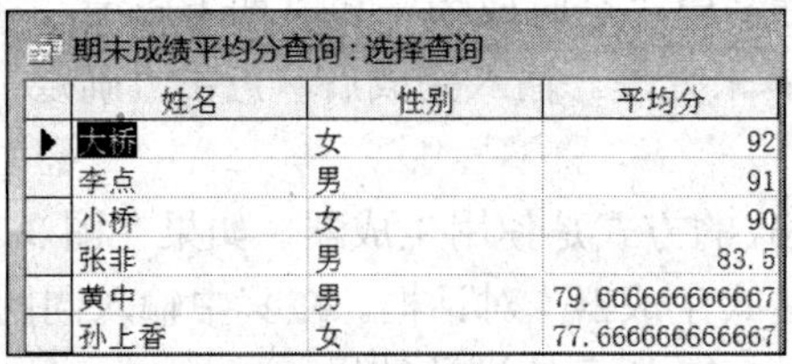

期末成绩平均分查询：选择查询

姓名	性别	平均分
大桥	女	92
李点	男	91
小桥	女	90
张非	男	83.5
黄中	男	79.6666666666667
孙上香	女	77.6666666666667

图 3.22 平均分查询结果

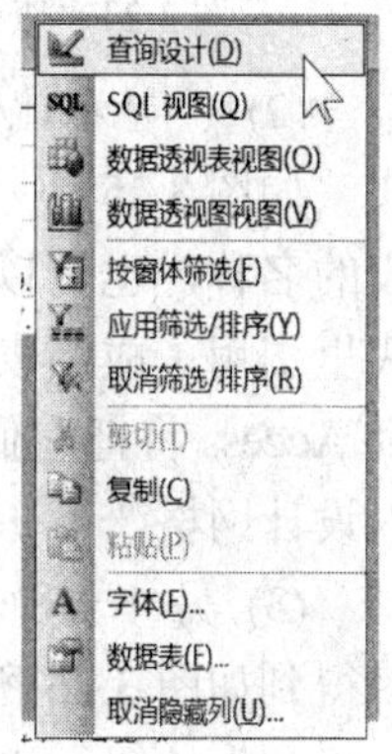

图 3.23 快捷菜单

3.5.9 创建一个计算字段

计算字段是在查询中创建的用来显示计算结果的新字段。默认情况下，计算字段与其他字段一起显示在查询结果中，它也可以显示在根据查询条件获得的表单和报告中。计算字段可以执行数值计算，也可以对文本进行合并(例如“名字”字段和“姓氏”字段可以合并成一个字段，构成一个客户名称)。在本节中，我们重点学习数值计算。

与数据库中的实际字段不同，计算字段的结果实际上并不作为数据存储。每次运行查询时，都会运行计算式。3.5.8 节的例 3.4 中就显示了一个新的计算字段“平均分”。实际上，我们也可以给这个字段起一个新名称，就和数据库中的其他字段一样。下面通过一个类似的例子来创建计算字段。

【例 3.5】 已知“学生表”和“成绩表”如图 3.17 和图 3.18 所示，设计一个查询，显示每位同学每门课程的总评成绩，令总评成绩 = 平时成绩 + 期末成绩。

操作步骤如下：

(1) 如图 3.24 所示，将“姓名”字段放到设计网格中，选择“总计”命令。在“姓名”字段的右边一格中单击右键，弹出快捷菜单，点击“显示比例”命令，弹出图 3.25 所示的“显示比例”对话框。

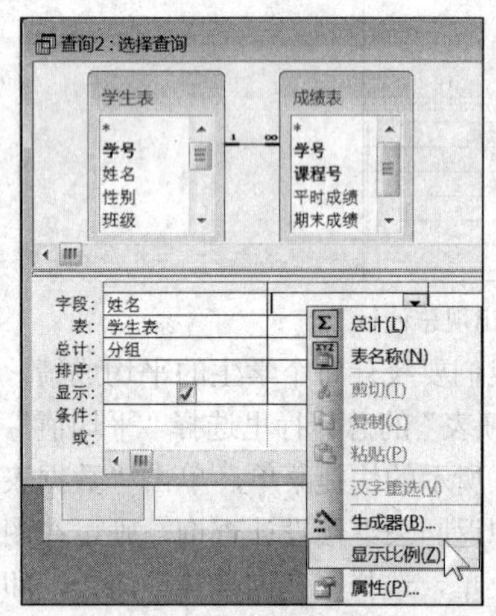

图 3.24 查询设计

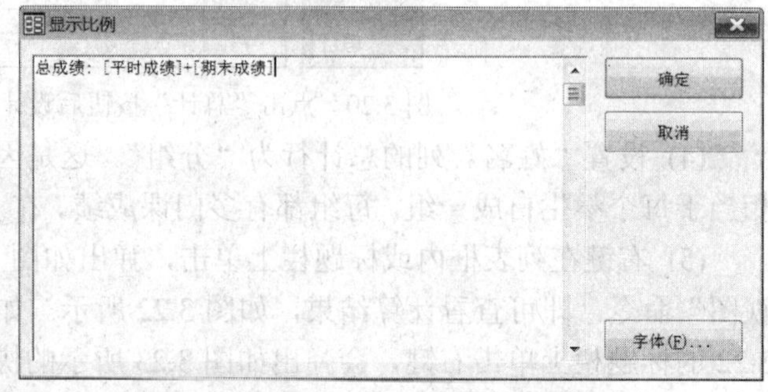

图 3.25 “显示比例”对话框

(2) “显示比例”对话框实际上是对设计单元格的放大，可以清楚地在其中输入表达式。如图 3.25 所示，输入“总成绩: [平时成绩] + [期末成绩]”，其中，“总成绩”将是新字段的名称，也可以给它起其他名称；“[平时成绩] + [期末成绩]”是一个表达式，因为表达式里引用了成绩表中的实际字段“平时成绩”和“期末成绩”，所以要给它们加上 [ ]，否则 Access 将把它们作为文本来处理。输入完成后，点击“确定”按钮，对话框的内容将写入设计网格。

(3) 另外一种输入表达式的方式是使用生成器。如果在图 3.24 中选择“生成器”命令，将得到如图 3.26 所示“表达式生成器”对话框。在其中输入同图 3.25 一样的内容，然后点“确定”按钮，也可得到图 3.27 所示的设计结果。

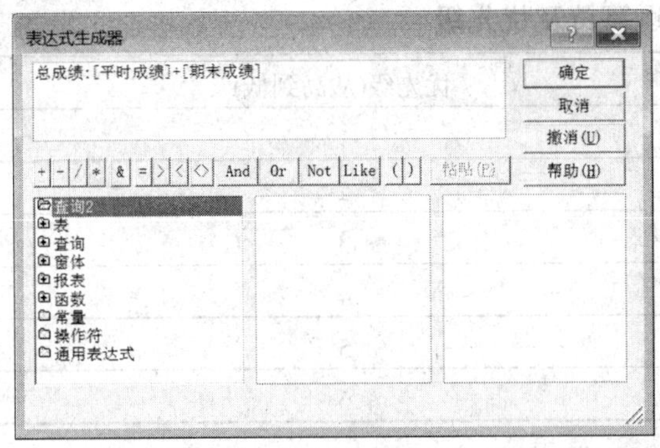

图 3.26　“表达式生成器”对话框

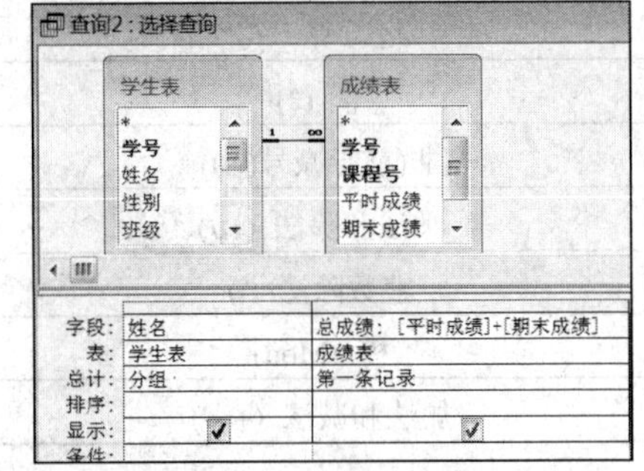

图 3.27　完成查询设计

(4) 运行查询命令，将得到最终的查询结果，如图 3.28 所示。注意，要设定“姓名”字段的“总计”项为“分组”，“总成绩”字段的“总计”项设为“第一条记录”即可。■

姓名	课程号	总成绩
大桥	3001	182
黄中	1003	120
黄中	1004	162
黄中	4001	182
李点	1002	187
孙上香	1002	135
孙上香	1004	155
孙上香	4001	180
小桥	2001	175
小桥	3002	167
张非	1001	168
张非	2001	149

图 3.28　查询计算结果

计算字段可以对数据执行加、减、乘、除和其他操作，它可以包含数据中的字段。表 3.11 介绍了更多的计算字段示例。

表 3.11　计算字段示例

表　达　式	作　用
总数: [现在发货数] + [迄今发货数]	在“总数”字段中显示“现在发货数”和“迄今发货数”字段的和。该表达式可用于计算一个订单已经完成了多少
金额: [数量]*[单价]	在“金额”字段中显示“数量”和“单价”字段的积
基本运费:运费*1.1	在“基本运费”字段中显示运费成本加上 10%的增加额
总计: [分类汇总] + [税] + [小费]	在“总计”字段中显示“分类汇总”、“税”和“小费”字段的和
周工资总额: [每小时工资额]*[每周天数]*[每日小时数]	在“周工资总额”字段中显示用每小时工资额、每天工作时数和每周工作天数相乘得出的每周工资总额

3.5.10　算术运算符及其优先级

如果表达式中有多个算术运算符，Access 会优先计算某些运算符，然后再计算另一些运算符，这是因为各运算符的优先级不同。Access 常用的运算符及其优先级如表 3.12 所示。

表 3.12　运算符及优先级

运　算　符	优先级(从高到低)
幂 (^)	1
非(前导减号(–))	2
乘法和除法 (*,/)	3
整数除法 (\)	4
模 (Mod)	5
加法和减法 (+,–)	6

注意：(1) 可以通过在希望 Access 先计算的部分的两端加上括号，来改变计算顺序。

(2) 如果有多个括号相互嵌套，Access 会从里向外运算。如果多个运算符在同一级别，Access 会从左向右计算。

3.5.11 使用表达式计算日期

表 3.13 通过一些示例，展示了如何通过表达式计算日期。

表 3.13　计算日期示例

表　达　式	作　　用
用餐时间: DateAdd("h", 3, [到达时间])	用餐时间为“到达时间”之后的 3 小时
年龄: DateDiff("yyyy", [生日], Now()) + Int (Format (now(), "mmdd") < Format([生日], "mmdd"))	通过某人的生日及当前日期，计算他的年龄
延隔时间: DateDiff("d", [订单日期], [发货日期])	显示“订单日期”字段和“发货日期”字段之间相隔的天数
雇用年份: DatePart("yyyy", [雇用日期])	显示每个雇员的雇用年份
月份数: DatePart("M", [订单日期])	显示订单日期中的月份数，例如八月显示为 8
本月：Format(Now(), "mmm")	显示当前日期所在的缩写月份，此处 mmm 的范围为 Jan 到 Dec

3.5.12　空值 Null 如何影响查询

如果一个字段中没有输入日期，该字段就被视为空。如果试图执行计算、运行总计查询或对包含几个空值的字段执行排序，可能得不到想要的结果。例如，Average 函数会自动忽略包含空值的字段，如果要根据“成绩”字段来统计学生记录数，而一些成绩还没有被记录，那么空值也会影响结果，统计结果不能反映学生的总数，因为该统计不包括还没有成绩的学生。

用户可能希望从结果中排除空值，或将结果只限制在那些带空值的记录上，例如想要搜索还没有成绩的学生。这时，可以通过使用运算符 Is Null 和 Is Not Null 来完成。对需要

检查值的字段，只要在查询设计网格的“条件”单元格中键入该运算符即可。

一些字段类型如文本、备忘录和超级链接字段，还可以包含零长度的字符串，这意味着该字段中没有值。例如，一个学生可能已经退学了，因此他没有成绩。可以通过键入中间不带空格的两个双引号("")来输入零长度的字符串。

表3.14及表3.15列出了使用空值的示例。

表3.14 使用空值或空字符串作为查询条件示例

字段名	条件	功能
姓名	Is Null	查询姓名为Null(空值)的记录
	Is Not Null	查询姓名有值(不是空值)的记录
联系电话	" "	查询没有联系电话的记录

表3.15 使用空值Null计算示例

表达式	作用
延隔时间：IIf(IsNull([规定日期]-[发货日期]),"请检查缺少的日期",[规定日期]-[发货日期])	如果“规定日期”字段或“发货日期”字段为空，就在“延隔时间”字段中显示信息“请检查缺少的日期”；否则，会显示二者的差
当前国家: IIf(IsNull([国家]), "", [国家])	如果“国家”字段为空，就在“当前国家”字段中显示空字符串；否则，会显示“国家”字段的内容
=IIf(IsNull([地区]),[城市]&""& [邮政编码], [城市]&" "&[地区]&"" &[邮政编码])	如果“地区”为空，显示“城市”和“邮政编码”字段的值；否则，显示“城市”、“地区”和“邮政编码”字段的值

注意，在连接到Microsoft SQL Server数据库的Access项目中，可以在数据类型为“varchar”或“nvarchar”的字段中输入零长度的字符串。

3.6 参数查询

参数查询是可提示用户输入的查询。

前面我们已熟悉基本的Access选择查询。创建选择查询时，需要选择其结构和条件，例如某个月的销售额。但是，如果每次运行查询时需要搜索不同月份的销售额，该如何操作呢？

使用参数查询，用户可以在每次运行查询时输入不同的条件值，以获得所需的结果，而不必每次重新创建整个查询，即：一次创建，多次使用。

参数查询的效果如图3.29所示。要实现仅含一个参数的单参数查询，只要在参数查询的设计网格中用方括号[]括住条件文本即可，如图3.30所示。运行查询时，该提示文本将显示出来。

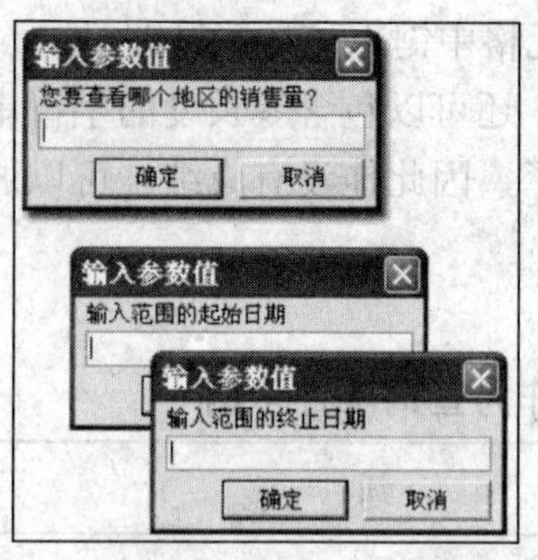

图 3.29　参数查询提示输入要查找的数据

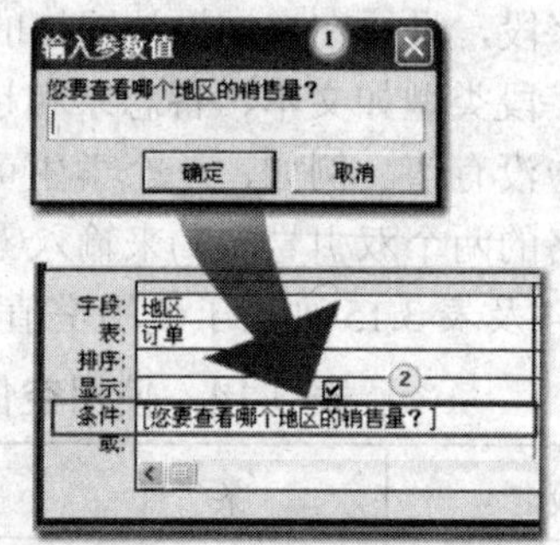

图 3.30　在条件栏内输入用[ ]包围的条件文本

如果查询涉及一个范围，如最低分和最高分，则先会提示键入第一个值，然后提示键入第二个值，之后结果便显示出来。下面的图 3.31 和图 3.32 给出了这种参数查询示例，要求输入最低成绩和最高成绩，之后显示学生成绩查询结果。

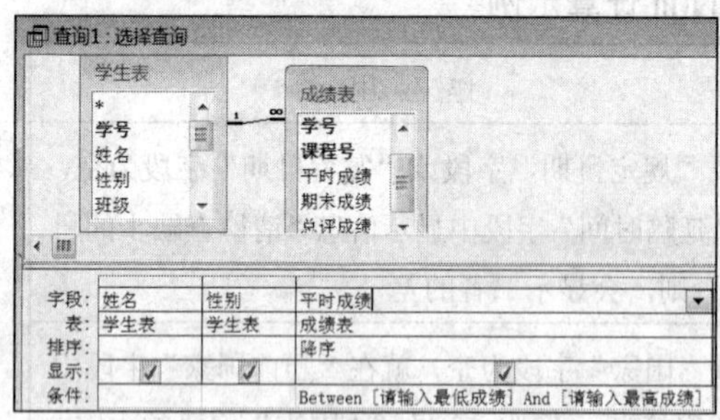

图 3.31　参数查询设计

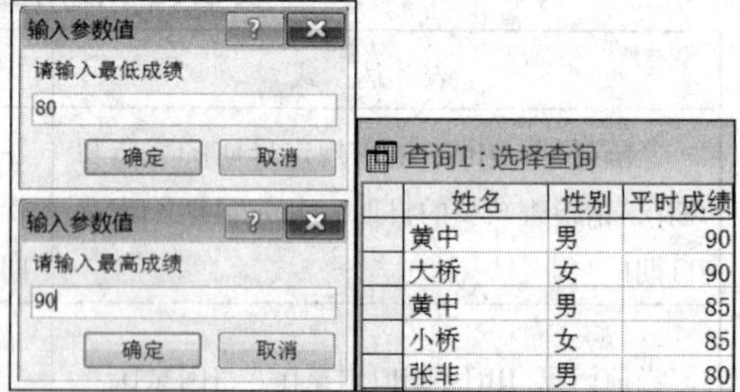

姓名	性别	平时成绩
黄中	男	90
大桥	女	90
黄中	男	85
小桥	女	85
张非	男	80

图 3.32　多参数查询过程和结果

这种需要多个参数的查询，称为多参数查询。

3.7　交叉表查询

利用前面的查询技术，可以根据需要检索出满足条件的记录，也可以在查询中执行计算，但是有时还是不能很好地解决数据管理工作中遇到的问题。例如，现在我们想看看每门课程的选课情况，查询设计如图 3.33 所示，由于每名学生选修了多门课，因此在“课程名称”及“姓名”字列段中出现了重复的内容，见图 3.34。

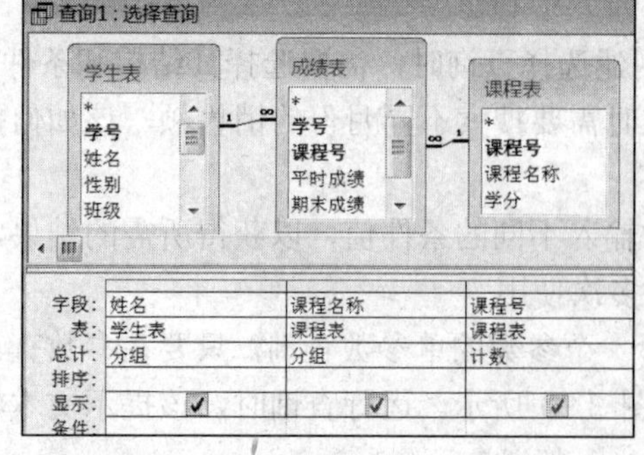

图 3.33　查看学生选课情况的查询设计

查询1：选择查询

姓名	课程名称	课程号之计数
大桥	思想道德修养	1
黄中	VB.NET程序设计	1
黄中	大学体育	1
黄中	多媒体技术	1
李点	Access数据库技术	1
孙上香	Access数据库技术	1
孙上香	大学体育	1
孙上香	多媒体技术	1
小桥	大学英语	1
小桥	法律基础	1
张非	大学英语	1
张非	计算机基础	1

图 3.34　查询结果

为了使查询后生成的数据显示更清晰、准确，结果更紧凑、合理，Access 提供了一种很好的查询方式，即交叉表查询。交叉表查询是将来源于查询结果表中的字段进行分组，一组列在交叉表左侧，一组列在交叉表上部，并在交叉表行与列交叉处显示表中某个字段的某类型计算值。

创建交叉表查询时，需要指定 3 种字段：一是放在交叉表最左端的行标题，它将某一字段的相关数据放入指定的行中；二是列标题，至于交叉表顶行；三是放在交叉表行与列交点位置上的字段，需要为该字段指定一个总计项，如总计、平均值、计数等。在交叉表查询中，只能指定三个字段分别用于行标题、列标题和一个总计类型。

3.7.1 通过交叉表查询向导创建交叉表

使用交叉表向导时要注意：如果交叉表来源于多个表，则需要先建立一个查询，其结果中要包含建立交叉表的三个字段。下面我们来看一个例子。

【例 3.6】 利用交叉表查询向导创建一个交叉表，显示每门课程的选课学生情况。

操作步骤如下：

(1) 先建立一个查询，如图 3.33 和图 3.34 所示，命名为查询 1。

(2) 点击数据库工具栏上的“新建”按钮，在“新建查询”对话框中选择“交叉表查询向导”，得到图 3.35 所示的“交叉表查询向导”对话框。在其中选择“查询：查询 1”，并点击“下一步”，弹出如图 3.36 所示的界面。

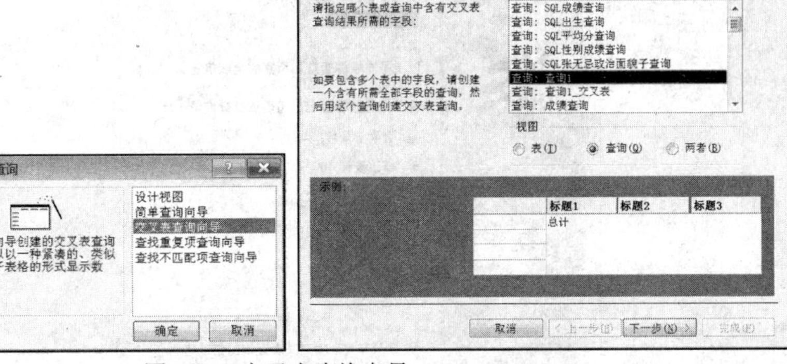

图 3.35 交叉表查询向导

(3) 在图 3.36 中，选取“课程名称”作为行标题。点击“下一步”，弹出图 3.37 所示的对话框。

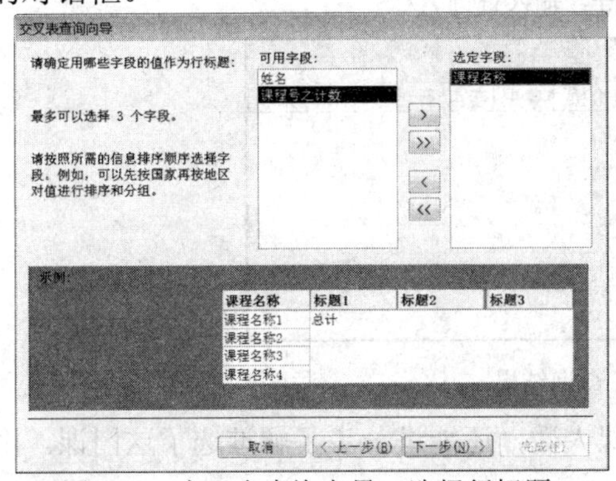

图 3.36 交叉表查询向导：选择行标题

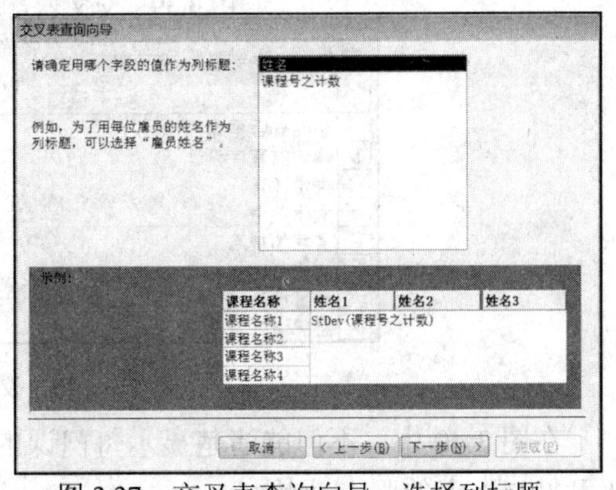

图 3.37 交叉表查询向导：选择列标题

(4) 在图 3.37 中选择“姓名”作为列标题，点击“下一步”，弹出图 3.38 所示界面。

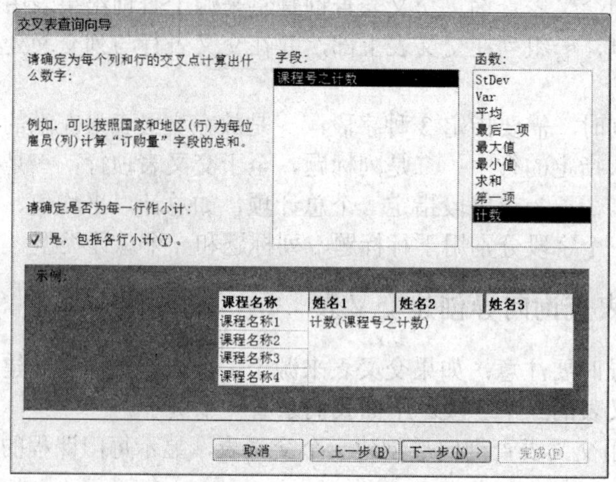

图 3.38　交叉表查询向导：选择交叉点值

在图 3.38 中选择“计数”函数，点击“下一步”弹出如图 3.39 所示界面，输入查询的名称后单击“完成”按钮，出现交叉表查询结果，见 3.40 图。■

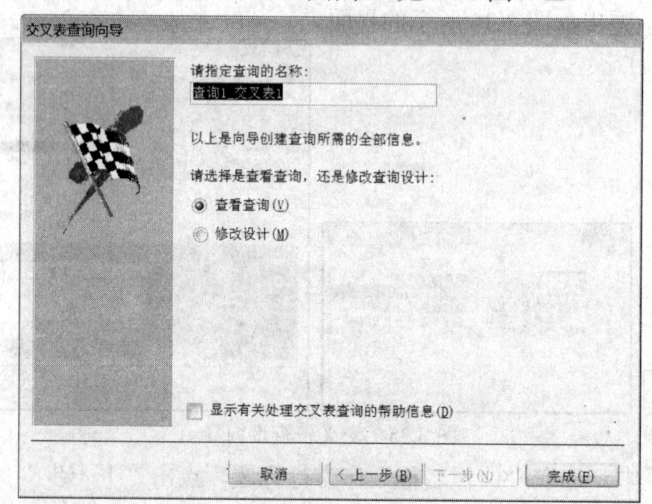

图 3.39　交叉表查询向导：输入查询名称

查询1_交叉表1 : 交叉表查询

课程名称	总计 课程号之计数	大桥	黄中	李点	孙上香	小桥	张非
Access数据库技术	2			1	1		
VB.NET程序设计	1		1				
大学体育	2		1		1		
大学英语	2					1	1
多媒体技术	2		1		1		
法律基础	1					1	
计算机基础	1						1
思想道德修养	1	1					

图 3.40　交叉表查询结果

在图 3.40 中，不但能清楚显示每门课的选课人数，还能进一步了解谁选了这门课。由此可见交叉表的强大功效。

3.7.2　通过设计视图创建交叉表

如图 3.41 所示，我们也可以在设计视图里面直接创建交叉表然后再运行，得到与图 3.40 一样的结果。

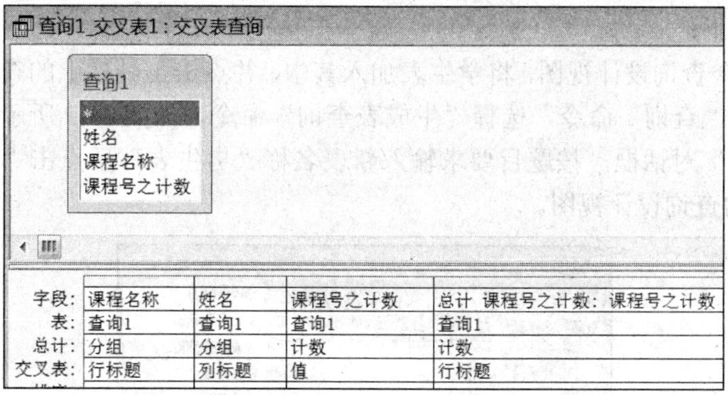

查询1_交叉表1 : 交叉表查询

查询1
*
姓名
课程名称
课程号之计数

字段:	课程名称	姓名	课程号之计数	总计 课程号之计数: 课程号之计数
表:	查询1	查询1	查询1	查询1
总计:	分组	分组	计数	计数
交叉表:	行标题	列标题	值	行标题

图 3.41　从查询 1 出发设计交叉表查询

值得一提的是，在设计视图里，我们也可以直接从原始的各个表出发直接构造一个交叉表查询，如图 3.42 所示。这显示了设计视图强大而灵活的操控性。

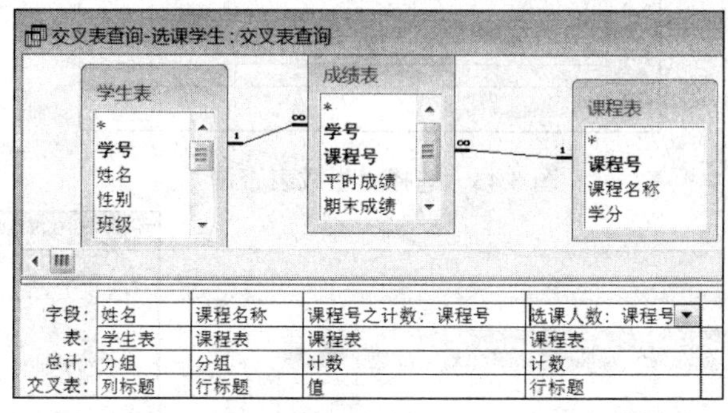

图 3.42　以原始表为基础设计交叉表查询

3.8　动 作 查 询

在本节之前我们得到的查询结果尽管也是用表的形式展现给读者的，但其实不是一张真正的表，因为并未增加新的表对象。而在不少情况下，我们确实需要将查询结果保存为一个新的表，例如将考试成绩在 90 分以上的记录存储到一个新表中，用于评定奖学金，此时就要用到动作查询里的生成表查询。另外，在对数据库进行维护时，常常需要修改大量的数据。例如，给计算机学院的所有教师增加 5%的工资。这种操作既要检索记录，又要更新记录，我们可以使用动作查询中的更新查询完成这样的任务。

动作查询与之前的选择查询和交叉表查询最大的不同在于它可以对数据库中的源数据进行修改。

动作查询共有四种：生成表查询、追加查询、更新查询和删除查询。

创建动作查询要使用“设计视图”。

3.8.1 生成表查询

【例 3.7】 将“学籍管理系统”数据库中的男学生找出来，生成新表“男生表”。

操作步骤如下：

(1) 打开一个查询设计视图，将学生表加入其中，并点击工具栏上的查询类型按钮或者菜单栏上的“查询”命令，选择“生成表查询”命令，如图 3.43 所示，弹出如图 3.44 所示的“生成表”对话框，按题目要求输入新表名称“男生表”后点击“确定”按钮，得到图 3.45 所示的查询设计视图。

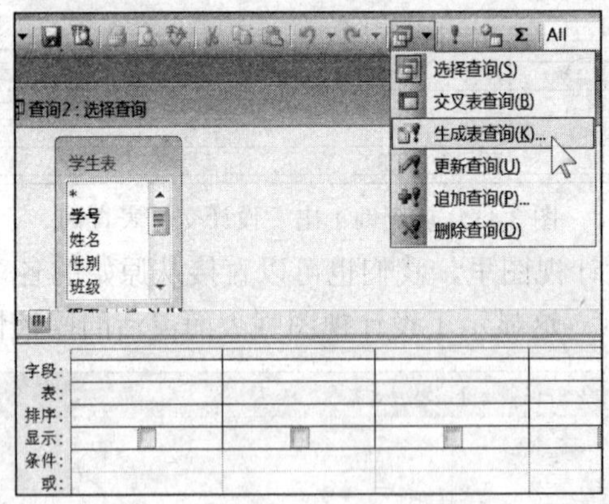

图 3.43 选择“生成表查询”

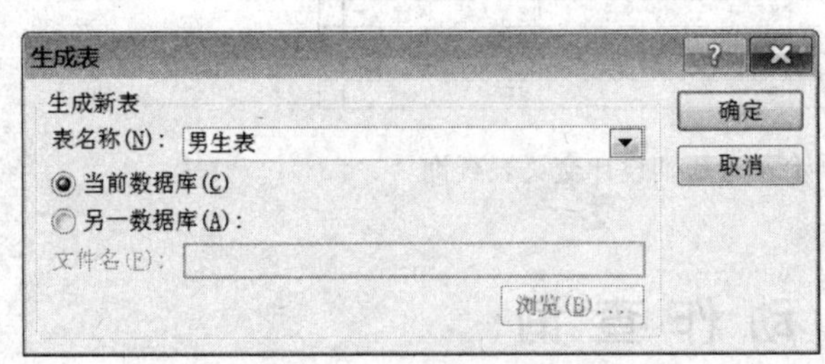

图 3.44 输入新表名称

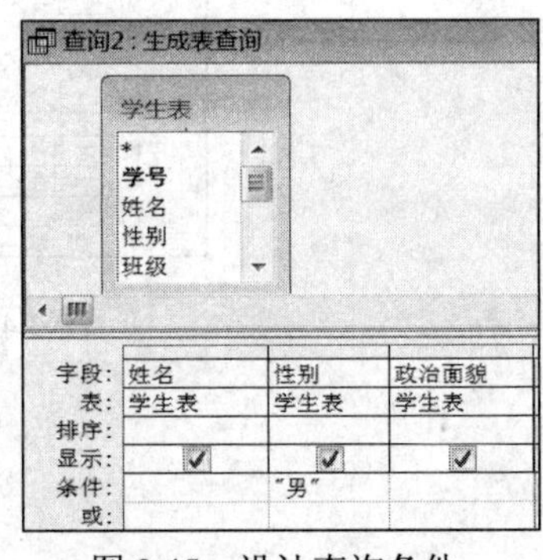

图 3.45 设计查询条件

(2) 在图 3.45 所示的设计网格中将相应字段选出，并对“性别”字段设置条件“男”。

(3) 点击运行查询命令“!”，弹出要求确认生成新表的对话框(见图 3.46)，点击“是”按钮，就完成了新表的生成。

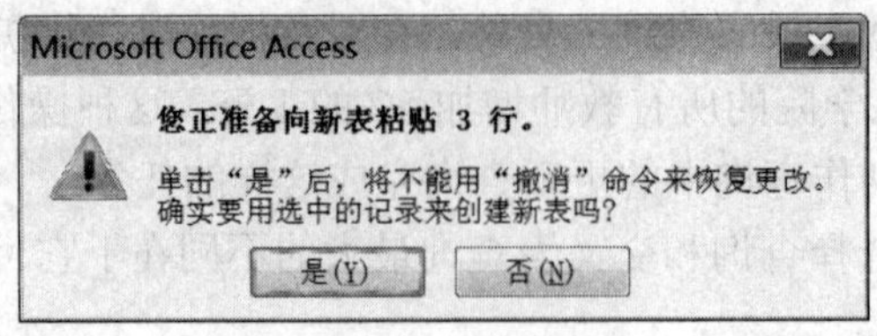

图 3.46 生成确认

(4) 在表对象中将能发现新生成的“男生表”，打开后即得到图 3.47 所示的结果。■

男生表 : 表

姓名	性别	政治面貌
张非	男	群众
李点	男	党员
黄中	男	党员

图 3.47　生成的新表

3.8.2　追加查询

【例 3.8】　将女生追加到例 3.7 中生成的“男生表”里。

操作步骤如下：

(1) 打开一个查询设计视图，将“男生表”加入其中，并点击工具栏上的查询类型按钮或者菜单栏上的“查询”命令，选择“追加查询”命令，弹出图 3.48 所示的“追加”对话框。在表名称里面选择“男生表”项后点击“确定”按钮，得到图 3.49 所示的“查询 3：追加查询”界面。

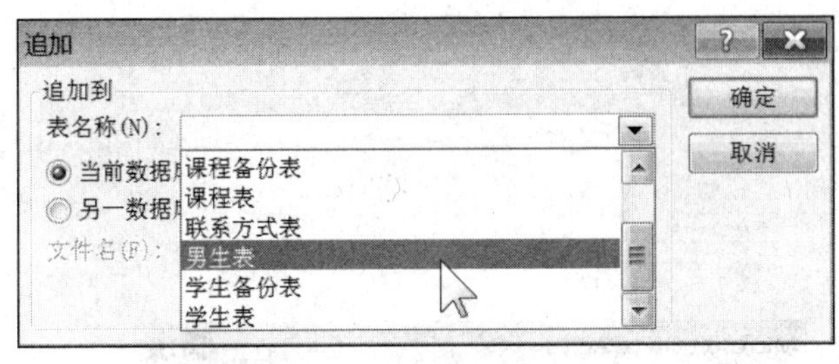

图 3.48　“追加”对话框

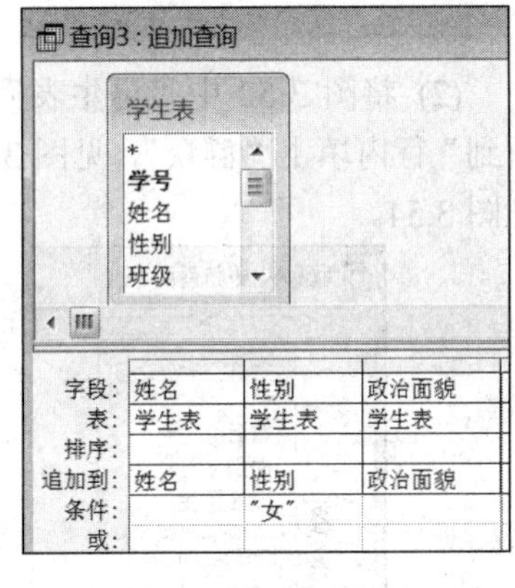

图 3.49　设计追加查询

(2) 按图 3.49 设计该追加查询。注意，追加的字段都必须是“男生表”中已有的字段。之后点击运行查询命令!，弹出图 3.50 所示的提示信息，要求确认追加的动作。点击“是”即可。

(3) 打开“男生表”后即得到图 3.51 所示的结果，显示追加正确。■

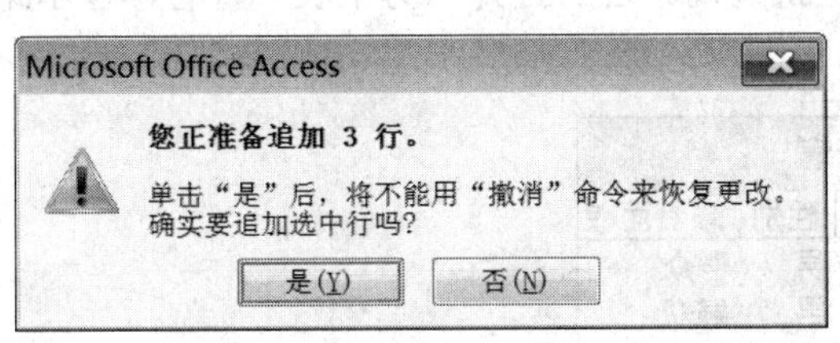

图 3.50　“追加”确认

男生表 : 表

姓名	性别	政治面貌
张非	男	群众
李点	男	党员
黄中	男	党员
小桥	女	团员
大桥	女	团员
孙上香	女	群众

图 3.51　追加女生后的男生表

3.8.3　更新查询

【例 3.9】　将上例“男生表”里所有人的政治面貌更新为“群众”。

操作步骤如下：

(1) 打开一个查询设计视图，将“男生表”加入其中，并点击工具栏上的查询类型按钮或者菜单栏上的“查询”命令，选择“更新查询”命令，得到图 3.52 所示的“查询 4：更新查询”界面。注意，里面出现了“更新到”行。

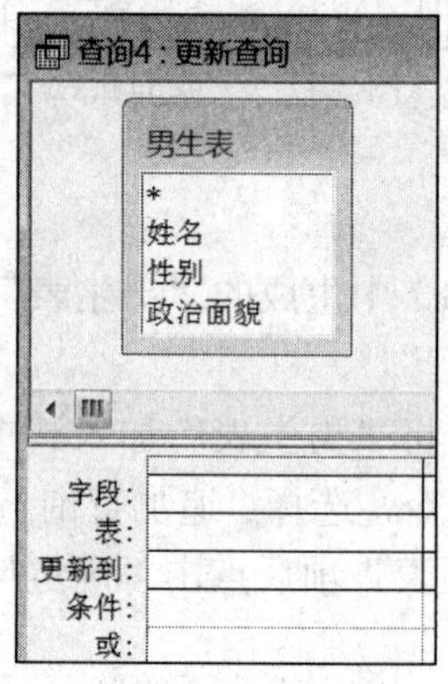

图 3.52　查询设计网格

(2) 将图 3.52 中“男生表”的“政治面貌”字段拖到设计网格的字段行内，并在“更新到”行内填上“群众”，见图 3.53。之后，点击运行查询命令，弹出了要求确认的对话框，见图 3.54。

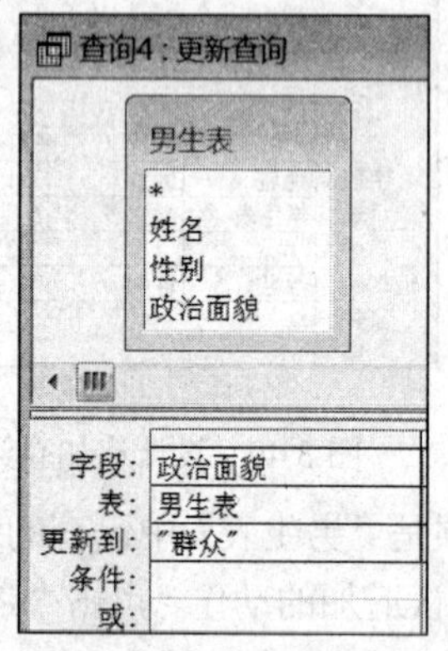

图 3.53　设计更新查询

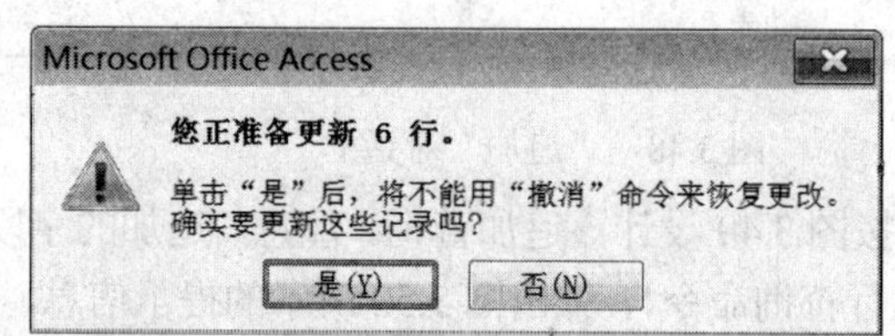

图 3.54　更新确认

(3) 在图 3.54 中点击“是”，即完成了更新查询。之后打开“男生表”查看，显示结果正确，如图 3.55 所示。■

男生表 : 表

姓名	性别	政治面貌
张非	男	群众
李点	男	群众
黄中	男	群众
小桥	女	群众
大桥	女	群众
孙上香	女	群众

图 3.55　更新“政治面貌”后的男生表

3.8.4　删除查询

【例 3.10】 将上例“男生表”里所有的女生删除。

操作步骤如下：

(1) 打开一个查询设计视图，将“男生表”加入其中，并点击工具栏上的查询类型按钮或者菜单栏上的“查询”命令，选择“删除查询”命令，得到图 3.56 所示的设计界面。注意，里面出现了“删除”行，并自动写入了“Where”，表示询问要删除什么。按图 3.56 中显示的内容设计“条件”行，之后点击运行查询命令，弹出图 3.57 所示的删除确认界面。

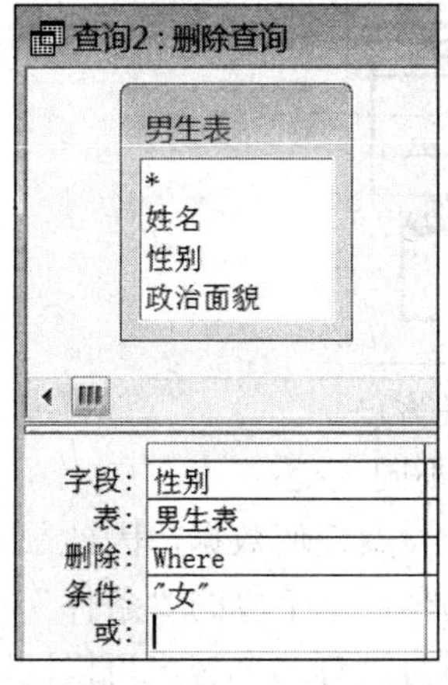

图 3.56　删除查询设计

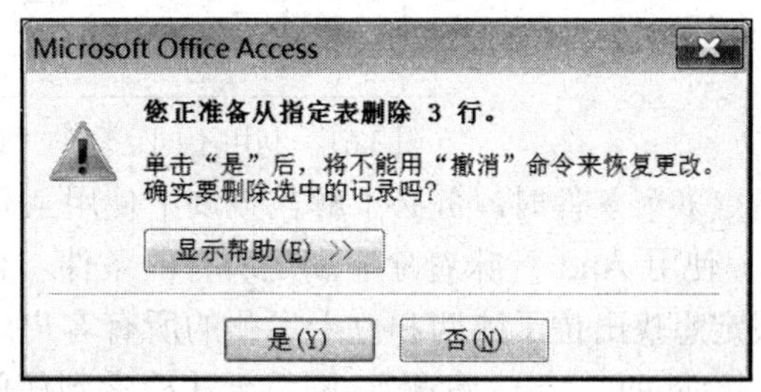

图 3.57　删除确认

(2) 在图 3.57 中点击“是”，即完成了删除查询。之后，打开男生表，发现女生记录已被删除，见图 3.58，显示查询动作正确。■

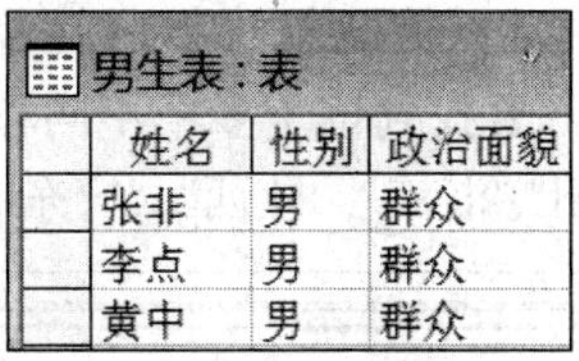

男生表：表

姓名	性别	政治面貌
张非	男	群众
李点	男	群众
黄中	男	群众

图 3.58　删除女生后的男生表

3.9　使用复杂条件的查询

要检索符合一个条件的数据非常简单，例如查找所有居住在“贵州”的客户。但是，假如想匹配多个条件，比如检索既居住在“贵州”又拥有公司的客户，或者检索居住在“贵州”、“陕西”或“浙江”的客户时，应如何进行设置？如图 3.59 所示，我们可以在查询设计网格中设置多个条件。

另一种实现复杂查询的方式就是使用我们下面介绍的 And、Or 和 In 运算符和通配符。使用 Or 运算符同样可实现多个条件的查询，如图 3.60 所示。

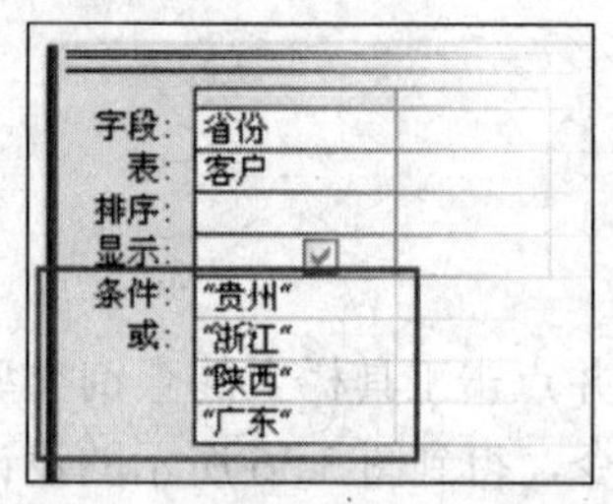

图 3.59 设置多个条件的查询

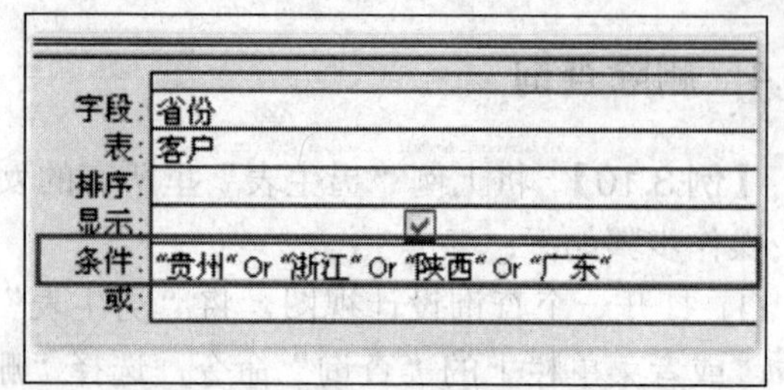

图 3.60 利用 or 查询多个省份的客户

如果有多个条件，并且每个条件应用于不同的字段，则仍然可以将“或”单元格用于条件中的各个字段，如图 3.61 所示。

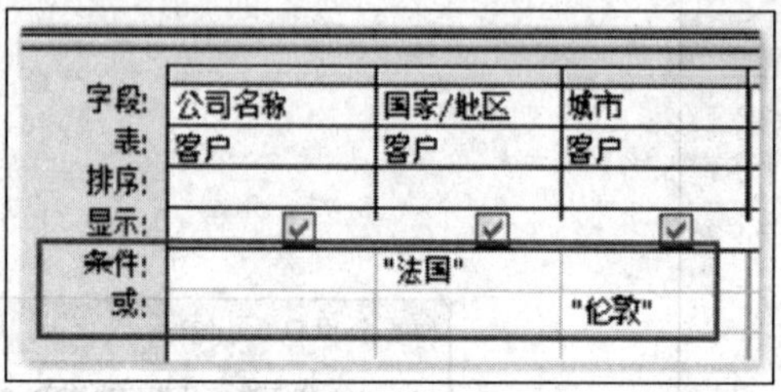

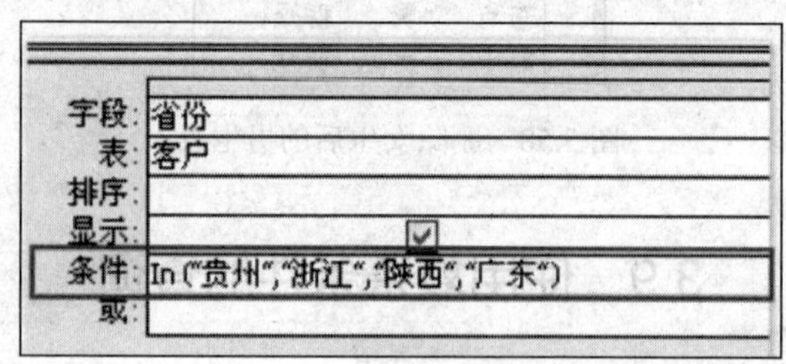

图 3.61 利用不同字段的“或”关系查询客户

指定多个条件时，务必了解在查询中使用 And 和 Or 的不同之处：

(1) 使用 And 意味着除非满足所有的条件，否则将不会检索任何数据，因此限制更严格。假定想找出位于陕西和位于贵州的所有客户。如果在“客户”字段的“条件”单元格中键入了"陕西" And "贵州"，则将无法检索到任何结果，因为没有一个客户可以同时居住在两个地方。

(2) 使用 Or 意味着满足任一个条件，就会检索相应的数据。

除了在多个单元格中键入值，以及在同一个单元格中的各个值之间键入 Or 以外，我们还可以使用 In 运算符。使用 In 时，只需键入一个 In 运算符，然后用括号括住条件值，并使用逗号分隔各个条件值。例如，要找到位于多个不同省份的客户，可以在“省份”字段的“条件”单元格中键入 In("贵州","浙江", "陕西", "广东")，见图 3.62。

图 3.62 利用 In 运算符检索客户

那么，又该如何检索只匹配部分条件的数据呢？比方说，匹配一些已知的字符、数字或字词。再比如，当用户仅知道某个值的一部分，如何根据某值所包含的一些字母或数字搜索该值？完成这些任务就需要了解如何使用通配符，使用通配符可以更为灵活地检索数据。

表 3.16 列出了 Access 支持的通配符及其含义。表 3.17 列出了一些通配符应用场景。

表 3.16 通配符说明

符号	说明	示例
*	匹配零个或多个字符。可以用作字符串中的第一或最后一个字符	wh* 将找到 wh、what、white 和 why
?	匹配任意单个字母字符	b?ll 将找到 ball、bell 和 bill
[ ]	匹配方括号内的任意单个字符	b[ae]ll 将找到 ball 和 bell 但不会找到 bill
!	匹配不在方括号内的任意字符	b[!ae]ll 将找到 bill 和 bull 但不会找到 ball 或 bell
-	匹配一定范围字符中的任一个字符。必须以升序指定该范围(从 A 到 Z，而不是从 Z 到 A)	b[a-c]d 将找到 bad、bbd 和 bcd
#	匹配任意单个数字字符	1#3 将找到 103、113 和 123

表 3.17 使用通配符的示例

情形	示例
某些人称为"物主"，另一些人称为"物主/运营商"	Like " 物主*" 或 Like "*物主*"
Like "Adri?n"	有人在输入数据时错误地键入了姓名，例如本应输入"Adrian"，却输入了"Adrien"
Like "[a-h]*"	您需要找出姓氏以 a 到 h 开头的客户，例如批量发送邮件时
Like "R??083930"	您需要找出除第二和第三位外均相同的零件号
Like "1* Park Street"	您需要发送 Park 街 1000 街区的街区聚会邀请函

默认情况下，Access 会将问号、方括号或任何通配符字符视为实际的通配符，而不会将其视为您要查找的字符。这带来了问题，当想搜索的字符本身就是通配符(如 * 或 ?)时，该怎么办？例如，如果公司名称中包含一个问号或者方括号，该怎么办？解决办法是：对于大多数用作通配符的字符，如果希望 Access 将它们视为要查找的实际数据，则必须用方括号将其括起。下面的表 3.18 给出了示例。

表 3.18 检索通配符字符的用法

字符	要求的语法
星号 *	[*]
问号 ?	[?]
数字符号 #	[#]
连字符 -	[-]
紧挨的左方括号和右方括号组 []	[[]]
左方括号 [	[[]
右方括号]	无需特殊处理
感叹号 !	无需特殊处理

3.10 SQL 查询

SQL 的全称是 Structured Query Language，即结构化查询语言，是用于数据库中的标准数据查询语言。SQL 语言设计巧妙，语言简洁，利用它可以完成数据库软件生命周期内的所有操作。

SQL 由 IBM 公司最早使用在其开发的数据库系统中。1986 年 10 月，美国国家标准学会(ANSI)对 SQL 进行规范后，以此作为关系式数据库管理系统的标准语言(ANSI X3. 135-1986)，1987 年该语言得到国际标准组织 ISO 的支持，成为国际标准。

不过各种通行的数据库系统在其实践过程中都对 SQL 规范作了某些编改和扩充。所以，实际上不同数据库系统之间的 SQL 不能完全相互通用。例如，我们教材里介绍的就是 Microsoft Jet 数据库管理系统 DBMS。

SQL 包含 4 个部分：

(1) 数据定义语言(Data Definition Language，DDL)：包括 CREATE(创建)、DROP(丢弃)、ALTER(改变)、ADD(添加)等动词，可用于创建、修改和删除表。

(2) 数据操纵语言(Data Manipulation Language，DML)：包括三个动词 INSERT(插入)，UPDATE(更新)和 DELETE(删除)，它们用于对表中数据进行相应的操作。

(3) 数据查询语言(Data Query Language，DDL)：用于从表中获得数据，确定数据怎样在应用程序给出。保留字 SELECT 是用得最多的动词，其他保留字有 WHERE(位置)、ORDER BY(排序)、GROUP BY(分组)和 HAVING(具备)。

(4) 数据控制语言(Data Control Language，DCL)：用来控制用户对数据库的访问权限，由 GRANT(授权)、REVOKE(回收)命令组成。

SQL 的主要特点如下：

(1) SQL 是一种一体化语言，它包括了数据定义、数据查询、数据操纵和数据控制等方面的功能，可以完成数据库活动中的全部工作。

(2) SQL 是一种高度过程化语言，它只需要描述“做什么”，而不需要说明“怎么做”。

(3) SQL 是一种非常简单的语言，核心功能只有几个动词。SQL 所使用的语句很接近于自然语言，易于学习和掌握。

(4) SQL 是一种共享语言，它全面支持客户机/服务器模式，拥有国际标准支持。

3.10.1 查询设计视图与 SQL 视图的切换

前面介绍的每个查询设计，都有对应的 SQL 语句，读者可从右键快捷菜单里切换到 SQL 视图查看等价的 SQL 语句。例如，图 3.63 中所给出查询设计的对应 SQL 语句如图 3.64 所示，点击工具栏上的运行命令“ ! ”即可得到查询结果。掌握这种切换，将为读者学习 SQL 提供很好的帮助。另外，Access 自带的帮助文档也是学习 SQL 的好帮手。

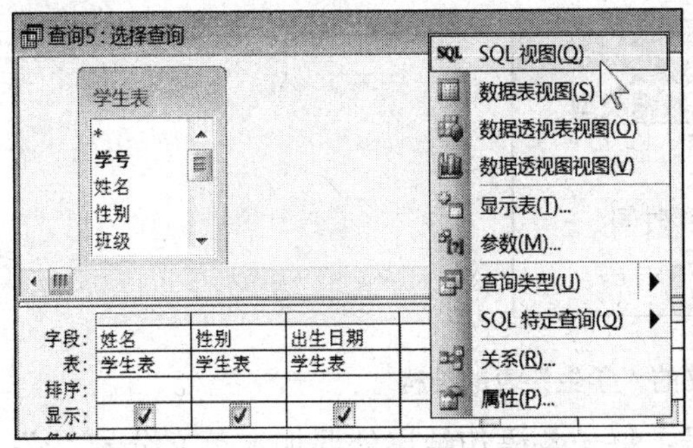

图 3.63　查询学生姓名、性别和出生日期

查询5：选择查询

SELECT 学生表.姓名, 学生表.性别, 学生表.出生日期
FROM 学生表;

图 3.64　与图 3.63 相对应的 SQL 语句

注意，某些 SQL 查询称为SQL 特定查询①，不能在设计网格②中创建：对于传递查询③、数据定义查询④和联合查询⑤，必须直接在“SQL”视图中创建 SQL 语句；对于子查询⑥，要在查询设计网格的“字段”行或“条件”行中输入 SQL 语句。

3.10.2　数据定义语句

可以使用 create table 语句定义基本表，语句基本格式为

```
create table 表名
      (字段 1 字段 1 的类型 字段 1 的完整性约束,
       字段 2 字段 2 的类型 字段 2 的完整性约束, ……);
```

【例 3.11】 创建一个“学生”表，包含字段：学号(整型、主键)，姓名(长度为 20 个字符的文本类型，不允许为空)，出生日期(时间类型的数据)，性别(长度为 1 的字符类型)和简历(备注类型)。

操作步骤如下：

(1) SQL 语句为：

```
create table 学生 (学号 smallint primary key,
                  姓名 text (20)  not null,
                  出生日期 date,
                  性别 char (1) ,
                  简历 memo);
```

(2) 在查询设计的 SQL 视图中输入上述语句，运行后查看新生成的表结构，如图 3.65 所示。■

---

① SQL 特定查询：由 SQL 语句组成的查询。子查询、传递查询、联合查询和数据定义查询都是 SQL 特定查询。

② 设计网格：在查询设计视图或“高级筛选/排序”窗口中设计查询或筛选时所用的网格。对于查询，该网格以前称为“QBE 网格”。

③ 传递查询：SQL 特定查询，可以用于直接向 ODBC 数据库服务器发送命令。通过使用传递查询，可以直接使用服务器上的表而不是由 Access 数据库引擎处理的数据。

④ 数据定义查询：包含数据定义语言(DDL)语句的 SQL 特有查询。这些语句可用来创建或更改数据库中的对象。

⑤ 联合查询：该查询使用 UNION 运算符来合并两个或更多选择查询的结果。

⑥ 子查询：在另一个选择查询或动作查询内的 SQL SELECT 语句。

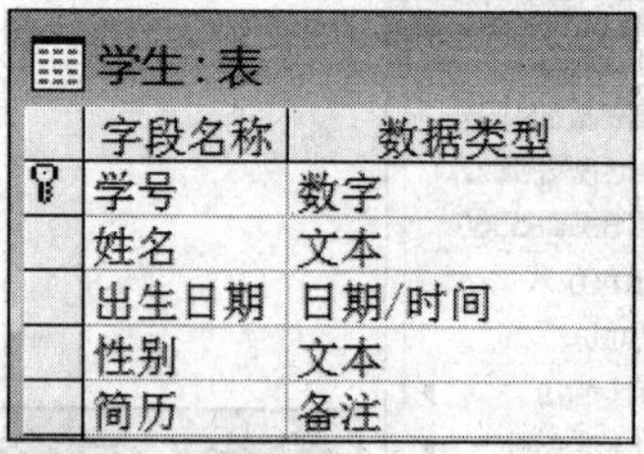

字段名称	数据类型
学号	数字
姓名	文本
出生日期	日期/时间
性别	文本
简历	备注

图 3.65 CREATE 语句建立的“学生”表的结构

注意，语句中的标点符号都是英文标点符号；每一条语句结尾处要加上英文分号“;”；写 SQL 语句时，关键词如 create 等使用大小写均可。另外，create 语句可以写在一行内，上面分开多行是为了方便阅读。

表 3.19 列出了 Microsoft Jet 引擎定义的常用数据类型，这些类型符号可以在定义表时使用。

表 3.19 Microsoft Jet 常用数据类型

数据类型	存储大小	说　明
binary	每个字符占 1 个字节	任何类型的数据都可存储在这种类型的字段中，不需数据转换(例如，转换到文本数据)。数据输入二进制字段的方式决定了它的输出方式
bit	1 个字节	Yes 和 No，以及只包含这两个数值之一的字段
tinyint	1 个字节	介于 0 到 255 之间的整型数
money	8 个字节	介于–922 337 203 685 477.5808 到 922 337 203 685 477.5807 之间的符号整数
datetime	8 个字节	介于 100 到 9999 年的日期或时间数值
uniqueidentifier	128 个位	用于远程过程调用的唯一识别数字
real	4 个字节	单精度浮点数，负数范围是从 –3.402 823E38 到 –1.401 298E-45，正数从 1.401 298E-45 到 3.402 823E38 和 0
float	8 个字节	双精度浮点数，负数范围是从–1.797 693 134 862 32E308 到 –4.940 656 458 412 47E-324，正数从 4.940 656 458 412 47E-324 到 1.797 693 134 862 32E308 和 0
smallint	2 个字节	介于–32 768～32 767 之间的短整型数
integer	4 个字节	介于–2 147 483 648～2 147 483 647 之间的长整型数
decimal	17 个字节	容纳从 $10^{28}-1$ 到 $-10^{28}-1$ 的值的精确的数字数据类型。你可以定义精度(1～28)和符号(0～定义精度)，缺省精度和符号分别是 18 和 0
text	每一字符两字节	也称做 MEMO(备注)，最大支持 214 千兆字节
image	视实际需要而定	用于 OLE 对象
character	每一字符两字节	长度从 0 到 255 个字符

【例 3.12】 在“学生”表中增加一个字段，字段名为“班级”，数据类型为“文本”，

长度为 10 字符；将“备注”字段删除；将“班级”字段的类型改为数字。最后删除该“学生”表。

操作步骤如下：

(1) alter table 学生 add 班级 char(10);

(2) alter table 学生 drop 备注;

(3) alter table 学生 alter 班级 int;

(4) 修改后的“学生”表的结构如图 3.66 所示；

学生1 : 表

	字段名称	数据类型
🔑	学号	数字
	姓名	文本
	出生日期	日期/时间
	性别	文本
	班级	数字

图 3.66　更改后的“学生”表结构

(5) drop table 学生;　■

注意，表一旦删除，表中数据无法恢复。因此，执行删除表的操作时一定要格外小心，最好先备份。

3.10.3　数据操纵语句

insert 命令用来向表中插入一条记录，语句格式为

insert into 表名(列 1 名称，列 2 名称，……)
　　values (常量 1，常量 2，……);

【例 3.13】 在“学生表”中增加一条记录，“学号：1；姓名：关语；性别：男；政治面貌：群众；出生日期：1990 年 1 月 1 日”。

操作步骤如下：

(1) insert into 学生表 (学号, 姓名, 性别, 政治面貌, 出生日期)
　　values(1,"关语","男","群众", #1990-1-1#);

(2) 增加记录后的结果如图 3.67 所示。注意，由于原表里面规定主键字段“学号”不能为空，所以必须给关语添加一个合法的学号值。另外，文本值要用英文双引号括起来，时间值要用##包围起来。■

学生表 : 表

学号	姓名	性别	班级	出生日期	政治面貌	联系电话
1	关语	男		1990年1月1日	群众	
40901002	小桥	女	英语0901	1994年11月12日	团员	13000000002
40901009	张非	男	英语0901	1993年2月15日	群众	13000000001
40902001	大桥	女	新闻0901	1993年7月8日	团员	13100000001
40902002	李点	男	新闻0901	1993年5月16日	党员	13100000002
40903001	黄中	男	软件0901	1994年6月17日	党员	13500000001
40903002	孙上香	女	软件0901	1995年12月2日	群众	13500000002

图 3.67　添加一条记录后的“学生表”

update 语句用于实现数据更新。语句基本格式为

```
update      表名
      set   字段名 1 = 表达式 1
            字段名 2 = 表达式 2
            ……
      where 条件 ;
```

where 子句用来指定被更新记录字段值所要满足的条件；如果不用 where 子句，则更新全部记录。

【例 3.14】 将“学生表”关语的出生日期改为“2000-1-1”。

操作步骤如下：

(1)
```
update    学生表
set       出生日期 =#2000-1-1#
where     姓名="关语";
```

(2) 更改后的结果如图 3.68 所示，读者可将其与 3.67 做对比。■

学生表：表

学号	姓名	性别	班级	出生日期	政治面貌	联系电话
1	关语	男		2000年1月1日	群众	
40901002	小桥	女	英语0901	1994年11月12日	团员	13000000002
40901009	张非	男	英语0901	1993年2月15日	群众	13000000001
40902001	大桥	女	新闻0901	1993年7月8日	团员	13100000001
40902002	李点	男	新闻0901	1993年5月16日	党员	13100000002
40903001	黄中	男	软件0901	1994年6月17日	党员	13500000001
40903002	孙上香	女	软件0901	1995年12月2日	群众	13500000002

图 3.68 更改“关语”记录后的“学生表”

delete 语句能够对满足条件的记录进行删除操作。语句基本格式为

```
delete from    表名
      where    条件;
```

其中 from 子句指定从哪个表中删除数据，where 字句指定被删除的记录所满足的条件。如果不使用 where 子句，则删除表中的全部记录。

【例 3.15】 将“学生表”中出生日期为 2000 年 1 月 1 日的记录删除。

操作步骤如下：

(1)
```
delete from 学生表
where 出生日期 =#2000-1-1#;
```

(2) 更改后的结果如图 3.69 所示，读者可将其与 3.68 做对比。■

学生表：表

学号	姓名	性别	班级	出生日期	政治面貌	联系电话
40901002	小桥	女	英语0901	1994年11月12日	团员	13000000002
40901009	张非	男	英语0901	1993年2月15日	群众	13000000001
40902001	大桥	女	新闻0901	1993年7月8日	团员	13100000001
40902002	李点	男	新闻0901	1993年5月16日	党员	13100000002
40903001	黄中	男	软件0901	1994年6月17日	党员	13500000001
40903002	孙上香	女	软件0901	1995年12月2日	群众	13500000002

图 3.69 删除出生日期为 2000-1-1 的记录

3.10.4 数据查询语句

selete 语句是 sql 语言最常用的语句，它能够完成数据筛选、投影和连接等关系操作，并能够实现筛选字段重命名、多数据源数据组合、分类汇总和排序等具体操作。

select 语句的一般格式为

```
select      all/distinct/distinctrow/top     字段 1 as 别名 1，字段 2 as 别名 2，…
    from              表 1，表 2，…
    inner/left/right/full join  表[in 外部数据库]或查询     on    条件表达式
    where             条件表达式
    group by          字段名
    having            条件表达式
    order by          字段名   ASC/DESC
    with owneraccess option
    into  新表  [in 外部数据库];
```

下面简要解释其含义：

(1) 该语句从指定的表中创建一个在指定范围内、满足条件、按某字段分组、具备某种条件、按某字段排序以及拥有与查询所有者相同权限的指定字段组成的新记录集。如果有 into 子句，则表示将选出的记录集插入到新表之中。

(2) all/distinct/distinctrow/top 等称为“谓词”，用法如表 3.20 所示。

表 3.20 谓词的用法示例

部分谓词	说　明
all	默认值，选取满足 SQL 语句的所有记录。下列两示例是等价的，都返回雇员表所有记录： select all * 　　　　　　　　select * from Employees　　　=　　from Employees order by EmployeeID;　　　　order by EmployeeID;
distinct	省略选择字段中包含重复数据的记录。 为了让查询结果包含它们，必须使 select 语句中列举的每个字段值是唯一的。例如，雇员表可能有一些同姓的雇员。如果有两个记录的姓氏字段皆包含 Smith，则下列 SQL 语句只返回包含 Smith 的记录： select distinct LastName from Employees; 如果省略 distinct，则查询将返回两个包含 Smith 的记录。如果 select 子句包含多个字段，则对已给记录，所有字段值的组合必须是唯一的，而且结果中将包含这一组合

续表

部分谓词	说　明
distinctrow	省略基于整个重复记录的数据，而不只是基于重复字段的数据。 例如，可在客户 ID 字段上创建一个连接客户表及订单表的查询。客户表并未复制一份 CustomerID 字段，但是订单表必须如此做，因为每一客户能有许多订单。下列 SQL 语句显示如何使用 distinctrow 生成公司的列表，且该列表至少包含一个订单，但不包含有关那些订单的任何详细数据： select distinctrow CompanyName from Customers inner join Orders on Customers.CustomerID = Orders.CustomerID order by CompanyName; 如果省略 distinctrow，则查询将对每一公司生成多重行，且该公司包含多个订单。仅当从查询中的一部分表但不是全部表中选择字段时，distinctrow 才会有效。如果查询只包含一个表，或者从所有的表中输出字段，则可省略 distinctrow
top n [percent]	返回特定数目的记录，且这些记录将落在由 order by 子句指定的前面或后面的范围中。假设需要 1994 年毕业的班级里的平均分排名前 25 的学生的名字，SQL 语句如下： select top 25 FirstName, LastName from Students where GraduationYear = 1994 order by GradePointAverage DESC; 如果没有包含 order by 子句，则查询将由学生表返回 25 个记录的任意集合，且该表满足 where 子句。 top 谓词不在相同值间作选择。在前一示例中，如果第 25 名学生及第 26 名学生的最高平均分数相同，则查询将返回 26 个记录。 也可用 percent 保留字返回特定记录的百分比，且这些记录将落在由 order by 子句指定的前面或后面范围中。假设用班级平均分排名前 10%的学生代替排在最前面的 25 个学生，语句如下： select top 10 percent FirstName, LastName from Students where GraduationYear = 1994 order by GradePointAverage ASC; ASC 谓词指定返回后面的值。遵循 top 的值一定是无符号整数

(3) from 子句说明要检索的数据来自哪个或哪些表，可以对单个或多个表进行检索。

(4) inner join 组合两个表中的记录，只要在公共字段之中有相符的值。

(5) left join 运算创建左边外部连接。左边外部连接将包含了从第一个(左边)开始的两个表中的全部记录，即使在第二个(右边)表中并没有相符值的记录。

(6) right join 运算创建右边外部连接。右边外部连接将包含了从第二个(右边)开始的两个表中的全部记录，即使在第一个(左边)表中并没有匹配值的记录。

(7) where 子句说明检索条件，条件表达式可以是关系表达式，也可以是逻辑表达式；

(8) group by 子句用于对检索结果进行分组，可以利用它进行分组汇总；

(9) having 必须和 group by 一起使用，它用来限定分组必须满足的条件；

(10) order by 子句用来对检索结果进行排序，如果排序时选择 ASC，表示检索结果按某一字段值升序排列，如果选择 DESC，表示检索结果按某一字段值降序排列。

(11) with owneraccess option 子句可选，使用该声明和查询，给以运行该查询的用户与查询所有者相同的权限。

下面我们来看一些例子。

【例 3.16】 统计各专业的女学生数。

对应的 SQL 语句如下：

```
select  专业, count(专业) as  女同学人数
from        学生
where  性别 ='女'
group by  专业
```

【例 3.17】 查询“学籍管理系统”数据库中学生的学号、姓名、所选每门课的名称、平时成绩和期末成绩。

对应的 SQL 语句如下：

```
select  学生表.学号, 学生表.姓名, 课程表.课程名称,
          成绩表.平时成绩, 成绩表.期末成绩
from  学生表
inner join (课程表  inner join  成绩表  on  课程表.课程号 = 成绩表.课程号)
                on  学生表.学号 = 成绩表.学号;
```

对应的查询设计和结果分别如图 3.70 和图 3.71 所示。

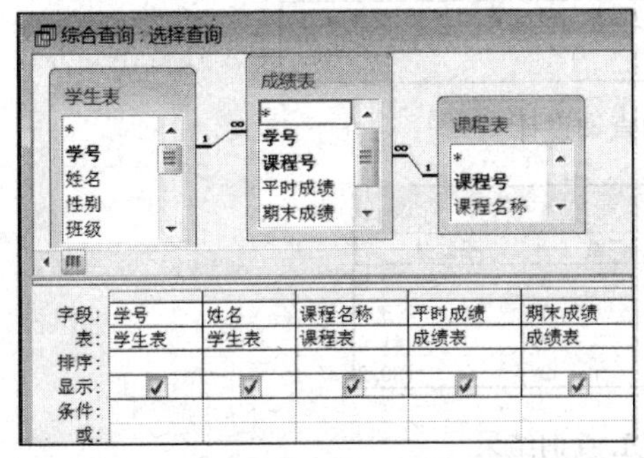

图 3.70　例 3.17 对应的查询设计视图

综合查询：选择查询

学号	姓名	课程名称	平时成绩	期末成绩
40901009	张非	计算机基础	80	88
40901009	张非	大学英语	70	79
40901002	小桥	大学英语	85	90
40901002	小桥	法律基础	77	90
40902001	大桥	思想道德修养	90	92
40902002	李点	Access数据库技术	96	91
40903001	黄中	VB.NET程序设计	50	70
40903001	黄中	多媒体技术	85	77
40903002	孙上香	Access数据库技术	70	65
40903002	孙上香	多媒体技术	75	80
40903001	黄中	大学体育	90	92
40903002	孙上香	大学体育	92	88

图 3.71　例 3.17 对应的查询结果

【例 3.18】 查询期末平均成绩大于 80 分的课程编号。

SQL 语句如下：

```
select 课号, avg(期末) as 期末成绩
from 成绩
group by 课程号
having avg(期末) > 80
```

【例 3.19】 列出“学籍管理系统”中选课门数(新字段)大于等于 2 的学生的学号、姓名、选课门数和平均分(新字段)，平均分保留两位小数点，并且按其降序排序。

SQL 语句如下：

```
select 学生表.学号, 学生表.姓名,
    count(成绩表.课程号) as 选课门数,
    round(sum(总评成绩)/选课门数,1) as 平均分
from 学生表 inner join (
    课程表 inner join 成绩表 on 课程表.课程号 = 成绩表.课程号)
    on 学生表.学号 = 成绩表.学号
group by 学生表.学号, 学生表.姓名
having (((count(成绩表.课程号))>=2))
order by round(sum(总评成绩)/选课门数,1) desc;
```

对应的查询设计和结果如图 3.72 和图 3.73 所示。

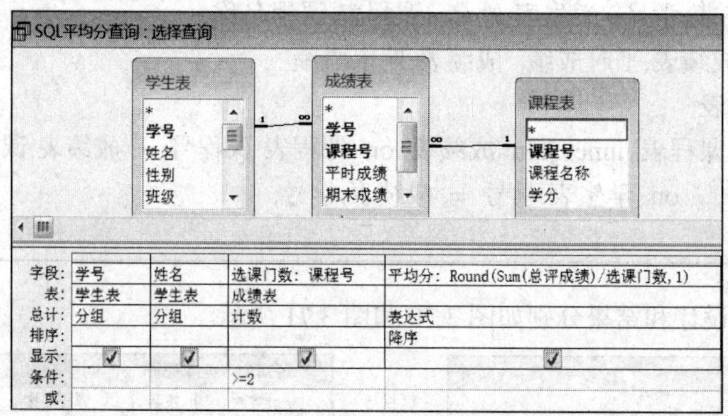

图 3.72 例 3.19 对应的查询设计

SQL平均分查询 : 选择查询

学号	姓名	选课门数	平均分
40903002	孙上香	3	77.9
40903001	黄中	3	78.7
40901009	张非	2	81.8
40901002	小桥	2	88.2

图 3.73 例 3.19 对应的 SQL 查询结果

3.10.5　SQL 特定查询

SQL 特定查询分为联合查询、传递查询、数据定义查询和子查询 4 种。其中，联合查询、传递查询和数据定义查询不能在查询设计视图中创建，必须直接在 SQL 视图中创建。

联合查询将两个或更多个表或查询中的字段合并到查询结果的一个字段中。使用联合查询可以合并两个表中的数据。例如，可以合并“供应商”表和“客户”表中列出的所有巴西公司的公司名称和城市数据。然后可以根据联合查询创建生成表查询以生成一个新表。图 3.74 是一个联合查询的示例。

供应商：表

	公司名称	城市
	扬子实业	北京

客户：表

	公司名称	城市
	池春建设	北京
	兰格英语	北京
	鹏圣贸易	天津

查询1：联合查询

```
SELECT [公司名称], [城市]
FROM 供应商
WHERE [国家]="中国"          ①
UNION
SELECT [公司名称], [城市]
FROM 客户
WHERE [国家]="中国";         ②
```

查询1：联合查询

	公司名称	城市
	池春建设	北京
	兰格英语	北京
	鹏圣贸易	天津
▶	扬子实业	北京

图 3.74　将供应商和客户两个表内容合并的 SQL 联合查询

传递查询使用服务器能接受的命令直接将命令发送到 ODBC 数据库，如 SQL Server。使用传递查询时，不必与服务器上的表连接即可直接使用相应的表。传递查询对于在 ODBC 服务器上运行存储过程也很有用。一般在创建传递查询时需要完成两项工作：一是设置要连接的数据库；二是在 SQL 窗口中输入 SQL 语句。

数据定义查询是包含数据定义语言(DDL)语句的 SQL 特有查询。打开查询的设计视图后，通过菜单栏上的“查询”→“SQL 特定查询”→“数据定义”命令可进入数据定义视图(如图 3.75 所示)。表 3.21 显示了 DDL 中的数据定义查询语句，这些语句可用来创建或更改数据库中的对象。

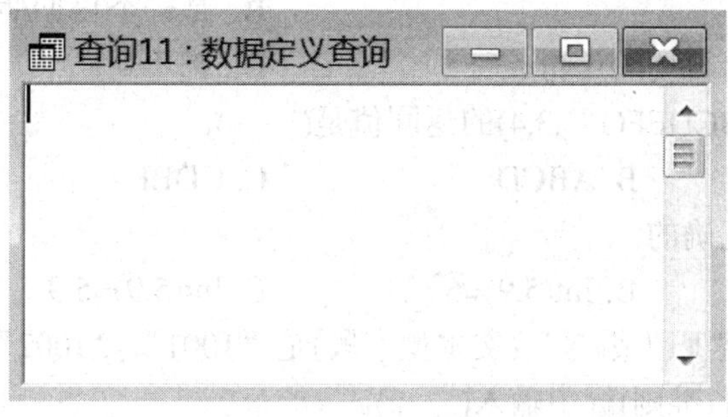

图 3.75　数据定义查询视图

表 3.21　数据定义查询语句

SQL 语句	目　的
create table	创建表
alter table	将新字段或限制条件添加到已有的表中

drop	从数据库中删除表，或从字段或字段组中删除一项索引
create index	创建字段或字段组的索引

子查询是一个 select 语句，它嵌套在一个 select、select ... into 语句、insert ... into 语句、delete 语句或 update 语句中，或者也可嵌套在另一子查询中。下面的示例将返回全部单价比任何以 25%或更高的折扣卖出的产品高的产品：

```
select * from Products
where UnitPrice > any
      (select UnitPrice from OrderDetails
      where Discount >= .25);
```

习题 3

一、选择题

1. 要成批修改表中数据可以使用(　　)查询。

A. 选择　　B. 更新　　C. 交叉表　　D. 参数

2. 选择“编号”(文本型字段)为“0010”、“0011”的记录，条件表达式是(　　)。

A. 编号="0010" or 编号="0011"　　C. 编号="0010" and 编号="0011"

C. "编号"="0010" or "编号"="0011"　　D. "编号"="0010" and" 编号"="0011"

3. 生成表查询属于(　　)。

A. 汇总　　B. SQL　　C. 选择　　D. 动作(操作)

4. 函数 year(date( ))的返回值(　　)。

A. 是错误的　　B. 是一个日期/时间型的值

C. 是系统当前日期的年份　　D. 都不对

5. 函数 Mid(“ABCDEFG”,3,4)的返回值是(　　)。

A. ABC　　B. ABCD　　C. CDEF　　D. EDF

6. 下面(　　)是正确的。

A. Int(5.9)=5　　B. Int(5.9)=6　　C. Int(5.9)=5.9　　D. 都不对

7. 在表中要查找“职工编号”(文本型字段)是“1001”、“1002”、“1005”的记录，应在查询设计视图的条件(准则)行中输入(　　)。

A. 1001 and 1002 and 1005　　B. "1001" and "1002" and "1005"

C. in("1001","1002","1005")　　D. at("1001", "1002","1005")

8. 用 SQL 的 select 语句建立一个基于订单表的查询，要查找“订单日期”为 2011 年 6 月份的订单，where 子句的条件表达式为(　　)。

A. 订单日期 between "2011-06-01" and "2011-06-30"

B. 订单日期 between #2011-06-01# or #2011-06-30#

C. 订单日期 between #2011-06-01# and #2011-06-30#

D. 订单日期 between 2011-06-01 and 2011-06-30

9. 在 SQL 的 select 查询中使用 group by 子句的作用是(　　)。

A. 按某个字段值排序　　B. 按条件查询

C. 无用　　D. 按某个字段分组

10. 删除表对象的 SQL 语句是(　　)。

A. create table　　B. drop　　C. alter table　　D. create index

11. 为表对象的字段创建索引的 SQL 语句是(　　)。

A. create table　　B. drop　　C. alter table　　D. create index

12. 运算符 like 中用来通配任何单个字符的是(　　)。

A. ?　　B. *　　C. !　　D. &

二、填空题

1. 查询有________________、数据表视图及______________3 种主要视图方式。

2. SQL 的 select 语句中要对某个字段值排序，用______________子句。

3. SQL 查询主要包括______________、______________、数据定义查询和子查询。

三、实验题

将第 2 章实验所建立的“学号-姓名-2”文件夹(含其中内容)复制一份并改名为“学号-姓名-3”，以下操作均在此文件夹下完成。

1. 选择查询：

(1) 用向导建立单表查询，以学生表为数据源，选择除了“照片”、“简历”外的所有字段。查询名为“学生信息查询”。

(2) 用向导建立多表查询，在学生表中选“学号”、“姓名”，在课程表中选“课程名称”，在成绩表中选“平时成绩”“、期末成绩”，查询名为“综合查询”。

(3) 建立一个名为“女生查询”的查询，显示出 1994 年(含)以后出生的女生的“学号”、“姓名”、“性别”、“出生日期”、“班级”、“联系电话”。

(4) 建立一个名为“姓名查询”的查询，显示出不姓“张”的学生的姓名。

(5) 建立一个名为“成绩查询”的查询，显示出期末成绩在 80～89 之间的学生的“学号”和“期末成绩”，并按学号升序排序，学号相同的按期末成绩降序排序。

(6) 统计每门课的选修人数，显示“课程名称”及“人数”字段，查询名为“选课人数统计查询”。

(7) 计算每个学生的“期末成绩”的平均分，显示“姓名”及“平均分”字段，按平均分降序排序，查询名为“期末成绩平均分查询”。

2. 参数查询：以“综合查询”为数据源，建立一个名为“姓名参数查询”的参数查询，要求运行此查询时提示“请输入学生姓名：”，根据输入的姓名显示学号、姓名、课程名称、平时成绩、期末成绩。

3. 交叉表查询：以学生表为数据源建立一个名为“党团员群众人数交叉查询”的交叉

表查询，以“班级”为行字段，“政治面貌”为列字段，统计出人数。

4. 操作查询：

(1) 生成表查询：建立一个名为“党员生成表查询”的查询，生成一个名为“党员表”的新表，包含“学号”、“姓名”、“班级”、“政治面貌”字段。

(2) 追加查询：将学生表复制一份，名为“学生备份表”；建立一个名为“党员追加查询”的查询，将学生表中政治面貌为“党员”的记录追加到“学生备份表”中。

(3) 更新查询：建立一个名为“成绩更新查询”的查询，更新成绩表中的“总评成绩”，总评成绩为：平时成绩*20% + 期末成绩*80%。

(4) 删除查询：将课程表复制一份，名为“课程备份表”；建立一个名为“课程删除查询”的查询，将课程备份表中“学分”低于2分(含)的记录删除。

5. SQL查询：

(1) 检索出“学号”、“课程号”及“总评成绩”字段，并按“总评成绩”降序排序，查询名为“SQL成绩查询”。

(2) 检索出1994年出生的学生“姓名”、“性别”、“出生日期”，查询名为“SQL出生查询”。

(3) 检索出性别为“女”的学生的“学号”、“姓名”、“课程名称”、“总评成绩”，并按学号升序排序，查询名为“SQL性别成绩查询”。

(4) 计算出至少选修了两门课程的学生所选课程的“总评成绩”的平均分，显示“学号”、“姓名”、“选课门数”和“平均分”，查询名为“SQL平均分查询”。

(5) 用子查询检索出与“张非”政治面貌相同的学生的“姓名”及“政治面貌”。查询名为“SQL张非政治面貌子查询”。

第4章　窗　　体

从用户角度来说，系统的界面就是系统本身。如果数据库系统和用户之间的交互让人感觉不方便或不愉快，那么，无论系统的其他部分多么完美，这个缺陷都会毁掉整个系统。iPad、iPhone 等产品的热卖使苹果公司崛起，美妙的人机交互体验是其制胜法宝。因此，界面设计的好坏是数据库项目成败的关键因素之一。

窗体是数据库的界面，是连接用户与数据库的桥梁。通过窗体，不仅可以输入数据、编辑数据、查询数据和显示数据，还可以将整个应用程序及各种对象组织起来，可视化地控制工作流程，从而形成一个完整的应用系统。

4.1　窗体的类型

Access 2003 的窗体有多种类型。从数据的显示方式上分，窗体可以分为纵栏式、表格式、数据表、数据透视表、数据透视图和图表窗体等多种。另外还有一类非数据窗体，例如切换面板，可用于流程控制。

1. 纵栏式窗体

纵栏式窗体上的每一条记录的字段都显示在一个独立的行上，并且旁边带有一个标签显示字段名，如图 4.1 所示。通过窗体底部的导航按钮 记录: 1 可以查看其他数据记录。

纵栏式窗体每次只能显示一条记录，当记录数量较少或记录中包含的信息较少时可使用该窗体。此外，纵栏式窗体常用于输入数据。

2. 表格式窗体

表格式窗体上的每条记录的所有字段都显示在一行上，类似于表对象的显示方式，见图 4.2。表格式窗体节省显示空间，适用于需要同时显示较多数据的应用。

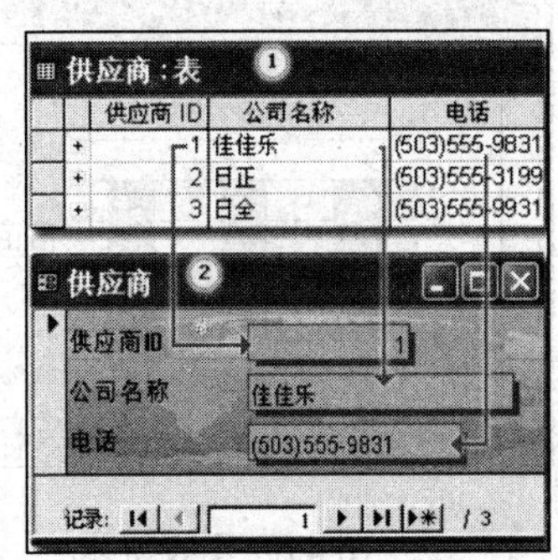

图 4.1　纵栏式窗体

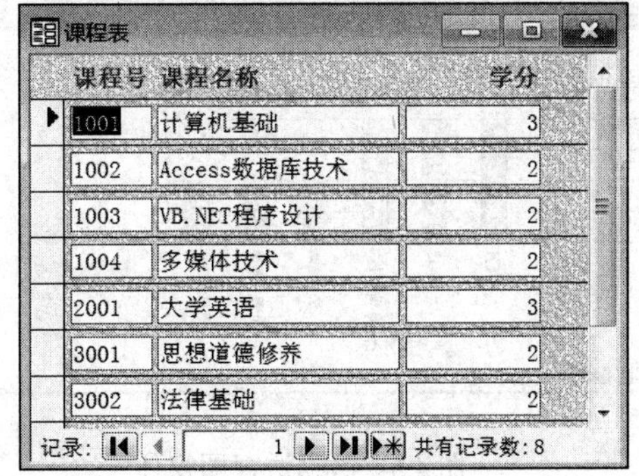

图 4.2　表格式窗体

表格式窗体中可以通过移动垂直滚动条来显示所有记录，还可以通过特殊效果如立体效果等来修饰显示框。

3. 数据表窗体

数据表窗体实际上就是把表放到窗体视图中显示。在数据表窗体上，以行和列的形式显示数据，每条记录显示为一行，每个字段显示为一列，字段名显示在窗体的顶端，如图4.3所示。

数据表窗体最节省空间，可以同时显示多条记录，当需要浏览、打印大量记录时可使用该窗体。

4. 数据透视表窗体

数据透视表窗体用来对数据进行快速统计汇总，它可以实现字段的各种统计计算。数据透视表建立了交叉列表的交互式表格，如图 4.4 所示，既可以通过转换行和列查看数据汇总结果，还可以根据需要显示数据明细。

课程表

课程号	课程名称	学分
1001	计算机基础	3
1002	Access数据库技术	2
1003	VB. NET程序设计	2
1004	多媒体技术	2
2001	大学英语	3
3001	思想道德修养	2
3002	法律基础	2
4001	大学体育	2

记录: 8

图 4.3　数据表窗体

学生表

将筛选字段拖至此处

	性别		
	男	女	总计
班级	性别 的计数	性别 的计数	性别 的计数
软件0901	1	1	2
新闻0901	1	1	2
英语0901	1	1	2
总计	3	3	6

图 4.4　数据透视表窗体

5. 数据透视图窗体

数据透视图窗体以图的形式展示统计汇总数据，比数据透视表更直观，其操作方法与数据透视表类似。数据透视图窗体示例如图 4.5 所示。

6. 图表窗体

图表窗体利用图的形式直观显示数据的变化趋势，方便用户进行数据对比和分析。图表窗体形式如图 4.6 所示。

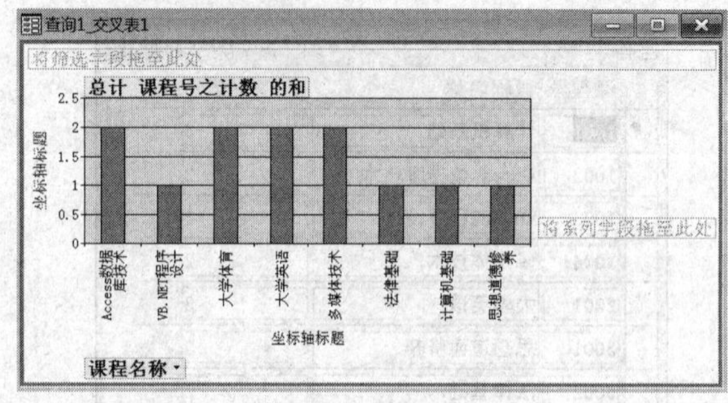

图 4.5　数据透视图窗体

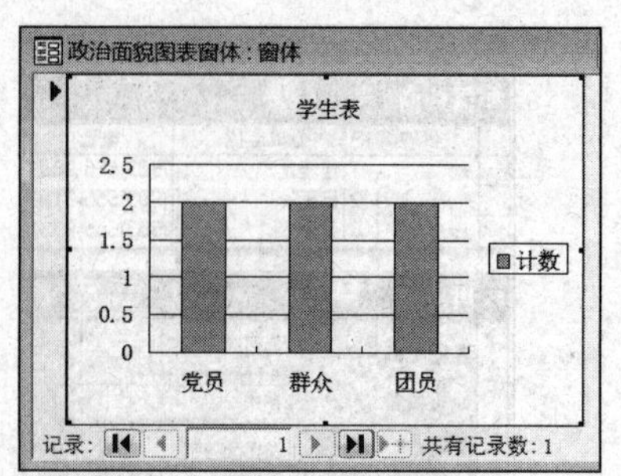

图 4.6　图表窗体

4.2 使用向导创建窗体

创建窗体的方法有两种：一是使用向导，二是使用设计视图。使用向导可以快速创建出窗体，但创建细节不能完全掌控，创建的类型只有固定的几种；使用设计视图可以完全控制要创建的内容，但往往要花费更多的精力。本节我们通过例子介绍使用向导创建窗体的一般过程。注意，在创建窗体之前，要有已建立好的表或查询，作为窗体的数据来源。

【例 4.1】 使用向导创建一个纵栏式窗体，查看“学生表”中的学生情况。

操作步骤如下：

(1) 打开“学籍管理系统”数据库，在窗体对象的窗口中点击“使用向导创建窗体”选项，如图 4.7 所示，弹出“窗体向导”对话框，如图 4.8 所示。

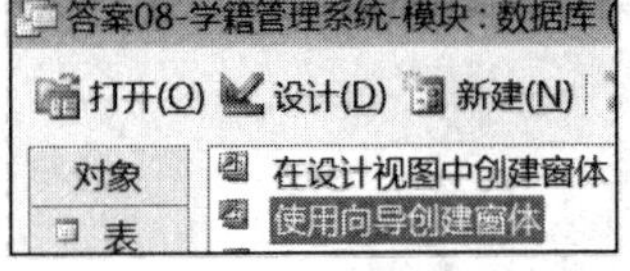

图 4.7 使用向导创建窗体

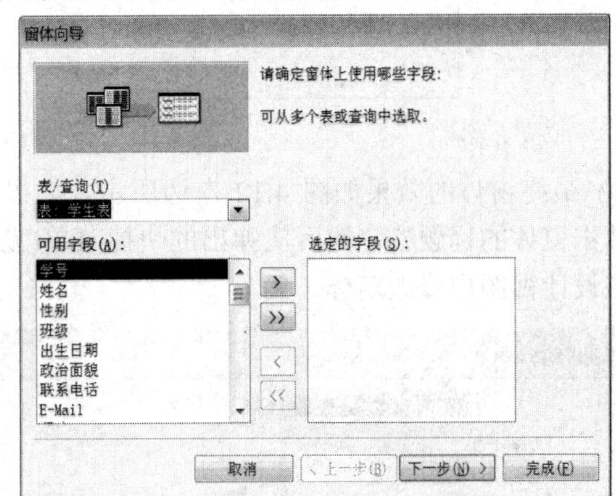

图 4.8 窗体向导

(2) 在图 4.8 中的“表/查询”框内选择“学生表”，然后点击»将可用字段全部放到右边的“选定的字段”框内。之后点击“下一步”，弹出图 4.9 所示的用于选择窗体布局的对话框。选择“纵栏表”，点击“下一步”，弹出图 4.10 所示的指定窗体样式对话框。

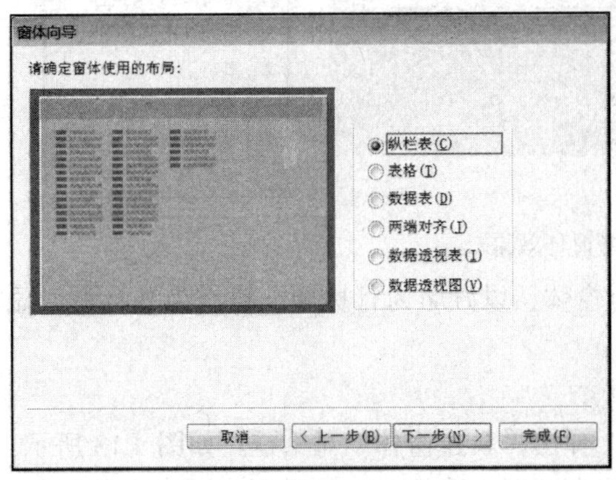

图 4.9 选择窗体布局

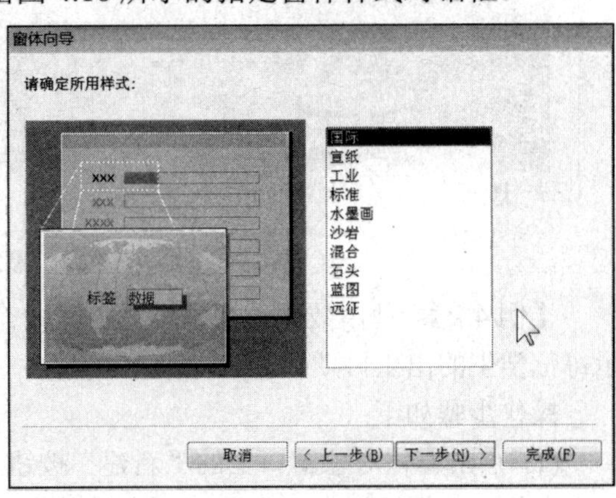

图 4.10 选定所用样式

(3) 图 4.10 用于选择窗体的样式。样式是窗体的背景，可任意指定。之后点击“下一步”，弹出图 4.11 所示的指定窗体名称对话框。

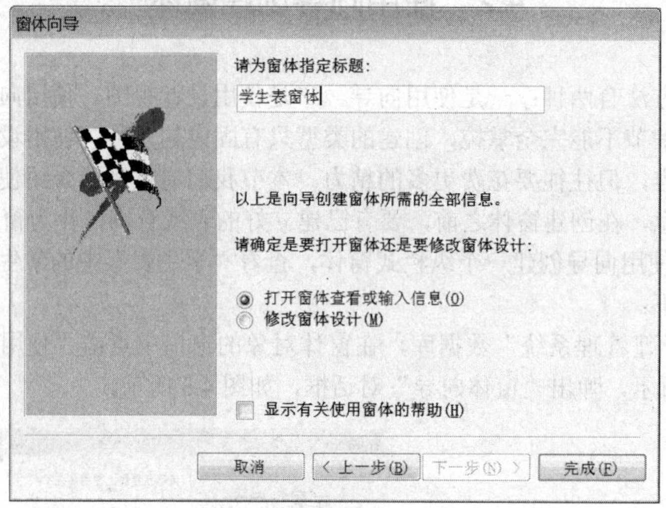

图 4.11　指定窗体名称

(4) 最终窗体的效果如图 4.12 左边所示。如果对向导创建的窗体效果不满意，可以用右键单击窗体的标题栏，然后从弹出的快捷菜单(见图 4.12 右边)里面选择“窗体设计”，之后可在设计视图内修改窗体。■

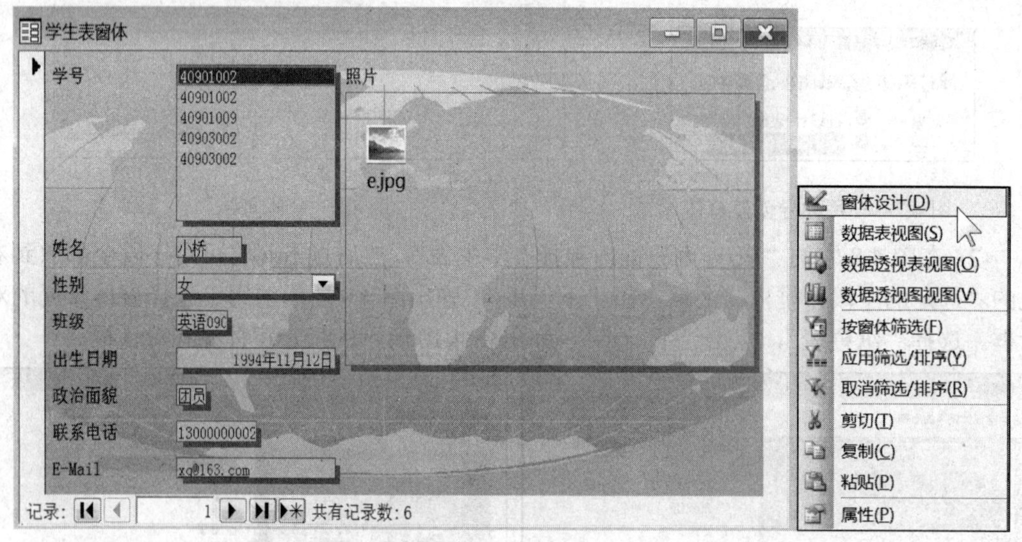

图 4.12　最终窗体效果

【例 4.2】 使用数据透视表向导创建一个窗体，以姓名为行标题，班级为列标题，显示每位学生的出生日期数据。

操作步骤如下：

(1) 点击窗体对象窗口上的“新建”按钮，弹出“新建窗体”对话框，如图 4.13 所示。从中选择“数据透视表向导”，并在底部的对象来源框内选择对应的数据来源——学生表。之后点击“下一步”，弹出图 4.14 所示的对话框。

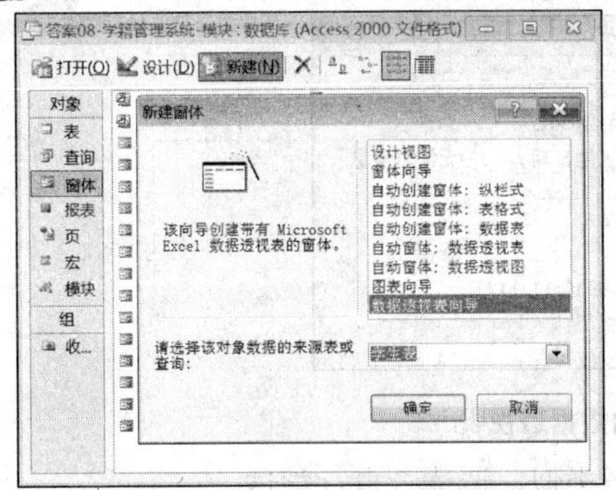

图 4.13 “新建窗体”对话框

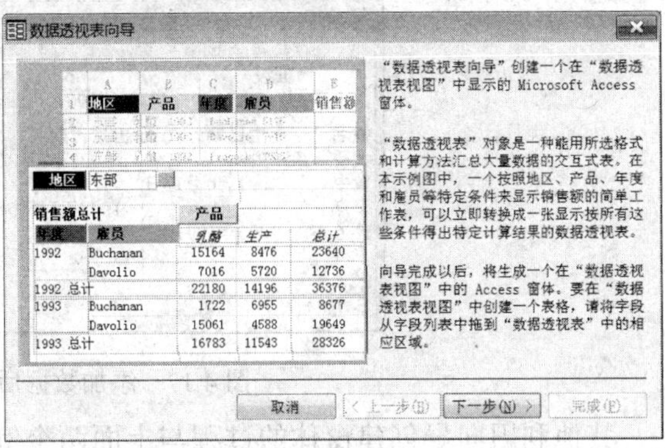

图 4.14 数据透视表向导说明

(2) 图 4.14 是对数据透视表的解释和说明。直接点击“下一步”，弹出图 4.15 所示的选择字段对话框。

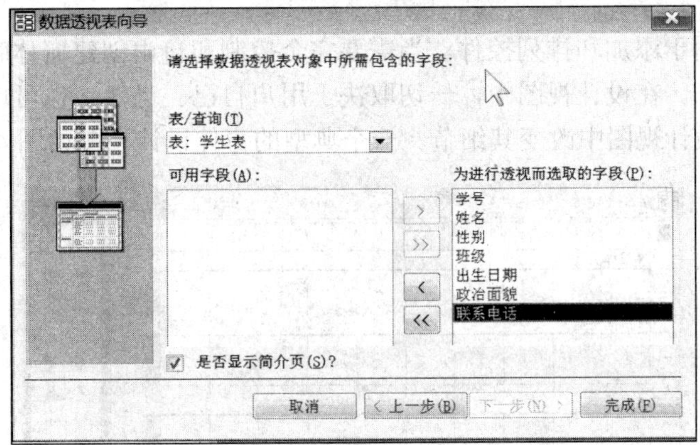

图 4.15 选取数据透视表对象中用到的字段

(3) 在图 4.15 中将所有字段都选取，然后点击“完成”按钮，弹出图 4.16 所示的空白数据透视表。

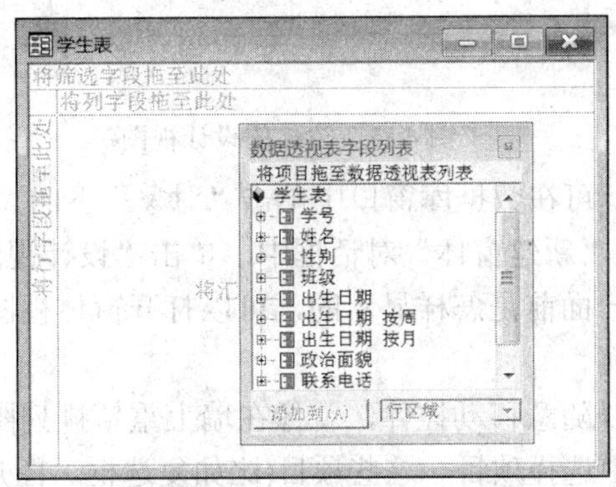

图 4.16 空白的数据透视表

(4) 在图 4.16 中，将“数据透视表字段列表”里的“姓名”字段拖到空白透视表的行字段上、将“数据透视表字段列表”里的“班级”字段拖到空白透视表的列字段上、将“出生日期”字段拖到透视表的数据区域，得到图 4.17 所示的结果。■

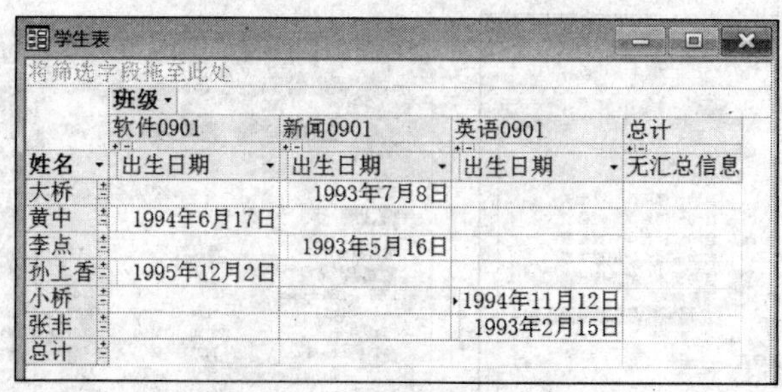

学生表

将筛选字段拖至此处

	班级			
	软件0901	新闻0901	英语0901	总计
姓名	出生日期	出生日期	出生日期	无汇总信息
大桥		1993年7月8日		
黄中	1994年6月17日			
李点		1993年5月16日		
孙上香	1995年12月2日			
小桥			1994年11月12日	
张非			1993年2月15日	
总计				

图 4.17　添加数据后的数据透视表

其他利用向导创建窗体的过程与上面两个例子类似，请读者自行尝试。

4.3　使用设计视图创建窗体

设计视图可用于添加和排列控件。当需要完全控制和自由创建窗体时，设计视图是创建窗体的最好方法。在设计视图中，一切取决于用户自己。当然，也可以先用向导创建一个窗体，然后在设计视图中改变其细节。一个典型的窗体设计视图如图 4.18 所示。

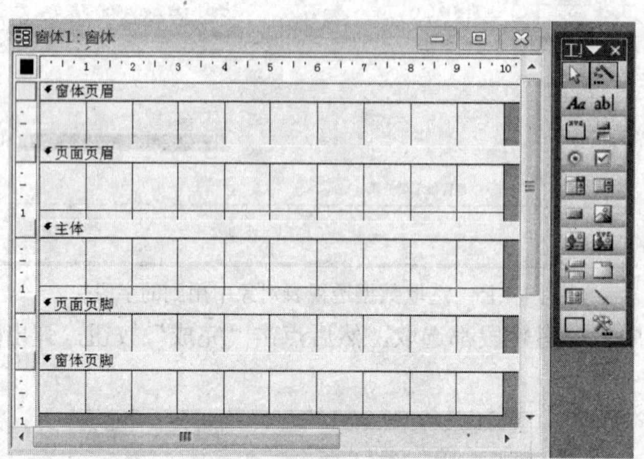

图 4.18　窗体的设计视图

若要打开设计视图，可在数据库窗口中单击“对象”下的“窗体”，再在“数据库”工具栏上单击“新建”，在“新建窗体”对话框中，单击“设计视图”。

若要查看窗体在用户面前是怎样显示的，可以打开窗体视图，并在设计过程中在窗体视图和设计视图之间切换。

在设计视图中，可以随意移动控件，就像在墙上重新排列图片。若要在设计视图中设计窗体，需要从工具箱中选择项目。这些项目(比如复选框、图片和标签)称为“控件”。可以设置控件的属性和格式，使其按所需外观显示在窗体上。

4.3.1　窗体的组成部分

参考图 4.18，窗体包含如下部分(或称为“节”)：

(1) 窗体页眉：在设计视图的最上方，一般用于显示窗体的标题、窗体使用说明或放置任务按钮等。在窗体运行时，窗体页眉始终显示相同的内容，打印时只在第 1 页出现一次。

(2) 页面页眉：在窗体页眉的下方，用于设置窗体打印时的页头信息，如标题、字段标题或其他信息。页面页眉只出现在打印的窗体上，打印时出现在每页的顶部。

(3) 主体：在设计视图的中间，用于显示窗体数据源的记录。主体是窗体必不可少的主要部分，绝大多数的控件和记录都出现在主体节上。

(4) 页面页脚：在主体的下方，用于设置窗体在打印时的页脚信息，如日期、页码或其他信息。页面页脚只出现在打印的窗体上。

(5) 窗体页脚：在设计视图的最下方，与窗体页眉的功能基本相同，一般用于显示对记录的操作说明和设置命令按钮等。

(6) 设计视图中的工具箱包含要添加到窗体中的控件，如文本框和标签。设计视图网格线和点用于组织插入和安排控件的区域。

窗体的各节既可以隐藏也可以调整大小、设置节属性、放置控件等。但是由于窗体主要用于应用系统与用户的交互，因而在窗体设计时很少考虑页面页眉和页面页脚的设计。

4.3.2　添加页眉和页脚

有时正在处理的窗体没有“页面页眉”和“页面页脚”节。该窗体甚至可能缺少“窗体页眉”和“窗体页脚”节。若要给各页或整个窗体添加页眉和页脚节，需要在设计视图中打开窗体。

用鼠标右键单击窗体上任意一个可以选定节的位置，从快捷菜单中选择相关的命令，来为页或窗体添加页眉和页脚节。然后，可以给页眉和页脚节添加控件，如标签或文本框，具体参见图 4.19 所示右键快捷菜单中的选项。

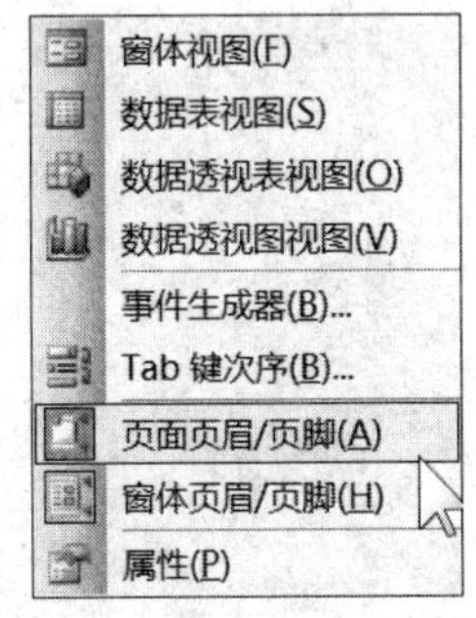

图 4.19　添加页面页眉/页脚和窗体页眉/页脚

可以用同样的步骤删除页眉和页脚，删除或添加取决于页眉和页脚是否存在。注意，如果删除页眉和页脚，Access 将删除它们包含的所有控件。

4.3.3　窗体属性和外观

窗体也有属性，它与整个窗体相关联，并影响着用户对窗体的体验。

在 4.20 中标号为①的位置双击窗体选择器，也就是标尺相交处的框■，就会弹出窗体属性窗口，即图 4.20 中标号为②的窗口，设置其中各项目的值，就可以确定窗体的整体外观和具体行为。例如，可以确定窗体底部是否有按钮以便在浏览记录时前进和后退；窗体顶部是否有按钮，以便最小化、最大化和关闭窗体；用户可以重新调整按钮的大小，还可以选择窗体的背景，等等。要想获得任何属性的帮助信息，可单击该属性名称右侧的框，然后按 F1 键。

窗体底部有六个导航按钮，见图 4.21，其含义分别为：① 第一个记录；② 上一个记录；③ 当前记录号；④ 下一个记录；⑤ 最后一个记录；⑥ 新建记录。这些按钮能让用户在浏览时简单快速地选择或新建记录。

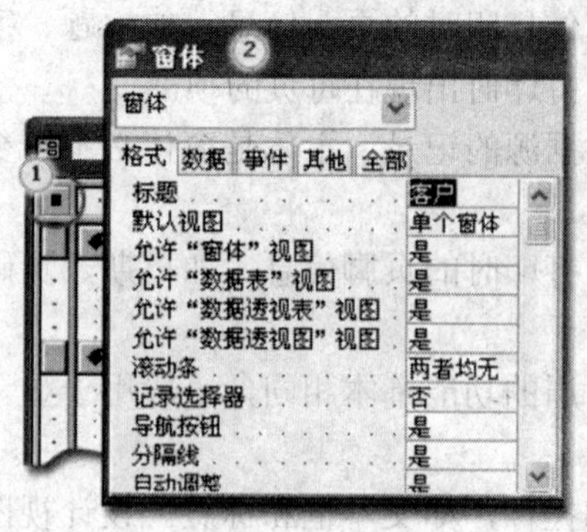

图 4.20　窗体属性窗口

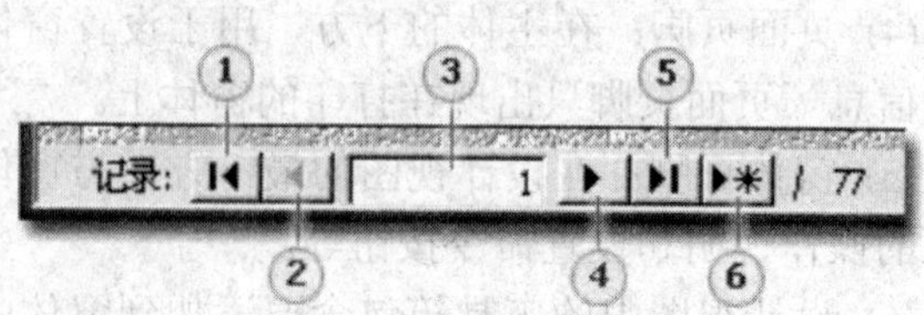

图 4.21　导航按钮

Access 会自动给每一个新窗体添加导航按钮。导航按钮在设计视图中是不可见的，但它会在切换到窗体视图时显示，也会在任何人使用窗体查看或输入数据时显示。

一个设计良好的窗体会更长时间地吸引更多的用户。在 Access 里，更改窗体外观是件非常容易的事情。如图 4.22 所示，可以为整个窗体、窗体的节或单个控件选择视觉效果。背景、边框、颜色和文字等都可以在窗体中自定义。

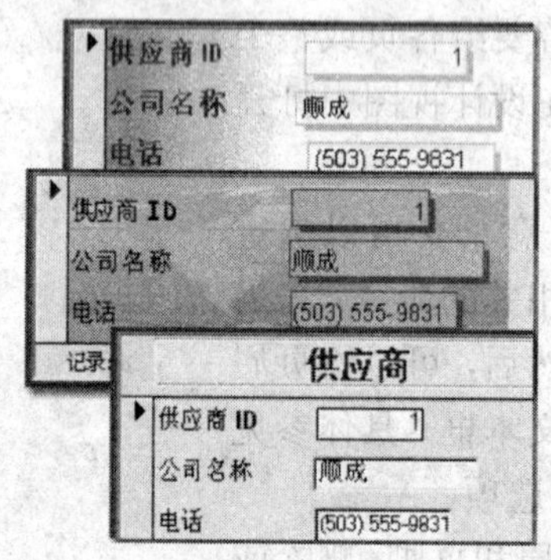

图 4.22　窗体外观

若要使用图片作为窗体的背景，可以在设计视图中打开窗体，然后双击窗体选择器(就是标尺相交的框)以显示窗体属性表。选择"格式"选项卡，然后滚动到下边的"图片"选项，并单击该选项或旁边的框，以显示有三个点的"生成"按钮 。单击该按钮即打开"插入图片"对话框，可选择作为背景的图像。

要更改窗体节的外观，可以在"设计"视图中打开窗体，并在需要更改的节内用鼠标右键单击，然后单击快捷菜单上的"属性"选项；在打开的对话框中选择"格式"选项卡后将显示一系列选项，包括背景颜色、高度和其他设置。

"自动套用格式"是对窗体应用预设格式的快捷方式。选择窗体后，在菜单栏上点击"格式"→"自动套用格式"即可弹出图 4.23 所示的"自动套用格式"对话框。Access 提供了几个预先设计好的窗体自动套用格式。每一种格式都包含字体、边框的样式和颜色，还包含整个窗体的背景效果。点击“选项”命令会弹出图4.23下部的“应用属性”设置框，从中可以选择将套用格式的哪一部分应用于窗体。

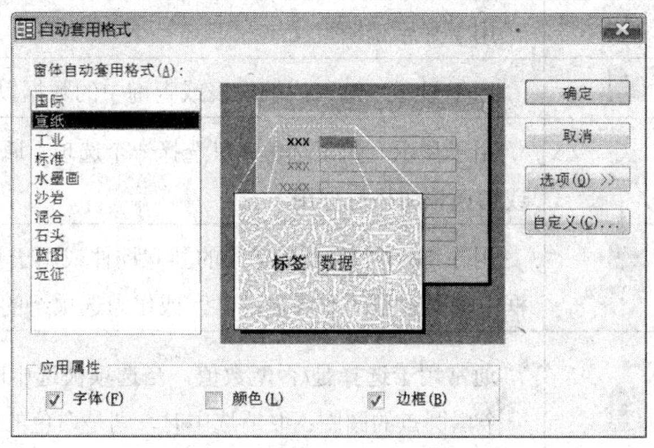

图4.23 窗体的自动套用格式

“自动套用格式”可以应用于一个控件、几个控件、一个节或整个窗体，方法为在设计视图中，先选择要更改的对象，然后单击“格式”菜单上的“自动套用格式”，并进行选择。

4.3.4 工具箱中的控件

控件是允许用户控制程序的图形用户界面对象，如文本框、复选框、滚动条或命令按钮等。在Access中可使用控件显示数据或选项、执行操作或使用户界面更易阅读。

窗体工具箱中包含了一系列已经预定义好的控件，可以从中将控件拖到窗体设计图上。工具箱中各控件的名称如图4.24所示。如果打开窗体后未出现工具箱，则可通过“视图”菜单上的“工具箱”命令来打开，见图4.25。

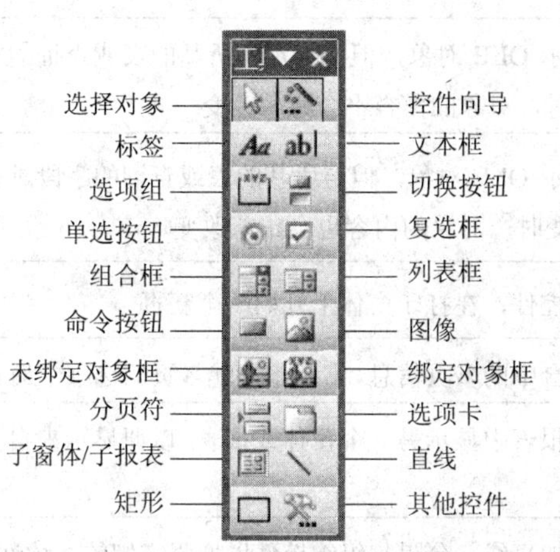

图4.24 工具箱中的控件

图4.25 从“视图”菜单中选择“工具箱”命令

工具箱内各种控件的含义列于表4.1。

表 4.1 窗体中的控件及其作用

控件名称	控件图标	控 件 作 用
标签		用于显示说明性文本
文本框		用于显示、输入或编辑表或查询中的数据以及显示计算结果等
选项组		用于显示一组可选值，只选择一个选项，通常与单选按钮、复选框或切换按钮搭配使用
切换按钮		用作绑定到是/否型字段的独立控件或用于接收用户在自定义对话框中输入数据的非绑定控件，或作为选项组的一部分
单选按钮		通常用于选择是/否型数值，当选项被选中时，单选按钮显示带有一个黑圆点的圆圈；取消选中时，则是白色的圆圈。在一组单选按钮中，每次只能使一个单选按钮有效
复选框		通常用于选择是/否型数值，当选项被选中时，则显示一个含有检查标记的正方形，否则显示一个空的正方形。在一组复选框中，可以有多个复选框有效
组合框		文本框和列表框的组合，既可以在文本框中输入数据，也可以在列表框中选择数据项
列表框		显示可滚动的数值选项列表，从列表中选择某数据时将更新其绑定的字段值
命令按钮		用于启动一项或一组操作，控制程序流程
图像		用于在窗体中显示图片
未绑定对象框		用于在窗体中显示 OLE 对象，但不绑定到所基的表或查询的字段上。当前记录改变时，对象的内容不会跟着改变
绑定对象框		用于在窗体中显示 OLE 对象，但与所基的表或查询的字段进行了绑定，当前记录改变时，对象的内容也会跟着改变
分页符		通过插入分页符控件，在打印窗体上开始一个新页
选项卡		用于展示单个集合中的多页信息，常用来创建多页的选项卡对话框
子窗体/子报表		用于在原窗体或报表中显示另一个窗体或报表，以便显示来自多个表的数据
直线		用于在窗体上添加直线，分隔与组织控件以增强它们的可读性
矩形		用于在窗体上添加矩形框，分隔与组织控件以增强它们的可读性
其他		用于在窗体中添加 ActiveX 控件

4.3.5 使用控件向导

添加控件时，请先在工具箱中单击它，然后到窗体设计图中单击要添加它的地方。如果想在添加时更改控件的大小，请第二次单击后拖动它。随时更新的虚线显示了新控件的大小。

对于文本框等控件来说，添加操作很简单，但是，很多控件需要更多的信息才能充分发挥作用。为了帮助用户添加这些控件，Access 提供了控件向导。可以通过单击工具箱中的“控件向导”按钮来打开(或关闭)向导。打开向导后，在添加具有向导的控件时(注意，不是所有控件都有向导)，向导将引导用户完成一组相关设置。

【例 4.3】 使用设计视图创建一个窗体，在窗体上放置一个按钮，点击按钮后，显示查询“女生查询”的结果(女生查询显示学籍管理系统中“学生表”内 1994 年 1 月 1 日之后出生的女生的情况)。

操作步骤如下：

(1) 如图 4.26 所示，点击“窗体”对象窗口中的“在设计视图中创建窗体”选项，弹出窗体设计视图，如图 4.27 所示。在工具箱中点击“命令按钮”控件，之后，将鼠标移动到主体节的某空白位置处，点击鼠标左键，弹出如图 4.28 的“命令按钮向导”对话框。

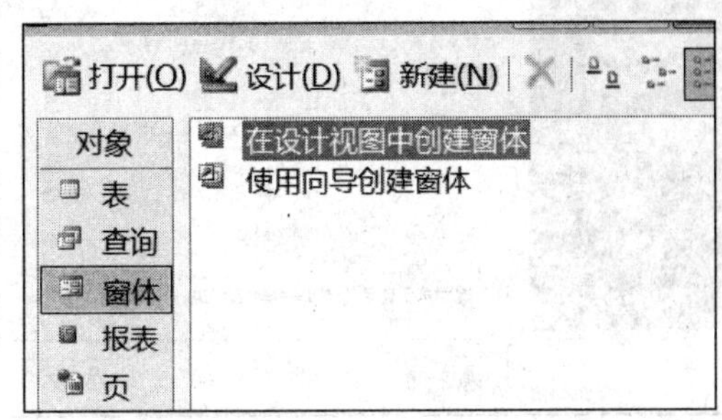

图 4.26 打开窗体的设计视图

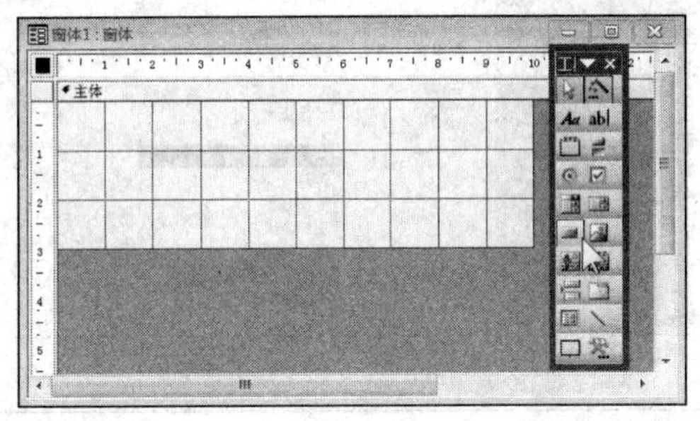

图 4.27 点击工具箱中的“命令按钮”控件

(2) 在图 4.28 中的“类别”框中选择“杂项”选项，然后在右边的“操作”框中选择“运行查询”选项。之后，点击“下一步”，弹出图 4.29 所示的对话框，从中选择“女生查询”后点击“下一步”，弹出图 4.30 所示的对话框。

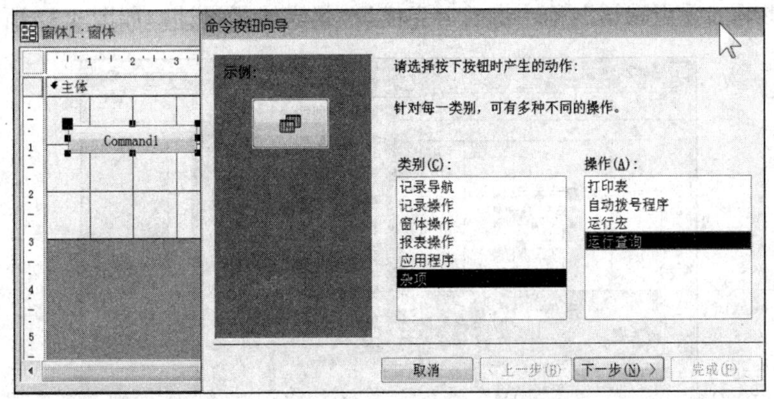

图 4.28 “命令按钮向导”对话框

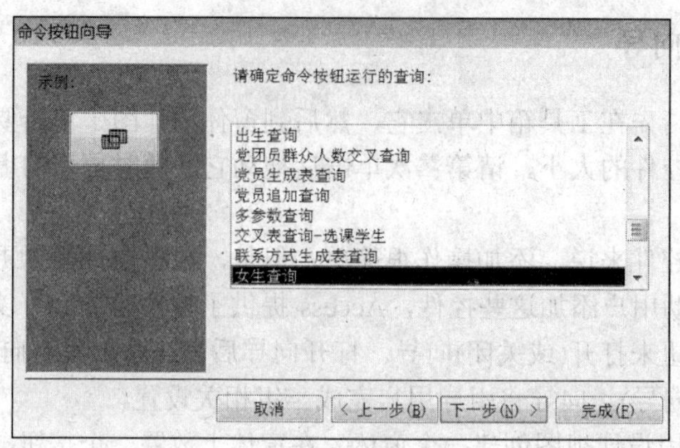

图 4.29　选择“女生查询”

(3) 在图 4.30 中选择“文本”单选项，然后采用默认的文本内容“运行查询”，这个文本将在窗体视图的对应按钮上显示。当然，也可以用另外的文本。之后，点击“下一步”。弹出图 4.31 所示的对话框。

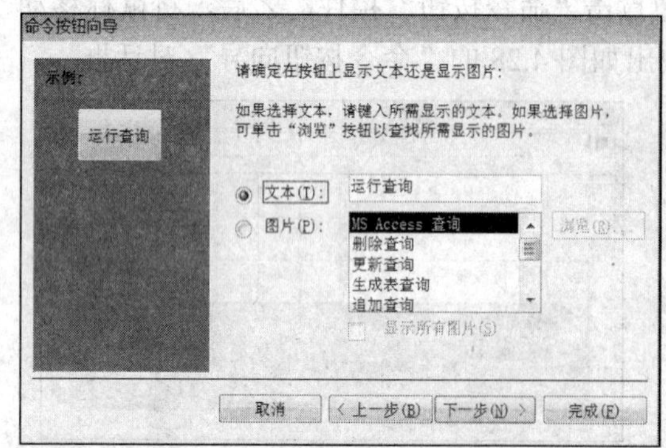

图 4.30　指定按钮上要显示的内容

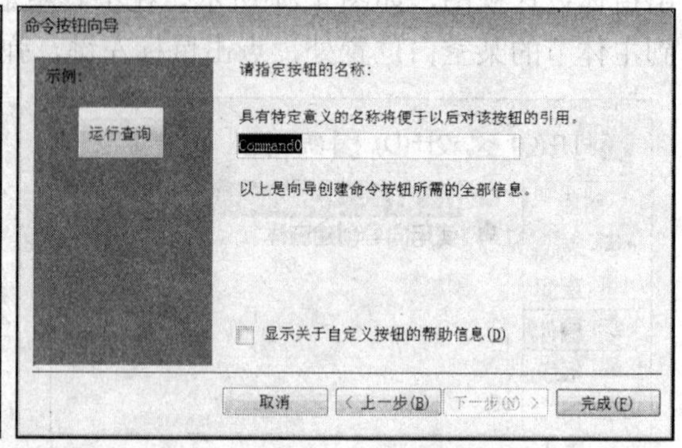

图 4.31　指定按钮的名称

(4) 图 4.31 要求指定按钮的“名称”，这个是供其他对象(例如 VBA 模块)引用的，它是一个隐藏于内部的名称，其他对象通过此名称来调用此按钮。这个内部名称要求是唯一的，不允许同名。而上一步在按钮上显示的文本内容则可以重复，它对数据库运行实际上不产生任何影响。采用默认名称，点击“完成”，就完成了设计，如图 4.32 所示。

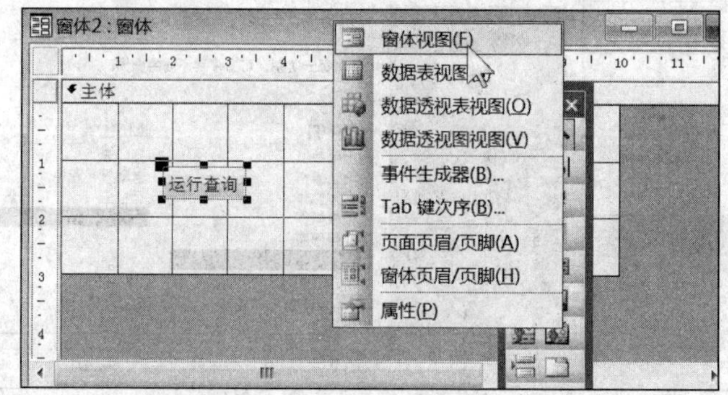

图 4.32　设计视图切换到窗体视图

(5) 右键点击图 4.32 的标题栏，从弹出的快捷菜单内选择“窗体视图”命令，得到图 4.33。点击“运行查询”按钮，就得到了最终查询结果，见图 4.34。■

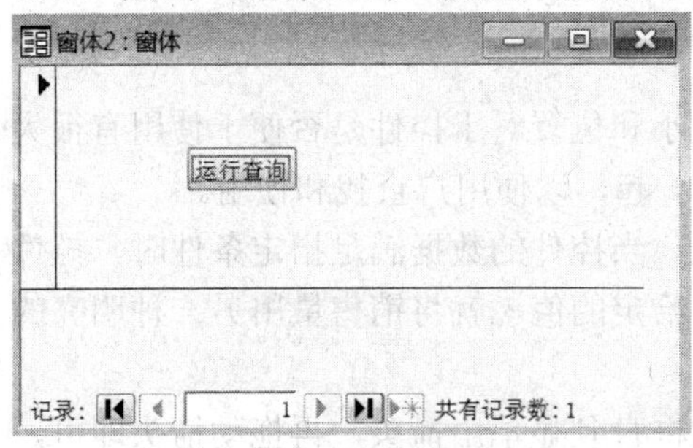

图 4.33　窗体视图

女生查询 : 选择查询

学号	姓名	性别	出生日期	班级	联系电话
40901002	小桥	女	1994年11月12日	英语0901	13000000002
40903002	孙上香	女	1995年12月2日	软件0901	13500000002

图 4.34　查询结果

注意，如果工具箱上的“控件向导”没有打开，当向设计视图上拖放一个控件时，仅仅将此控件置于其上，不会弹出向导。如果需要向导，应该再点击一下工具箱上的“控件向导”并将其打开。这是一个类似于“乒乓开关”的按钮，按一下打开，再按一下关闭。

4.3.6　控件属性

控件属性决定控件的外观和行为。图 4.35 中是一个文本框控件的属性，相关的属性被分组到不同的选项卡中，包括格式、数据、事件、其他、全部等选项卡。要查看控件的属性，只要在其上单击右键，然后从弹出的快捷菜单里选择“属性”即可，见图 4.36。注意，不同控件提供的属性内容可能不一样。

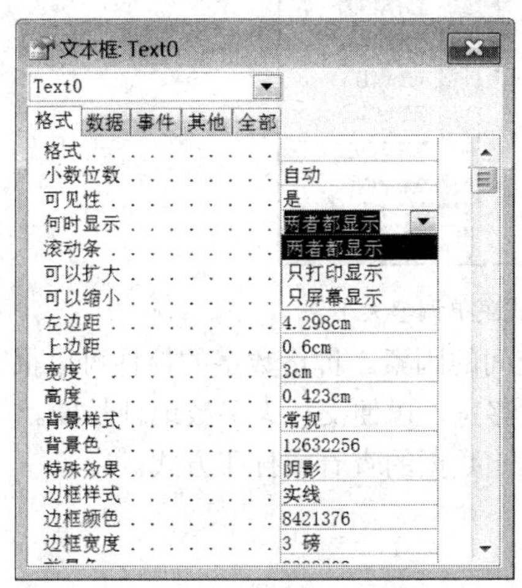

图 4.35　文本框控件的属性　　　　图 4.36　查看控件的属性

单击属性名称右边的可控箭头可以显示滚动条的各种选项。例如在图 4.35 中单击“何时显示”属性右边的，就可以从中选择“两者都显示”、“只打印显示”、“只屏幕显示”三个选项之一。

通过指定文本框的属性可以设置其大小，允许它放大或缩小并为它提供滚动条。有时，单击将看到三个点“...”，这通常表示 Access 可以帮助用户在生成器对话框中为属性生成规则。单击这些点即可打开生成器。如果想了解某属性的帮助信息，可单击属性名或框，

再按 F1 键，Access 将显示关于该属性的帮助信息。

4.3.7 控件的外观

对使用者来说，外观很重要。控件的外观、大小和位置对于控件是否便于使用有很大影响。通过自定义控件，可以将控件按逻辑组合在一起，以便用户查找和使用。

外观还可以帮助用户看到他们需要注意的事项。当控件的数据满足指定条件时，控件外观将根据条件格式更改。例如，如果销售量高于给定的值，就将销售量用另一种明亮的颜色显示，这样，就能提醒仓库尽快向商店发货。

若要更改所选控件的大小，只需指向控件的边框直到显示出箭头，再拖动箭头即可，如图 4.37 所示。

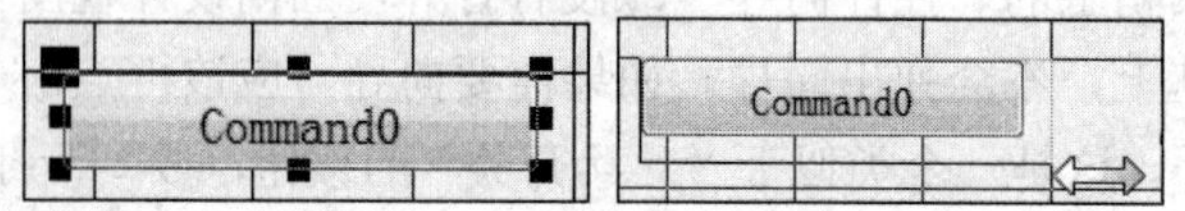

图 4.37　调整控件的大小

也可以使用“格式”菜单中的“大小”命令来使所选控件的大小与其文字、网格或另一个已选控件的大小相匹配，见图 4.38。

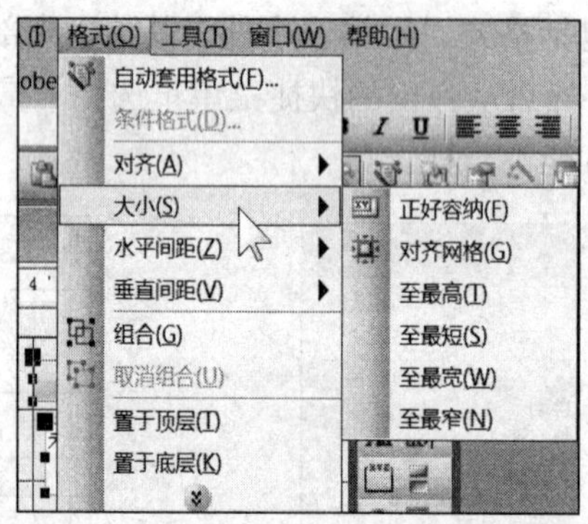

图 4.38　使用格式菜单调整大小

调整控件大小时，要考虑数据实际占用空间的因素。价格数字的控件可以很窄，以便为其他控件留下更多空间；而地址控件应该足够宽，以便支持大多数地址长度。

注意，控件的大小不影响数据本身，只影响数据的查看或打印方式。

4.3.8 排列控件

向窗体中添加控件时，需要设计好控件的位置和大小，以便人们使用它们。

遍布设计视图的网格可以帮助用户排列控件。拖动控件时，如果靠近网格，控件会被自动吸附，与网格对齐。若要使两个或更多的控件沿一侧对齐，可以先选择它们，再在“格式”菜单上单击“对齐”命令以选择要对齐的方向。如果选择了“靠左”命令，则所有被选定控件将产生水平移动，使得各控件的左边对齐到一条垂直线上，该垂直线的横坐标为所选定控件的左边界中最靠左的那个位置。注意，每个控件不论其形状是什么，都会有一个包围这个控件的最小矩形作为其边界，因此，任何一个控件都有左边界。其他对齐命令

如“靠右”、“靠上”、“靠下”等与“靠左”类似，读者可自行尝试其功能。

在图 4.39 中，几个控件随机摆放，杂乱无章。自动排列时，先选中这几个控件，然后从菜单里选择“格式”→“对齐”→“靠左”，见图 4.40；然后再从“格式”菜单里选择“垂直间距”→“相同”，就得到了图 4.40 右边对齐后的效果。

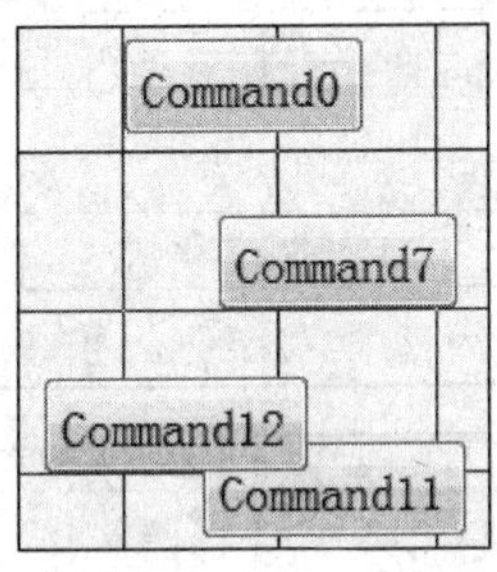

图 4.39　排列前的控件

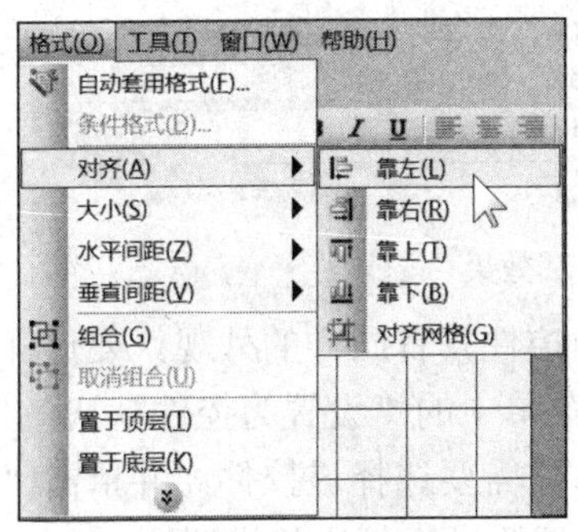

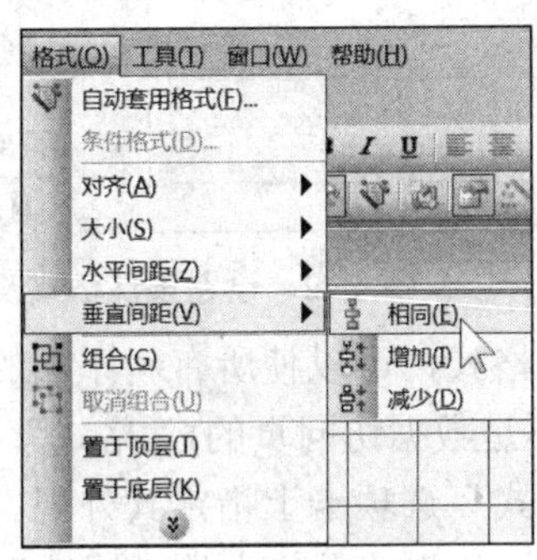

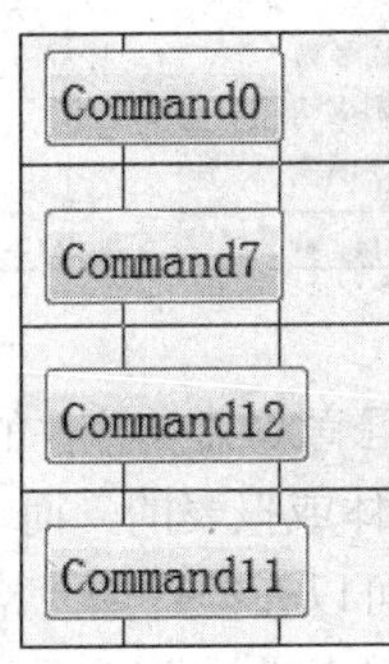

图 4.40　靠左对齐、垂直间距相同排列后的控件

4.3.9　控件格式及条件格式

就像文字可以有各种颜色、字号等格式一样，控件也可以设置格式。例如，设置格式使得控件中的文本成为蓝色的，或使文本置于浅黄的背景上，或者，在最重要的数据周围设置很粗的边框以便一眼就看到它们。

在图 4.41 中，设置“学号”文本框的特殊效果为“立体”，设置“姓名”文本框的“填充/背景色”为浅灰。设置“总评成绩”小于 80 分时为蓝色斜体字，大于 90 分时为红色粗体字并加下划线，见图 4.42 上部。设置完毕后，切换到窗体视图，显示效果见图 4.42 的下部所示。

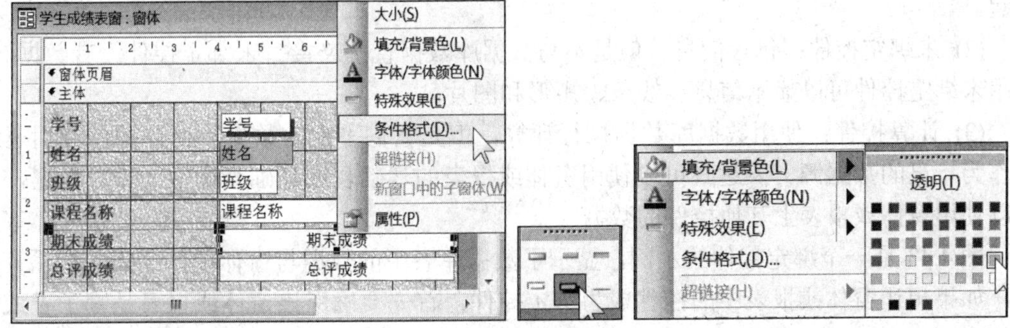

图 4.41　设置控件的格式

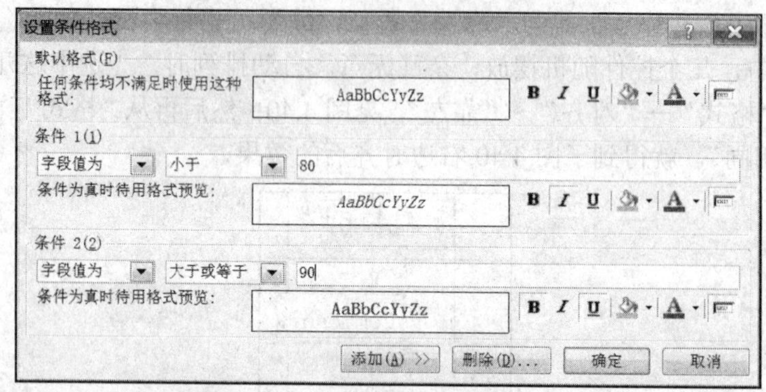

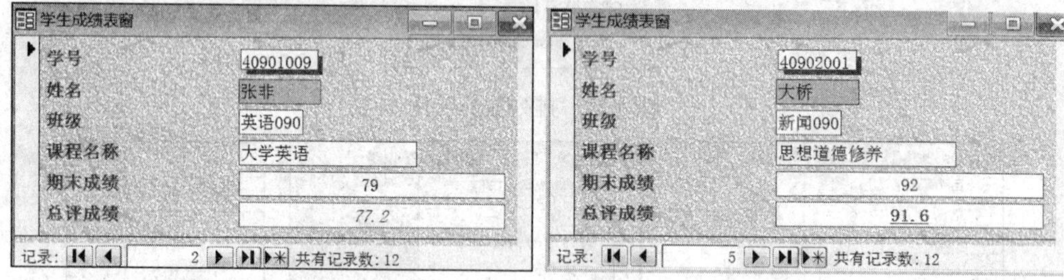

图 4.42　设置条件格式及其效果

一旦喜欢某个控件的格式，可以使所有新添加的控件具有同样的外观。要这样做，请使用(窗体或报表的，而不是数据访问页的)“格式”菜单中的“设置为控件默认值”命令。

也可以在控件的“格式”选项卡上指定其外观。这需要选择该控件，并单击“窗体设计”、“报表设计”或“页设计”工具栏中的“属性”按钮进行相应的设置。

4.3.10　控件的三种类型

理解控件和数据之间可能存在的关系对于设计窗体至关重要。一些控件可直接链接到数据，用来立即显示、输入或更改数据。而另一些控件则使用数据，但不会影响数据。还有一些控件完全不依赖于源数据。理解这些控件类型后，就能正确决定应使用的控件类型。

Access 控件有以下三种基本类型。

(1) 绑定控件：与数据源直接连接，它们将数据输入数据库或显示数据库的数据。它们可以更改数据或在数据更改后显示变化。绑定控件与基础表或基础查询中的字段捆绑在一起。

(2) 未绑定控件：包含信息，但是不与数据库数据直接连接。未绑定控件没有数据源。使用未绑定控件可以显示信息、线条、矩形和图片。

(3) 计算控件：使用数据库数据执行计算，但是它们不更改数据。计算控件使用表达式作为自己的数据源。表达式可以使用窗体或报表的基础表或基础查询中的字段数据，也可以使用窗体或报表上其他控件的数据。

图 4.43 是一个绑定控件的示例，显示了数据库表中的数据与窗体控件之间的联系。注意，如果想让窗体或报表中的控件成为绑定控件，首先要确保该窗体或报表是基于表或查询的。

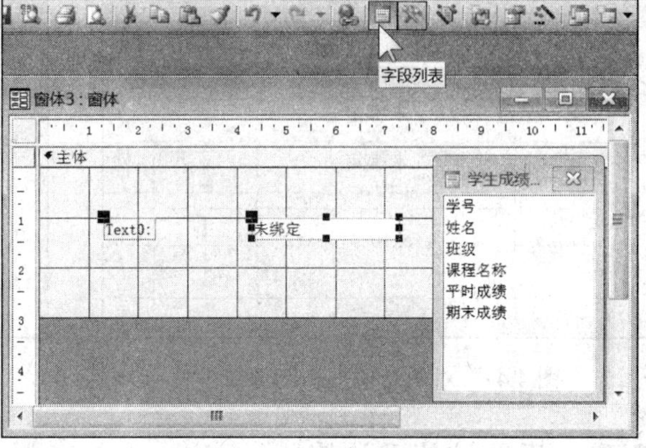

图 4.43 数据与控件之间的绑定　　　　图 4.44 数据与控件之间的绑定设置

在设计窗体时，可以使用工具栏上的“字段列表”按钮将表或查询里面的字段显示出来，如图 4.44 所示，之后就可以从列表中将字段拖到设计窗口内。如果“字段列表”按钮是灰色的不能选用，说明还未给窗体设置数据源。右键单击窗体中空白处，从弹出的快捷菜单中选择“属性”，见图 4.45，然后设置“记录源”为所需要的表或查询即可。

未绑定控件在“设计”视图中显示文字“未绑定”，见图 4.46。如果想绑定控件，可以使用控件属性中的“数据”选项卡。当在“控件来源”属性框中选择字段时，在设计视图中控件的显示将发生更改，以表示该控件目前已绑定。

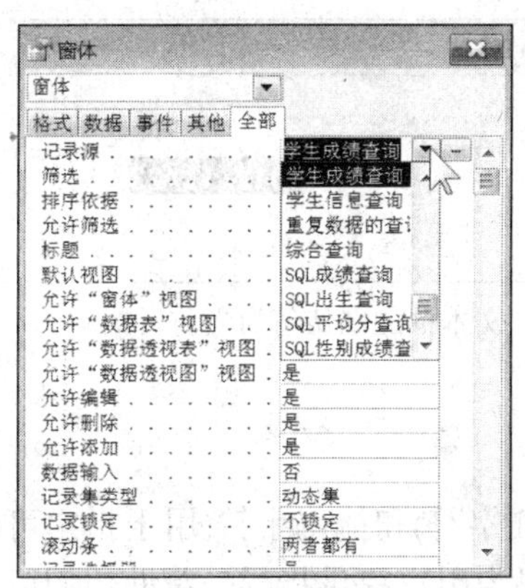

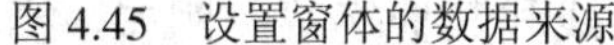

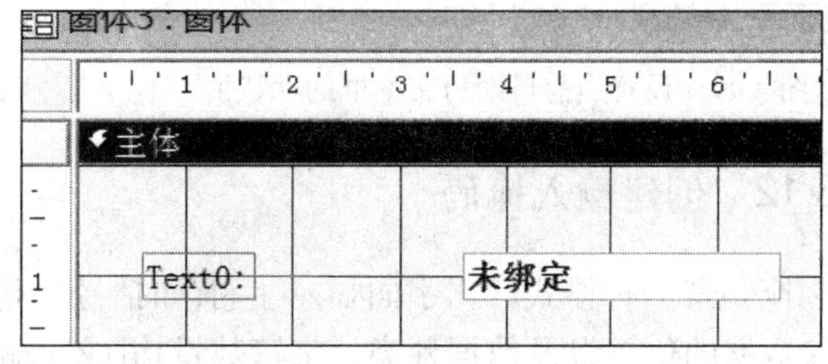

图 4.45 设置窗体的数据来源　　　　图 4.46 未绑定的控件

计算控件是在窗体、报表或数据访问页上显示表达式结果的控件。若表达式所基于的值发生改变，它就重新计算一次结果。表达式结合算术运算符、字段、预建的公式和数值来产生总和。表达式可以使用表、查询或另一个控件的数据，也可以手动输入。要创建表达式，可选择控件，再单击“属性”按钮，并选择“数据”选项卡。在“控件来源”属性框旁边，将看到三个点。单击这三个点将打开“表达式生成器”对话框。在对话框中，可以从元素列表中选择并输入具体的值来执行计算。

图 4.47 中设计了三个文本控件和一个按钮，其中两个未绑定文本框用来输入数值；输入结束后点击“求和”按钮；“= [Text0] + [Text2]”文本框控件用来根据公式计算并显示结果。计算示例见图 4.48。

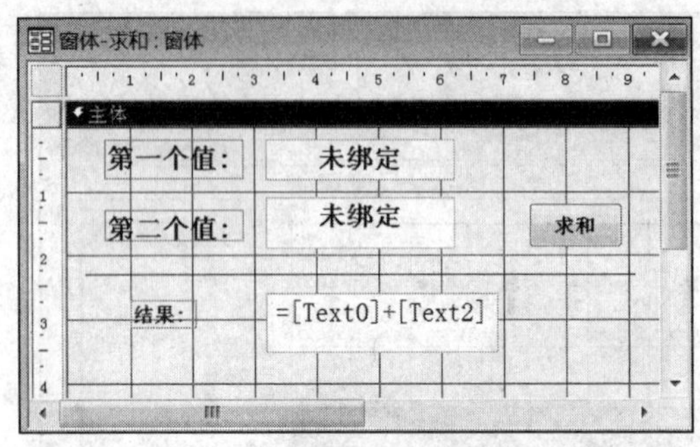

图 4.47　对两个值求和的计算控件

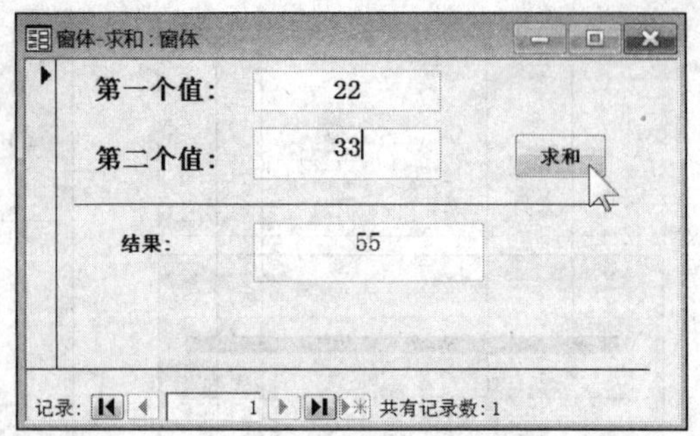

图 4.48　显示求和计算结果

4.3.11　设置控件默认值

如果一些数据可预期或知道其大致范围，则可以为这些控件设置默认值。用户不需要在那里输入数据，除非他们想使它与默认值不同。

要设置简单的默认值(如文本)，请在设计视图中选择控件，并单击“属性”按钮，再单击“数据”选项卡。在“默认值”属性框中输入数值。新记录打开时该控件中将包含这个值。

默认值可以包含计算。图 4.49 中窗体文本框的默认值被设为日期函数“=Date()”，则每次打开窗体，该文本框都会显示当前的日期，如图 4.50 所示。

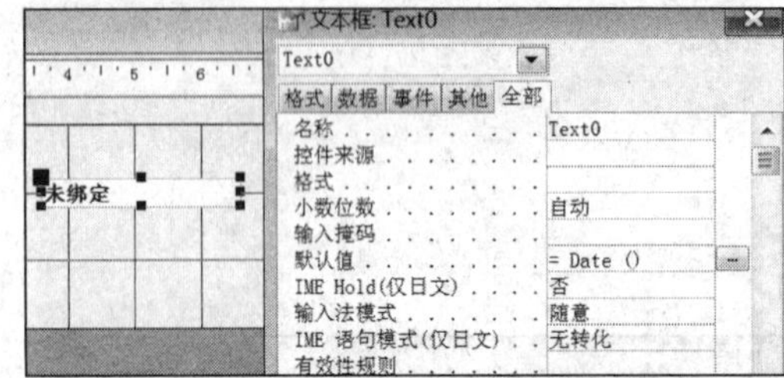

图 4.49　设置当前日期为文本框的默认值

图 4.50　文本框的默认值为当前日期

4.3.12　创建输入掩码

掩码是一种格式，由字面显示字符(如括号、句号和连字符)和掩码字符(用于指定可以输入数据的位置以及数据种类、字符数量)组成。输入掩码为用户提供指导，帮助他们以一致的方式在窗体的文本框和组合框中键入数字、连字符、斜线和其他字符。例如，当输入日期时，有人可能输入 11/3/2007，另外有人可能输入 11/03/07，或者 Nov. 3, 2007。这样的格式混乱将使数据难于使用。日期的输入掩码可能在窗体控件中显示为/####，因此人们知道使用何种格式(11/03/2007)。

要为窗体控件创建输入掩码，可选择控件，并单击“属性”按钮 ，再单击“数据”选项卡，然后单击“输入掩码”属性框，再单击三个点按钮“…”，“输入掩码”向导将打开。该向导提供了常用的数据类型列表，包括电话号码、社会保险号码、日期和时间。用户可以编辑基本输入掩码，然后查看所做更改将是什么样子，再将输入掩码应用于窗体控件。

注意，向导将询问是否存储输入掩码中所使用的非数据格式字符(如上述日期中的斜线)。用户可以在已存储的数据中保留这些字符，也可以使它们仅临时出现在控件中。请务

必确保您的回答与已经存储的所有数据保持一致。

下面的表 4.2 列出了掩码字符，表 4.3 是一些掩码输入示例。

表 4.2 掩 码 字 符

输入掩码字符	所指示的数据类型
0	数字(必选)
9	数字(可选)
A	字母或数字(必选)
a	字母或数字(可选)
L	字母(必选)
?	字母(可选)
#	数字或空格(可选，如果有空白区域，则用空格)
&	任何字符或空格(必选)

表 4.3 掩码示例

输入掩码示例	数据示例
(000) 000-0000	(206) 555-0248
(999) 999-9999	() 555-0248
(000) AAA-AAAA	(206) 555-TELE
L????L?000L0	GREENGR339M3
L0L 0L0	T2F 8M4
00000-9999	98115-3007
ISBN 0-&&&&&-&&&-0	ISBN 1-55615-507-7

4.3.13 检查数据有效性

在数据被输入窗体前，有效性规则检查数据的有效性并向用户报告错误。例如，如果不会将产品运到一个特定的省，则可以创建规则防止在发货窗体中输入这个省。

创建有效性规则时应该谨慎并全面考虑。如果没有预见所有可能性，可能会使一些人无法输入实际上有效的数据。

若要对窗体中的控件应用有效性规则，可在设计视图中选择控件，单击“属性”按钮，再单击“数据”选项卡。可以在“有效性规则”属性框中输入一条简单规则。表 4.4 显示了有效性规则示例。使用“表达式生成器”可以创建更复杂的规则。

表 4.4 有效性规则示例

有效性规则	有效性提示文本
<>0	请输入一个非零值
0 or >100	数值必需是 0 或大于 100
<#1/1/2000#	输入 2000 之前的日期
>=#1/1/2004# and <#1/1/2005#	日期的年份必须是 2004 年
Not "myself"	请输入您的名字

注意，有效性规则需要加以解释，使人们知道为什么不能在窗体中输入特定数据。应该将解释文字放到“有效性文本”属性框中，作为提示信息。

4.3.14 创建列表、下拉列表和组合框

有时候，可将某些值放进列表框或下拉列表框中，人们只需单击他们想要的选项即可输入，而不用键入。例如，将一个组合框拖放到窗体的设计主体内时，将弹出一个“组合框向导”对话框，如图 4.51 所示，指导用户一步步完成设置。我们选择“自行键入所需的值”，然后点击“下一步”，弹出图 4.52 所示对话框。

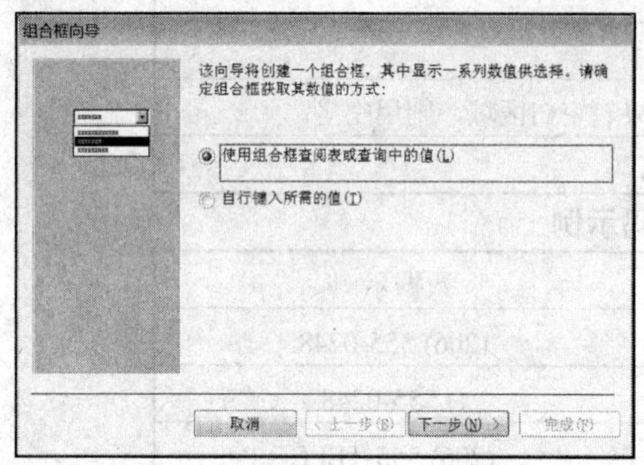

图 4.51 组合框向导对话框

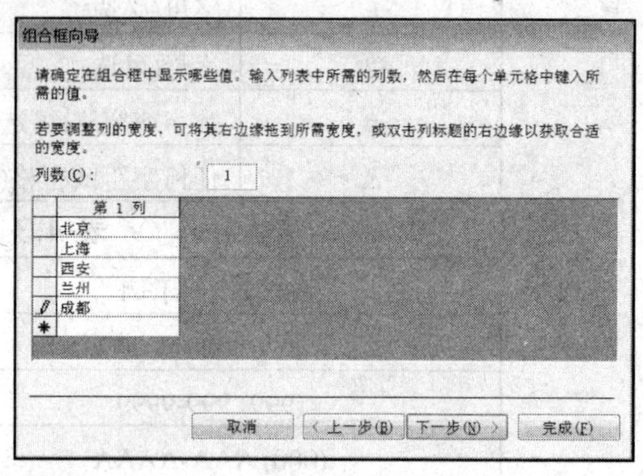

图 4.52 键入供用户选择的值

在图 4.52 中，我们输入了几个城市的名称，这样，当用户点击组合框的箭头按钮▾时，将出现这几个选项供其选择，如图 4.53 所示。

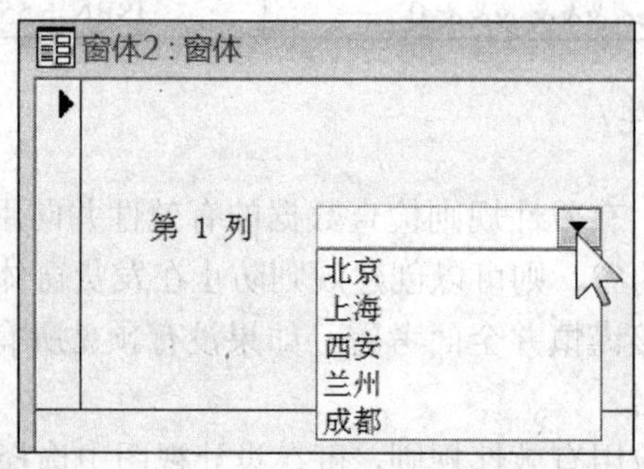

图 4.53 键入供用户选择的值

注意，工具箱中的“下拉列表框”只用于数据访问页，而“组合框”只用于窗体。

4.3.15 窗体的工作原理

知道如何创建窗体后，就可以开始按照需要设计窗体的外观和功能了。所有窗体都使用相同的基本结构，并包含一组共享的工作项目。其中，控件是大部分用户所看见和使用的窗体组成部分。控件可以显示数据或接受数据输入，还可以对数据执行计算并显示消息。通过控件，例如图像控件和线条控件，还可以添加视觉效果，以使窗体的使用更容易和有趣。

一些控件是绑定的。绑定控件与所选的表或查询中的具体字段直接连接。这种直接连接意味着绑定控件可以添加、更改或显示实时数据。当有人在绑定的窗体控件中输入或更改数据时，新数据或更改后的数据将立即输入表中。一旦表中的数据发生更改，绑定控件所显示的数据也将改变。

一些控件是未绑定的。诸如装饰线条和说明这类控件不与表中的数据绑定，因为这些控件保持不变。另外，计算控件也可以不绑定，因为计算的值不必储存在表中，需要时再计算一遍就能得到。

Access 提供了丰富的设计功能，给设计者带来广阔施展空间，使得产品能满足用户的绝大多数需求。下一节里，我们将通过一些例子来进一步说明窗体的设计和应用。

4.4　窗体设计综合举例

【例 4.4】　建立一个“姓名查询对话框”窗体，如图 4.54 所示，输入学生姓名后，点击“确定”则弹出学生信息窗体，里面有该学生的学号、姓名等基本信息(如图 4.55 所示)；当点击图 4.54 中的“关闭窗体”按钮后，关闭“姓名查询对话框”窗体。

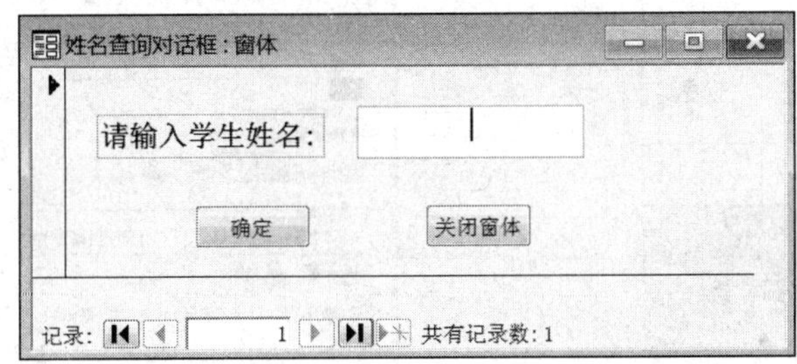

图 4.54　“姓名查询对话框”窗体

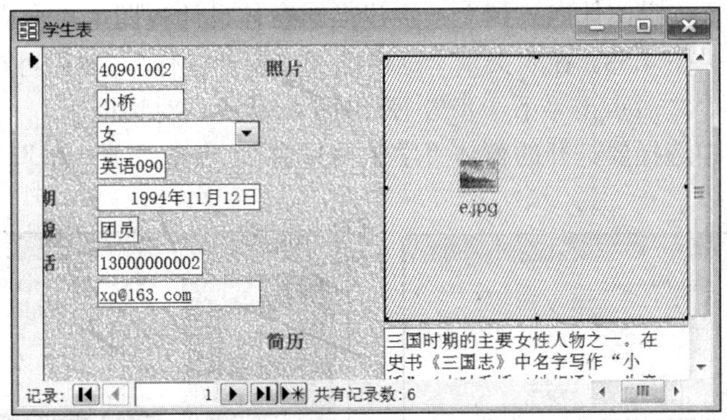

图 4.55　学生信息窗体内容

操作步骤如下：

(1) 如图 4.56 所示，打开窗体设计视图，设置窗体的数据来源为“学生表”，将学生表上的字段拖放到窗体的主体区域内，并调整大小和位置，排放整齐。之后，保存命名为“学生信息窗”，并关闭这个窗体。

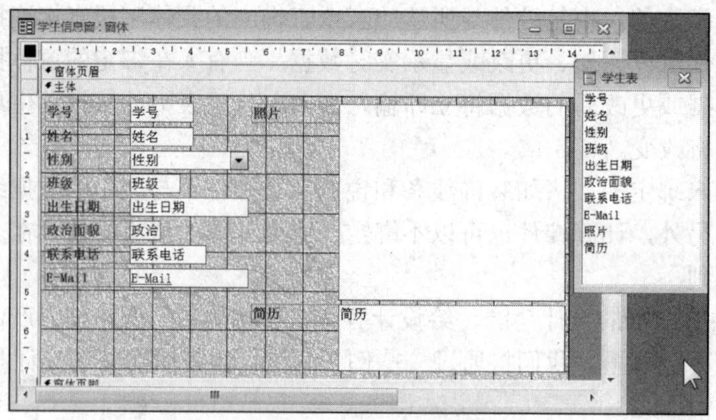

图 4.56 “学生信息窗”窗体

(2) 新打开一个窗体设计视图，在主体节里面放入一个文本框，当出现文本框向导如图 4.57 所示时，关闭该向导即可。然后，在文本框的标签内输入“请输入学生姓名:”，设置合适的字号。

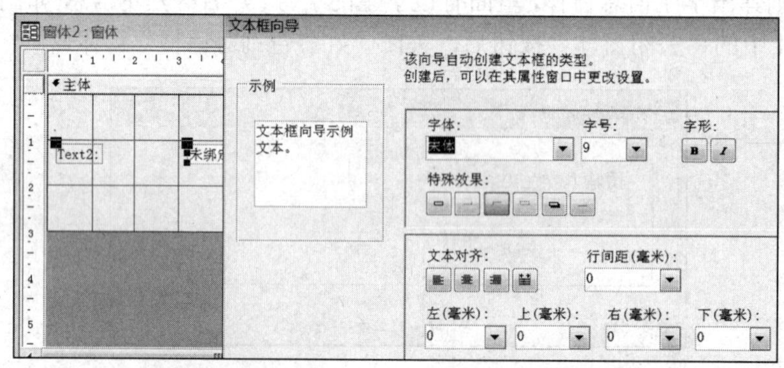

图 4.57 加入一个未绑定文本框

(3) 将一个命令按钮控件拖放到上一步建立的窗体设计视图上，会立即弹出“命令按钮向导”对话框，见图 4.58。在“类别”框内选择“窗体操作”，然后再在“操作”框内选择“打开窗体”项。之后点击“下一步”，弹出图 4.59 所示对话框。

(4) 在图 4.59 中选择要打开的窗体“学生信息窗”，点击“下一步”，弹出图 4.60 所示对话框。

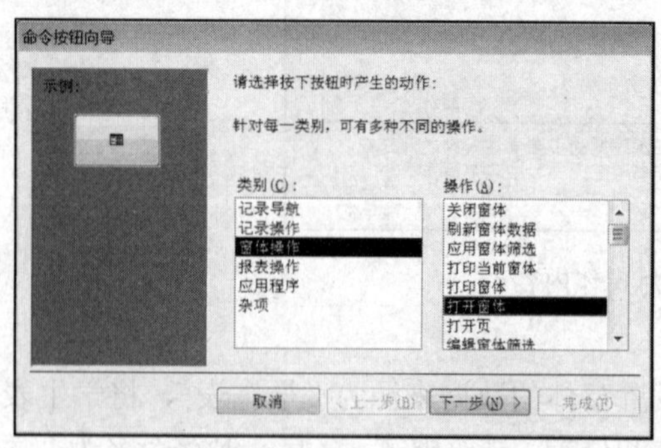

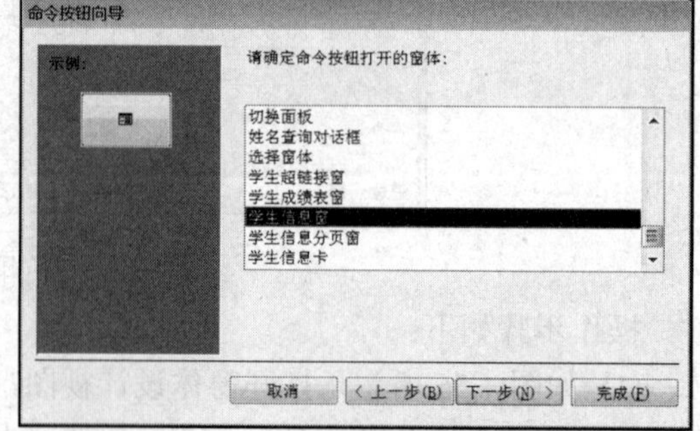

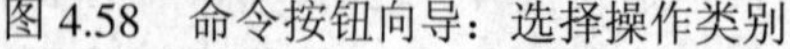
图 4.58 命令按钮向导：选择操作类别

图 4.59 命令按钮向导：选择要打开的窗体

(5) 在图 4.60 中，选择第一项“打开窗体并查找要显示的特定数据”，然后点击“下一步”，弹出图4.61所示对话框。

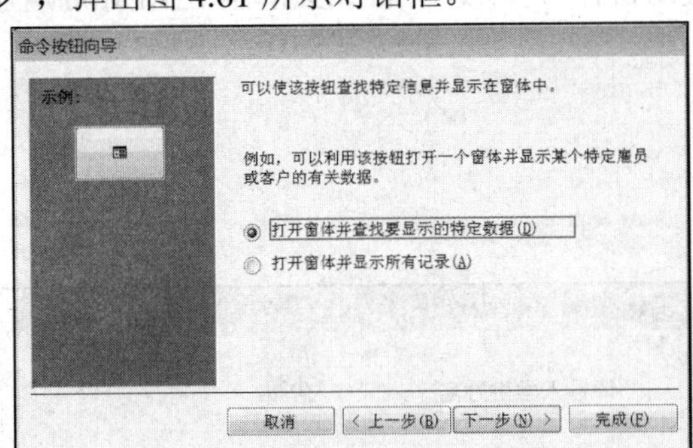

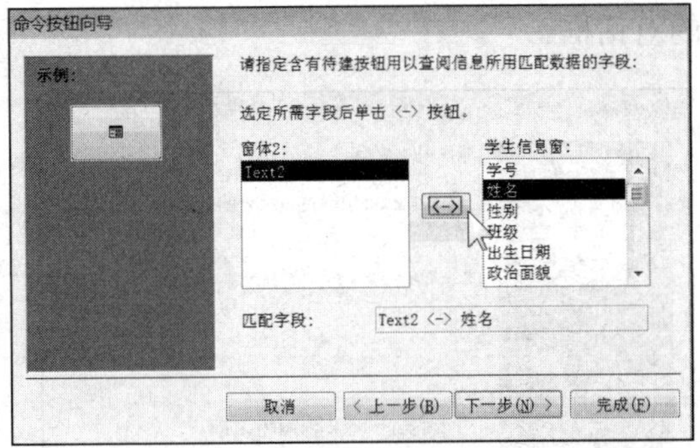

图4.60　选择“打开窗体并查找要显示的特定数据”项

图4.61　指定要匹配的字段

(6) 图4.61要求选择待匹配的字段，因为我们将在文本框内输入学生姓名，然后查找该姓名所对应学生的信息，所以匹配的字段是当前窗体文本框里的内容(标识为文本框的名称Text2)和“学生信息窗”中的“姓名”文本框。在图4.61的“窗体2”框内选择Text2，在“学生信息窗”框内选择“姓名”，然后点击<->按钮。之后，点击“下一步”，弹出图4.62所示对话框。

(7) 在图4.62中选择“文本”项，然后指定文字为“确定”，点击“下一步”，弹出图4.63所示对话框。在图4.63中选择“确定”按钮的内部名称Command，直接点击“完成”即可。

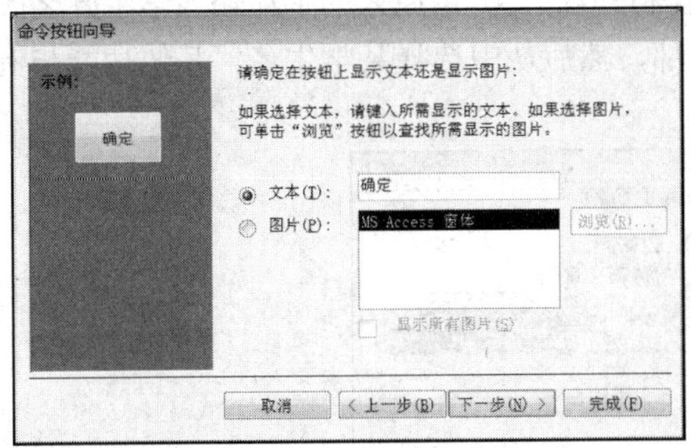

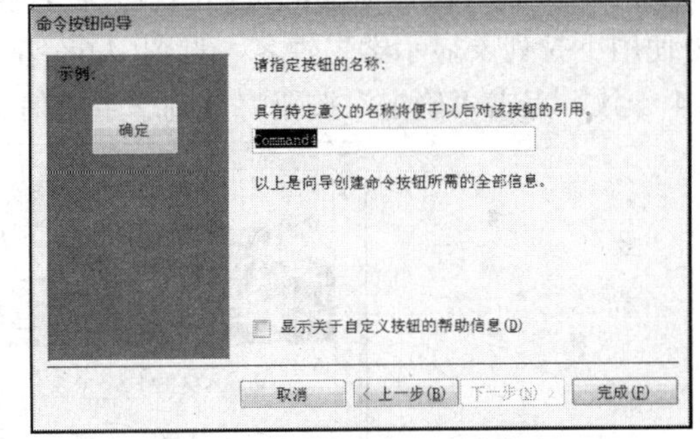

图4.62　设置按钮的外观文字

图4.63　设置按钮的内部名称标识

(8) 在工具箱中点击“命令按钮”，将其放置到设计视图的主体节内。弹出“命令按钮向导”，如图4.64所示。在“类别”框内选择“窗体操作”，然后再在“操作”框内选择“关闭窗体”项。之后点击“下一步”，弹出图4.65所示对话框。

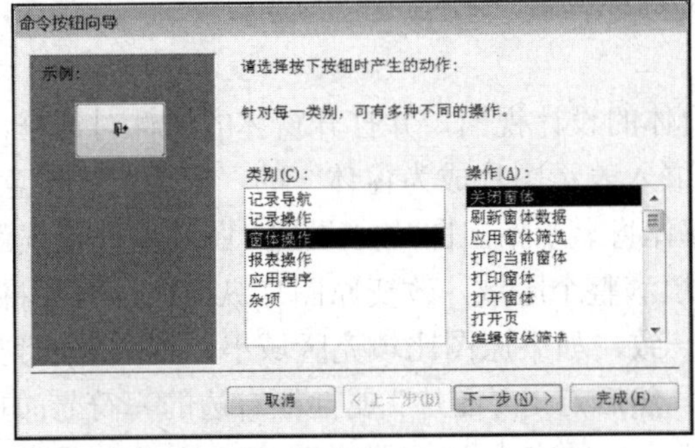

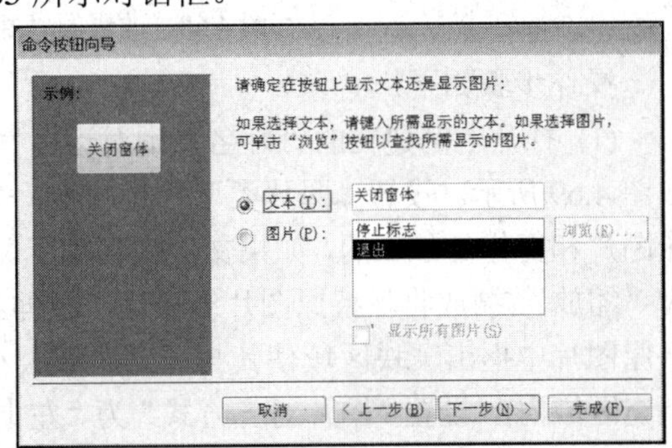

图4.64　选择命令按钮的窗体操作类别

图4.65　设定命令按钮的名称

(9) 在图 4.65 中指定按钮名称为文本“关闭窗体”，点击“下一步”，弹出图 4.66 所示的对话框。

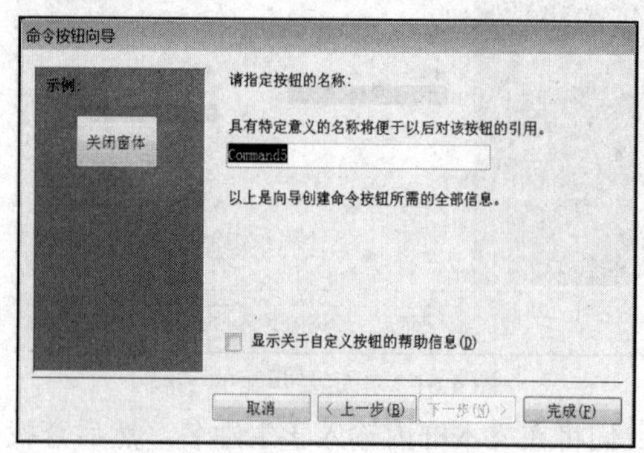

图 4.66　指定按钮的内部名称标识

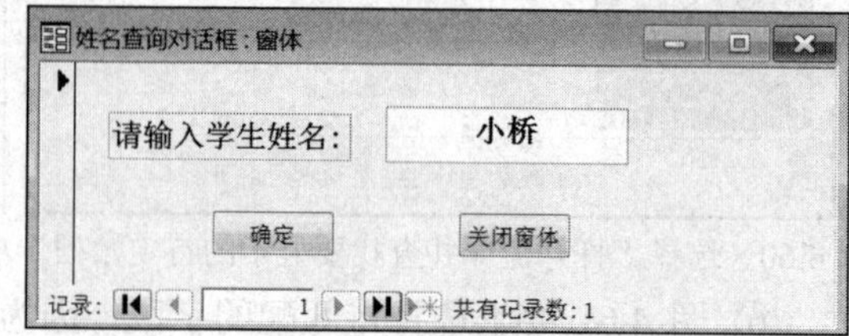

图 4.67　设定按钮的外观名称

(10) 图 4.66 要求指定“关闭窗体”按钮的内部标识，采用默认值 Command，直接点击“完成”即可。

(11) 保存窗体名称为“姓名查询对话框”。打开窗体的窗体视图，在其中输入一个学生名字，如图 4.67 所示，再点击“确定”，即弹出图 4.55 所示的结果。■

【例 4.5】 对上面建的“姓名查询对话框”窗体进行改进：① 添加一幅图片，如图 4.68 所示，放到窗体顶部，并如图设置控件位置和外观；② 由原来的手动输入学生姓名改为使用下拉列表显示学生姓名，见图 4.68 左下部，然后从中选择某学生名。其他功能与例 4.4 一致，点击“确定”按钮将查询学生的信息。

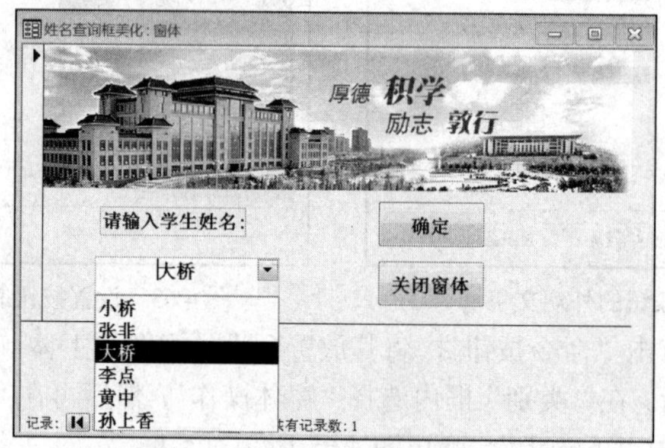

图 4.68　改进的“姓名查询对话框”窗体

操作步骤如下：

(1) 打开上例建立的“姓名查询对话框”窗体的设计视图，并打开窗体的属性对话框，如图 4.69 所示。设置“图片类型”为“嵌入”(嵌入表示图片成为窗体一的一部分；链接意味图片和窗体是独立的，如果文件被移动了，窗体将显示不出图片)，设置“图片缩放模式”为“缩放”(缩放将保持原图片纵横比；拉伸将填满整个区域，改变原图片纵横比；剪裁将从原图片中抠出一块区域使其与填充区域大小一致，如果原图比填充区域小，则全部放到填充区域内)，设置“图片对齐方式”为“左上”。然后点击“图片”属性框右边的▭符号(如果未出现此符号，需要先点击一下“图片”属性右边的文本框)，弹出图 4.70 所示对话框。

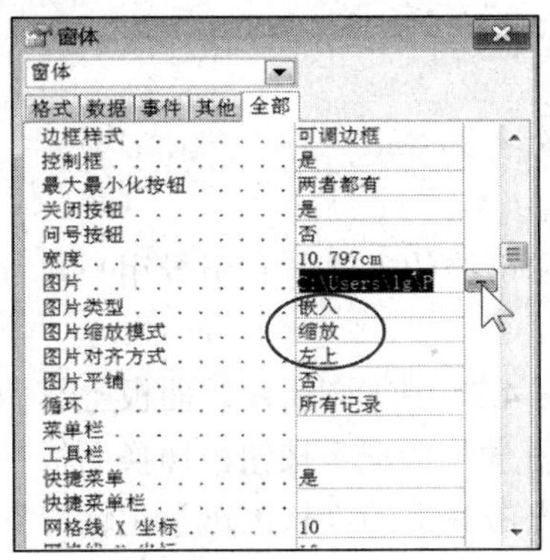

图 4.69 窗体的属性对话框

图 4.70 插入图片对话框

(2) 图 4.70 要求从硬盘某位置上选出要设为背景的图片，找到该图片后双击即可。

(3) 按图 4.71 排列控件并设置外观。然后，选中“未绑定”文本框，点击“格式”菜单→“更改为”→“组合框”命令，如图 4.72 所示。

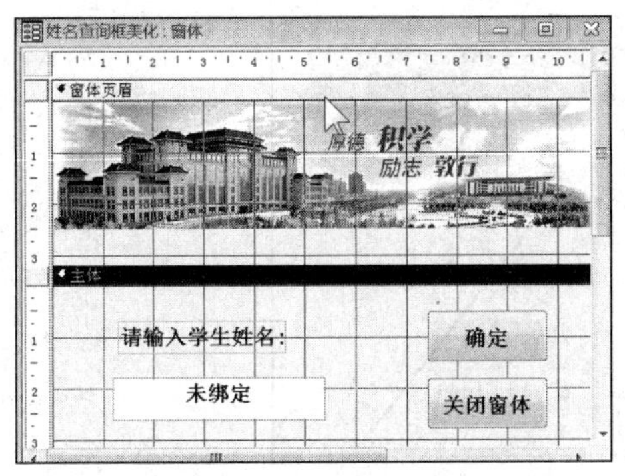

图 4.71 排列控件并设置外观

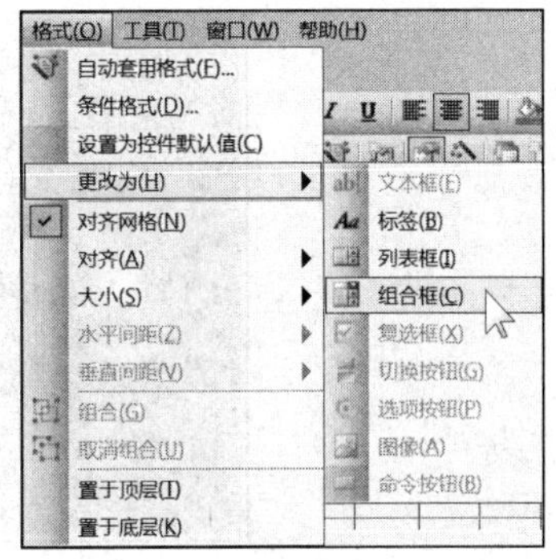

图 4.72 将文本框改为组合框

(4) 在打开的如图 4.73 所示的对话框中设置组合框的属性。设置“行来源类型”为“表/查询”，设置“行来源”为 SQL 语句“SELECT 学生表.姓名 FROM 学生表;”，其余按默认选项即可。这样每当点击窗体视图中该框旁边的▾按钮时，就会执行该 SQL 语句，列出所有学生的名单，以供选择。窗体最终效果已经在图 4.68 中显示过了。 ■

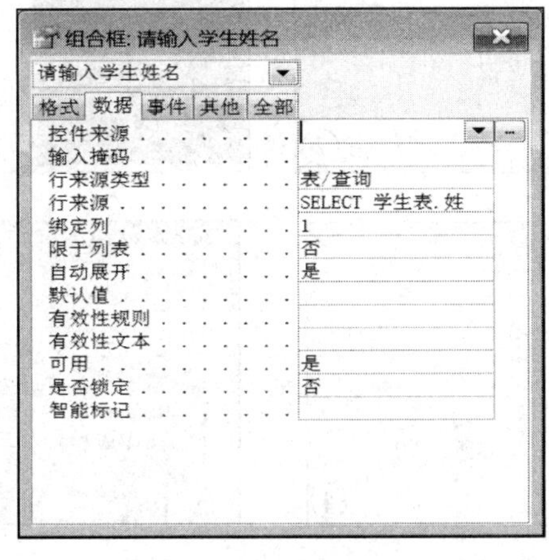

图 4.73 设置组合框的属性

4.5 切换面板

切换面板为打开窗体、报表和其他对象提供了友好和可控的方法。它引导用户执行操作，并屏蔽不希望用户参与的数据库的其他部分。

【例 4.6】 创建一个“教学管理系统”切换面板如图 4.74 中①图所示。面板上有两个按钮“软工班学生情况”和“选修课成绩”。点击“软工班学生情况”按钮，切换面板打开“软工班学生情况”面板页，如图 4.74 的②图所示，再点击其上的“软工班学生情况”按钮，打开了④图，即“软工班学生情况”窗体。类似地，点击“选修课成绩”按钮，切换面板打开“选修课成绩”面板页，如图 4.74 的③图所示，再点击其上的“选修课成绩”按钮，打开了⑤图，即“选修课成绩”窗体。如果在②图或③图上点击“返回教学管理”按钮，则返回到①图所示的“教学管理系统”面板首页。

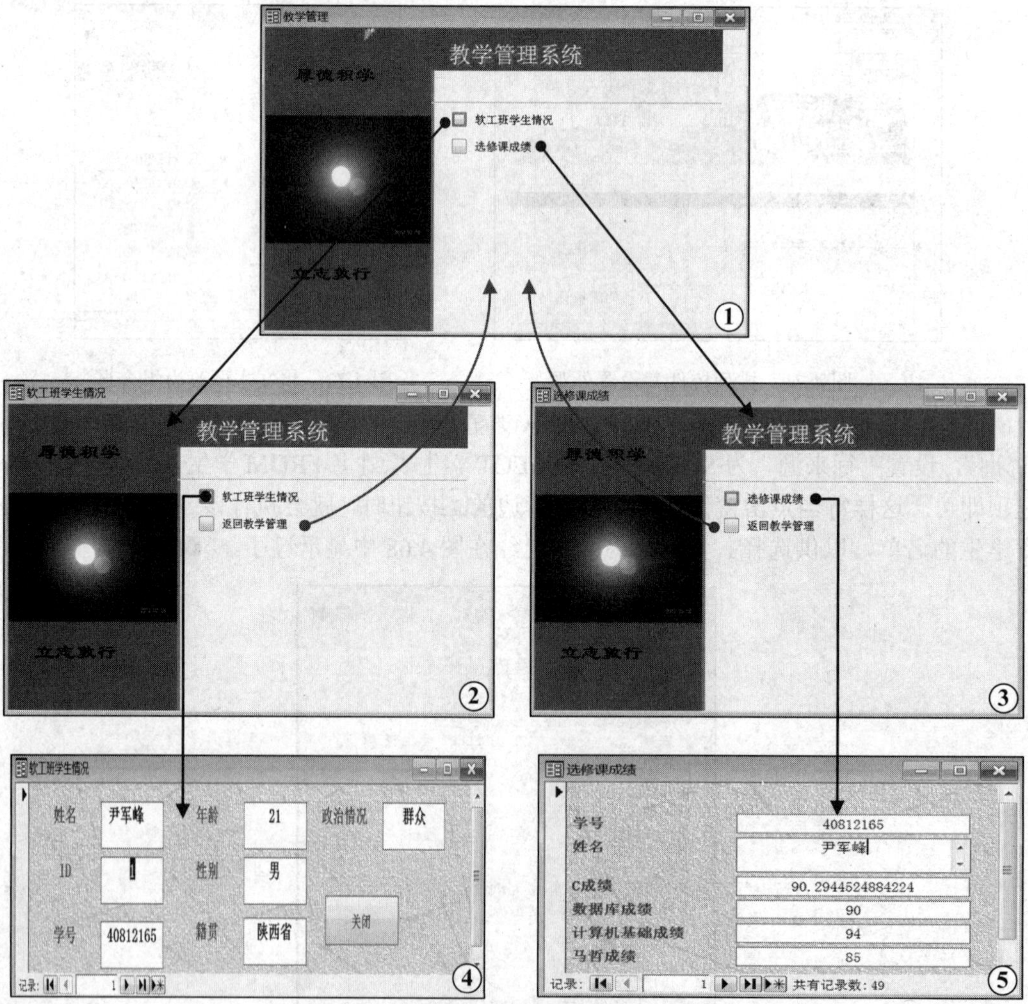

图 4.74　教学管理系统切换面板

操作步骤如下：

(1) 打开数据库的窗体对象视图，在里面建立两个窗体，“软工班学生情况”窗体和“选修课成绩”窗体，如图4.75所示。这两个窗体将成为切换面板最终所要打开的对象。

(2) 在“工具”菜单上，指向“数据库实用工具”，然后单击“切换面板管理器”，见图4.76，弹出图4.77所示对话框。如果Access 2003询问是否要新建切换面板，请单击“是”。

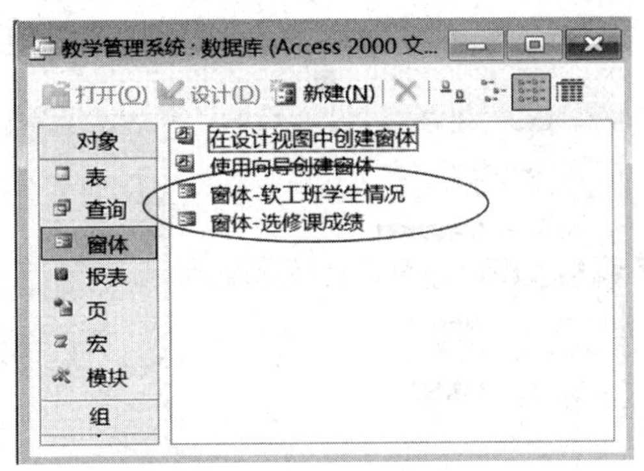

图4.75 建立窗体对象

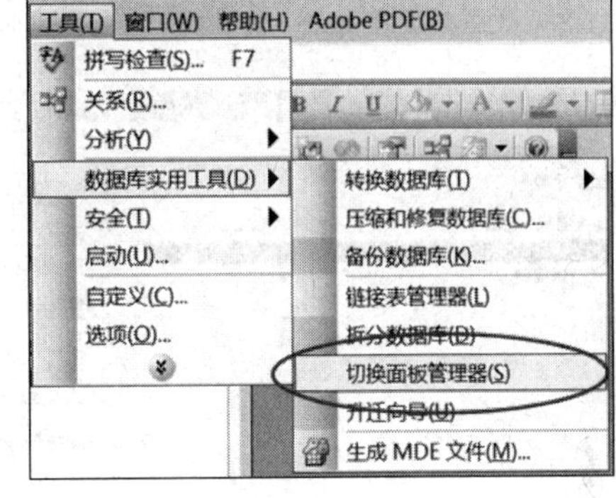

图4.76 切换面板管理器命令

(3) 单击“新建”按钮，并在弹出的“新建”对话框里输入“教学管理”(见图4.77)，它将作为教学管理主面板的名称。然后，依次新建“软工班学生情况”和“选修课成绩”两个切换面板，如图4.78所示。

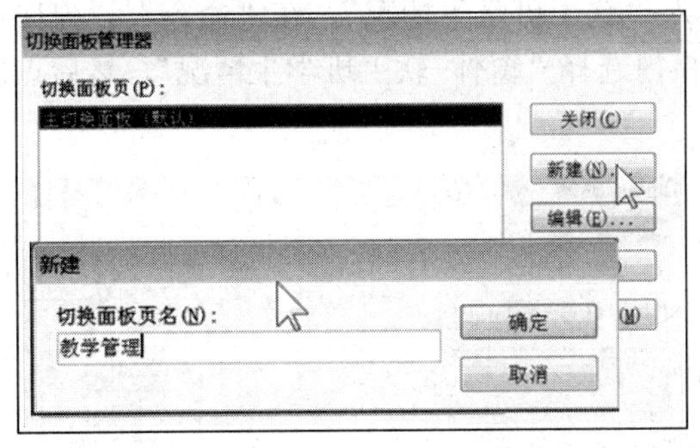

图4.77 输入新建的面板名称

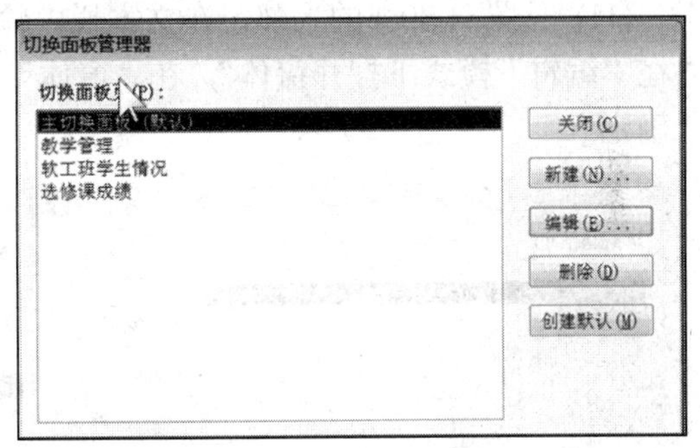

图4.78 新建的三个面板名称

(4) 见图4.79①，将“教学管理”设置为默认，点击“编辑”按钮，打开“编辑切换面板页”对话框，如图4.79②所示。

(5) 在图4.79②中点击“新建”按钮，打开“编辑切换面板项目”对话框，如图4.79③所示。

(6) 见图4.79③的上部，在“文本”栏内输入“软工班学生情况”，在“命令”栏内选择“转至‘切换面板’”，在“切换面板”栏内选择“软工班学生情况”，然后点击“确定”。

(7) 见图4.79③的下部，在文本栏内输入“选修课成绩”，在“命令”栏内选择“转至‘切换面板’”，在“切换面板”栏内选择“选修课成绩”，然后点击“确定”。

(8) 在图4.79④中点击“关闭”按钮。图4.79实质上完成了图4.74①内两个按钮的外观和功能设置。

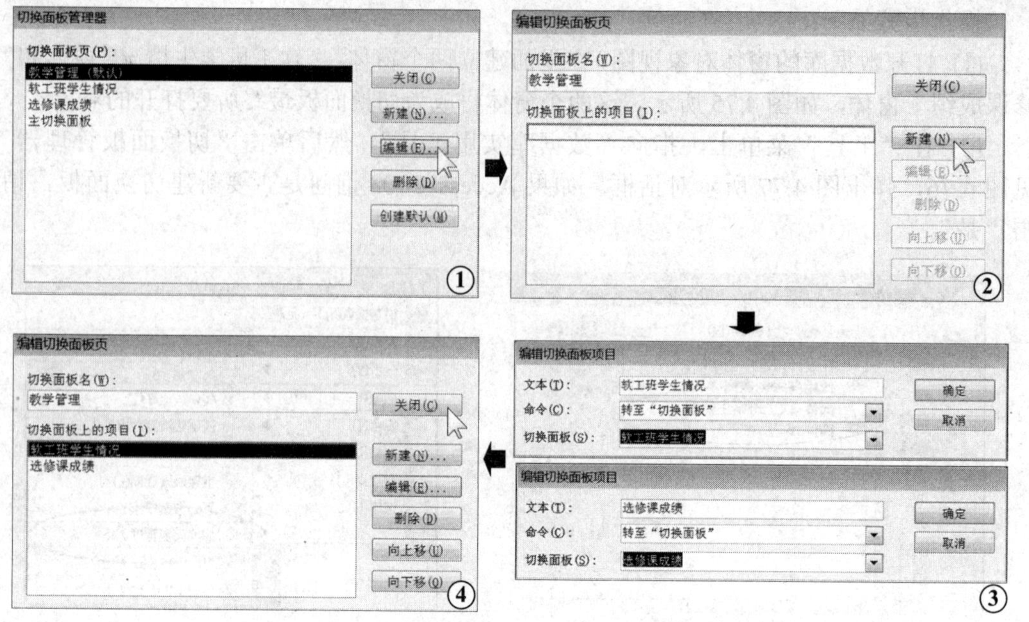

图 4.79　设置按钮的功能和外观

(9) 见图 4.80①，选中“软工班学生情况”，点击“编辑”按钮，打开“编辑切换面板页”对话框。

(10) 在图 4.80②中点击“新建”按钮，打开“编辑切换面板项目”对话框。

(11) 见图 4.80③的上部，在文本栏内输入“软工班学生情况”，在“命令”栏内选择“在“编辑”模式下打开窗体”，在“窗体”栏内选择“窗体-软工班学生情况”，然后点击“确定”。

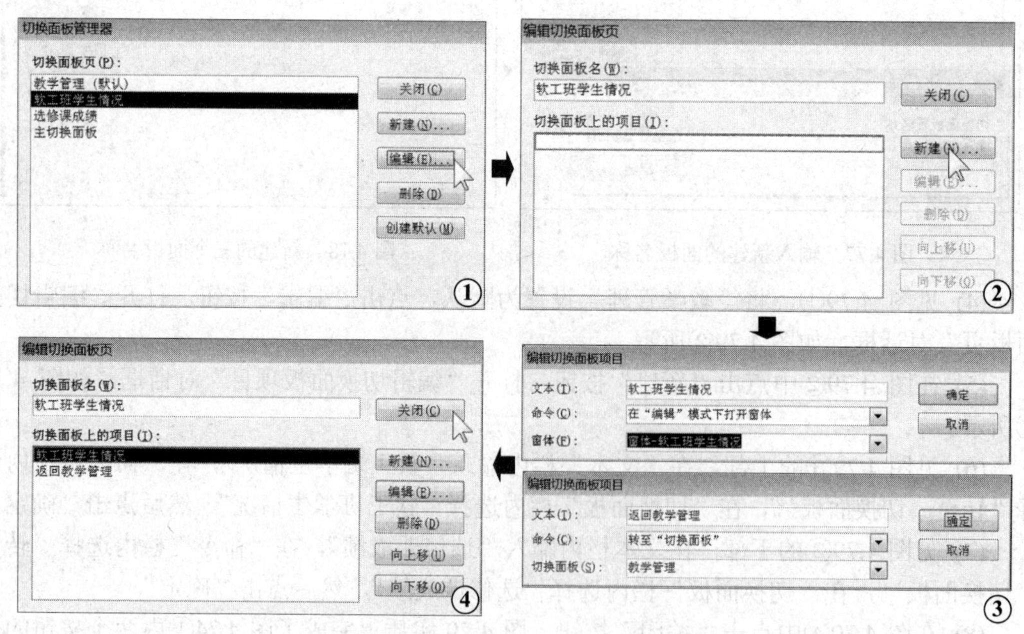

图 4.80　设置“软工班学生情况”面板页的内容

(12) 见图 4.80③的下部，在文本栏内输入“返回教学管理”，在“命令”栏内选择“转至‘切换面板’”，在“切换面板”栏内选择“教学管理”，然后点击“确定”。

(13) 在图 4.80④内点击“关闭”按钮。图 4.80 设置了图 4.74②面板页上的按钮的外观和功能。

(14) 图 4.81 介绍了设置图 4.74③面板页上按钮外观和功能的过程，与图 4.80 类似，这里省略了。至此，切换面板的功能设计就已经完成了。

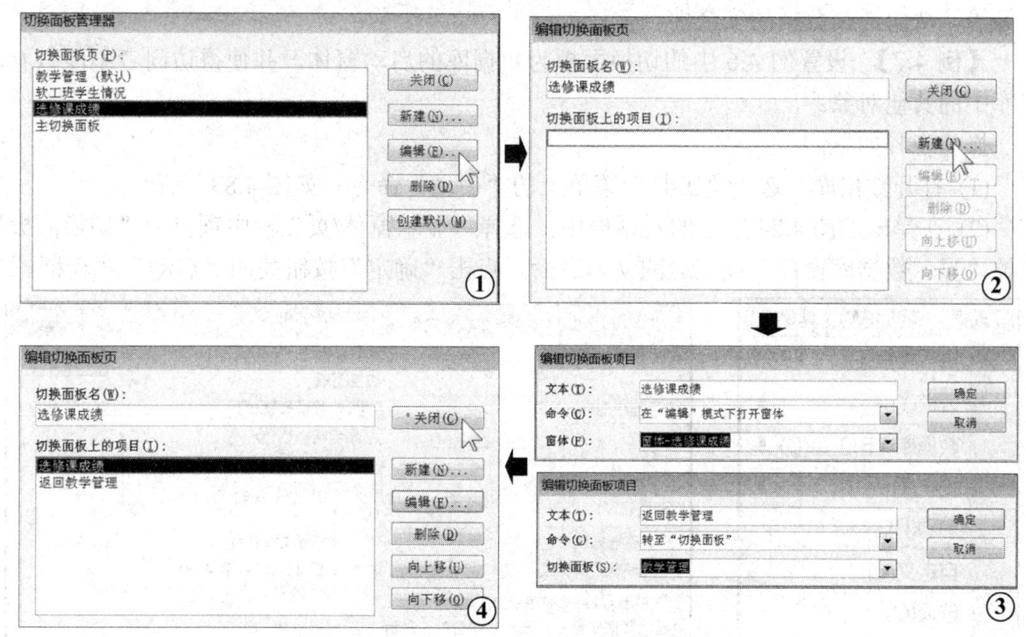

图 4.81　设置“选修课成绩”面板页的内容

(15) 关闭之前打开的切换面板管理器，发现在窗体内出现了一个名为“切换面板”的窗体对象。在此对象上单击右键，从快捷菜单中选择设计视图，见图 4.82。从工具箱中选择一个图像控件，插入图片。再添加两个标签控件，输入相应文字，并设置外观颜色。之后关闭设计视图即完成了整个设计任务。■

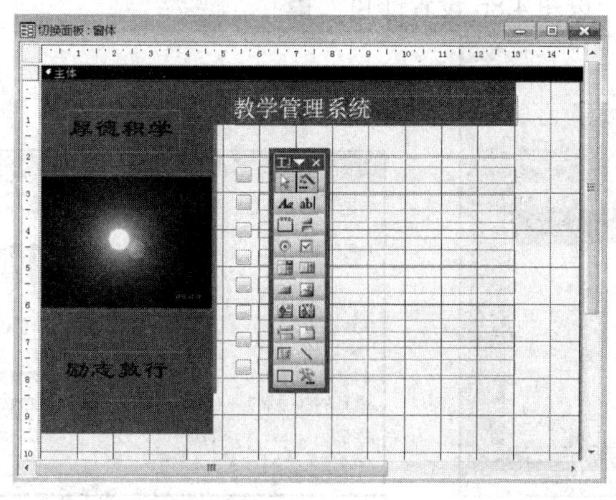

图 4.82　设计切换面板的外观

4.6 设置启动窗体

Access 可以让数据库被打开伊始就显示某个窗体。数据库的设计者可以利用此项功能来设计欢迎界面，也可以控制访问权限，对访问者隐藏库中的其他对象，如表、查询、报表等等，从而提高数据的安全性。

【例 4.7】 设置例 4.6 中的切换面板为数据库的启动窗体，并使得访问者不能查看数据库中的其他对象。

操作步骤如下：

(1) 打开数据库。选择“工具”菜单上的“启动”命令，如图 4.83 所示。

(2) 在弹出的图 4.84 所示的对话框中，选择“显示窗体/页”栏中项目为“切换面板”，去掉“显示数据库窗口”项左边的√。之后，点击“确定”按钮关闭“启动”对话框。

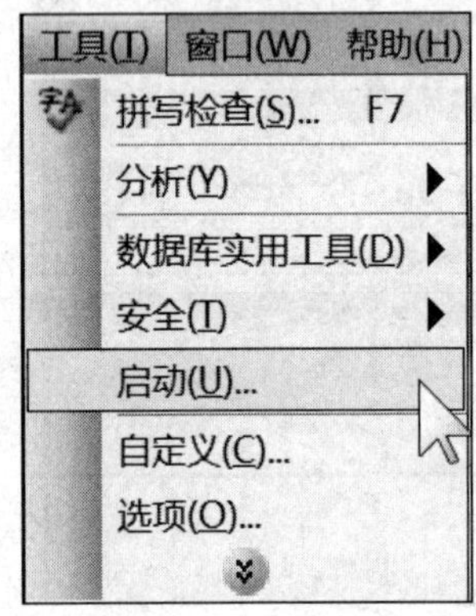

图 4.83 “启动”命令

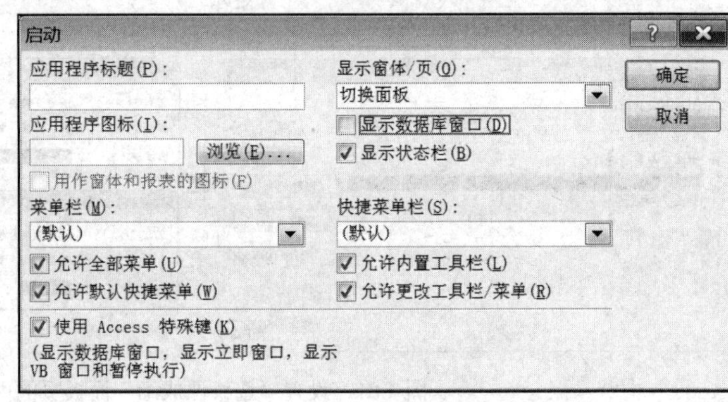

图 4.84 “启动”对话框

(3) 关闭数据库后，再打开数据库，将显示图 4.85 所示启动界面。注意，没有显示里面常见的数据库对象窗口。

(4) 如果想使得原来的对象窗口出现，只要再次选择“工具”菜单上的“启动”命令，打开“启动”对话框，按图 4.86 设置即可。■

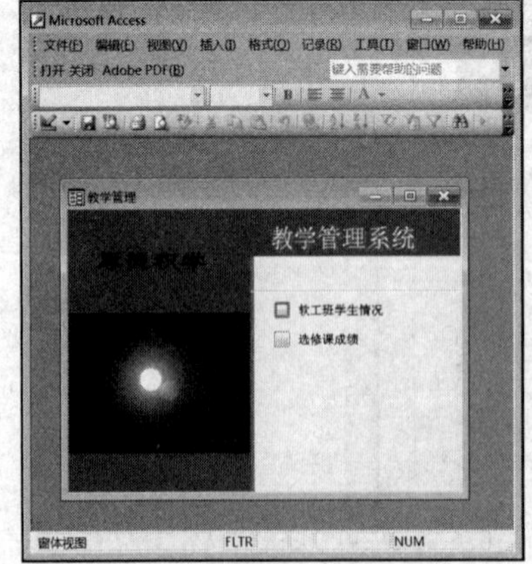

图 4.85 数据库的启动窗口

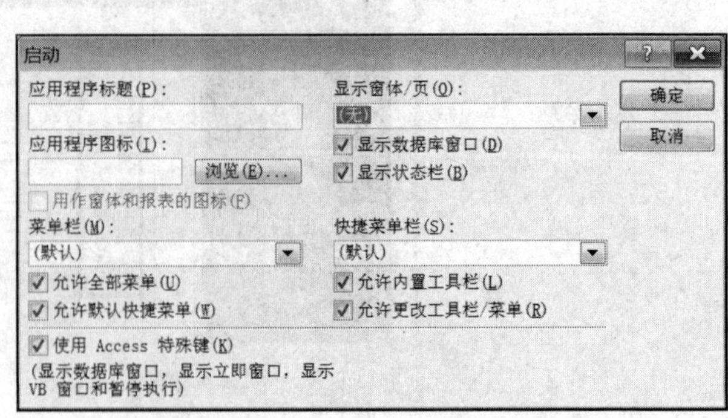

图 4.86 重新设置“启动”对话框

习题 4

一、选择题

1. 要修改数据表中的数据，可在(　　)中进行。
   A. 报表　　B. 窗体视图　　C. 表的设计视图　　D. 窗体的设计视图
2. 在窗体中创建一个标题，可以使用(　　)控件。
   A. 文本框　　B. 列表框　　C. 标签　　D. 组合框
3. 要求在文本框中输入密码时以“*”显示，则应设置的属性是(　　)。
   A.“默认值”属性　　B. “格式”属性
   C. “输入掩码”属性　　D. “有效性规则”属性
4. 窗体页面页眉的内容(　　)。
   A. 不能打印输出
   B. 能在屏幕上显示
   C. 只能打印输出，不能在屏幕上显示
   D. 能打印输出也能在屏幕上显示
5. 关于窗体的下列说法中(　　)是不正确的。
   A. 窗体是数据库对象之一
   B. 窗体是用户和 Access 之间沟通的主要界面
   C. 窗体中可以包含子窗体
   D. 窗体只能用于显示信息
6. 下面关于组合框和列表框的叙述中，(　　)是正确的。
   A. 可以在组合框中输入数据而列表框不能
   B. 可以在列表框中输入数据而组合框不能
   C. 列表框和组合框可以包含一列或几列数据
   D. 在列表框和组合框中都可以输入数据
7. 要设置窗体中控件的 Tab 键顺序，应选择属性框中的(　　)选项卡。
   A. 事件　　B. 数据　　C. 格式　　D. 其它
8. 文本框可以作为计算控件，控件的来源属性中的计算表达式一般要以(　　)开头。
   A. 字母　　B. 等号　　C. 双引号　　D. 括号
9. 在建立起“切换面板”这种特殊窗体的同时，自动生成一个名为(　　)的表。
   A. Windows　　B. 切换面板(Switchboard)
   C. Form　　D. Switchboard Items
10. 在窗体的设计视图中添加一个文本框控件时，下列说法中(　　)是正确的。
    A. 会自动添加一个附加标签　　B. 文本框的附加标签不能被删除
    C. 不会添加附加标签　　D. 都不对
11. 关于窗体的标题下列说法中(　　)是错误的。

A. 窗体的标题可以和窗体名称相同

B. 窗体标题可以和窗体名称不相同

C. 窗体标题就是窗体名称

D. 窗体标题和窗体名称不是同一件事

二、填空题

1. 窗体有__________、__________与__________三种主要视图方式。

2. 窗体的结构由__________、__________、__________、__________、__________五部分组成，其中__________和__________只能打印不能显示。

3. 图片的缩放模式有__________、拉伸和__________三种属性。

三、实验题

将第 3 章实验中建立的“学号-姓名-3”文件夹(含其中内容)复制一份，并改名为“学号-姓名-4”，以下操作均在此文件夹下完成。

1. 自动创建窗体：以课程表为数据源，用“自动创建窗体”分别创建形式为“纵栏式”、“表格式”、“数据表”的三个窗体，依次命名为“课程窗 1”、“课程窗 2”和“课程窗 3”。

2. 创建“图表窗体”：以学生表为数据源，用柱形图表示各政治面貌(党员、团员和群众)相应的人数，命名为“政治面貌图表窗体”。

3. 创建“数据透视表窗体”：以学生表为数据源，建立“性别数据透视表窗体”，以“班级”为行字段，以“性别”为列字段，统计男女人数，命名为“男女人数透视表窗体”。

4. 使用向导创建窗体：

(1) 使用向导以学生表为数据源创建“学生信息窗”，包含学生表所有字段。

(2) 使用向导创建一个“学生成绩表窗”，包含学号、姓名、班级、课程名称、期末成绩、总评成绩。

5. 用设计视图自行创建窗体：

(1) 建立“姓名查询对话框”窗体。当在姓名文本框中输入学生姓名后，再单击“确定”按钮可查找到该学生的记录并显示“学生信息窗”的内容；单击“取消”按钮关闭此窗体。

(2) 以学生表为数据源，建立“学生信息卡”窗体，包含学生表除“简历”外的所有字段，并增加两个命令按钮，实现向前、向后记录翻页。

(3) 建立一个多页窗，窗体名为“学生信息分页窗”，一页显示学生基本情况，一页显示照片及简历。

6. 建立切换面板：在“学籍管理系统”数据库中建立一级切换面板(命名为“教学信息系统”)，“学生信息查询”打开“学生信息窗”，“学生成绩查询”打开“学生成绩表窗”，“课程信息查询”打开“课程窗 1”。

第5章 报 表

报表是按指定格式输出数据的对象，数据源是表、查询或SQL语句。报表主要用于数据库中数据的打印，它没有输入数据的功能。创建和设计报表对象与创建和设计窗体对象有许多共同之处，两者的所有控件几乎是可以共用的。它们之间的不同之处在于：报表不能用来输入数据，而在窗体中可以输入数据。报表只有设计视图、打印预览视图和版面预览视图三种视图，用户可以在报表中添加多级汇总、统计比较、图片和图表等。

本章结合典型例题介绍如何创建报表以及报表的设计、数据的分组及排序、数据的汇总、报表的美化和打印预览等内容。

5.1 报表概述

数据库的主要功能之一就是对原始数据库进行整理、综合和分析，并将整理的结果打印出来，而报表恰恰是实现这一功能的最佳方式。报表是Access 2003的数据库对象之一，可以根据需要将数据库中有关的数据提取出来进行整理、分类、汇总和统计，经过格式化且分组并将其打印出来。报表中显示的各部分内容被绑定到数据库中的一个或多个表和查询中。窗体上的其他信息(如标题、日期和页码)都储存在报表的设计设图中。

报表和窗体一样，都由一系列控件组成，提供查询、新建、编辑和删除数据等基本方法。但是，这两种对象有本质区别：报表只能看数据，而窗体不仅可以查看数据，还可以修改数据源中的数据。

5.1.1 报表的结构

如图5.1所示，报表一般由报表页眉、页面页眉、组页眉、主体、组页脚、页面页脚和报表页脚7部分组成，每部分称为报表的“节”，每个“节”都有其特定功能，并可以按照预定的次序打印。不同的报表所包含的节的数量可以不同。

在报表的设计图中，节为带区形式，而且每节只出现一次。但在打印报表时，某些节可以重复打印多次。通过控件(如标签和文本框)放置空间，用户可以确定每个节中的信息的位置。

1. 报表页眉

在一个报表中，报表页眉只出现一次，它打印在报表第一页的最上面。利用报表页眉可以显示徽标、报表标题、打印日期以及单位名称等。

2. 页面页眉

页面页眉出现在报表的每一页的顶部(当有报表页眉时，仅在第一页上出现于报表页眉之下，其余页都位于顶部)，一般用来显示标题。

3. 组页眉

组页眉的内容在报表每组头部打印输出，同一组的记录都会在主体节中显示，它主要用于定义报表输出每一组的标题。不是所有表都会出现组页眉节，只有选择了分组功能的报表才会出现组页眉节，而且组页眉的名称一般以分组字段作为前缀，如图 5.1 中的组页眉为“学号页眉”。

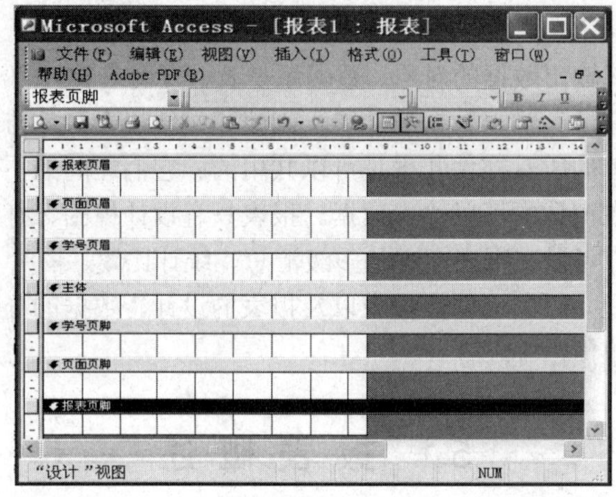

图 5.1 报表的节

4. 主体

主体是报表打印数据的主体部分。对报表记录源中的每条记录来说，该节可以重复打印。设计主体节时，通常可以将记录源中的字段直接“拖”到主体节中，或者将报表控件放到主体节中用于显示数据内容。主体节是报表的关键内容，是不可缺少的项目。

5. 组页脚

组页脚的内容在报表每组的底部打印输出。组页脚对应于组页眉，主要用于输出每一组的汇总、统计计算信息。在设计一个报表时，可以同时包含或不包含组页眉节和组页脚节，经过设置后还可以仅保留组页眉节而不保留组页脚节，但不能出现有组页脚节而没有组页眉节的情况。

6. 页面页脚

页面页脚的内容在报表每页的底部打印输出，主要用于显示报表页码、制表人和审核人等内容。

7. 报表页脚

报表页脚只在报表最后一页的结尾处出现一次，主要用于显示报表的统计结果信息等。报表页脚的内容出现在打印报表最后一页的页面页脚之前。

5.1.2 报表的视图

在 Access 2003 数据库中，报表有 3 种视图，分别是设计视图、打印预览视图和版面预览视图。单击数据库工具栏上的“设计”按钮或“预览”按钮可在报表的设计视图和打印预览视图间切换，也可以在“报表”工具栏中单击“视图”按钮右边的下三角按钮，在弹出的下拉菜单中选择在“设计视图”、“打印预览”、“版面预览”间切换，如图 5.2 所示。

使用设计视图可以创建报表或更改已有报表的结构，它包含了报表的各个节，如图 5.3 所示。对报表的设计是通过对节的设置完成的。

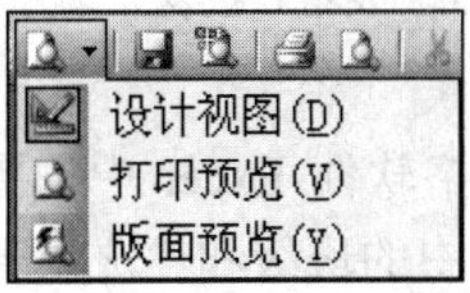

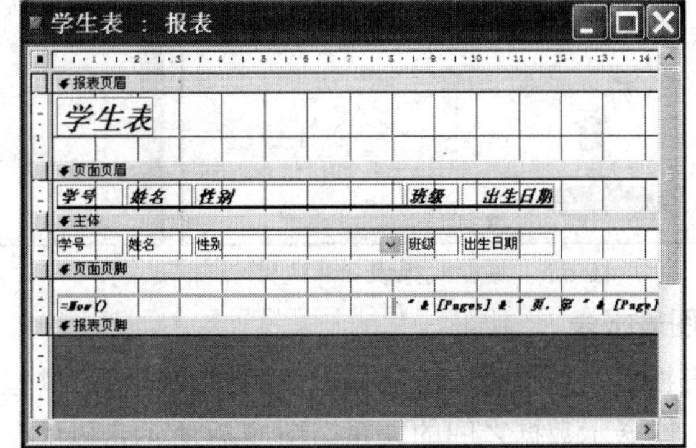

图 5.2 报表的 3 种视图

图 5.3 报表的设计视图

在设计视图中创建一个报表后，可在打印预览视图或版面预览视图中对其进行预览，并可用“放大镜”进行放大或缩小。版面预览视图可以查看报表版面的设置及打印效果，而打印预览视图可以预览打印效果和检查打印输出的数据，如图 5.4 所示。

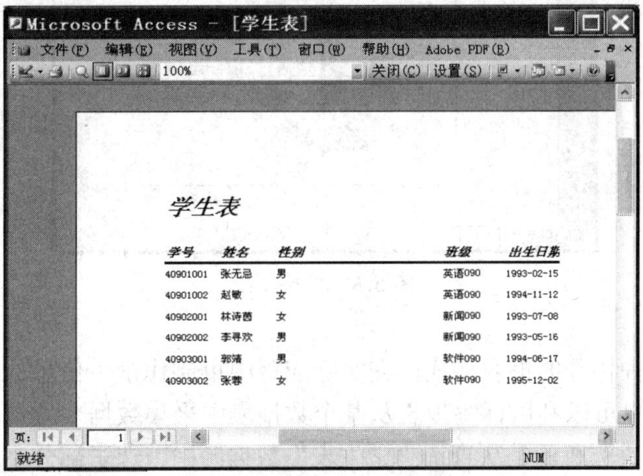

图 5.4 报表的打印预览视图

5.1.3 报表的类型

Access 的报表可以分为纵栏式报表、表格式报表、图标报表和标签报表 4 种类型。

1. 纵栏式报表

纵栏式报表也称为窗体报表，其格式是在报表的一页上以垂直方式显示，在报表的“主体节”区显示数据表的字段名与字段内容。图 5.5 是以“学生表”为数据源的纵栏式报表。

2. 表格式报表

表格式报表的格式类似于数据表的格式，是以行、列的形式输出数据的，因此可以在报表的一页输出多条记录内容。这是最常见的报表格式。图 5.6 所示是以“学生表”为数据源的表格式报表。

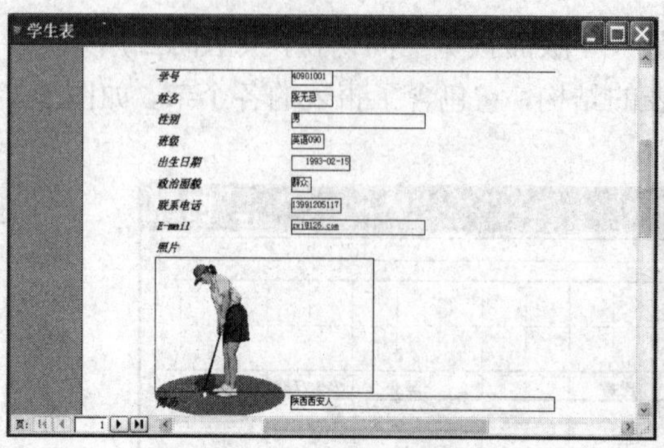

图 5.5　纵栏式报表

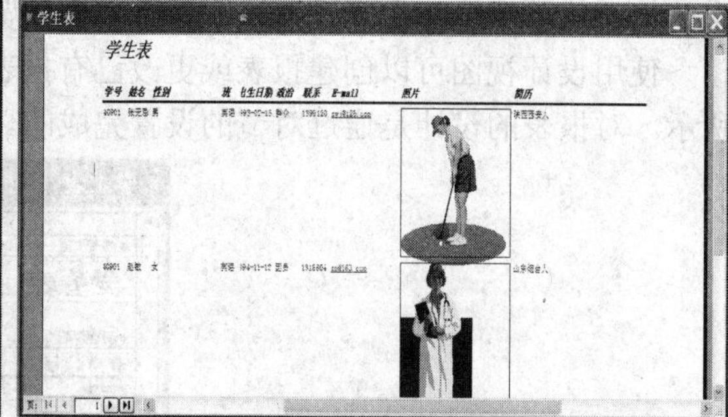

图 5.6　表格式报表

3. 图表报表

图表报表是指报表中的数据以图表格式显示，类似电子表格软件 Excel 中的图表，图表可直观地展示数据之间的关系。图 5.7 所示是以“学生表”中的班级和“成绩表”中的成绩组成的汇总图表报表。

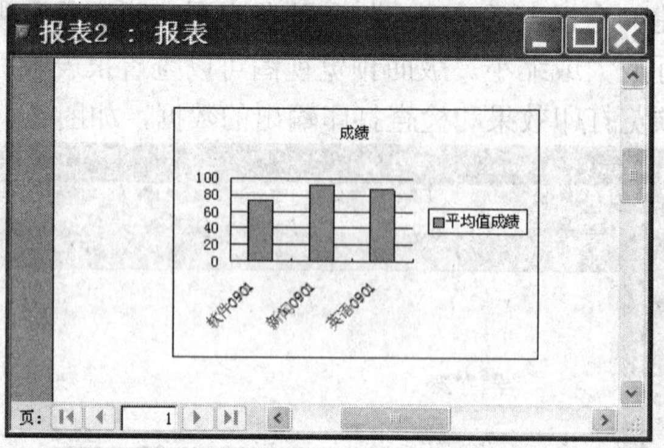

图 5.7　图表报表

4. 标签报表

标签报表是一种特殊的报表格式，在实际应用中可制作学生信息标签，用于邮寄学生的通知、信件等；也可以利用标签报表从某个数据表中采集数据，统一制作一个单位或部门人员的名片。图 5.8 所示是从查询“学生表”数据源中节选了部分字段后经过排列组成的标签报表。

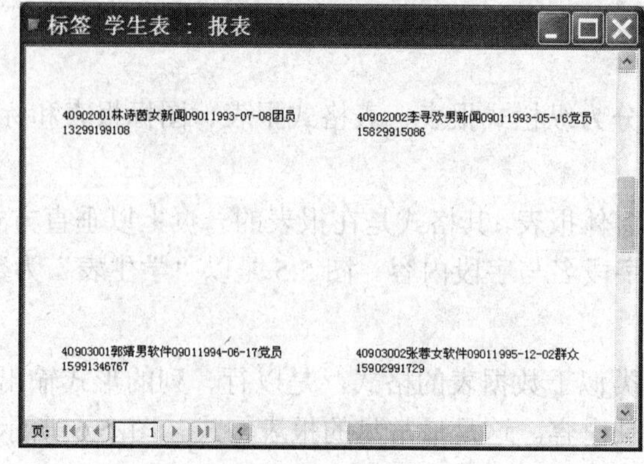

图 5.8　标签报表

5.2 创建报表

创建报表和创建窗体非常类似，都是使用控件来组织和显示数据的，因此，第 4 章中介绍过的创建窗体的许多技巧也适用于创建报表。报表一经创建，就可以在其中进行添加控件和修改样式等操作。

Access 提供了多种创建报表的方法，如使用“报表向导”创建报表、通过“设计视图”创建报表、使用“自动创建报表”功能创建报表、使用“图表向导”创建报表和使用“标签向导”创建报表，下面分别予以介绍。

5.2.1 使用“报表向导”创建报表

自动创建报表虽然快捷，但是用户选择的余地很小，所创建的报表包含数据源的所有记录和字段，既不能选择报表的样式，也不能选择要打印的字段。使用“报表向导”创建报表，可以根据用户的需要来创建基于多表的报表，还可以选择要打印的范围及报表的布局和样式。

【例 5.1】 创建以“学籍管理系统”数据库中的 3 个表作为数据源的报表，显示每个学生各门课的成绩。

操作步骤如下：

(1) 打开“学籍管理系统”数据库，选择数据库窗口中的“报表”对象，然后单击工具栏上的“新建”按钮。

(2) 在弹出的“新建报表”对话框中选择“报表向导”选项，如图 5.9 所示，然后单击“确定”按钮。

(3) 在弹出的“报表向导”对话框中选取“学生表”中的“学号”、“姓名”、“班级”字段，“课程表”中的“课程名称”字段，“成绩表”中的“平时成绩”和“期末成绩”字段，如图 5.10 所示。

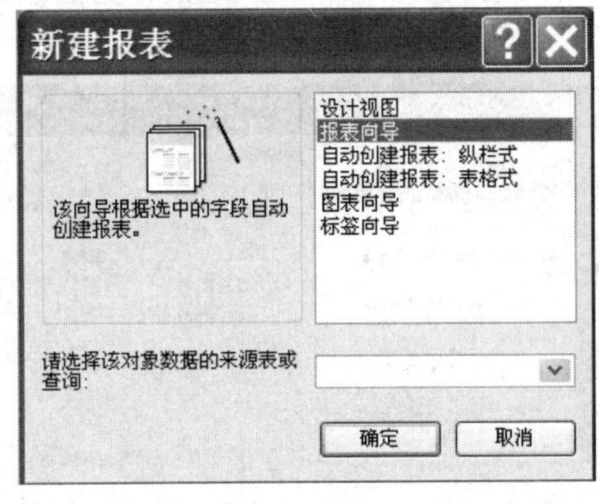

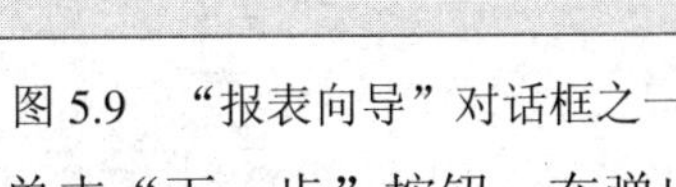

图 5.9　“报表向导”对话框之一

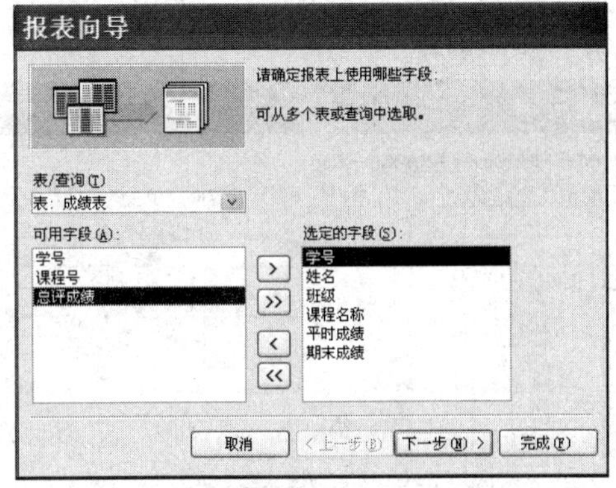

图 5.10　“报表向导”对话框之二

(4) 单击“下一步”按钮，在弹出的如图 5.11 所示的对话框中确定查看数据的方式，选择“通过学生表”来查看数据。当选定的字段来自多个数据源时，“报表向导”才会出现

这样的步骤。如果数据源之间是一对多的关系，那么一般选择“一”方的表来查看数据。如果当前报表中被选择的两个表是多对多的关系，那么可以选择从任何一个“多”方的表来查看数据。

(5) 单击“下一步”按钮，在弹出的如图 5.12 所示的对话框中确定是否添加分组级别，这是由用户根据数据源中的记录结构及报表的具体要求决定的。如果数据来自单一的数据源，如“成绩表”，那么由于每位学生的课程门数不一定相同，因此若对报表数据不加处理，则难以保证同一个学生的记录相邻，这时就需要建立分组，才能在报表输出中方便地查阅每个学生的学习成绩情况。在本例中，输出数据来自多个数据源，已经选择了查看数据的方式，实际是确立了一种分组形式，即按“学生表”表中的“学号 + 班级 + 姓名”组合字段分组，所以不需要再做选择。

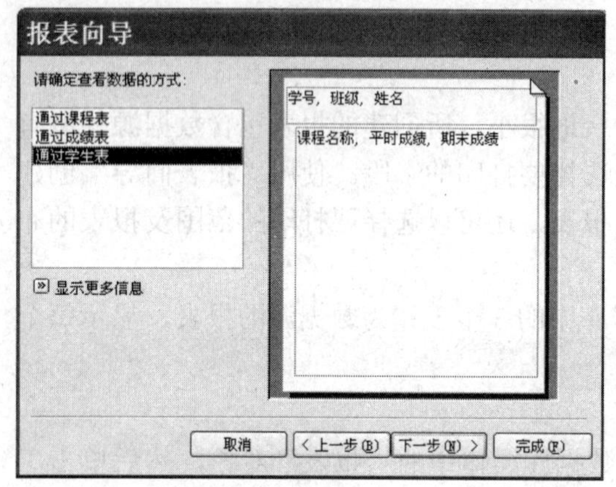

图 5.11　“报表向导”对话框之三

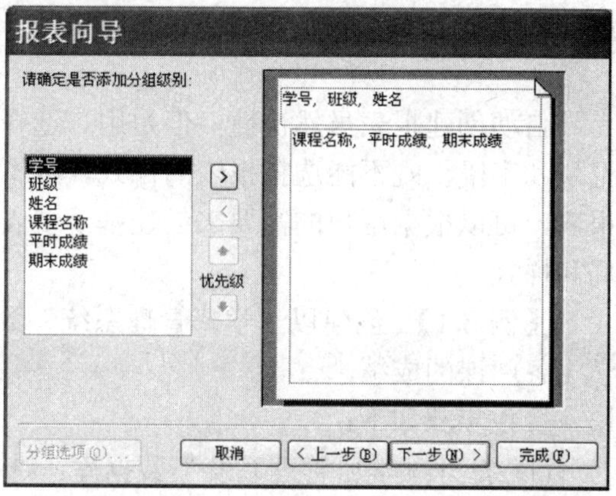

图 5.12　“报表向导”对话框之四

(6) 单击“下一步”按钮，在弹出的如图 5.13 所示的对话框中选择按“平时成绩”升序排序。

(7) 单击“下一步”按钮，在弹出的如图 5.14 所示的对话框中选择“递阶”方式。如果数据来自单一数据源，那么布局形式的选择是不同的，Access 所提供的选择有纵栏式、表格和两端对齐等几种样式。还可以选择是纵向打印还是横向打印，在左边的预览框中可以看到布局的效果。

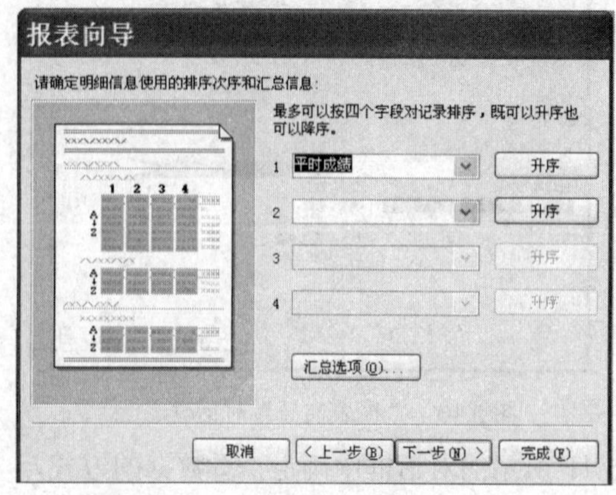

图 5.13　“报表向导”对话框之五

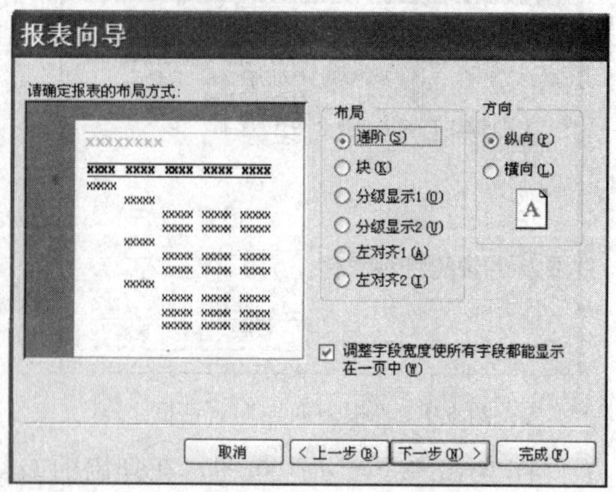

图 5.14　“报表向导”对话框之六

(8) 单击“下一步”按钮，在弹出的如图 5.15 所示的对话框中确定报表的样式。应用“自动套用格式”功能，选择“组织”样式，在左边预览框中可以查看样式效果。

(9) 单击“下一步”按钮，在弹出的对话框中输入报表的标题“学生成绩表”，并选择生成报表后要执行“预览报表”，如图 5.16 所示。

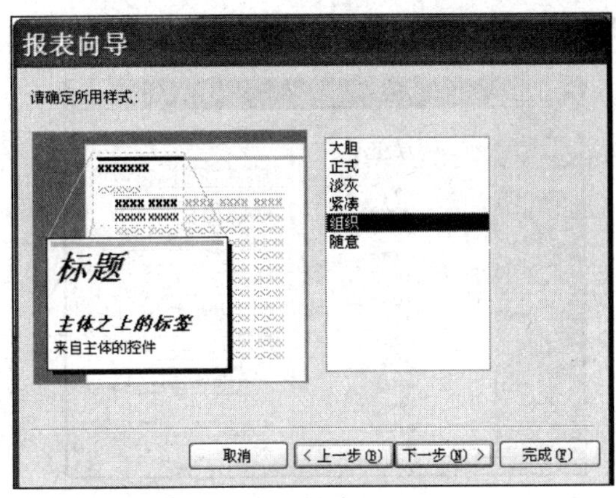

图 5.15 “报表向导”对话框之七

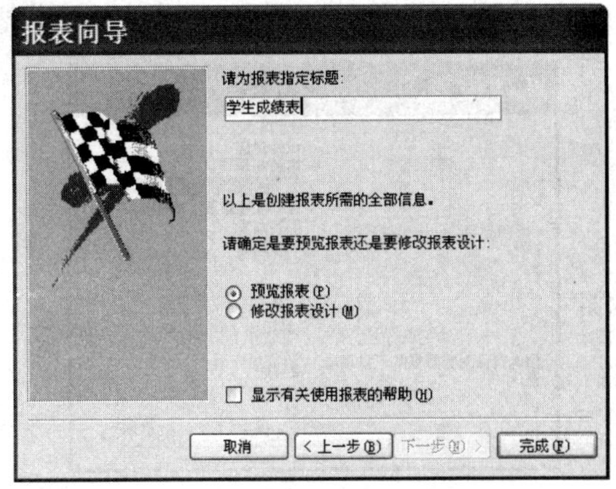

图 5.16 “报表向导”对话框之八

(10) 单击“完成”按钮，显示新建报表的打印预览效果，如图 5.17 所示。■

学生表成绩表

学号	班级	姓名	平时成绩	课程名称	期末成绩
40901001	英语09	张无忌			
			70	大学英语	79
			80	计算机	88
40901002	英语09	赵敏			
			77	法律基础	90
			85	大学英语	90
40902001	新闻09	林诗茵			
			90	思想道德	92
40902002	新闻09	李寻欢			
			96	Acess	91
40903001	软件09	郭靖			
			50	VB	70

图 5.17 基于多表的报表

5.2.2 使用“自动创建报表”创建报表

“自动创建报表”功能是一种快速创建报表的方法。设计时先选择表或查询作为报表的数据源，然后选择报表类型为纵栏式或表格式，最后由系统自动生成一个包含数据源所有记录的报表。

【例 5.2】 在“学籍管理系统”数据库中使用“自动创建报表”功能创建名为“课程表”的表格式报表。

操作步骤如下：

(1) 打开“学籍管理系统”数据库，在该数据窗口中选择“对象”列表中的“报表”

对象。然后单击数据库窗口工具栏上的“新建”按钮，弹出如图 5.18 所示的“新建报表”对话框。

(2) 在“新建报表”对话框中，选择“自动创建报表：纵栏式”选项，在“请选择该对象数据的来源表或查询”右边的下拉列表中选择“课程表”。

(3) 单击“确定”按钮，完成表格式报表的创建，最后得到的预览效果见图 5.19。■

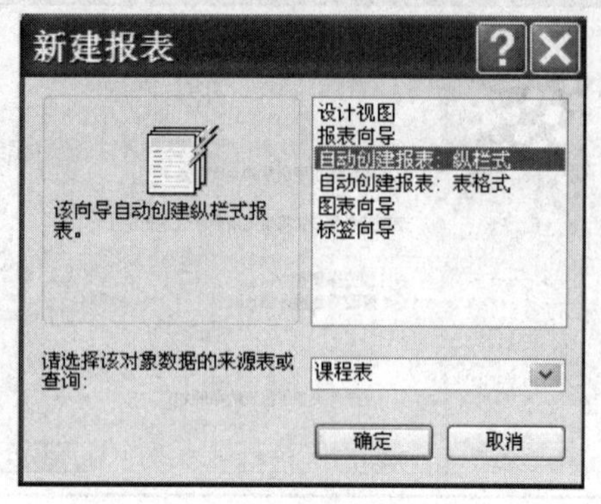

图 5.18 “新建报表”对话框

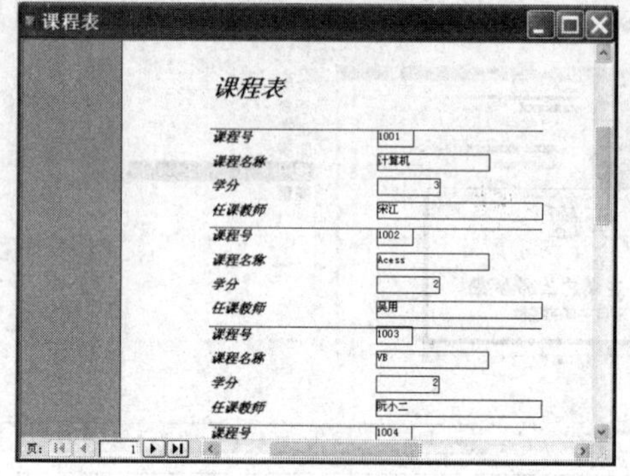

图 5.19 自动创建的报表

5.2.3 使用“标签向导”创建报表

日常生活中经常会用到工资标签或发货标签等。标签是 Access 提供的一个非常实用的功能，利用标签可以将数据库中的数据加载到控件上，按照定义好的标签格式打印标签。使用“标签向导”可以很容易地制作标签。

【例 5.3】 选择“学生表”为数据源，制作如图 5.20 所示的标签报表，要求按学号序列进行排序。

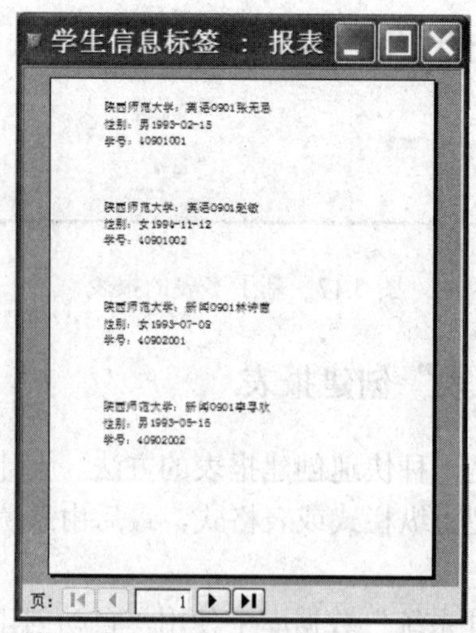

图 5.20 标签报表

操作步骤如下：

(1) 在数据库窗口中单击“报表”对象，然后单击工具栏上的“新建”按钮。

(2) 在弹出的“新建报表”对话框中选择“标签向导”选项，并在数据源下拉列表框中选择“学生表”作为数据源，然后单击“确定”按钮，如图5.21所示。

(3) 在打开的“标签向导”对话框中设置标签的型号和尺寸。选择“标签类型”为“连续”，型号选“42-121”。“横标签号”中的1表示横向打印的标签个数是1。标签设置如图5.22所示，然后单击“下一步”按钮。

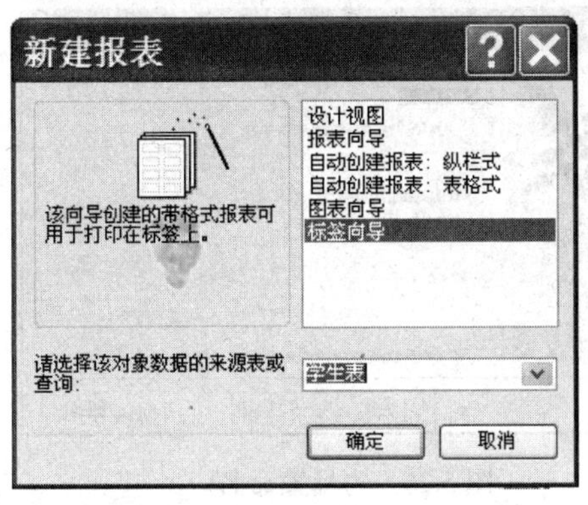

图5.21 “新建报表”对话框

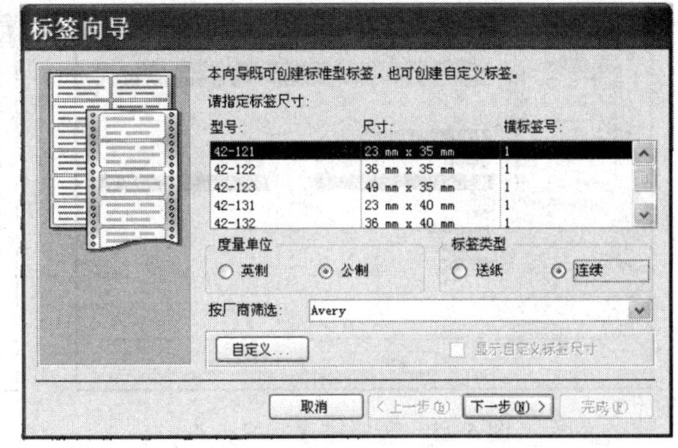

图5.22 选择标签类型

(4) 在弹出的“标签向导”对话框中设置标签文本的字体和颜色，如图5.23所示。

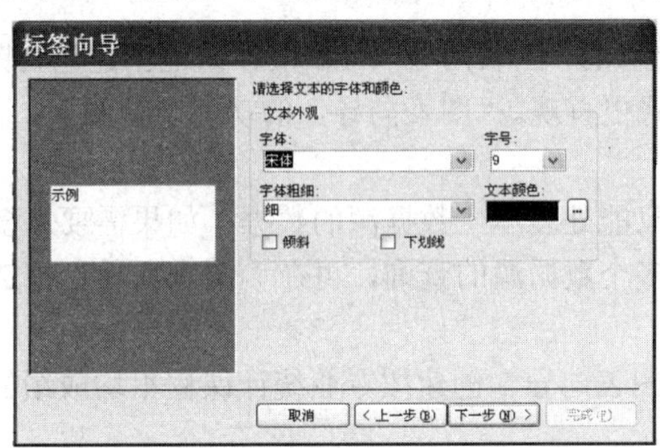

图5.23 设置标签文本的格式

(5) 单击“下一步”按钮，在图5.24所示的“标签向导”对话框中确定标签的显示内容及布局。标签中的内容可来自左侧的字段值，也可直接添加文字。我们选择“班级”、“姓名”、“性别”、“出生日期”及“学号”等字段，并直接输入“陕西师范大学”、“性别”和“学号”等文字。布局如图5.24所示。

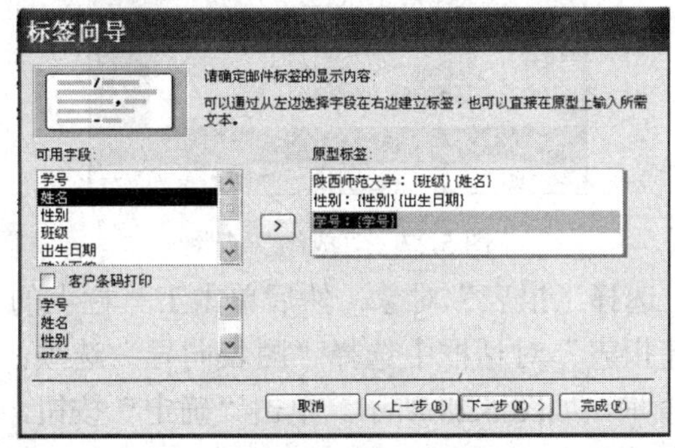

图5.24 设置标签的内容及布局

(6) 单击“下一步”按钮，在弹出的如图 5.25 所示的“标签向导”对话框中选择按“学号”字段进行排序。

(7) 单击“下一步”按钮，在弹出的对话框中输入标签的名称为“学生信息标签”，如图 5.26 所示，然后单击“完成”按钮，屏幕将显示创建好的标签，见图 5.20。如果对最终效果不满意还可以切换到设计视图中进行修改。■

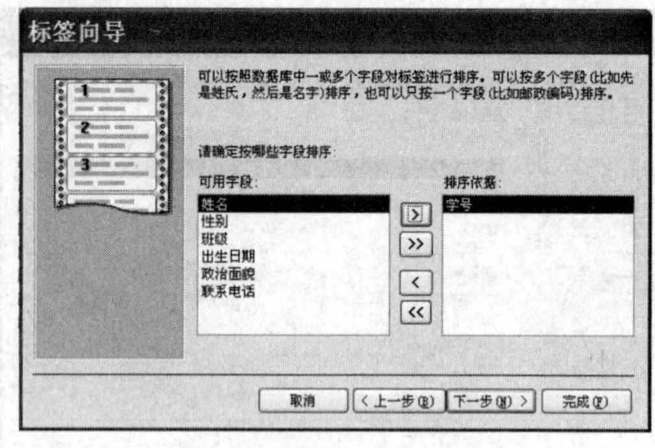

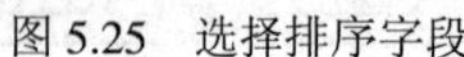

图 5.25　选择排序字段

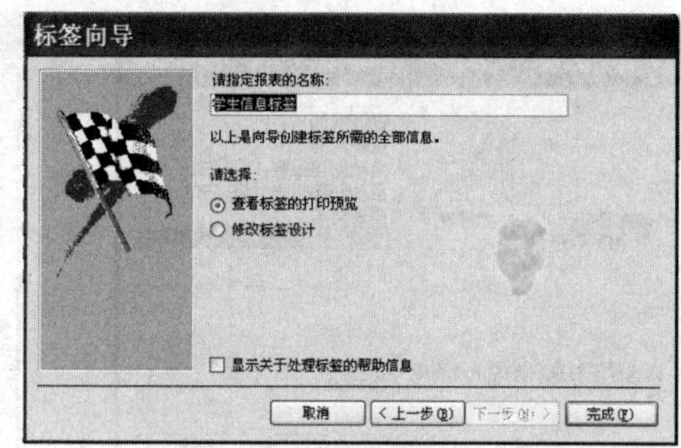

图 5.26　为标签命名

5.2.4　使用“图表向导”创建报表

利用 Access 2003 提供的“图表向导”可以很容易地创建包含图表的报表。相对普通报表来说，图表报表的形式更直观。“图表向导”的功能十分强大，其提供了多达 20 种的图表形式供用户选择。

应用“图表向导”只能处理单一数据源的数据，如果需要从多个数据源中获取数据，就必须先创建一个基于多个数据源的查询，再在“图表向导”中选择此查询作为数据源创建图表报表。

【例 5.4】 使用“图表向导”创建按专业统计课程平均成绩的图表报表。

操作步骤如下：

(1) 利用第 4 章中关于窗体的知识，建立一个“成绩”查询，查询结果如图 5.27 所示。

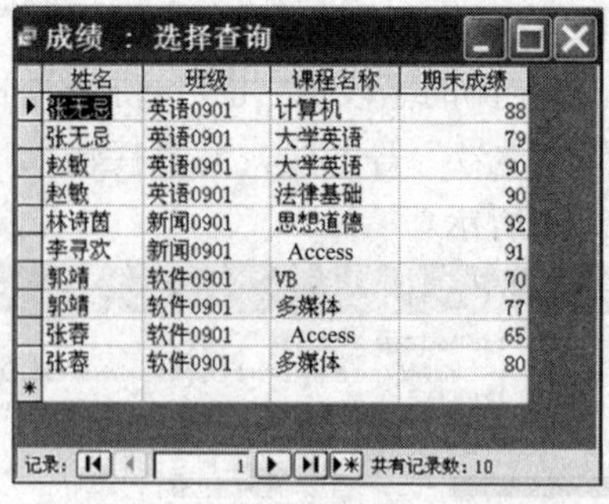

成绩 ： 选择查询

姓名	班级	课程名称	期末成绩
张无忌	英语0901	计算机	88
张无忌	英语0901	大学英语	79
赵敏	英语0901	大学英语	90
赵敏	英语0901	法律基础	90
林诗茵	新闻0901	思想道德	92
李寻欢	新闻0901	Access	91
郭靖	软件0901	VB	70
郭靖	软件0901	多媒体	77
张春	软件0901	Access	65
张春	软件0901	多媒体	80

记录: 1 共有记录数: 10

图 5.27　“成绩”查询

(2) 打开数据窗口，选择“报表”对象，然后单击工具栏上的“新建”按钮。

(3) 在弹出的“新建报表”对话框中选择“图表向导”选项，在下部的下拉列表框中选择数据源为“成绩”查询，如图 5.28 所示。单击“确定”按钮，弹出如图 5.29 所示的对话框，选择图表中所需的字段。

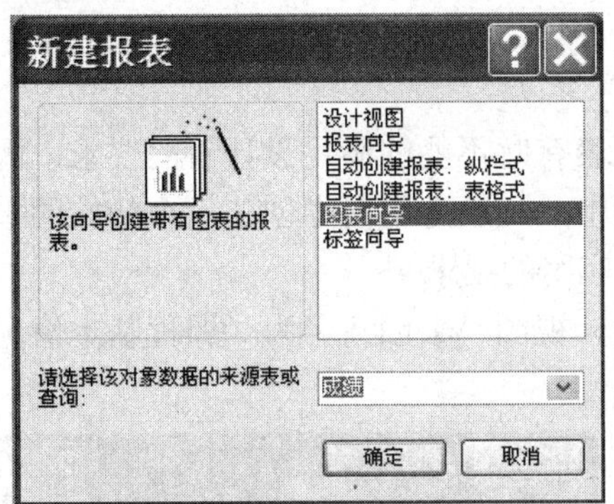

图 5.28　“新建报表”对话框

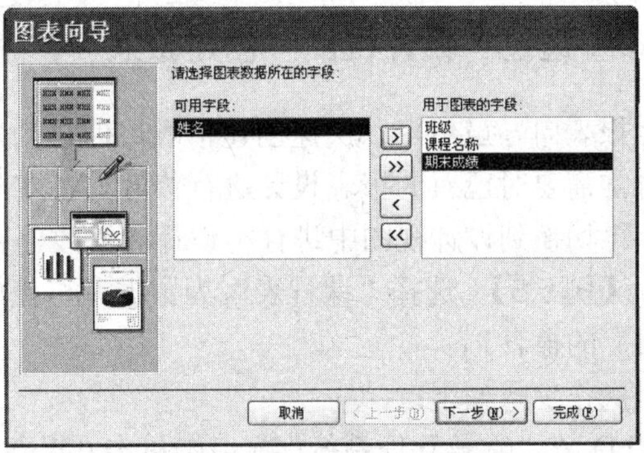

图 5.29　选择图表所需字段

(4) 单击“下一步”按钮，弹出如图 5.30 所示的对话框。

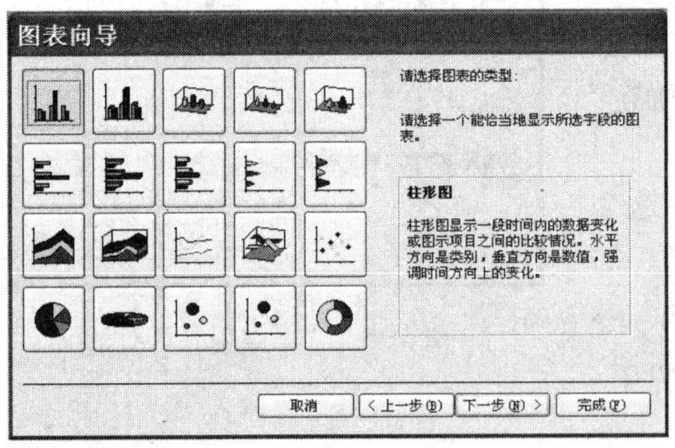

图 5.30　选择图表类型

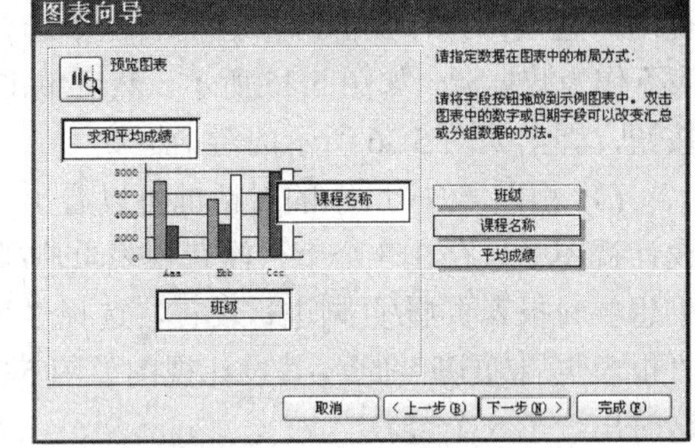

图 5.31　确定数据的布局方式

(5) 选择“柱形图”，单击“下一步”按钮，弹出如图 5.31 所示的设置图表布局方式的对话框。

(6) 双击“求和平均成绩”按钮，弹出如图 5.32 所示对话框，从中选择“平均值”选项，单击“确定”按钮。返回到图 5.31，单击“下一步”按钮。

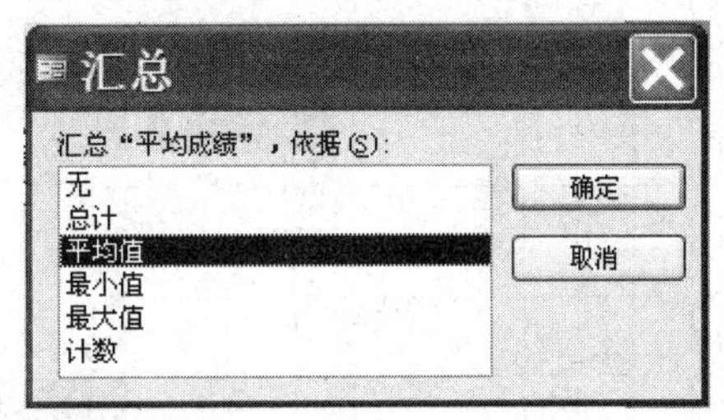

图 5.32　选择统计方式

(7) 弹出如图 5.33 所示对话框，在“请指定图表的标题”文本框中输入图表的标题为“计算班级平均成绩”。单击“完成”按钮，所建图表报表如图 5.34 所示。■

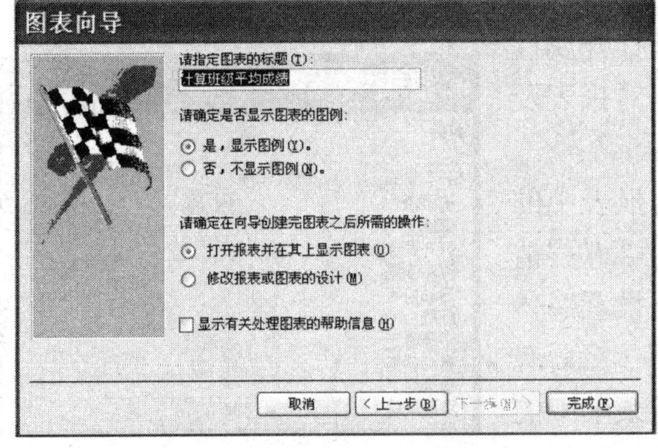

图 5.33　输入报表标题

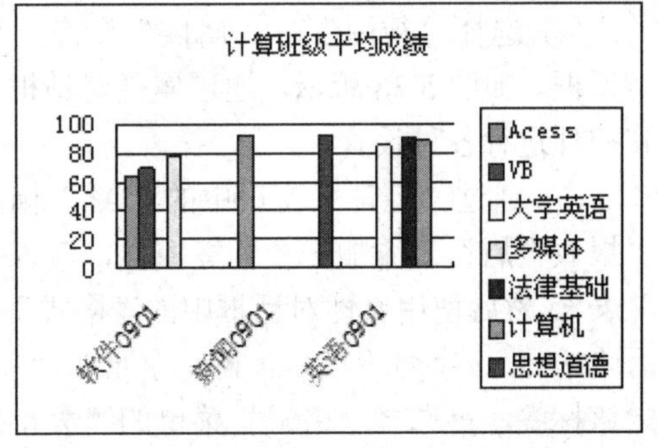

图 5.34　“计算班级平均成绩”图表报表

5.2.5 通过“设计视图”创建报表

报表向导虽然可以快速创建报表，但是创建的报表有时不能够满足设计者的要求，因此时常需要对已有的报表设计进行修改。在实际应用中，一般先用向导创建一个初始的报表，再切换到设计视图中进行再设计和修改，以达到应用的要求。

【例 5.5】 选择“课程表”为数据源，使用“设计视图”来创建名为“课程基本情况报表”的报表。

操作步骤如下：

(1) 在“学籍管理系统”窗口中单击“报表”对象，然后单击工具栏上“新建”按钮。

(2) 在弹出的“新建报表”对话框中选择“设计视图”选项，并在数据源下拉列表框中选择“课程表”作为数据源，如图 5.35 所示。然后单击“确定”按钮，弹出如图 5.36 所示的对话框。

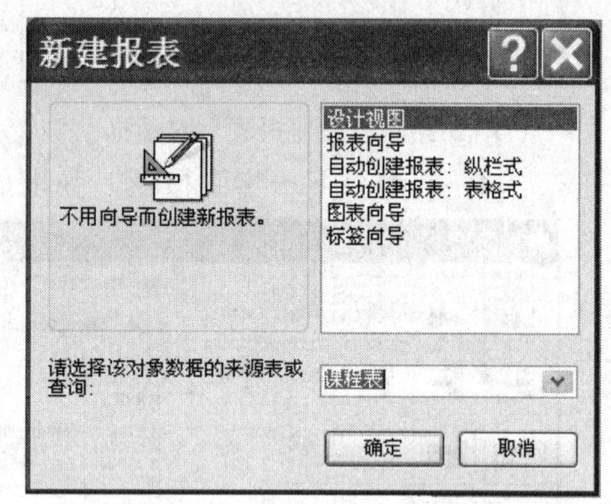

图 5.35 “新建报表”对话框

(3) 由图 5.36 所示的对话框可以看出，在这个设计视图中只存在 3 个节，没有报表页眉/页脚。如果想要对报表页眉/页脚进行设置，选择“视图”→“报表页眉/页脚”命令，其设计视图如图 5.37 所示，这时出现了 5 个节。

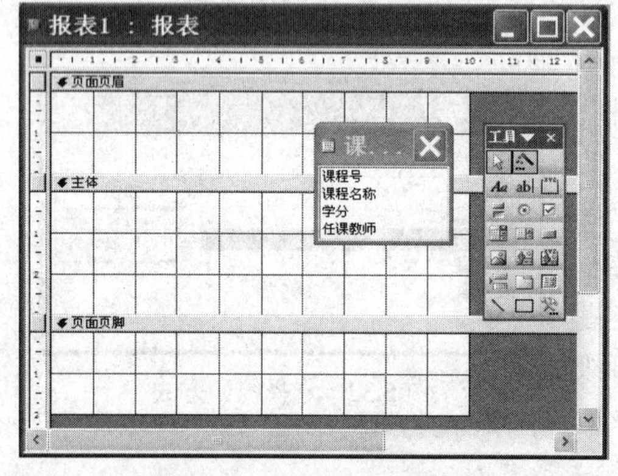

图 5.36 报表设计视图页面

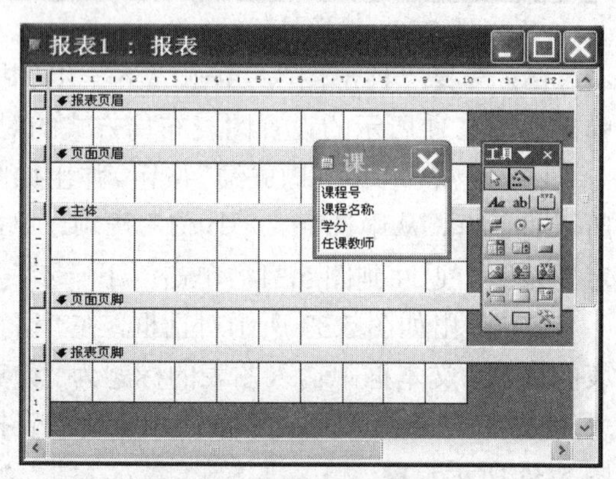

图 5.37 添加报表页眉/页脚

(4) 选择“视图”→“属性”命令，可以打开属性对话框，如图 5.38 所示，通过属性对话框可以对报表及其控件进行各种设置。

(5) 通过“控件”窗口中的“Aa”标签为报表中的“报表页眉”节添加一个标签控件，输入文本“课程情况表”。然后使用属性对话框中的“格式”选项设置字体为“宋体”，字号为“14”磅，字形为“粗体”。然后选定该标签，再选择“格式”菜单的“大小”子菜单中的“正好容纳”命令，将标签大小设置为“正好容纳”。

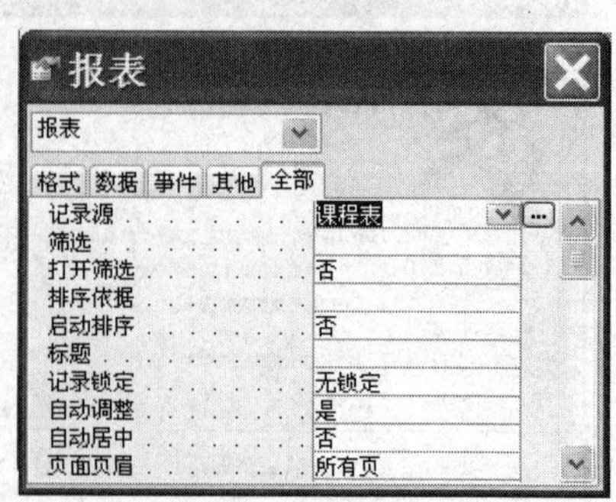

图 5.38 报表属性对话框

(6) 在“课程表”的字段列表中，按住 Shift 键，分别单击“课程号”、“课程名称”、“任课教师”、“学分”便可同时选中，将其拖动到“主体”节，创建字段控件及其附加的关联标签。步骤(5)、(6)设置后的效果如图 5.39 所示。

(7) 将所有字段控件的关联标签部分选中，通过剪切将标签与关联的文本框分离，并粘贴到“页面页脚”节中，使标签和相应的文本框排齐，使之水平排列。接下来对各个控件的大小、位置等属性进行设置：选定所有标签和文本框，设置边框样式为“实线”，文本字体为“宋体”、字号为“12 磅”；最后，通过移动调整使其放在合适的位置，并调整页面页眉和主体节的高度，使之正好容纳所包含的控件。格式化的设置方法与窗体设计时相同。最后将报表保存为“课程基本情况报表”。设置完成后的设计图效果如图 5.40 所示。

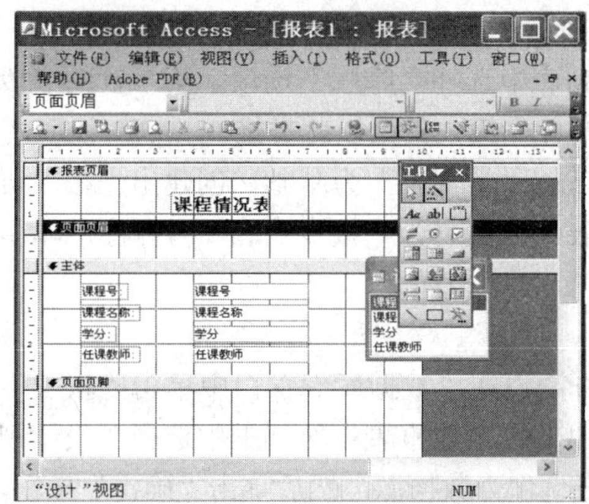

图 5.39　报表页眉设置及字段被添加到报表中

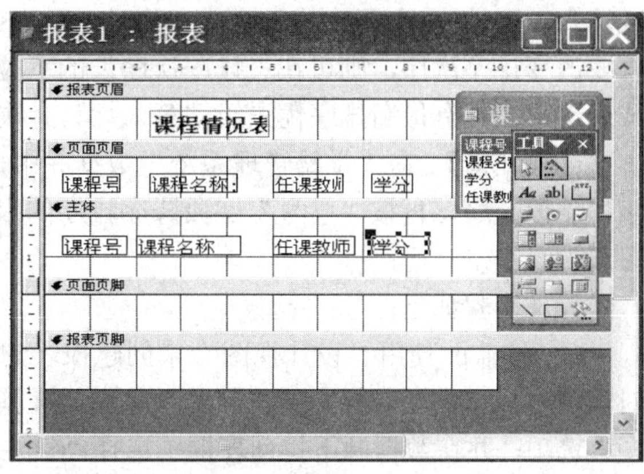

图 5.40　在设计视图中创建的报表

(8) 选择“视图”→“打印预览”命令，可以看到报表的最终效果如图 5.41 所示。■

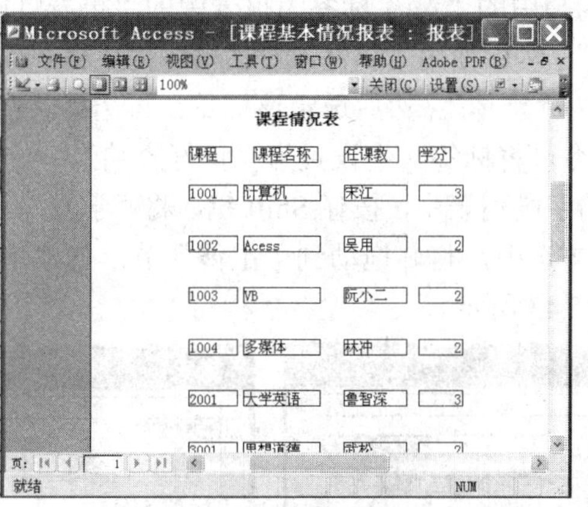

图 5.41　打印预览报表

5.3　报表记录的操作

在报表的实际应用中，除了显示和打印原始数据外，还经常需要对记录进行处理和分析，以便得出一定的结论，最后以报表的形式将统计结果等显示或打印出来。

5.3.1 报表记录的排序

为了使报表更加清晰、数据更加有规律，需要对报表数据按照一定的方式进行分组和排序。要观察某种数据变化的情况，对该数据进行排序后再显示，将会使数据的变化趋势清晰可见。在报表的设计视图中，设置报表记录排序的一般操作步骤如下：

(1) 打开报表的“设计视图”窗口。

(2) 单击工具栏上的“排序与分组”按钮，或视图菜单中“视图”→“排序与分组”命令，打开“排序与分组”对话框。

(3) 在该对话框的“字段/表达式”列的第一行单元格中，选择要用作分组依据的字段或输入以等号“=”开头的表达式。此时，Access 把第一行“排序次序”设置为“升序”。若要改变排序次序，则可在“排序次序”的下拉列表中选择“降序”选项。第一行的字段或表达形式具有最高排序优先级，第二行具有次高优先级，其余以此类推。

【例 5.6】 在“学籍管理系统”数据库中，以“学生表”为基础，创建出先按“班级”字段升序，再按“学号”字段降序排序的报表。报表名为“按专业和学号排序的学生报表”。

操作步骤如下：

(1) 按前面使用“设计视图”来创建报表的方法，在“数据库”窗口中单击“报表”对象，然后单击工具栏上的“新建”按钮。在弹出的“新建报表”对话框中选择“设计视图”选项，并在数据源下拉列表框中选择“学生表”作为数据源，然后单击“确定”按钮，弹出一个设计视图页面。可以看出，在这个视图中只存在 3 个节，没有报表页眉/页脚。选择“视图”→“报表页眉/页脚”命令，这时出现了 5 个节，其视图如图 5.42 所示。

(2) 通过“控件”窗口中的“Aa”标签为报表中的“报表页眉”节添加一个标签控件，输入文本“学生情况表”，然后使用“属性”对话框中的“格式”选项设置字体为“宋体”，字号为“14”磅，字形为“粗体”。然后选定该标签，再选择“格式”菜单的“大小”子菜单中的“正好容纳”命令，将标签大小设置为“正好容纳”。

(3) 在“学生表”的字段列表中，按住 Shift 键，将“学号”、“姓名”、“性别”、“班级”和“出生日期”分别单击选中，将其拖动到“主体”节，创建字段控件及其附加的关联标签，设置后的效果如图 5.43 所示。

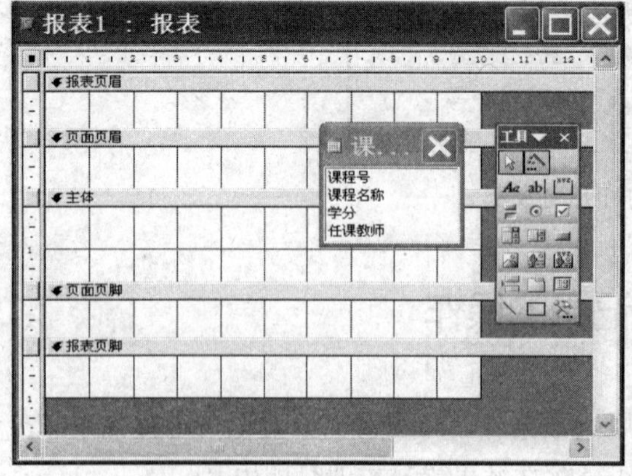

图 5.42 设计视图

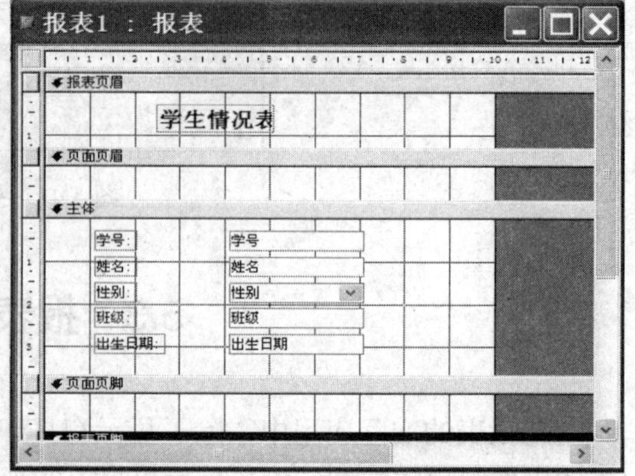

图 5.43 报表页眉设置及字段被添加到报表中

(4) 将所有字段控件的关联标签部分选中，通过剪切将标签与关联的文本框分离，并粘贴到“主体”节中，使标签和相应的文本框排齐，使之水平排列。设置完成后的设计图效果如图 5.44 所示。

(5) 选择“视图”→“排序与分组”命令，打开“排序与分组”对话框，如图 5.45 所示。在该对话框中第一行的“字段/表达式”列单元格中，选择“班级”字段；在第一行的“排序次序”列单元格中，选择“升序”选项。在第二行的“字段/表达式”列单元格中，选择“学号”；在第二行的“排序次序”列单元表格中，选择“降序”选项。

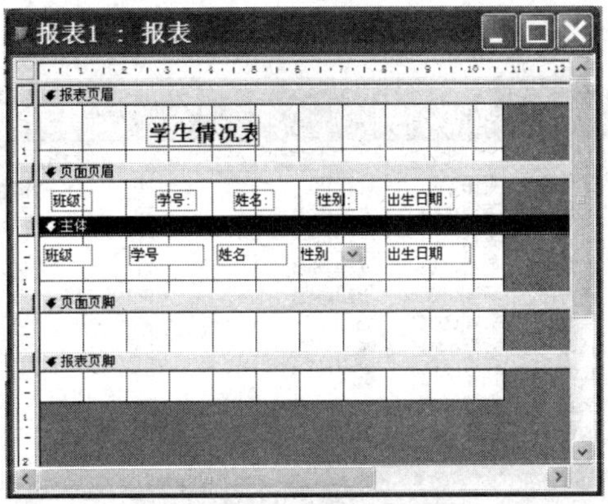

图 5.44　创建后的报表

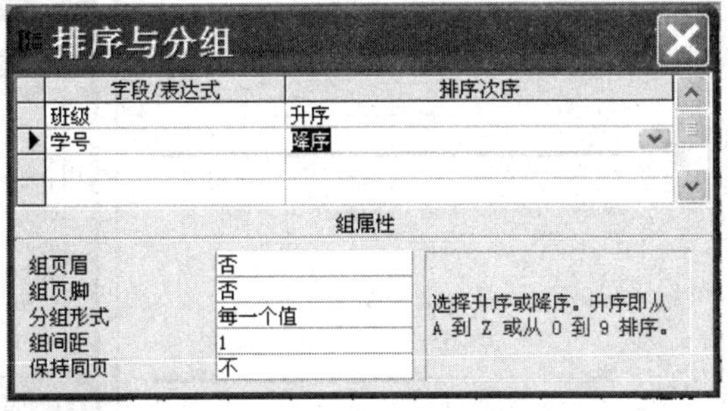

图 5.45　设置排序与分组

(6) 将报表保存为“按专业和学号排序的学生报表”，返回数据库窗口。双击刚才建好的“按专业和学号排序的学生报表”，打开预览视图，如图 5.46 所示。■

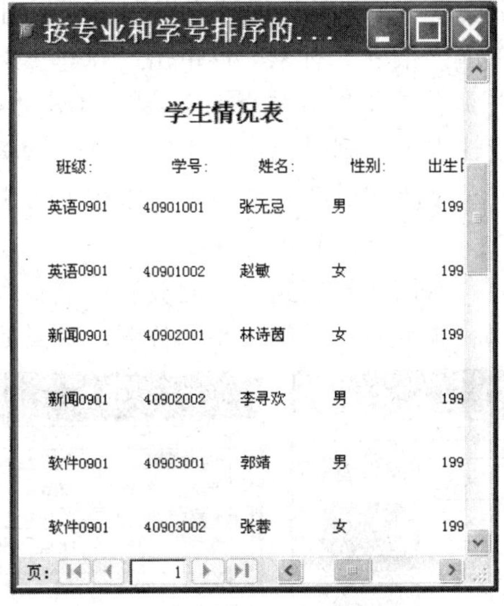

图 5.46　排序后的打印预览视图

5.3.2　报表记录的分组

在报表中，将数据分组是指把相关的记录集中起来放在一起，可以为每个组设置要显

示的说明文字和汇总数据。报表最多可以按 10 个字段或表达式进行分组。对记录设置分组是通过设置排序字段的“组页眉”和“组页脚”来实现的。

【例 5.7】 在“查询”对象中创建一个“学生成绩查询”，然后以“学生成绩查询”为数据源创建一个报表，以“班级”和“学号”为组，按主关键字“班级”、次关键字“学号”升序排列，显示学生的课程名称和分数，显示效果如图 5.47 所示。

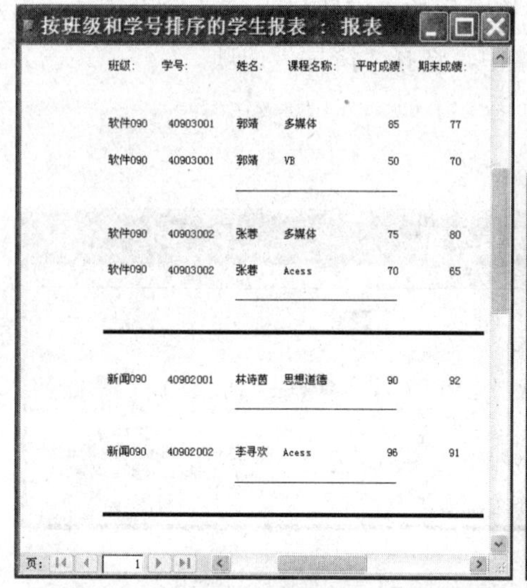

图 5.47 显示学生的课程名称和分数

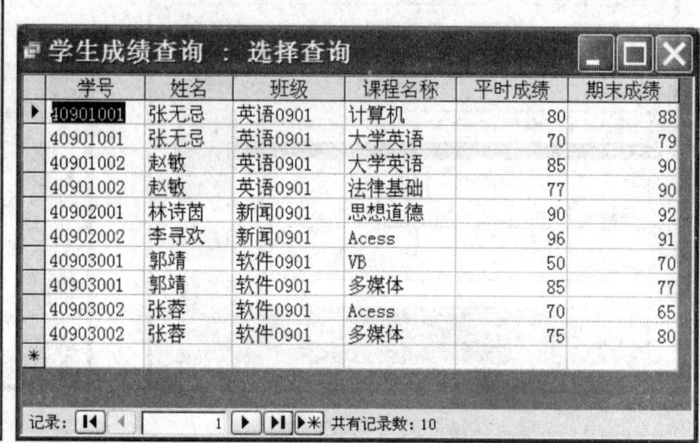

学生成绩查询 : 选择查询

学号	姓名	班级	课程名称	平时成绩	期末成绩
40901001	张无忌	英语0901	计算机	80	88
40901001	张无忌	英语0901	大学英语	70	79
40901002	赵敏	英语0901	大学英语	85	90
40901002	赵敏	英语0901	法律基础	77	90
40902001	林诗茵	新闻0901	思想道德	90	92
40902002	李寻欢	新闻0901	Acess	96	91
40903001	郭靖	软件0901	VB	50	70
40903001	郭靖	软件0901	多媒体	85	77
40903002	张蓉	软件0901	Acess	70	65
40903002	张蓉	软件0901	多媒体	75	80

记录: 1 共有记录数: 10

图 5.48 学生成绩查询

操作步骤如下：

(1) 在“查询”对象中创建一个“学生成绩查询”，如图 5.48 所示。

(2) 在数据库窗口中单击“报表”对象，再单击“新建”按钮，通过“设计设图”选项创建报表，并且选择数据源为“学生成绩查询”。最后单击“确定”按钮。

(3) 单击显示报表的设计视图，同时也出现了字段列表。将字段列表中的所有字段都选中(按住 Shift 键单击第一个字段和最后一个字段)，将其拖动到设计视图的“主体”节，如图 5.49 所示。

(4) 选中标签“班级:”，剪切并复制到“页面页眉”节。利用同样的方法，将其他字段也复制至“页面页眉”节。调整各控件的大小和位置，效果如图 5.50 所示。

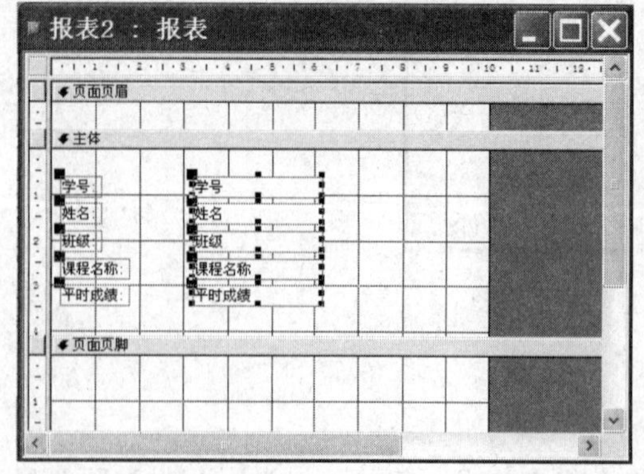

图 5.49 添加字段到“主体”节

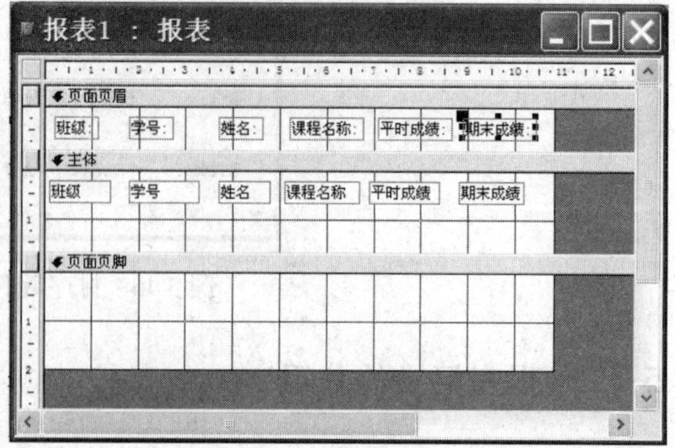

图 5.50 调整字段的大小和位置

(5) 单击工具栏上的“排序和分组”按钮，打开“排序与分组”对话框，在第一行和第二行“字段/表达式”中分别选择“班级”和“学号”字段，在“排序次序”中选择“升序”选项，在“组属性”下的“组页眉”和“组页脚”中选择“是”选项，如图5.51所示。

(6) 此时，在设计视图中的“页面页眉”节与“主体”节中间会出现“班级页眉”和“学号页眉”节。从“工具箱”窗口中选择直线控件，在“学号页脚”和“班级页脚”底部各添加一条直线，作为组间的分隔线，其中“班级页脚”中的分隔线稍微长一点，如图5.52所示。

排序与分组

字段/表达式	排序次序
班级	升序
学号	升序

组属性

组页眉	是
组页脚	是
分组形式	每一个值
组间距	1
保持同页	不

选择升序或降序。升序即从 A 到 Z 或从 0 到 9 排序。

图5.51　设置排序与分组属性

图5.52　把分组字段移动到组页眉节中

(7) 选择“班级页脚”中的分隔线，点击鼠标右键，选择“属性”，弹出如图5.53所示的对话框，将“边框宽度”设置3磅。设置完毕后关闭对话框，返回后出现如图5.54所示的视图。

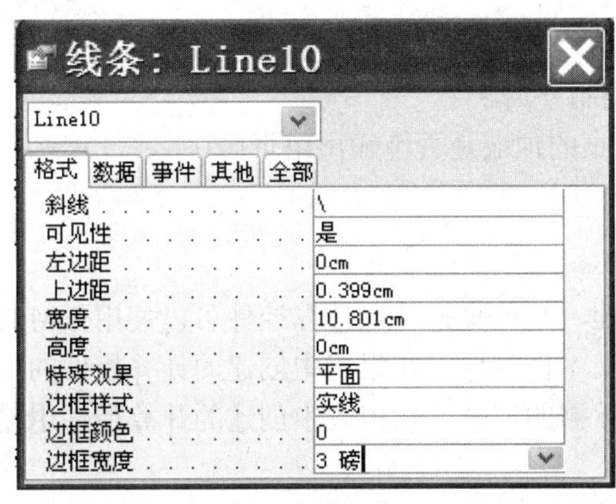

图5.53　直线的属性设置对话框

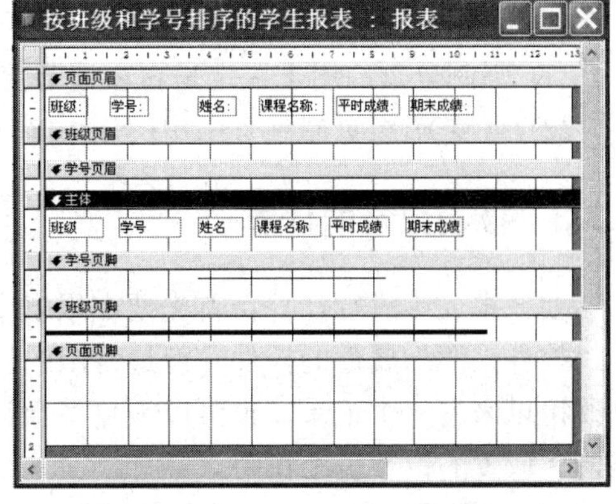

图5.54　直线设置后的视图

(8) 将设计好的报表保存为“按班级和学号排序的学生报表”报表。选择数据库窗口中的“预览”命令，打开设计好的报表预览视图，出现如图5.55所示的效果。■

以上示例中，图5.51所示的“组属性”窗格中各项的含义如下：

(1) 组页眉/组页脚：为字段或表达式添加或删除组页眉和组页脚。其中“是”选项表示选择添加组页眉/组页脚，而“否”选项表示不添加。

(2) 分组形式：用于决定按何种方式组成新图。可用的选项取决于分组字段或表达式的数据类型。

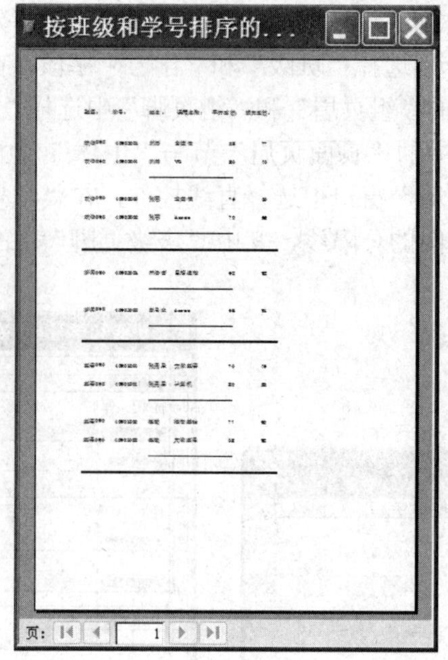

图 5.55　“按班级和学号排序的学生报表”报表

(3) 组间距：为分字段或表达式的值指定有效的组间距。

(4) 保持同页：指定是否在一页中打印分组的所有内容。

组页眉和组页脚属性在报表的设计视图中设置。当为数据分组并将分组字段的“组页眉”和“组页脚”属性值设置为“是”后，报表设计视图就添加了“组页眉”和“组页脚”节，节标题显示为“(分组字段名)页眉和页脚”。

组页眉和组页脚的主要属性有以下两项：

(1) 强制分页：用于决定是否在该节前后强制分页。

(2) 重复节(组页眉独有)：用于指定在每一页的顶端是否都输出组页眉。

5.3.3　报表记录的计算

要在报表中进行计算，首先要在报表中创建一个计算控件。计算控件可以使用任何具有“控件来源”属性的控件，但最常用的还是文本框控件。在报表中创建的计算控件的数据既可以来自一个记录，也可以来自多个记录数据的汇总。在报表中创建的计算控件用途不同，放置的位置也不相同。

(1) 如果是对每一个记录单独进行计算，那么和所有绑定的字段一样，计算控件文本框应放在报表的“主体”节中。

(2) 如果是对分组记录进行汇总，那么计算控件文本框和附加标签都应放在“组页眉”或“组页脚”节中。

(3) 如果是对所有记录进行汇总，比如计算平均值，那么计算控件文本框和附加标签都应放在“报表页眉”或“报表页脚”节中。

在报表中添加计算控件的基本操作如下：

(1) 打开报表的设计视图窗口。

(2) 在“工具箱”窗口中选择“文本框”工具。

(3) 单击报表设计视图中某个想添加的节区，就在该节中添加上一个文本框控件。

(4) 双击该文本框控件，就可以打开其属性对话框。

(5) 在“控件来源”属性框中，输入以等号(=)开头的表达式，比如“=Sum([成绩])”、“=Avg([成绩])”、“=Now()”等。

【例 5.8】 在例 5.7 生成的“按班级和学号排序的学生报表”报表的基础上，完成以下几个操作：

(1) 增加一个字段，字段名为“期末成绩”，表达式为“[期末成绩]*0.8 + [平时成绩]*0.2”；

(2) 统计每个学生的总分和平均分；

(3) 统计所有学生的总分和平均分、参加考试人数、不及格人数和不及格比率；

(4) 最后在“页面页脚”中添加能显示形如“第 i 页/总 n 页”的文本框，在“报表页眉”中添加“制表日期”文本框。

操作步骤如下：

(1) 按照例 5.7 的方法，在数据库窗口中单击“报表”对象，再单击“新建”按钮，通过“设计设图”选项来创建报表，并且选择数据源为“学生成绩查询”。最后单击“确定”按钮，弹出显示报表的设计视图。将字段列表中的所有字段都选中(按住 Shift 键单击第一个字段和最后一个字段)，并将其拖动到设计视图的“主体”节，一个个选中标签，并将所有的标签剪切并复制到“页面页眉”节，调整各控件的大小和位置，效果如图 5.56 所示。

(2) 单击工具栏上的“排序与分组”按钮，打开“排序与分组”对话框，在第一行和第二行“字段/表达式”中分别选择“班级”和“学号”字段，在“排序次序”中选择“升序”选项，在“组属性”下的“组页眉”中选择“是”选项、“组页脚”中选择“是”选项，此时，在设计视图中的“页面页眉”节与“主体”节中间会出现“班级页眉”和“学号页眉”节，如图 5.57 所示。

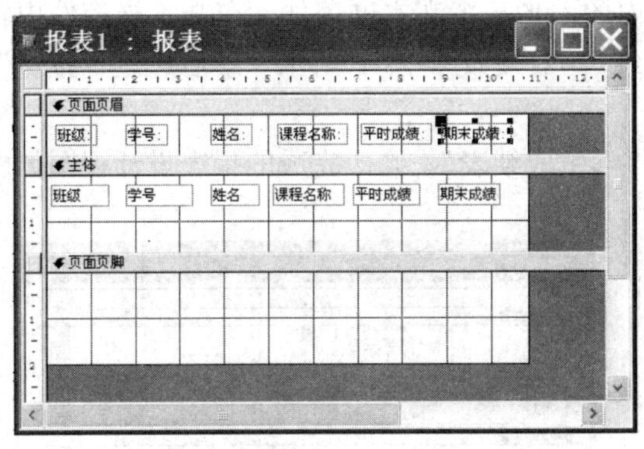

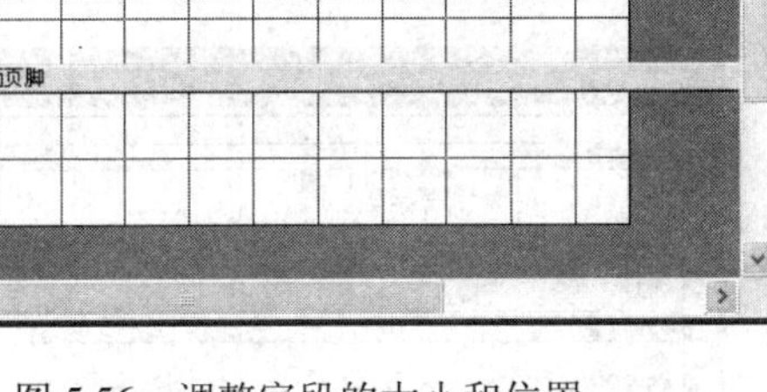

图 5.56　调整字段的大小和位置

图 5.57　把分组字段移动到页面页眉节中

(3) 将“班级”字段移动到“班级页眉”节中，把“学号”和“姓名”字段移动到“学号页眉”节中，如图 5.58 所示。

(4) 在“页面页眉”、“学号页脚”和“班级页脚”底部各添加一条直线，作为组间的分隔线，并把“班级页脚”中的分隔线设置成 3 磅，如图 5.59 所示。

图 5.58　把分组字段移动到组页眉节中

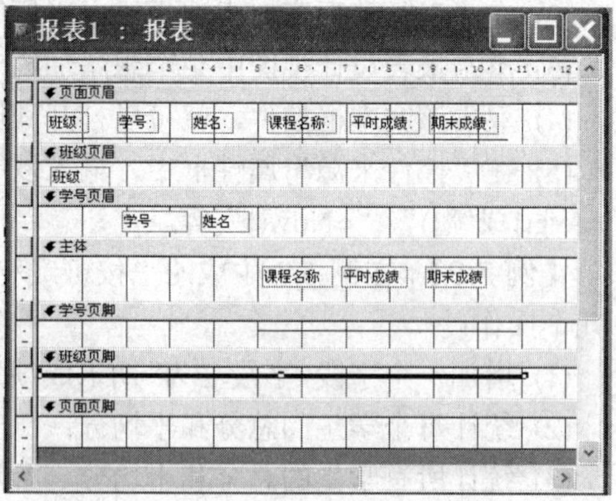

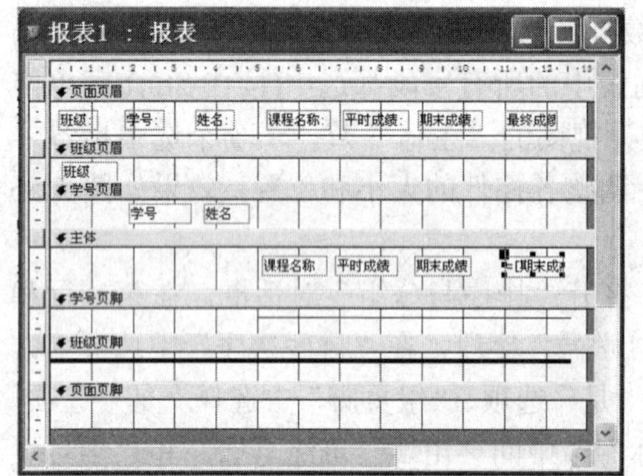

图 5.59　添加直线

(5) 在“主体”节内添加 1 个文本框控件，把文本框的标签移动到“页面页眉”节内，选中该标签，在其属性对话框中将“标题”属性改为“最终成绩”。在“主体”节中的文本框内输入“=[期末成绩]*0.8 + [平时成绩]*0.2”，调整其位置，效果如图 5.60 所示。

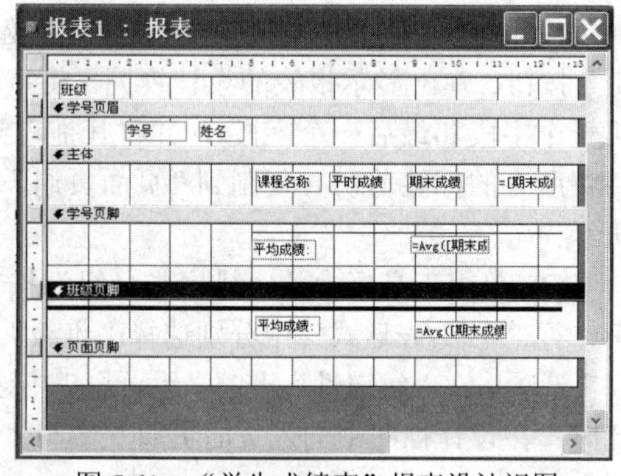

图 5.60　增加文本框控件后的报表设计视图

图 5.61　“学生成绩查”报表设计视图

(6) 在“学号页脚”和“班级页脚”节内各添加一个文本框控件，在文本框控件内输入“=Avg([期末成绩])”，标题设为“平均成绩”，效果如图 5.61 所示。最后通过“预览”按钮，可以看到如图 5.62 所示的效果。

(7) 在“报表页眉”节中添加报表标题“学生成绩表”。修改完成的报表设计视图如图 5.63 所示。

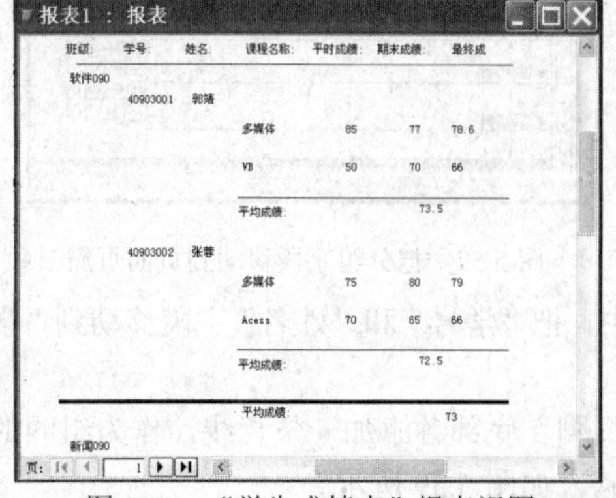

图 5.62　“学生成绩表”报表视图

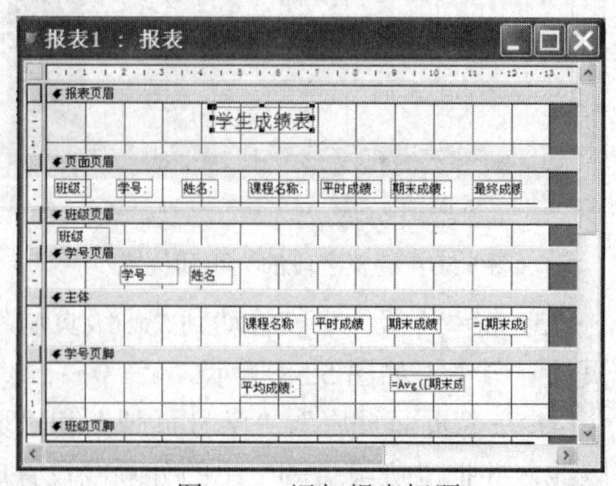

图 5.63　添加报表标题

(8) 在“页面页脚”节中添加一个文本框，在该文本框内直接输入“="第"&[Page]&"页"&"/总"&[Pages]&"页"”。在“报表页脚”节中先添加“制表日期：”标签，再添加一个文本框，在该文本框中输入“=Date()”，如图 5.64 所示，并设置该文本框的“格式”为“日期”。

(9) 保存该报表，返回报表预览视图，如图 5.65 所示。■

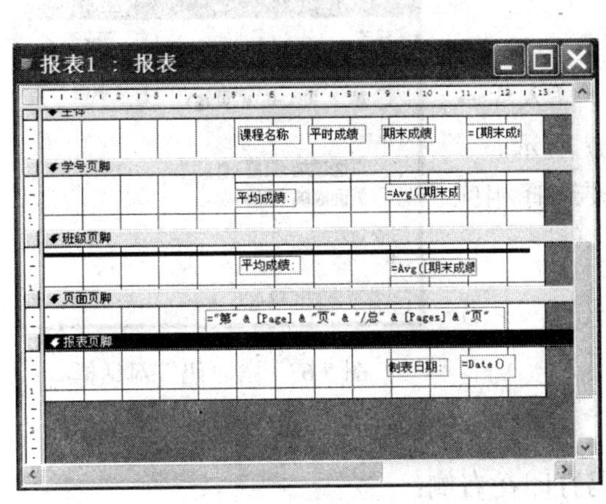

图 5.64　添加日期和页码

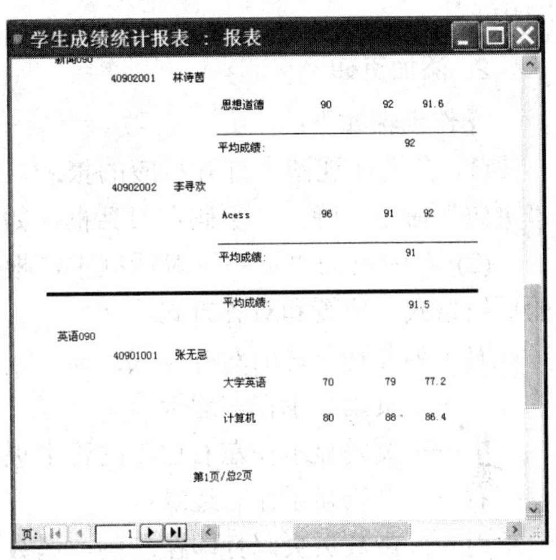

图 5.65　学生成绩统计报表预览视图

5.4　报表元素的添加

在初步设计报表后，为了让报表美观、大方，更具有吸引力，提高可读性，可以通过 Access 系统提供的“自动套用格式”功能以及添加背景图片、更改文本字体颜色、用分页符控制强制分页等手段来美化报表。

5.4.1　页码和日期的添加

在报表的设计中，通常要增加页码和日期。在用“自动报表”和“报表向导”生成的报表中，系统自动在报表页脚处生成显示日期和页码的文本框控件。如果是自定义生成的报表，那么可以通过系统提供的“日期和时间”对话框为报表添加日期和时间。

1. 添加日期和时间

操作步骤如下：

(1) 在设计视图中打开相应的报表，选择插入菜单中的“日期和时间”命令，弹出“日期和时间”对话框，如图 5.66 所示。

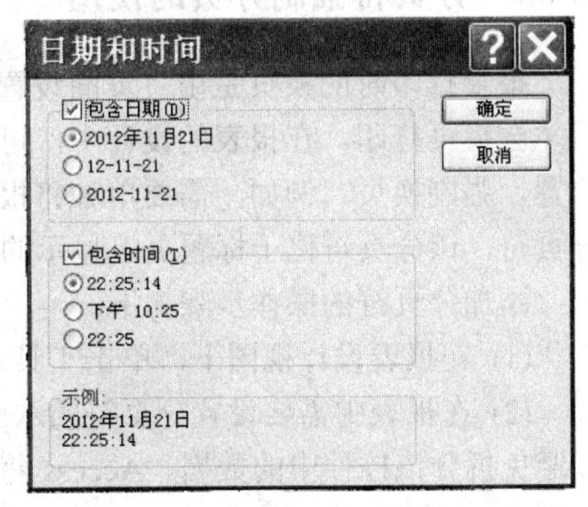

图 5.66　“日期和时间”对话框

(2) 在对话框中，要添加日期就选中“包含日

期”复选框，然后设置相应的日期格式选项；如果要添加时间，就选中“包含时间”复选框，然后设置相应的时间格式选项；最后单击“确定”按钮。

除了通过上述对话框添加“日期和时间”外，还可以在报表中添加一个文本框控件，将其来源控件属性设置为日期或时间的表达式，如“=Date()”或“=Time()”等。显示“日期和时间”的文本框控件可以放置在报表的任意位置，一般习惯放置在报表页眉或页脚节中。

2. 添加页码

操作步骤如下：

(1) 在设计视图中打开相应的报表。选择“插入”→“页码”命令，弹出“页码”对话框，如图 5.67 所示。

图 5.67 “页码”对话框

(2) 在弹出的“页码”对话框中，根据需要选择相应的页码格式、位置和对齐方式。

有下列几种可选的对齐方式：

左——页码显示在左边缘；

中——页码显示在左右边距的正中央；

右——页码显示在右边缘；

内——奇数页页码打印在左侧，偶数页页码打印在右侧；

外——偶数页页码打印在左侧，奇数页页码打印在右侧。

如果要在第一页显示页码，就需要选中“首页显示页码”复选框；否则取消。除此之外，还可以用表达式创建页码，常用页码格式的表达式如表 5.1 所示。

表 5.1 页码常用表达式

代 码	显 示 文 本
="第"&[page]&"页"	第 n 页(当前页)
=[page]"/" [page]	N/M{总页数}
="第"&[page]&"页，共"&[Pages]&"页"	第 N 页，共 M 页

这里的 page 和 pages 为内置变量，分别代表当前页码和总页码数。

5.4.2 分页符强制分页的使用

报表打印时的换页是由“页面设置”的参数和报表的版面布局来决定的，内容满一页后才会换页打印。在报表的设计中，可以在某一节中使用分页符控件来标志需要另起页的位置，强制换页。例如，需要单独将报表标题打印在一页上，可以在报表页眉中放置一个分页符，该分页符位于标题页上显示的所有控件之后、第二页的所有控件之前。

添加分页符的操作步骤如下：

(1) 在报表设计视图下，单击工具箱中的“分页符”按钮。

(2) 在报表中需要设置分页符的水平位置处单击。将分页符放在某个控件之上或之下，以避免拆分该控件中的数据。Access 将分页符以短虚线标志“……”在报表的左边界上，如图 5.68 所示。

图 5.68　设置分页符

如果希望报表中的每条记录或记录组均另起一页，那么可以通过设置主体节或组页眉、组页脚的“强制分页”属性来实现。

5.4.3　背景图案的添加

给报表添加背景图案可以增强显示效果，还可以在“报表页眉”节添加图像控件来显示各种图标。

1. 在报表页眉/页脚插入图片

用户可以在报表的指定位置插入公司的徽标、Logo 图形等，从而让单调的报表变得更加丰富美观。

【例 5.9】 为例 5.8 的“学生成绩统计报表”报表的抬头添加学校的徽标。

操作步骤如下：

(1) 准备好要作为徽标的图像文件。

(2) 打开“学生成绩统计报表”报表，切换到报表设计视图。

(3) 单击控件工具箱上的“图像”按钮，在报表页眉节的左边创建图像控件。

(4) 随后弹出“插入图片”对话框，在该对话框中选择要插入的图像文件。

(5) 调整图像控件大小及其位置，将报表页眉节中其他控件的位置也调整到合适位置，如图 5.69 所示。切换到报表打印预览视图，查看修改后的报表预览效果。■

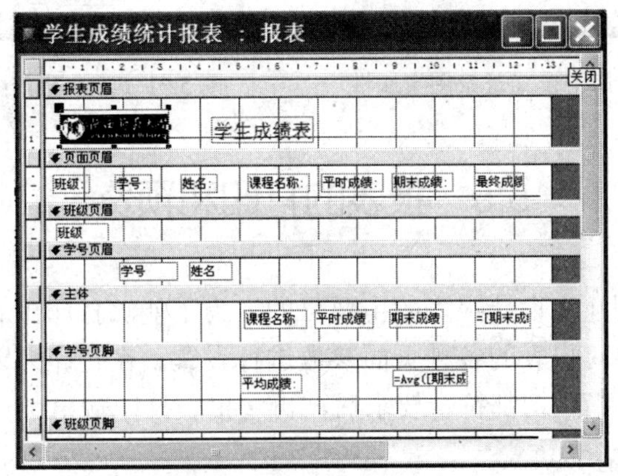

图 5.69　为报表添加徽标

2. 为报表添加背景

【例 5.10】 为例 5.9 生成的“学生成绩统计报表”报表添加背景图案。

操作步骤如下：

(1) 打开“学生成绩统计报表”报表，切换到报表设计视图。

(2) 通过“视图”→“属性”命令打开报表属性窗口，或者直接在工具栏中单击“属性”按钮来打开报表属性窗口。

(3) 在属性窗口中，选择“格式”选项卡，通过“图片”选项对应的文本框右边的按钮打开“插入图片”对话框，选择一个准备好的背景图案。报表对象的格式属性如图 5.70 所示。

(4) 保存设计好的报表，并打开预览视图，显示效果如图 5.71 所示。

(5) 按照同样的方法，也可以对各区域的背景进行设置。■

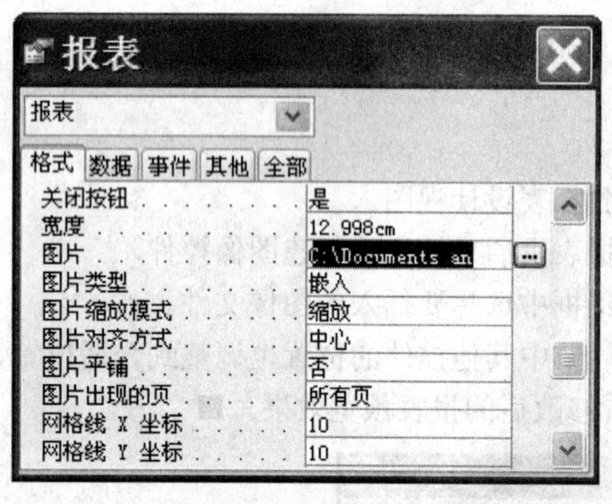

图 5.70　在报表的属性窗口中设置背景图案属性

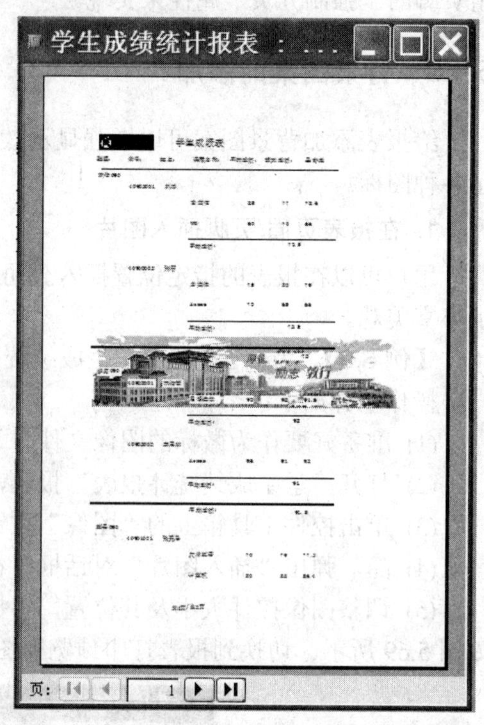

图 5.71　添加背景图案后的报表显示效果

5.5　报表的打印和预览

打印输出报表是创建和设计报表的主要目的。为了能够打印出布局合理、格式规范、样式美观的报表，需要对报表的各种页面参数进行设置。在打印之前，还要在显示器上将打印的效果进行预览，当一切都符合要求后，再将报表打印输出。

1. 报表的页面设置

报表的页面设置用来确定表页的大小、边距以及页眉、页脚的样式和表的布局(确定列数)等。主要设置步骤如下：

(1) 打开要设置页面的报表。

(2) 选择“文件”菜单中的“页面设置”命令。

(3) 弹出“页面设置”对话框，如图5.72所示，在该对话框中进行相应的设置。

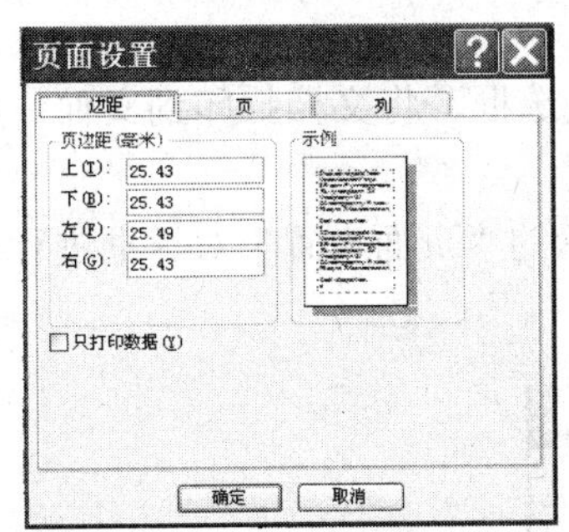

(a) “边距”选项卡

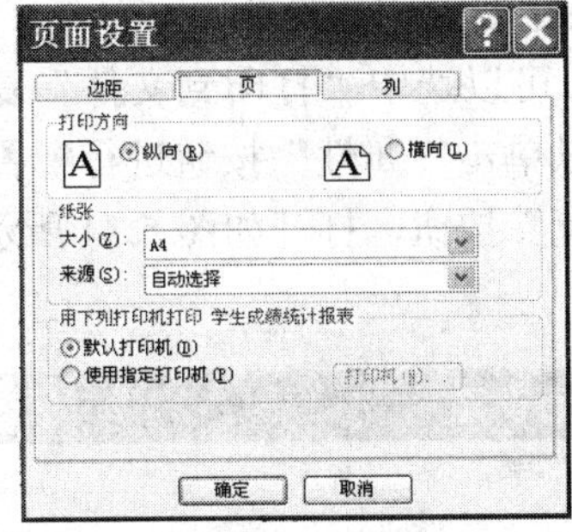

(b) “页”选项卡

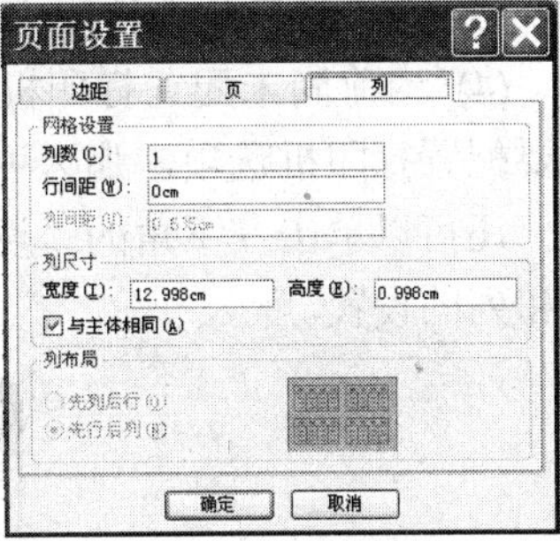

(c) “列”选项卡

图5.72 报表的“页面设置”对话框

“页面设置”对话框中有三个选项卡：“边距”、“页”和“列”。在“边距”选项卡中可以根据需要设置页边距，如图5.72(a)所示；在“页”选项卡中可以选择纸张大小、打印方向和指定打印机，如图5.72(b)所示；在“列”选项卡中可以根据需要设置打印的列数、规定各列的宽度等，如图5.72(c)所示。

2. 打印预览

预览和打印是相辅相成的。打印之前可在屏幕上先查看打印的样式，确认打印内容正确、格式满意后再正式打印。这样做可以在打印报表之前对报表中可能存在的错误和格式方面的不足进行修改，既可以大大提高工作效率，又能够节省纸张。

在菜单上选择“文件”→“打印预览”命令，打开“打印预览”对话框，显示报表一页中的全部数据。

3. 打印报表

报表设计完成后，就可以打印输出了。打印报表的具体步骤如下：

(1) 选定报表，在设计视图、打印预览视图或版面预览视图中打开报表。

(2) 选择“文件”→“打印”命令，或按Ctrl + P组合键，打开“打印”对话框，如图5.73所示。单击“确定”按钮，即可完成报表的打印。

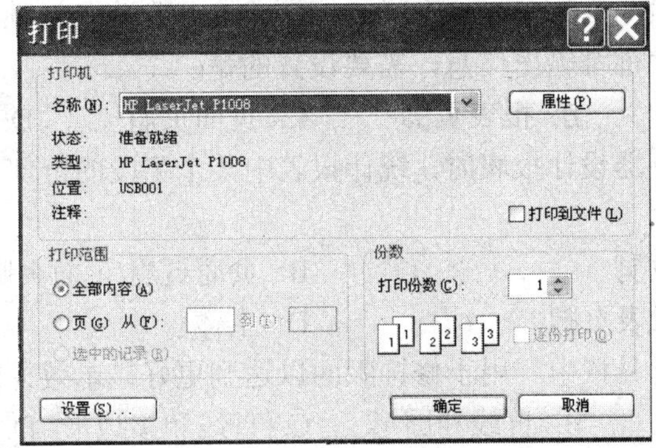

图5.73 “打印”对话框

在“打印”对话框中，可以进行如下设置：

(1) 从“名称”下拉列表框中选择要使用的打印机。

(2) 在“打印范围”选项组中选择打印全部内容或指定打印页的范围。

(3) 在“份数”选项组中指定要打印的份数。

(4) 当前尚未配置打印机，可以选中“打印到文件”复选框，将文档打印到文件。如果要配置打印机选项，那么可以单击“属性”按钮进行配置。

还可以单击左下角的“设置”按钮，打开如图 5.74 所示的“页面设置”对话框进行边距和列的设置。

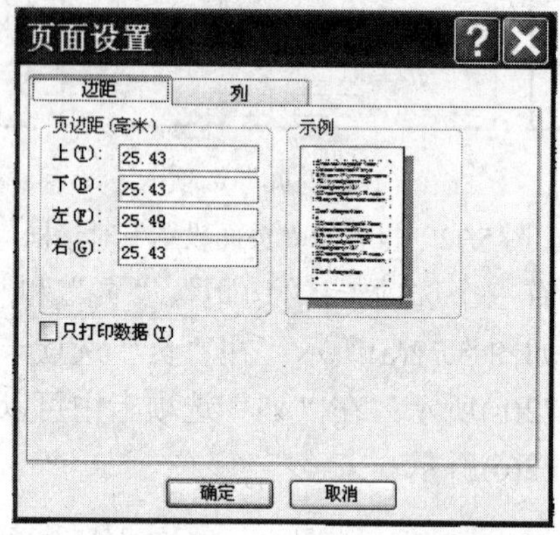

图 5.74 “页面设置”对话框

习题 5

一、选择题

1. 在报表设计中，如果只在报表最后一页的主题内容之后输出规定的内容，那么需要设置的是(   )。

A. 报表页眉　　B. 报表页脚　　C. 页面页眉　　D. 页面页脚

2. 在报表中，要计算“数学”字段的最高分，应将控件的“软件来源”属性设置为(   )。

A. =Max([数学])　　B. =Max(数学)　　C. =Max[数学]　　D. =Min(数学)

3. 在报表每一页底部都输出信息，需要设置的是(   )。

A. 页面页脚　　B. 报表页脚　　C. 页面页眉　　D. 报表页眉

4. 在使用报表设计器设计报表时，统计报表中某个字段的全部数据，应将计算表达式放在(   )。

A. 组页眉/组页脚　　B. 页面页眉/页面页脚

C. 报表页眉/报表页脚　　D. 主体

5. 在报表设计的工具栏中，用于修饰版面以达到更好显示效果的控件是(   )。

A. 直线和矩形　　B. 直线和圆形　　C. 直线和多边形　　D. 矩形和圆形

6. Access 报表对象的数据源可以是(   )。

A. 表、查询和窗体　　B. 表和查询

C. 表、查询和 SQL 命令　　　　D. 表、查询和报表

7. 报表显示数据的主要区域是(　　)。

A. 报表页眉　　B. 页面页脚　　C. 主体　　D. 报表页脚

8. 将报表与某一数据表或查询绑定起来的报表属性是(　　)。

A. 记录来源　　B. 打印版式　　C. 打开　　D. 帮助

9. 在报表设计中，以下可以做绑定控件显示字段数据的是(　　)。

A.文本框　　B. 标签　　C. 命令按钮　　D. 图像

10. 创建报表时，可以设置(　　)对记录进行排序。

A. 字段　　B.表达式　　C. 字段表达式　　D. 关键字

二、填空题

1. 报表通常由报表页眉、报表页脚、__________、__________和__________等部分组成。

2. 报表记录分组操作时，首先要选定分组字段，在这些字段上__________的记录数据归为同一组。

3. 在报表设计中，可以通过添加__________控件来控制另起一页输出显示。

4. 某窗体中有一个命令按钮，在窗体视图中单击此命令按钮打开一个报表，需要执行的操作是_______。

5. 计算机控件的控件来源属性一般设置为以__________开头的计算表达式。

6. 在“报表向导”中设置字段排序时，一次最多能设置________个字段。

三、简答题

1. 简述报表和窗体的区别。
2. 创建报表的方法有几种？各有什么特点？
3. 报表分节有什么意义？如何为报表添加所需要的节？
4. 如何为报表指定记录源？
5. 如何在报表中对记录进行排序和分组？
6. 如何以名片形式输出表中的数据？

第6章 数据访问页

数据访问页就是 Access 在 Internet 上的一种综合应用，用户可以利用数据访问页将数据信息编辑成网页形式，然后将其发送到 Internet 上，以实现快速的数据共享。随着计算机网络的飞速发展，网页已经成为越来越重要的信息发布手段，越来越多的用户希望能在网络上浏览信息、编辑数据，这就需要将数据库应用系统运行于计算机网络之上。

6.1 基本概念

数据访问页是直接与数据库中的数据联系的 Web 页，可以用来添加、编辑、查看或处理 Access 数据库中的当前数据。

数据访问页与窗体、报表很相似，如它们都要使用字段列表、工具箱、控件、排序和分组对话框等。数据访问页能够完成窗体、报表所完成的大多数工作，但其又有窗体、报表所不具备的功能。是使用数据访问页还是使用窗体和报表，取决于具体的应用。

6.1.1 数据访问页的作用

一般情况下，在 Access 2003 数据库中输入、编辑和交互处理活动数据时，可以使用窗体，也可以使用数据访问页，但不能使用报表。而想通过 Internet 输入、编辑和交互处理活动数据时，只能使用数据访问页实现，不能使用窗体和报表。当要打印发布数据时，最好使用报表，也可以使用窗体和数据访问页，但效果不如报表。如果要通过电子邮件发布数据，也只能使用数据访问页。通过数据访问页，用户可以在 IE 浏览器上查看和使用来自 Access 数据库、SQL Server 数据库及其他数据源的数据。

6.1.2 数据访问页的类型

数据访问页分为 3 种类型：交互式报表页、数据输入页和数据分析页。

(1) 交互式报表页用于对数据库中存储的信息进行合并和分组，然后发布。例如，一个数据访问页可能发布公司在每个地区的销售业绩，并提供用于在记录中添加、编辑和删除数据的工具栏按钮。

(2) 数据输入页用于在数据库中输入、编辑和删除数据，它可以在不打开 Access 数据库的情况下更新数据。

(3) 数据分析页可以用来对数据库中的数据进行分析，比如查看某项数据的发展趋势或对不同时期的数据进行比较。数据访问页提供了多种方法来帮助分析数据，可以通过 Office Excel 数据透视表控件来完成分析数据的任务，也可以与其他控件组合来分析数据。

6.1.3　数据访问页的存储与调用方式

数据访问页对象与 Access 数据库中的其他对象不完全相同，不同点主要表现在数据访问页对象的存储与调用方式两方面。

1. 数据访问页的存储方式

数据访问页以独立的 htm 格式的磁盘文件形式单独存储，而其他数据库对象都存储在 Access 数据库文件(*.mdb)中。htm 文件是使用 HTML(超文本标记语言)格式创建的，可以在万维网(World Wide Web, WWW)上发布，并能使用 Microsoft IE 、FireFox 等 Web 浏览器访问的网页文件。

虽然数据访问页是一个独立的文件，保存在 Access 数据库文件之外，但当用户创建了一个数据访问页后，Access 2003 将在数据库的“页”对象窗口中自动为访问页文件添加一个图标(快捷方式)，该图标指向(连接)保存在某个文件夹中的数据访问页文件本身。在数据库的“页”对象窗口中，只要双击某个数据访问页图标，就可执行该数据访问页。

2. 数据访问页的调用方式

设计好数据访问页对象之后，可以通过两种方式调用它。

(1) 在 Access 数据库中打开数据访问页。一般来说，在 Access 数据库中打开数据访问页的主要目的是测试，并不是实际应用。在 Access 数据库的“页”对象窗口中，选中需要打开的数据访问页，单击“打开”按钮，或直接双击需要打开的数据访问页图标。一个打开的数据访问页如图 6.1 所示。

(2) 在 Internet Explorer 中打开数据访问页。数据访问页的功能是为 Internet 用户提供访问 Access 数据库的界面。因此在正常使用情况下，应用 Internet 浏览器打开数据访问页，从而实现网上数据共享功能。图 6.2 所示为从 IE 浏览器的“文件”→“打开”命令打开的一个本地网页文件，地址栏上显示了该文件的存放位置。

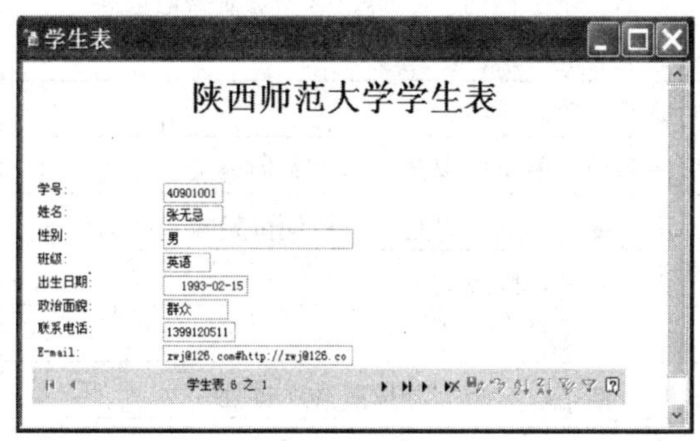

图 6.1　在对象窗口中打开的数据访问页

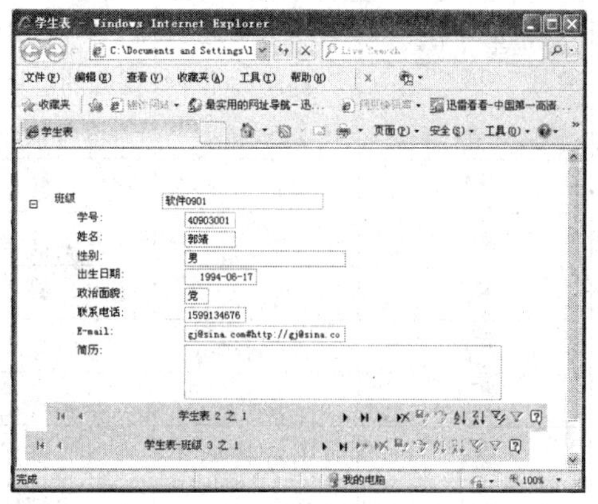

图 6.2　通过 IE 浏览器打开的本地数据访问页

6.1.4　数据访问页的视图

数据访问页的视图分为页面视图和设计视图两种。

1．页面视图

页面视图用于查看和处理数据访问页，是显示数据访问页的运行状态的窗口。用户在此视图方式下可以查看设计效果，如图 6.3 所示。

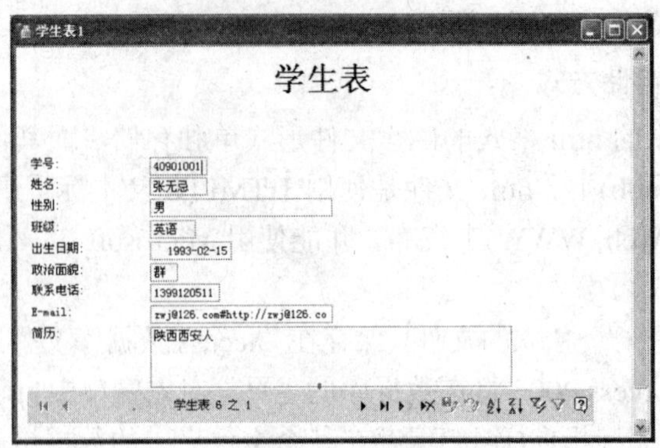

图 6.3　数据访问页的页面视图

可以通过记录浏览导航条中的记录浏览按钮来操作数据访问页。在如图 6.4 所示的记录浏览导航条中，可以单击各个浏览按钮。浏览按钮的功能如表 6.1 所示。

图 6.4　记录浏览导航条

表 6.1　记录浏览按钮功能表

图　形	名　称	说　明
	第一个	当前页面将显示数据源的第一条数据记录
	上一个	显示当前记录的上一条数据记录
学生表 6 之 5	"学生表 6 之 5"提示文本	“学生表”为与当前数据访问页对象相关的数据源名称；“6”为数据源的总记录数；“之 5”表示当前显示的是第 5 条数据记录
	下一个	将显示当前数据记录的下一条数据记录
	最后一个	显示数据源表的最后一条记录
	新建	在当前记录的末尾添加一条空白记录，用来添加记录
	删除	系统弹出删除提示对话框，单击“是”按钮便可删除当前的记录
	保存	可以保存新建的记录或编辑修改的记录
	撤销	撤销最近所做的操作
	升序排列	以光标所在字段为关键字，对数据源按照升序排列
	降序排列	以光标所在字段为关键字，对数据源按照降序排列
	按选定内容筛选	以光标所在字段为条件，对数据源进行筛选，筛选后系统将当前视图切换到筛选视图状态，只显示符合条件的记录
	筛选切换按钮	系统将当前的筛选视图切换到页面视图，显示数据库中的所有记录
	帮助	系统将自动打开有关数据访问页的帮助窗口

2. 设计视图

数据访问页的设计视图是创建和设计数据访问页的一个可视化的集成界面，用户在此视图下可以编辑、修改数据访问页。设计视图的一个实例如图 6.5 所示。

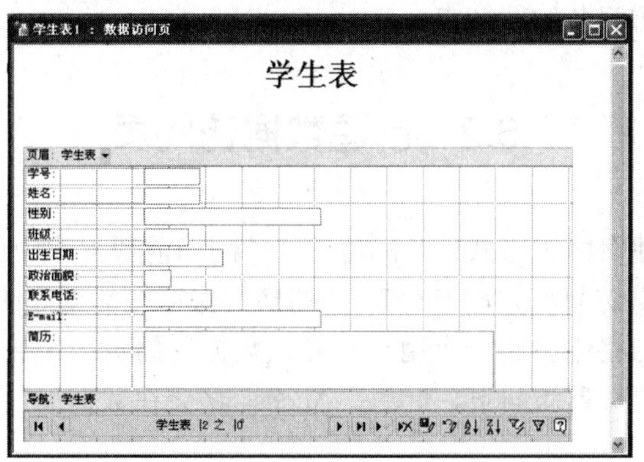

图 6.5　数据访问页的设计视图

6.1.5　数据访问页的组成

图 6.6 所示给出了数据访问页的基本设计窗口的构成。与窗体和报表相似，数据访问页也是由主体、页眉、页脚、标签等包含了若干控件或元件的节组成的。所不同的是，在窗体或报表中各个节都有节选定器，而在数据访问页中主体节没有明显的标志。

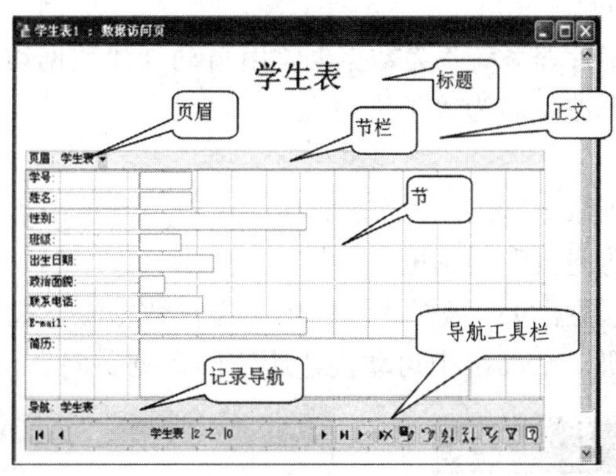

图 6.6　数据访问页的组成

数据访问页由以下几部分组成：

(1) 正文：数据访问页的基本设计页面。在支持数据输入的页上，可以用来显示信息性文本、与数据绑定的控件及节。

(2) 节：使用节可以显示文字、数据库中的数据以及工具栏。通常有组页眉和记录导航节两种类型的节在支持数据输入的页上。页还可以有页脚和标题栏。

(3) 组页脚和页眉：用于显示数据和计算结果值。

(4) 记录导航：用于显示分组级别的记录导航控件。在分组的页中，可以向每个分组级别添加一个导航工具栏。可以通过更改导航工具栏的属性而对其进行定义。组的记录导航节出现在组页眉节之后。注意：在导航节中不能放置绑定控件。

(5) 标题：用于显示文本框和其他控件的标题。标题紧挨着组页眉的前面出现。在标题节中不能放置绑定控件。

(6) 节栏：节栏是数据访问页设计视图中位于节上方的水平条。节栏显示节的类型和名称，通过节栏可以访问节的属性表。

6.2　创建数据访问页

数据访问页的创建有两种方式：一种是在打开的当前数据库中创建数据访问页，此时，Access 会创建一个数据访问页并以 HTML 文档格式保存在数据库的外部，同时在该数据库窗口中的“页”对象窗格中创建一个用于打开该数据访问页的快捷方式；另一种是在不打开数据库的情况下创建数据访问页，此时，Access 将会在数据库的外部创建独立的数据访问页。

在不打开数据库的情况创建数据访问页的方法与创建报表的方法相近，有自动创建数据访问页、使用“数据页向导”创建数据访问页和使用“设计视图”创建数据访问页三种方法。

6.2.1　自动创建数据访问页

自动创建数据访问页可以创建包含基础表、查询或视图中所有字段(除存储图片的字段之外)和记录的数据访问页。

【例 6.1】 以“学籍管理系统”为数据源，用自动创建数据访问页方式生成“纵栏式”数据访问页，数据访问页被命名为“学生表”。

操作步骤如下：

(1) 打开“学籍管理系统”数据库，在数据库窗口中，单击“页”对象，单击“新建”按钮，打开“新建数据访问页”对话框，如图 6.7 所示。

(2) 选择“自动创建数据页：纵栏式”选项，再在数据源下拉列表框中选择“学生表”选项，单击“确定”按钮，Access 中自动创建所需的数据访问页，如图 6.8 所示。

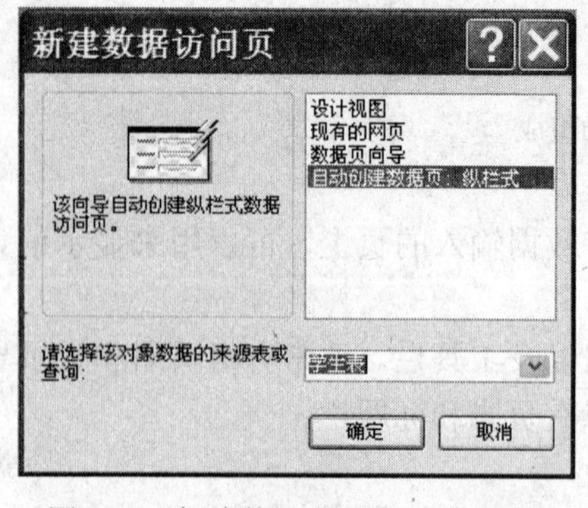

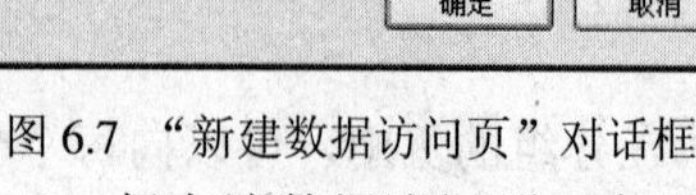

图 6.7 “新建数据访问页”对话框

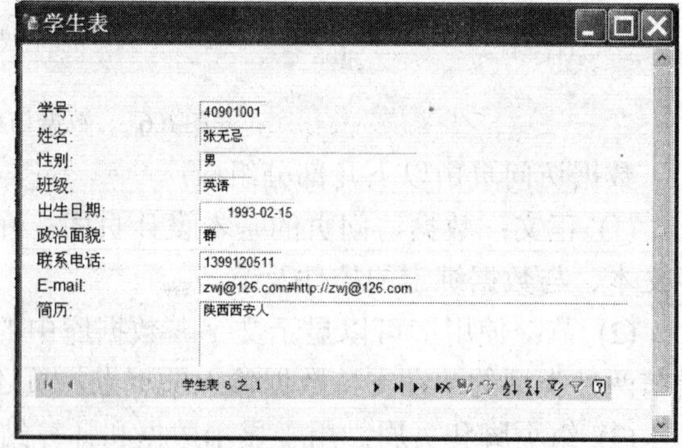

图 6.8 “学生表”数据访问页

(3) 保存该数据访问页，会要求指定 Web 页存放的路径和文件名，将其命名为“学生表.htm”，单击“确定”按钮即完成自动创建过程。■

6.2.2 使用“数据页向导”创建数据访问页

使用向导创建一个数据访问页的初始模型是一个可取的方法，在向导的提示下可以非常快捷地完成一个数据访问页对象的创建操作。

【例 6.2】 在当前数据库中，以“学生成绩查询”为数据源，用“数据页向导”创建“学生成绩”查询的数据访问页，并将数据访问页命名为“学生信息”。

操作步骤如下：

(1) 打开“学籍管理系统”数据库，在“数据库”窗口中单击“页”对象，单击“新建”按钮，打开“新建数据访问页”对话框。

(2) 选择“数据页向导”选项，再在数据源下拉列表框中选择“学生成绩查询”选项，如图 6.9 所示。单击“确定”按钮，打开“数据页向导”的第一个对话框，如图 6.10 所示，把“可用字段”列表中的所有文字添加到“选定的字段”列表中。

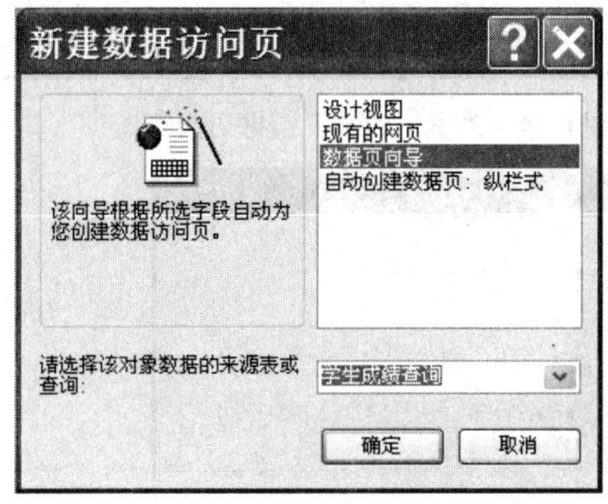
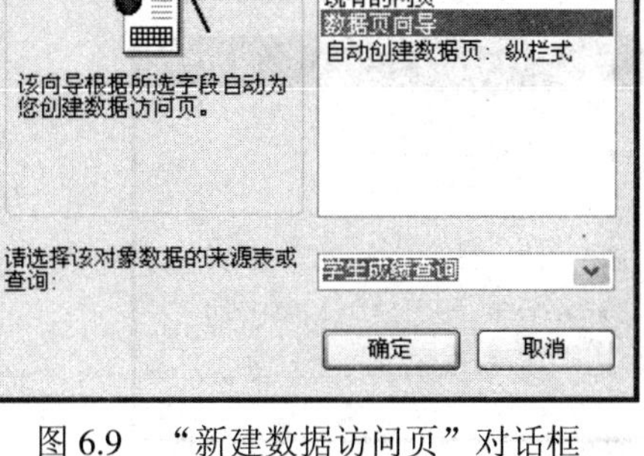

图 6.9　“新建数据访问页”对话框

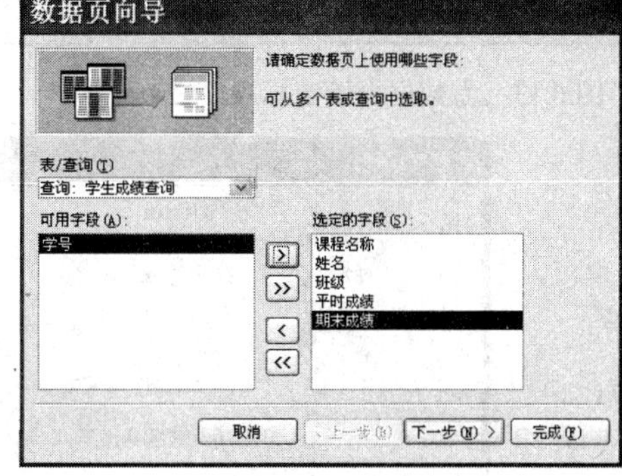

图 6.10　选择字段

(3) 单击“下一步”按钮，打开“数据页向导”的第二个对话框，在“是否添加分组级别？”下的列表框中选中“班级”字段，把“班级”字段添加到右侧列表框中，如图 6.11 所示。

(4) 单击“下一步”按钮，打开“数据页向导”的第三个对话框，选择按“期末成绩”字段进行升序排序，如图 6.12 所示。说明：如果选定了分组字段，那么会产生如下两个结果：① 当运行数据访问页时，所有数据将按照指定的分组字段排列显示；② 数据访问页中的所有数据将具有只读属性，即不可更改其中的数据。

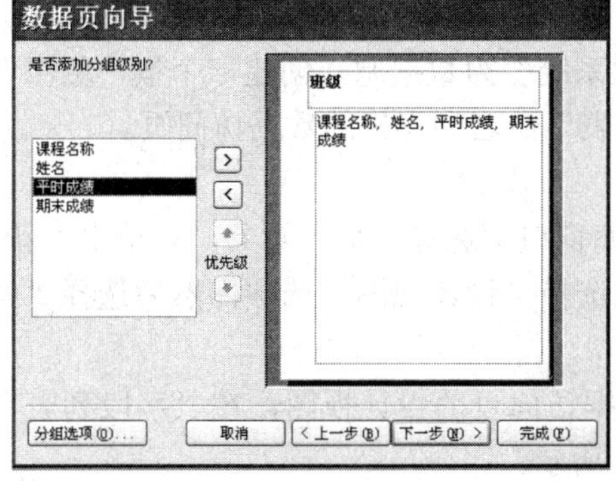

图 6.11　添加分组级别

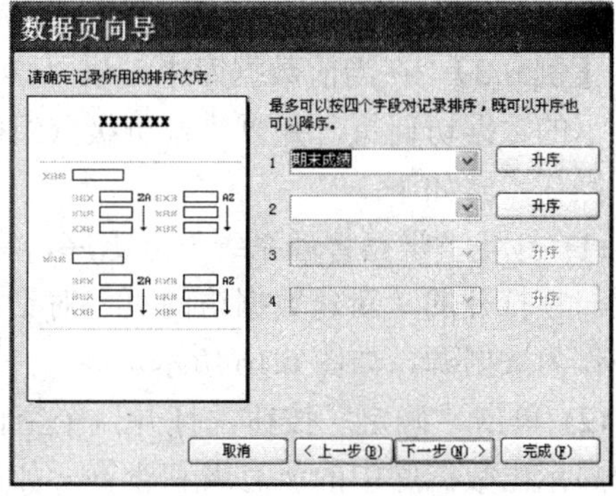

图 6.12　“记录排序”对话框

(5) 单击“下一步”按钮，打开“数据页向导”的第四个对话框，在“请为数据页指定标题”下的文本框中输入标题“学生成绩”，如图 6.13 所示。然后选中“打开数据页”单选按钮。

(6) 单击“完成”按钮，打开数据访问页，如图 6.14 所示。单击记录前面的“+”号，如图 6.15 所示，可以显示全部信息。

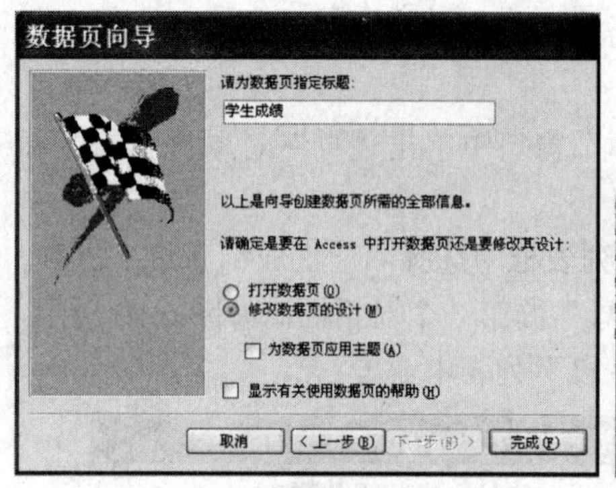

图 6.13　为数据页指定标题

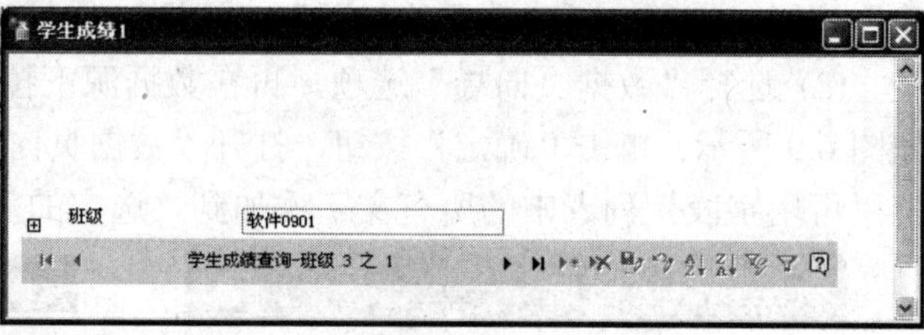

图 6.14　“学生成绩”数据访问页

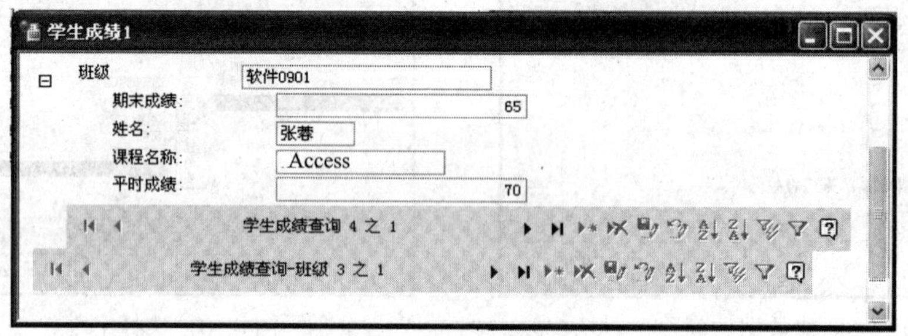

图 6.15　展开全部信息

(7) 保存该数据访问页，会要求指定 Web 页存放的路径和文件名，将其命名为“学生成绩.htm”，单击“确定”按钮即完成使用“数据页向导”创建数据访问页的过程。■

6.2.3　使用“设计视图”创建数据访问页

尽管使用向导可以快速完成数据访问页的创建，但是向导生成的数据页形式较少，有时难以达到用户对数据访问页的要求，比如控件的位置需要调整、大小不合适、添加超链接、增加滚动文字等，这些工作都需要在设计视图中完成。

【例 6.3】 在当前数据库中，以“学籍管理系统”为数据源，创建一个按“班级”分组显示的数据访问页，并以“按班级分组的学生表”命名创建好的数据访问页。

操作步骤如下。

(1) 打开“学籍管理系统”数据库，在数据库窗口中选择“页”对象，再单击“新建”按钮。在打开的“新建数据访问页”对话框中，选择“设计视图”选项，然后选择“学生表”作为数据源，如图 6.16 所示。

(2) 单击“确定”按钮，打开一个空白的数据访问页的设计视图，在“字段列表”窗口中显示出数据库中的所有表和查询，如图 6.17 所示。

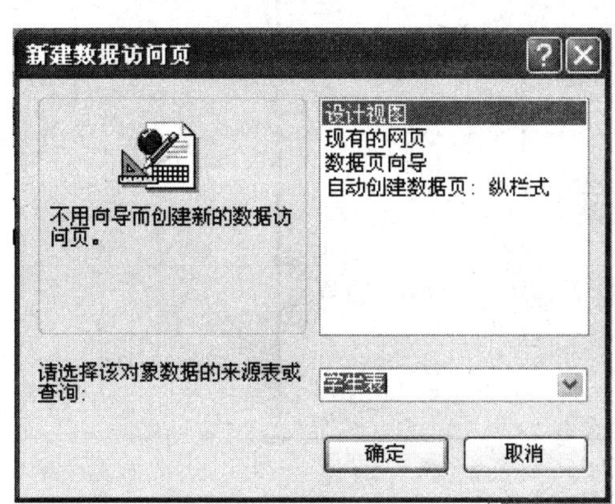

图 6.16　“新建数据访问页”对话框　　　　图 6.17　数据访问页的设计视图

(3) 添加字段。选中“学生表”下的“班级”字段，将其拖放到数据访问页中，并右击已添加到数据访问页中的“班级”字段文本框，从弹出的快捷菜单中选择“分级”命令，将该字段设置为数据访问页的分级字段，如图 6.18 所示。如果要把表/查询中的所有字段都拖到设计视图中，那么可选中该表或查询后直接将其拖放到设计视图中。

(4) 选中字段列表中的其他字段，分别拖动到数据访问页的设计窗口中，调整设计视图中节及各个控件的大小、位置，最终效果如图 6.19 所示。

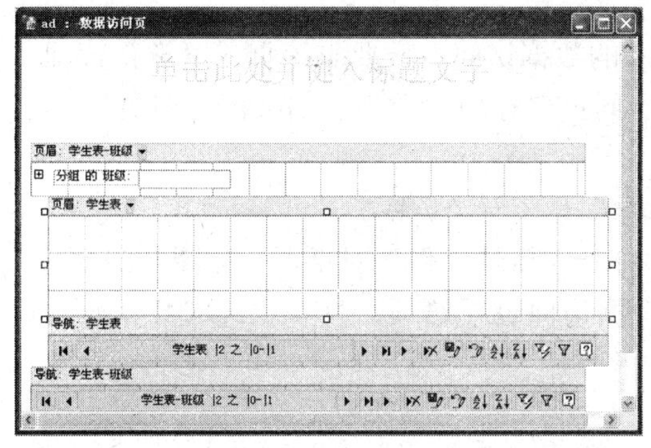

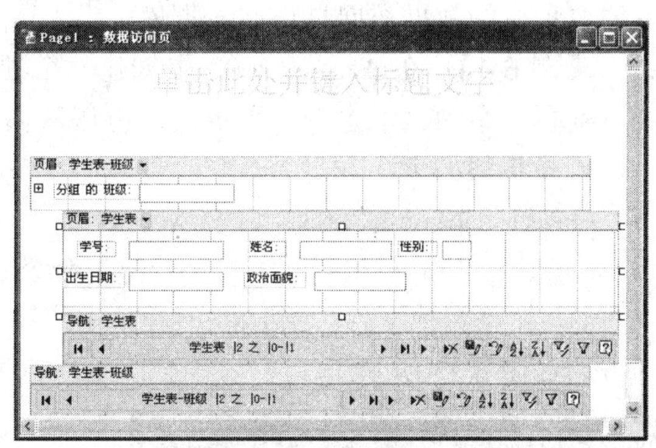

图 6.18　设置“班级”字段为分级字段　　　　图 6.19　设计的最终结果

(5) 单击页面设计工具栏上的“视图”→“页面视图”按钮，切换到页面视图中查看创建的数据访问页，如图 6.20 所示。单击“+”按钮可以展开该班级每位学生的基本情况，如图 6.21 所示。

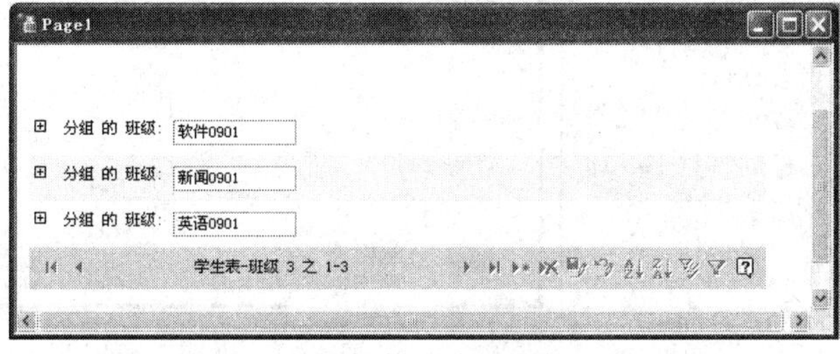

图 6.20　分组的数据访问页的页面视图

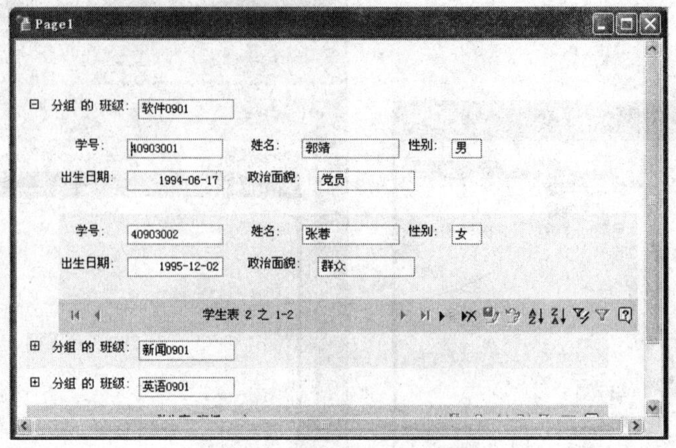

图 6.21 展开的数据访问页

(6) 保存该数据访问页，命名为“按班级分组的学生表.htm”，完成在设计视图中创建数据访问页的过程。■

6.2.4 创建独立的数据访问页

在有些情况下，用户希望创建一个数据访问页与 Access 数据库进行绑定，但又不想在数据库的页对象窗口中创建该页的快捷方式。这样做的目的是为了在不打开数据库的情况下通过独立的数据访问页访问数据库。

【例 6.4】 在 Access 2003 中创建一个独立的数据访问页，要求该页与“学籍管理系统”数据库中的“学生表”绑定，并将该数据访问页保存为“学生表的数据访问页”。

操作步骤如下。

(1) 启动 Access 2003，显示 Access 窗口，不打开任何数据库。

(2) 选择“文件”菜单中的“新建”命令，打开“新建文件”对话框，如图 6.22 所示。

(3) 在“新建文件”对话框中，单击“空数据访问页”选项，打开“选取数据源”对话框，如图 6.23 所示。

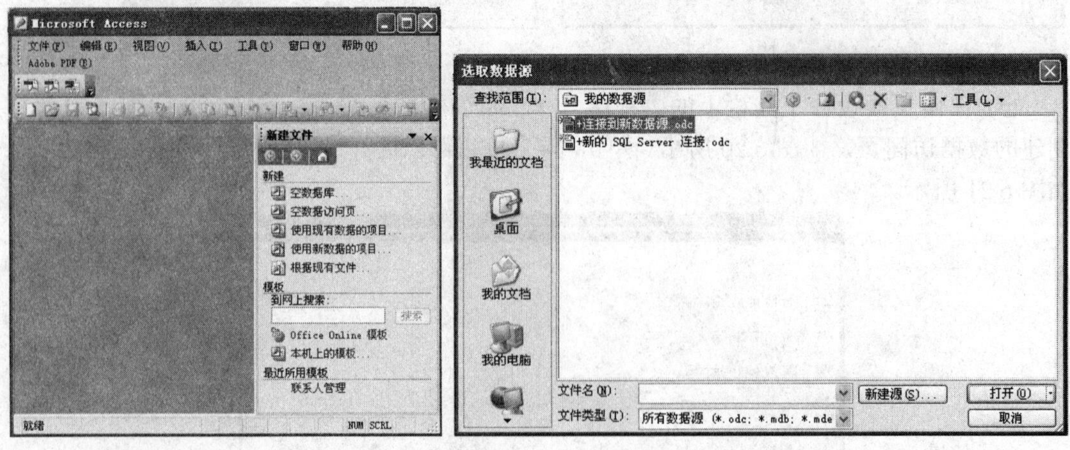

图 6.22 “新建文件”对话框　　图 6.23 “选取数据源”对话框

(4) 在“选取数据源”对话框中的“查找范围”下拉列表中，选择数据库所在文件夹的路径。在“文件类型”下拉列表中选择“Access 数据库”选项，在“文件名”下拉列表中选择“学籍管理系统.mdb”选项，如图 6.24 所示。然后单击“打开”按钮，此时弹出一个版式选择对话框，如图 6.25 所示，在此选择纵栏式，按“确定”按钮。

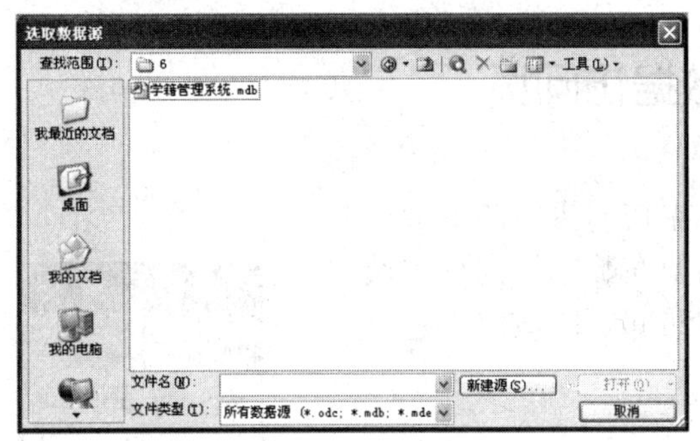

图 6.24　“文件选择”对话框

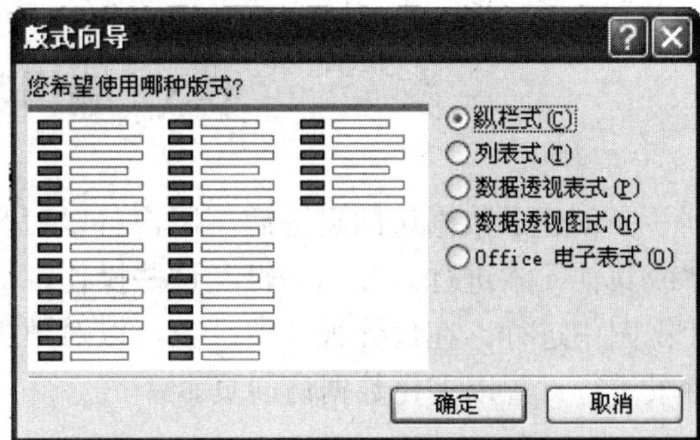

图 6.25　版式选择对话框

(5) 显示该新建数据访问页的设计视图窗口，如图 6.26 所示。

(6) 将学生表中的所有字段拖到设计视图中，如图 6.27 所示。

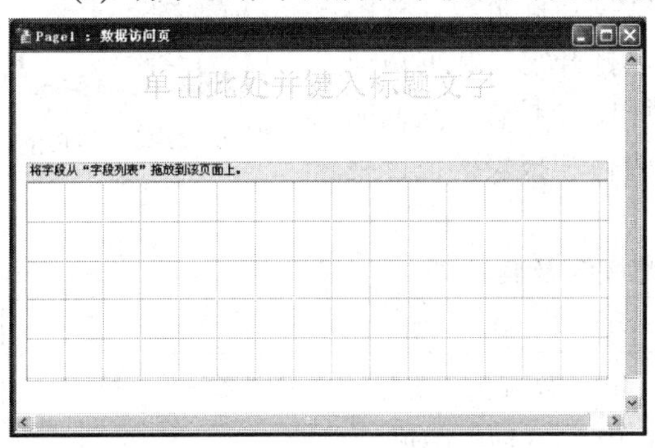

图 6.26　新建数据访问页的设计视图窗口

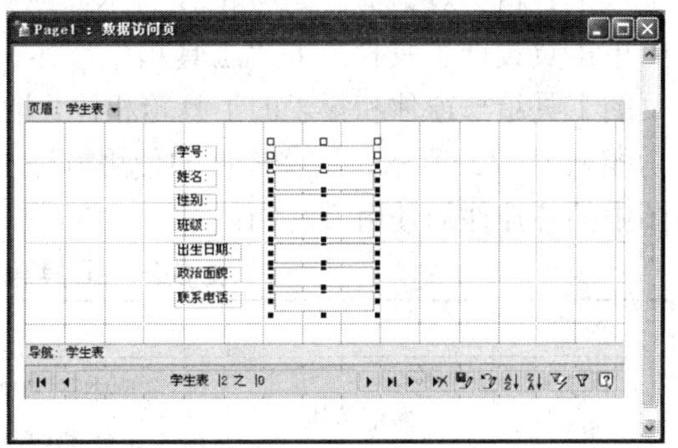

图 6.27　设计视图

(7) 调整各个对象的位置及大小，最终的设计视图窗口效果如图 6.28 所示。

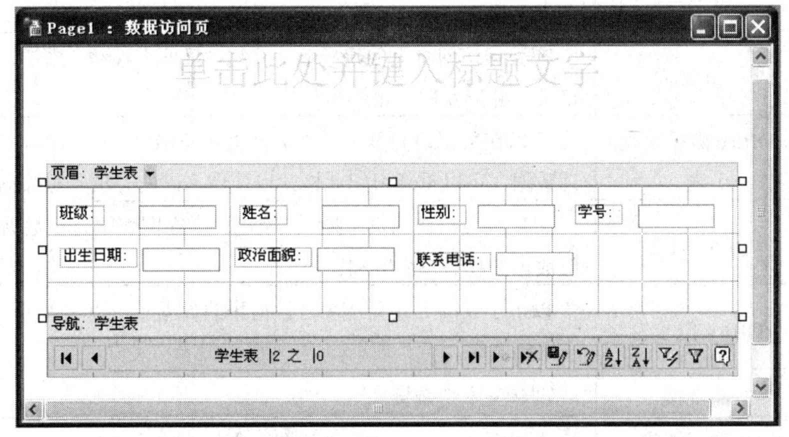

图 6.28　“学生表的数据访问页”的最终设计视图

(8) 将新创建的数据访问页保存，打开“另存为数据访问页”对话框，选择保存路径并保存为“学生表的数据访问页”。关闭该页的设计视图窗口，返回 Access 窗口。此时，Access 仅在“保存位置”所指定的文件夹中创建了数据访问页名为“学生表的数据访问页.htm”的网页文件，而没有在任何数据库窗口中添加该页的快捷方式。■

6.3 编辑数据访问页

在创建了数据访问页之后，用户可以对数据访问页中的节、控件或其他元素进行修改和编辑，这些操作都需要在数据访问页的设计视图中进行。在设计视图中，也可以对数据访问页的应用主题、背景进行设置以美化数据访问页。

6.3.1 数据访问页控件工具箱

在设计视图中创建数据访问页时，会在打开的空白页中同时弹出“工具箱”对话框，如图 6.29 所示，或者在数据访问页设计视图中单击页设计工具栏上的“工具箱”按钮也可以打开它。数据访问页的工具箱与窗体和报表的工具箱相比，增加了 10 个控件，它们的功能如表 6.2 所示。这些控件的使用方法与在窗体和报表的设计视图中的各控件的使用方法相似。

图 6.29 数据访问页的控件工具箱

表 6.2 工具箱新增按钮及其功能

控件	名称	说明
	绑定范围	将页中的 HTML 代码与数据库中的“文本”或“备注”字段绑定，用户不能编辑绑定范围控件中的内容(值)
	滚动文字	在数据访问页上创建显示滚动的文字信息的控件
	展开	插入一个展开或收缩按钮，使分组的数据显示或收拢，使数据显得更有条理
	记录浏览	在数据访问页上创建导航工具栏，以便于移动、添加、删除和查找记录，并能获取“帮助”信息
	Office 数据透视表	可以在数据访问页上插入数据透视表，该列表按行和列格式显示只读数据，可以重新组织此格式以使用不同的方法分析数据
	Office 图表	可以在数据访问页上插入二维图表。在图表中显示数据库数据以表现数据的趋势、图案和比较
	Office 电子表	以电子表的形式显示绑定数据集的数据，可以输入值、添加公式、应用筛选等
	超链接	创建文本超链接
	图像超链接	在数据访问页上插入一个图片文件，并对该图片设置超链接
	影片	插入一个影视文件

【例 6.5】 以设计视图方式打开例 6.1 所设计的“学生表”数据访问页，在标题处添加“学生信息表”，在标题下添加一个滚动文字“欢迎访问陕西师范大学计算机科学学院学生信息”，字体为“华文仿宋”，字号为“14px”，蓝色。删除原有的“学生信息表”导航按钮，使用“命令按钮向导”添加一个外观显示为“➡”的命令按钮，并添加一个“标签”控件，标签内容为“点击进入下一条”。

操作步骤如下：

(1) 在例 6.1 创建的数据访问页的设计视图中，在标题处添加标题“学生信息表”，如图 6.30 所示。

(2) 单击“工具箱”面板中的“滚动文字”按钮，拖放到标题“学生信息表”下方，在滚动文字控件中输入要滚动的文字“欢迎访问陕西师范大学计算机科学学院学生信息”，然后选中滚动文字框控件，单击鼠标右键，选择“元素属性”命令，在打开的属性对话框中设置相关的属性。这里设置字号为“14px”，蓝色(blue)，如图 6.31 所示。

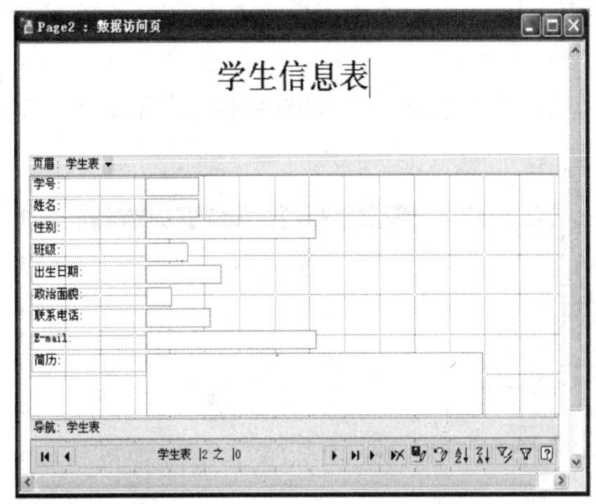

图 6.30　添加标题

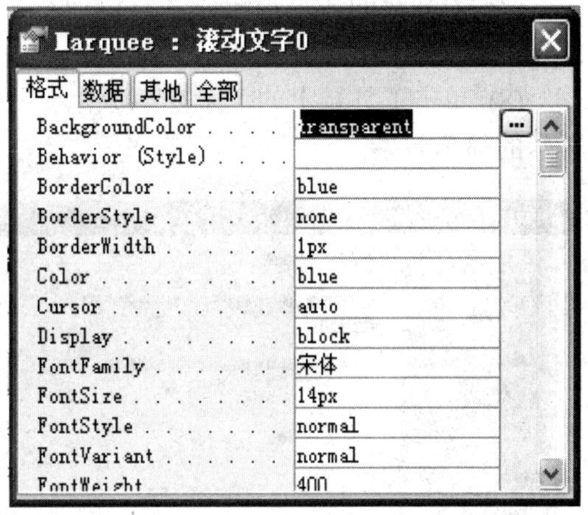

图 6.31　“滚动文字”按钮属性

(3) 选中“学生表”导航，如图 6.32 所示，按 Delete 键删除。

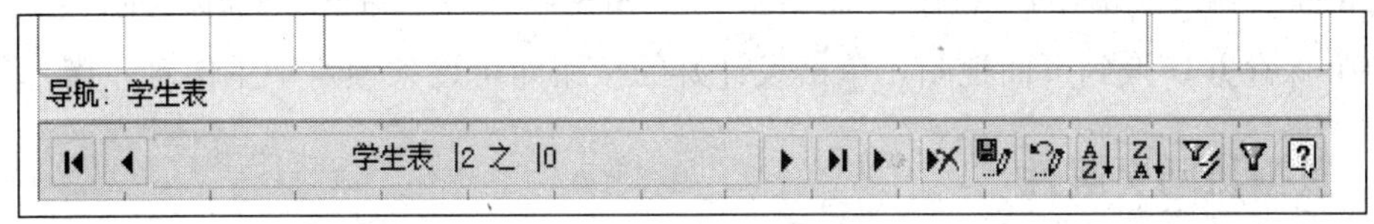

图 6.32　“学生表”导航

(4) 在“工具箱”中单击“控件向导”按钮，此时添加某些控件时可弹出向导。单击“工具箱”中的“命令”按钮，在数据访问页上要放置命令按钮的位置处单击，弹出“命令按钮向导”的第一个对话框，如图 6.33 所示。

(5) 设置命令按钮功能。在“类别”列表框中列出了可供选择的操作类别，对于每个类别在“操作”列表框下都对应着多种不同的操作。首先在“类别”列表框内选择“记录导航”选项，然后在对应的“操作”列表框中选择“转至下一项记录”选项。单击“下一步”按钮，弹出如图 6.34 所示的“命令按钮向导”的第二个对话框。

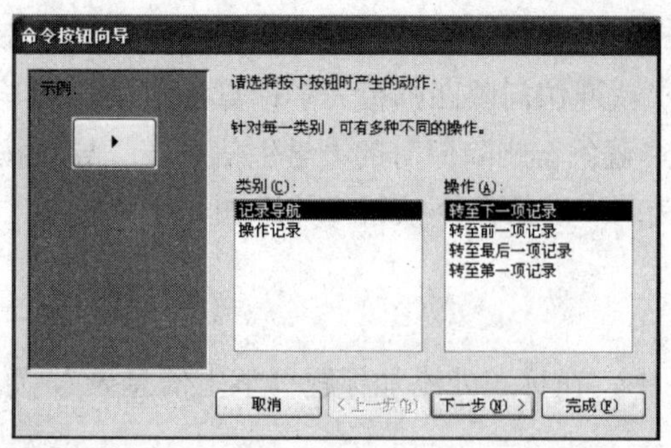

图 6.33 “命令按钮向导”的第一个对话框

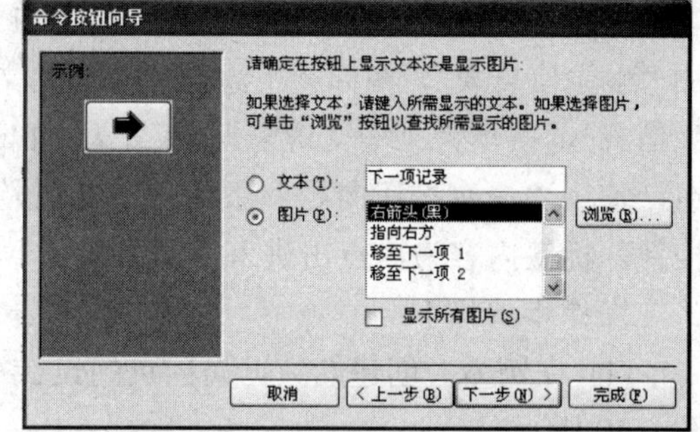

图 6.34 “命令按钮向导”的第二个对话框

(6) 设置命令按钮上显示的内容。在该对话框中，选中“图片”单选按钮，在其右侧的列表中选择“右箭头”选项。单击“下一步”按钮，弹出如图 6.35 所示的“命令按钮向导”的第三个对话框。

(7) 为创建的命令按钮命名，以便在程序中引用。然后单击“完成”按钮，命令按钮创建完成。

(8) 单击工具箱上的“标签”按钮，用鼠标左键拖放出大小合适的标签，产生如图 6.36 所示的显示效果。

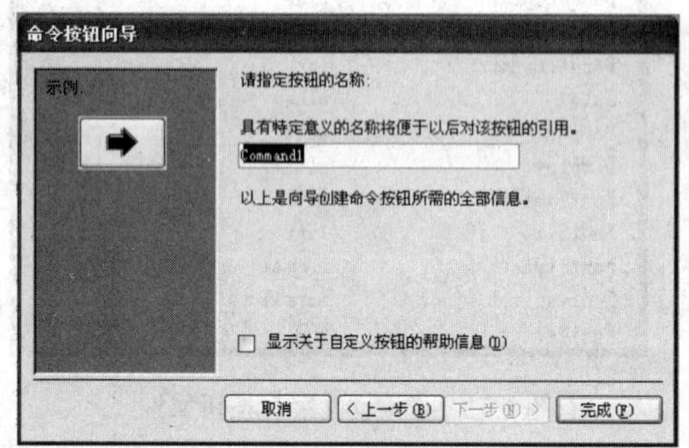

图 6.35 “命令按钮向导”的第三个对话框

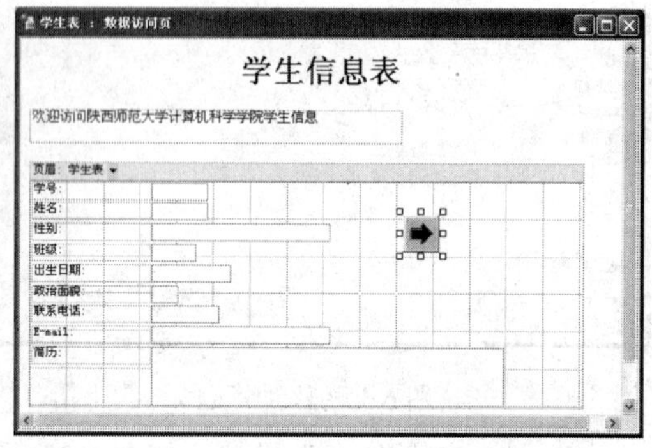

图 6.36 添加了命令按钮和标签的数据访问页

(9) 保存并切换到页面视图。单击设计好的按钮即可逐条预览学生信息。■

6.3.2 数据访问页属性

1. 设置页、节和控件的属性

在设计视图中，可以根据用户的要求设置页或页上的节控件等的属性，重新为页定义主题，添加、删除或更改页眉、页脚或其他节的设置。

在设计视图中打开要设置属性的数据访问页、节或控件，单击工具栏上的“属性”按钮，弹出相应的属性窗口，在其标题栏中显示了所选对象的名称，在对象的属性窗口中设置对象属性的方法与在窗体和报表中设置对象属性的方法相似，此处不再赘述。

2. 数据访问页及控件的常用属性

数据访问页及控件的常用属性介绍如下：

(1) ID(标识)。ID 属性值将作为一个数据页的唯一标识。

(2) DataEntry(数据输入)。将 DataEntry 属性属性设置为 True，那么当在页面视图或 IE 中打开数据访问页时，将显示一个新的空白记录；否则将显示与页链接的数据库的第一个记录。

(3) MaxRecords(记录个数)。MaxRecords 表示数据访问页中所允许访问数据的最大个数，恰当合理地设置此参数可以有效减轻网络数据的传输负载。

(4) Width(宽度)和 High(高度)。Width 和 High 显示页的宽和高的像素(px)、厘米(cm)、英寸(in)或磅(pt)的数值，分别用于指定数据页的宽度和高度。

(5) TextAlign(文本对齐)。TextAlign 可以指定数据访问页中的文本对齐方式。

(6) Dir(页显示方向)。将 Dir 属性设置为 rtl，则指明数据访问页是从左向右的；若设置为 ltr，则指明数据访问页是从右向左的。

(7) ReadOnly(数据读写)。选择要禁用的控件，单击工具栏的“属性”按钮，将 ReadOnly 的属性设置为 True，则该控件数据不可写；若设置为 False，则允许在该控件上写数据。

3. 设置页的主题

主题是项目符号、字体、水平线、背景图像和其他数据访问页元素的设计和颜色方案的统一体。Access 为数据访问页对象设置提供了一系列的主题样式，用户只需要选择某种主题，就能够实现对主题的整体设计。主题能帮助用户很容易地创建专业化的、设计精美的数据访问页。当将一个主题应用在某个数据访问页时，数据页中的主体和标题的样式、背景颜色或背景图片、边框颜色、水平线、项目符号、超链接颜色和控件都被定制。

可以在新建一个数据访问页时应用主题，也可以在打开任何一个已经存在的数据访问页时应用主题，而且使用同样的方法可以更改某个已经应用了主题的数据访问页或清除其所应用的主题。

设置数据访问页主题的具体操作步骤如下：

(1) 在设计视图中，选择“格式”→“主题”，弹出如图 6.37 所示的“主题”对话框。

(2) 在“请选择主题”列表框中选择所需的主题，用户可以从右侧的预览框中查看当前主题的效果。在主题列表的下方选择所需的复选项，以便为主题应用“鲜艳颜色”、“活动图形”以及“背景图像”等设置。各复选框的含义如下：

① 鲜艳颜色：将样式和表格边框的颜色更改为更明亮的设置并改变文档的背景颜色。

② 活动图形：只有在浏览器中打开此数据访问页时才能够看到动画效果。

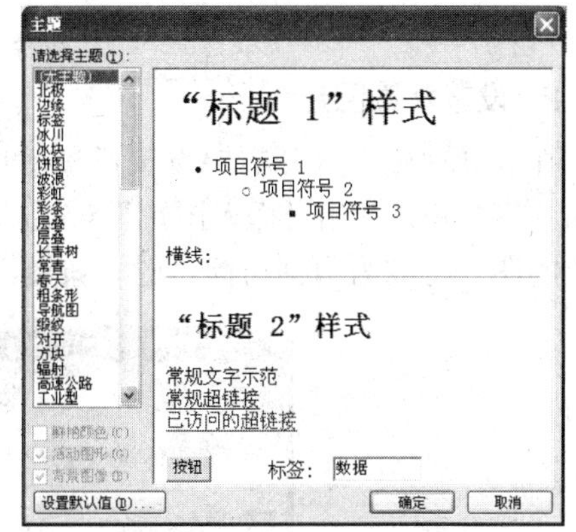

图 6.37　“主题”对话框

③ 背景图像：将当前主题的背景设置为数据访问页相应的背景图片。

(3) 选择需要的选项后单击“确认”按钮，就为此数据访问页应用了主题。■

打开 Windows 资源管理器中原数据访问页文件所在的文件夹，就会发现该文件夹中增加了数据访问页名称为“.files”的文件夹，其中存放了在此数据访问页中应用了主题的相

关文件。

6.3.3 设置背景

Access 提供了设置数据访问页背景的功能。在 Access 数据访问页中，用户可以自定义背景的颜色、背景图片以及背景声音等，这样可以加强数据访问页的视觉效果和声音效果。但在使用自定义背景效果前，必须删除已经应用的主题。

1. 设置背景颜色

在设计视图中打开需要设置背景颜色的数据访问页，然后选择“格式”→“背景”→“颜色”命令，从系统打开的颜色选择界面中单击所需颜色，该颜色将成为数据访问页的背景颜色，如图 6.38 所示。

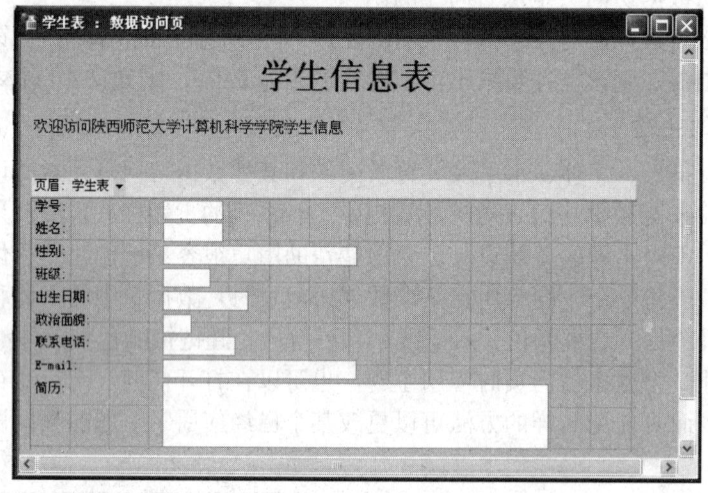

图 6.38 背景颜色设置效果

2. 设置背景图片

在设计视图中打开需要设置背景图片的数据访问页，然后选择“格式”→“背景”→“图片”命令，弹出“插入图片”对话框，在该对话框中查找并选择作为背景的图片文件，选择的图片将成为数据访问页的背景图片，如图 6.39 所示。

图 6.39 添加背景图片的数据访问页

3. 设置背景音乐

在设计视图中打开需要设置背景音乐的数据访问页，然后选择“格式”→“背景”→“声音”命令，弹出“插入声音文件”对话框，在对话框中查找并选择背景音乐文件，以后再打开该数据访问页时将自动播放所选择的音乐。

习题 6

一、选择题

1. Access 数据访问页文件是一个________。
   A. 数据库记录的超链接　　B. 数据库中的表
   C. 独立的数据库文件　　D. 独立的外部文件
2. Access 通过数据访问页发布的数据________。
   A. 只能是数据库中变化的数据　　B. 只能是数据库中保持不变的数据
   C. 只能是静态数据　　D. 是数据库中保存的数据
3. 在数据访问页中，______。
   A. 可以添加命令按钮　　B. 不能添加命令按钮
   C. 最多能按两个字段进行分组　　D. 只能按四个字段排序
4. 在数据访问页的工具箱中，为了在“页”中插入一段滚动文字，需使用____图标。
   A. Aa　　B. ⊙　　C. □　　D. abl
5. 数据访问页中有两种视图方式，分别是________。
   A. 设计视图与页面视图　　B. 设计视图与浏览视图
   C. 设计视图与表视图　　D. 设计视图与打印浏览视图

二、简答题

1. 数据访问页和静态网页有什么不同？
2. 数据访问页的存储和其他数据库对象的存储有什么不同？
3. 数据访问页有几个视图？各有什么特点？
4. 创建数据访问页的方法有几种？各有什么特点？

第7章 宏

宏是 Access 2003 中执行选定任务的操作或操作集合。其中的每个操作实现的特定功能是由 Access 本身提供的。有了宏可以使单调的重复性操作自动完成。

用户在使用 Access 数据库各种对象(表、查询、窗体、报表和页)去实现某项操作任务时，常需要多个操作动作才能够完成，很多情形下这些操作任务是按照一定的顺序进行的。例如要打印输出一份报表，用户在打印输出报表对象之前，可能要做一系列的检查工作：先打开有关“表”对象浏览原始数据，再打开有关“查询”对象进行筛选条件的检查或重新设置，甚至还要打开有关的“窗体”对象进行对照浏览。由于这些操作对象分别放置在数据库的不同对象窗口中，若用户没有使用宏和模块功能，要执行的上述一连串操作任务，只能在各个对象窗口间频繁进行切换、查找等操作。随着操作任务的不断增加，这些重复性的工作必然会让用户感到繁琐和不方便。Access 提供的“宏”对象，正是解决此类问题的有效方法。

7.1 宏 概 述

宏是 Access 中的一个对象，是一种功能强大的工具。Access 中的宏是指一个或多个操作命令的集合，其中每个操作实现特定的功能，宏可以自动完成一系列操作。使用宏非常方便，不需要记住各种语法，也不需要使用 VBA 编程，只需利用几个简单宏操作就可以对数据库完成一系列的操作。

7.1.1 宏的定义

宏是一种特殊的代码，不具有编译特性，没有控制转换，也不能对变量直接进行操作，它是一个或多个操作命令的集合，其中的每个操作均能实现特定的功能。在数据库操作中，将一些使用频率较高、存在一定操作顺序和规律的一系列连贯操作设计为一个宏，执行一次该宏即可将这多个操作同时完成，从而方便了用户对数据库的操作。

宏可以是包含一个或多个宏命令的集合。当宏中含有多个宏命令时，其按照宏命令的排列顺序依次完成。

宏也可以定义成宏组，把多个宏保存在一个宏组中，使用时可以分别进行调用，这样更便于数据库中宏对象的管理。宏组中的宏的调用格式如下：

宏组名.宏名

宏的使用方法有多种，可以直接在数据库的“宏”对象窗口中执行宏，可以创建单独的宏组工具栏。但用得最多的方法还是通过窗体、报表中的“命令”按钮控件来运行宏，详细内容见 7.3 节。

在 Access 中，“宏”与“模块”相比，“宏”更容易掌握，用户不必要去记忆命令、命令格式及语法规则，只要了解有哪些宏命令，这些宏命令能够实现什么宏操作，完成什么操作任务即可。

在 Access 中，宏的功能非常强大，它可以单独控制其他数据库对象的操作，也可以作为窗体或报表中控件的事件代码控制其他数据库对象的操作，还可以成为实用的数据库管理系统菜单栏的操作命令，从而控制整个管理系统的操作流程。

因为有了宏，在 Access 中，用户甚至不需要编写程序代码，就能够完成数据库管理系统开发的过程，实现数据库管理系统软件的设计。

7.1.2　常用宏命令

宏也是一种操作命令，它的本质和菜单操作命令是一样的，只是它们对数据库施加作用的时间及条件有所不同。菜单命令一般用在数据库的设计过程中，而宏命令则可以在数据库中自动执行。

Access 中共有 53 种基本宏命令，通过这些基本的宏命令，可以组合成许多宏组操作。但在实际应用过程中，很少单独使用这些宏命令，通常将这些宏命令按照一定的顺序组合起来，以完成一种特定任务。这些宏命令可以通过窗体中控件的某个事件操作来实现，也可在数据库的运行过程中自动实现。本书选择了常用的 28 个宏命令进行介绍，并按照其操作对象与功能对这些宏进行了分类，具体的宏命令代码、功能以及主要操作参数详见表 7.1。

表 7.1　宏的常用命令

说明 分类	宏命令	功　　能	主要操作参数
关闭/打开/保存数据库对象类	Close	关闭指定对象或窗口	对象类型/名称为空，则关闭激活的窗口
	OpenDateAccessPage	在浏览或设计视图中打开数据访问页	视图与数据访问页的选择
	OpenForm	打开窗体	窗体名称、条件
	OpenFunction	在设计视图或打印预览中打开函数	函数源、函数名称、数据模式
	OpenModule	在设计视图中打开 Visual Basic 模块	模块名称、过程名称
	OpenQuery	打开/运行查询	查询名称、视图种类、数据模式
	OpenReport	打开报表	报表名称、where 条件
	OpenTable	打开表	表名称、视图种类、数据模式
	Save	保存指定对象	对象类型、对象名称

续表

分类＼说明	宏命令	功　能	主要操作参数
运行/控制类	Quit	退出	选择一种保存选项：提示/全部保存/退出
	RunCommand	执行菜单命令	输入/选择将执行的命令
	RunMacro	执行另一个宏	宏名、重复次数、重复表达式
	RunSql	执行 SQL 语句	定义输入语句
	RunApp	执行另一个应用程序	输入命令信息
记录/字段操作类	GoToRecord	指定对象记录	对象类型、对象名称、记录、偏移量等
	FindNext	查找符合条件的最近下一条记录	无
	FindRecord	查找符合条件的记录	查找内容、匹配、格式化等
	Requery	指定重新查询或刷新	控件名称
外观控制及提示类	Beep	使计算机发出嘟嘟声	无
	Maximize	窗口最大化，充满 Access 窗口	无
	Minimize	窗口最小化，变成 Access 底部小标题	无
	MsgBox	显示或提示消息框	消息内容、类型、标题、是否发声
	Restore	将窗口恢复到原来的大小	无
	SetValue	为数据对象设置属性值	项目、表达式
	SetWarnings	关闭或打开所有系统消息	打开警告，选择是/否
导入/导出数据类	TransferDataBase	数据库之间导入、导出或链接数据	迁移类型、对象类型、源、目标等
	TransferSpreadSheet	与电子表格 Excel 文件之间的导入、导出	迁徙类型、电子表格类型、表名称、范围等
	TransferText	与文本文件之间的导入、导出数据	迁徙类型、规格名称、HTML 名称、代码页等

Access 中有一个名为 AutoExec 的特殊宏，该宏可在首次打开数据库时执行一个或一系列的操作。打开数据库时，Access 将查找名为 AutoExec 的宏，如果找到，就自动运行它。

7.2 创 建 宏

在 Access 中，宏设计器是创建宏的唯一环境。在“宏”设计窗口中，可以进行编辑选择宏，设置宏条件、宏操作、宏操作参数，添加或删除宏以及更改宏顺序等一系列操作。

7.2.1　宏的创建

宏是一个或多个操作命令的集合，每个操作均能实现一定的功能。创建宏是宏操作的基础。

【例 7.1】 在“学籍管理系统”数据库中，创建一个名称为“打开有关学生信息的宏”的操作序列宏。要求执行该宏时依次打开表“学生表”、表“成绩表”、查询“学生成绩查询”、窗体“学生表”和报表“学生信息标签”。

操作步骤如下：

(1) 在“学籍管理系统”数据库的“宏”对象窗口中，单击数据库窗口工具栏上的“新建”按钮，打开“宏”设计窗口，如图 7.1 所示。

(2) 单击“宏”设计窗口的“操作”列中第一行右边的下拉箭头，打开操作命令列表，选择“OpenTable”(打开表命令)，并从下方操作参数区域的“表名称”列表中选择“学生表”，其余参数(“视图”和“数据模式”)保留默认值；在“宏”设计窗口的“注释”列中对应行输入“打开‘学生表’”注释信息，这样就设置了一条宏操作命令，如图 7.2 所示。

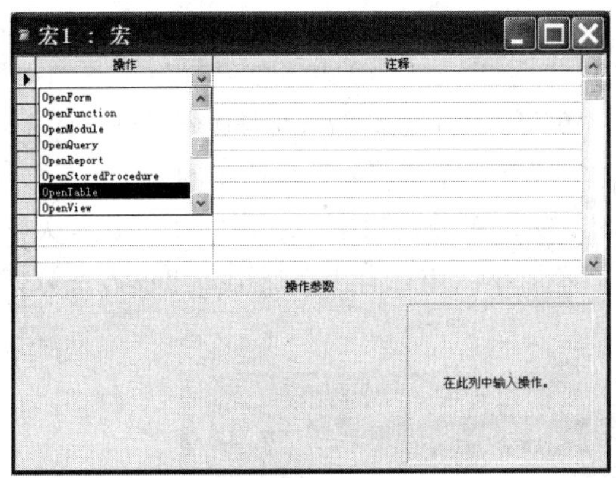

图 7.1　“宏”设计窗口

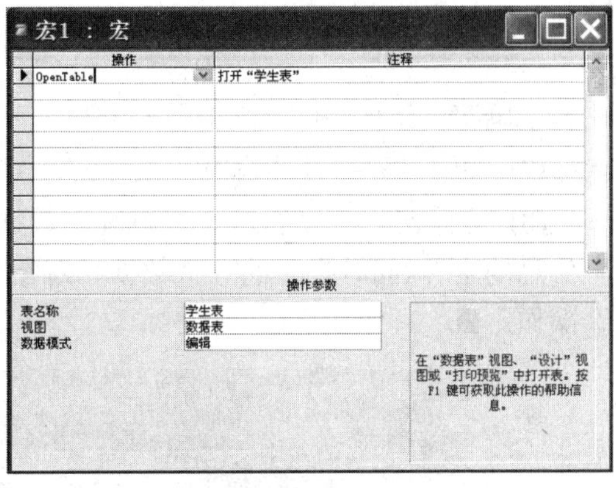

图 7.2　设置打开表“学生表”宏命令

(3) 在第二行选择操作为“OpenTable”(打开表)，在下方的表名称中选择“成绩表”；在“注释”列中输入“打开‘成绩表’”注释信息，如图 7.3 所示。

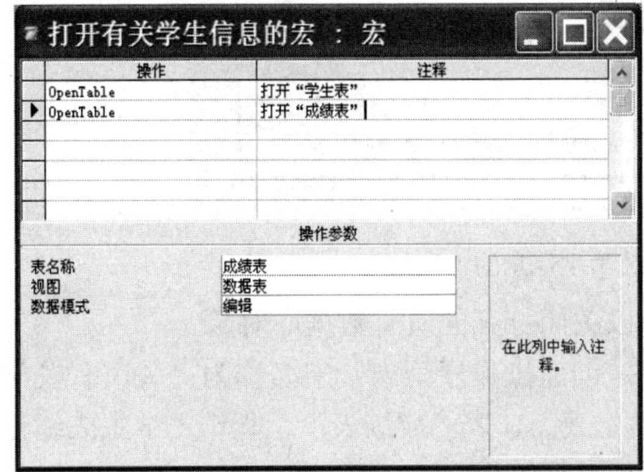

图 7.3　设置打开表“成绩表”宏命令

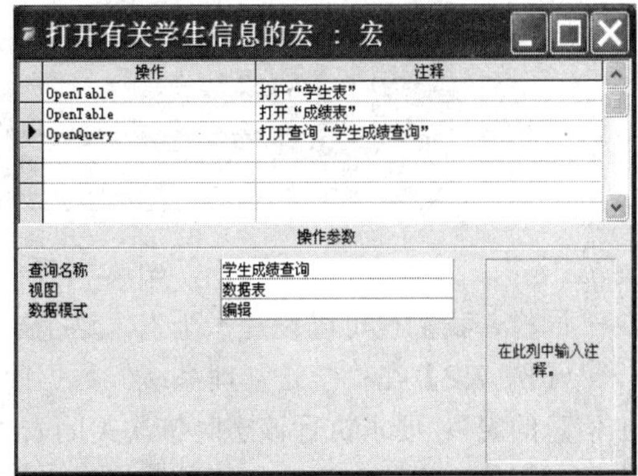

图 7.4　打开查询“学生成绩查询”宏命令

(4) 在第三行选择操作为“OpenQuery”(打开查询)，在下方的查询名称中选择“学生成绩查询”；在“注释”列中输入“打开查询‘学生成绩查询’”注释信息，如图 7.4 所示。

(5) 在第四行选择操作为“OpenForm”(打开窗体)，在下方的窗体名称中选择“学生表”；在“注释”列中输入“打开窗体‘学生表’”注释信息，如图 7.5 所示。

(6) 在第五行选择操作为“OpenReport”(打开报表)，在下方的“报表名称”中选择“学生信息标签”，“视图”选择“打印预览”；在“注释”列中输入“打开报表‘学生信息标签’”注释信息，如图 7.6 所示。

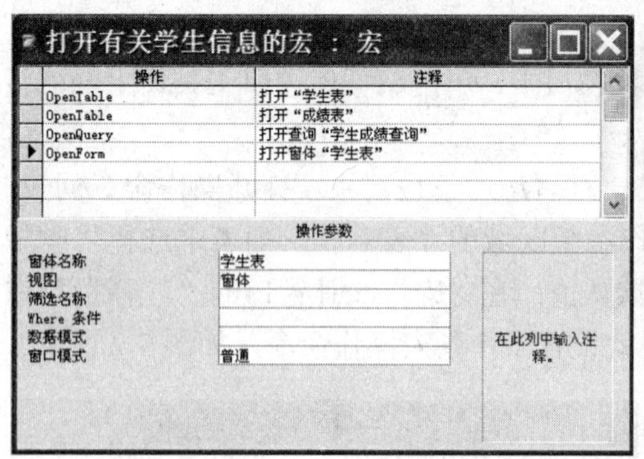

图 7.5　打开窗体“学生表”宏命令

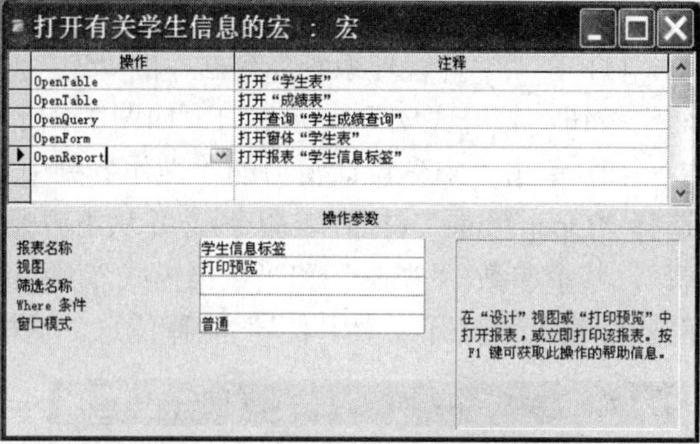

图 7.6　打开报表“学生信息标签”宏命令

(7) 关闭“宏”设计窗口，保存宏，并将宏命名为“打开有关学生信息的宏”。

(8) 运行宏。在“学籍管理系统”数据库的“宏”对象窗口中，双击宏“打开有关学生信息的宏”，同时打开的五个数据库对象如图 7.7 所示。由此看出，使用宏可以方便数据库操作。■

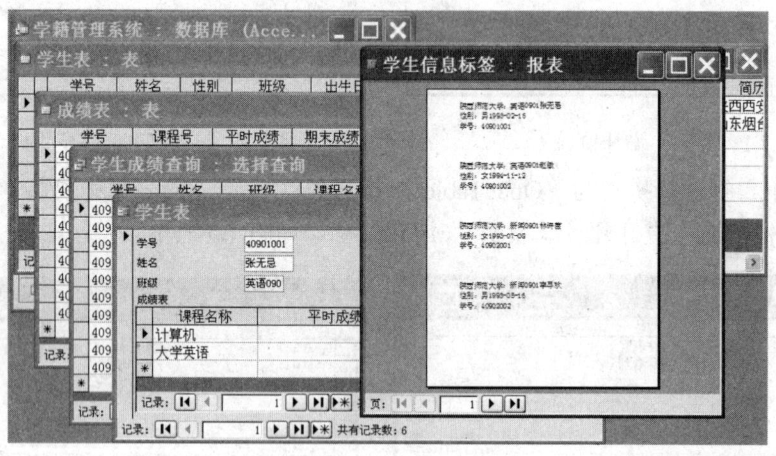

图 7.7　运行宏“打开有关学生信息的宏”结果

同样，我们也可以设置一个宏，这个宏可以关闭打开的所有数据库对象。

【例 7.2】在“学籍管理系统”数据库中，创建操作序列宏，宏名称为“关闭有关学生信息的宏”。要求执行该宏时依次关闭表“学生表”、表“成绩表”、查询“学生成绩查询”、窗体“学生表”和打印预览报表“学生信息标签”。

操作步骤如下：

(1) 单击“宏”设计窗口的“操作”列中第一行右边的下拉箭头，打开操作命令列表，选择“Close”(关闭命令)，并从下方操作参数区域中“对象类型”列表中选择“表”，在“对象名称”列表中选择“学生表”；在“注释”列中输入“关闭‘学生表’”注释信息，如图7.8所示。

(2) 在第二行选择“Close”，在“对象类型”列表中选择“表”，在“对象名称”列表中选择“成绩表”；在“注释”列中输入“关闭‘成绩表’”注释信息，如图7.9所示。

图7.8 关闭表“学生表”宏命令

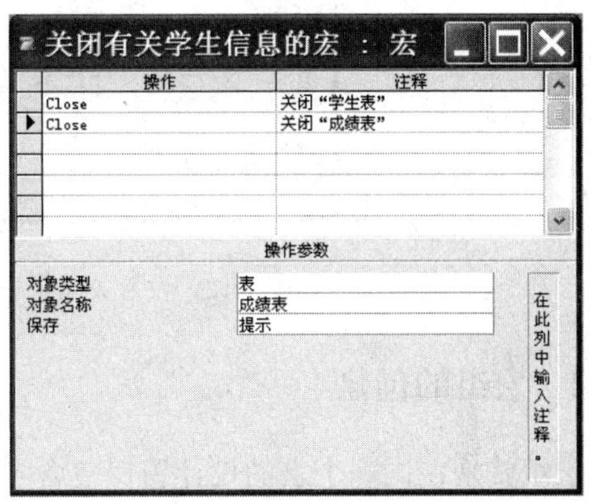

图7.9 关闭表“成绩表”宏命令

(3) 在第三行选择“Close”，在“对象类型”列表中选择“查询”，在“对象名称”列表中选择“学生成绩查询”；在“注释”列中输入“关闭查询‘学生成绩查询’”注释信息，如图7.10所示。

(4) 在第四行选择“Close”，在“对象类型”列表中选择“窗体”，在“对象名称”列表中选择“学生表”；在“注释”列中输入“关闭窗体‘学生表’”注释信息，如图7.11所示。

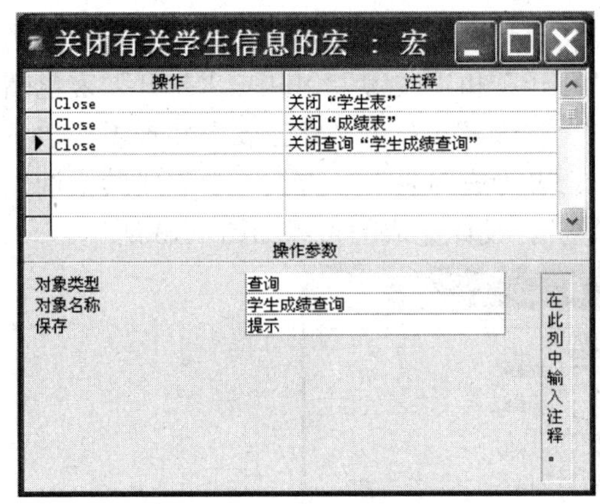

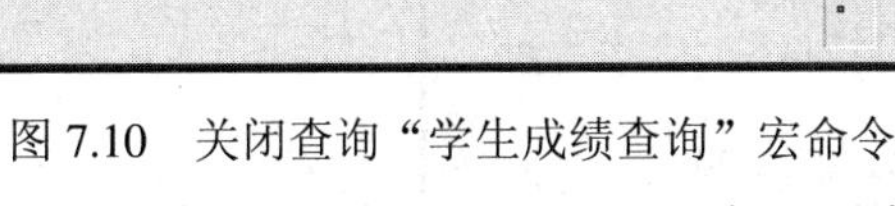

图7.10 关闭查询“学生成绩查询”宏命令

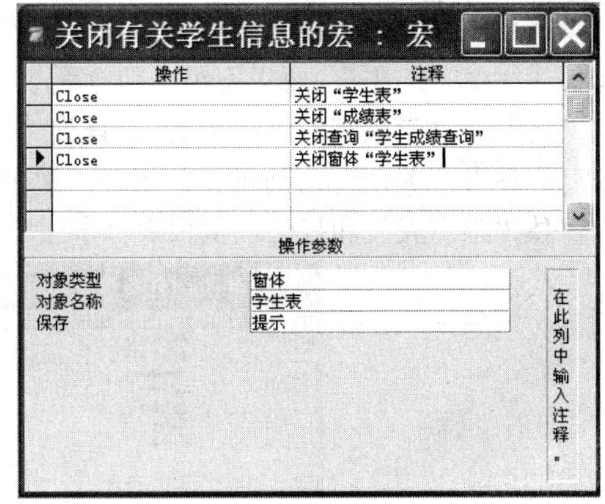

图7.11 关闭窗体“学生表”宏命令

(5) 在第五行选择“Close”，在“对象类型”列表中选择“报表”，在“对象名称”列表中选择“学生信息标签”；在“注释”列中输入“关闭报表‘学生信息标签’”注释信息，如图7.12所示。■

当运行了宏“打开有关学生信息的宏”之后，再运行宏“关闭有关学生信息的宏”，就可以关闭多个数据库对象。

关闭有关学生信息的宏 : 宏

操作	注释
Close	关闭“学生表”
Close	关闭“成绩表”
Close	关闭查询“学生成绩查询”
Close	关闭窗体“学生表”
Close	关闭报表“学生信息标签”

操作参数

对象类型	报表
对象名称	学生信息标签
保存	提示

在此列中输入注释。

图 7.12　设置关闭报表“学生信息标签”宏命令

7.2.2　宏组的创建

宏组就是在同一个宏的设计窗口包含多个宏的集合。应注意的是，宏组中的各个宏之间没有关联，宏组中的每个宏都是单独运行的，即如果在“宏”对象窗口中，通过双击一个宏组来运行该宏组，则只能运行宏组中最前面的第一个宏名下的操作命令，从第二个宏名之后的宏不会自动执行。当一个数据库中创建的宏的数量很多时，将相关的宏分组到不同的宏组中有助于更好地管理宏。也就是说，使用宏组的目的仅仅是更加有序地管理数据库中的宏对象。

在宏组中，为了方便调用，每个宏需要有一个名称。在宏的设计窗口中，“宏名”列的默认状态是关闭的，在创建宏组过程中，需要先将“宏名”列打开。

【例 7.3】 在“学籍管理系统”数据库中，创建一个宏组，宏组名称为“打开和关闭有关学生信息的宏”，要求宏组中包含两个宏：“打开”和“关闭”。其中，“打开”宏包括依次打开表“学生表”、“成绩表”、查询“学生成绩查询”、窗体“学生表”和报表“学生信息标签”；“关闭”宏则包含关闭表“学生表”、表“成绩表”、查询“学生成绩查询”、窗体“学生表”和打印预览报表“学生信息标签”。设计完成的宏组如图 7.13 所示。

打开和关闭有关学生信息的宏 : 宏

宏名	操作	注释
打开	OpenTable	打开“学生表”
	OpenTable	打开“成绩表”
	OpenQuery	打开查询“学生成绩查询”
	OpenForm	打开窗体“学生表”
	OpenReport	打开报表“学生信息标签”
关闭	Close	关闭“学生表”
	Close	关闭“成绩表”
	Close	关闭查询“学生成绩查询”
	Close	关闭窗体“学生表”
	Close	关闭报表“学生信息标签”

操作参数

对象类型	报表
对象名称	学生信息标签
保存	提示

在此列中输入注释。

图 7.13　“打开和关闭有关学生信息的宏”宏组设计

操作步骤如下：

(1) 在“学籍管理系统”数据库的“宏”对象窗口中，单击数据库窗口工具栏上的“新建”按钮，打开“宏”设计窗口。

(2) 选择“视图”→“宏名”命令，则在“宏”设计窗口中增加一个新列“宏名”，如图 7.14 所示。

(3) 在“宏名”列下的第一行输入宏组中包含的第一个宏名“打开”，在该宏名下，添加打开各个数据库对象的操作命令，如图 7.13 所示。一个宏名下的多个操作命令共享同一个宏名，该宏名只出现在第一个操作命令行上，其它的操作命令前的“宏名”处均为空白。另起一行，再在“宏名”列中输入宏组中包含的第二个宏名“关闭”，在该宏名下，添加关闭各个数据库对象的操作命令。

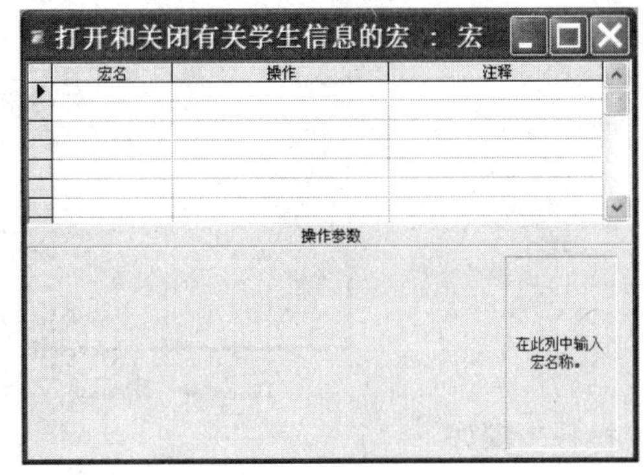

图 7.14　增加新列“宏名”

(4) 保存宏组，并命名为“打开和关闭有关学生信息的宏”。在“学籍管理系统”数据库的“宏”对象窗口中，直接双击宏组名“打开和关闭有关学生信息的宏”或选中宏组名后单击“运行”按钮，则同时打开了 5 个数据库对象，如图 7.15 所示。从中可以看出，运行宏组时，仅运行了宏组中的第一个宏“打开”，而第二个宏“关闭”并没有执行，其运行结果和例 7.1 一样。■

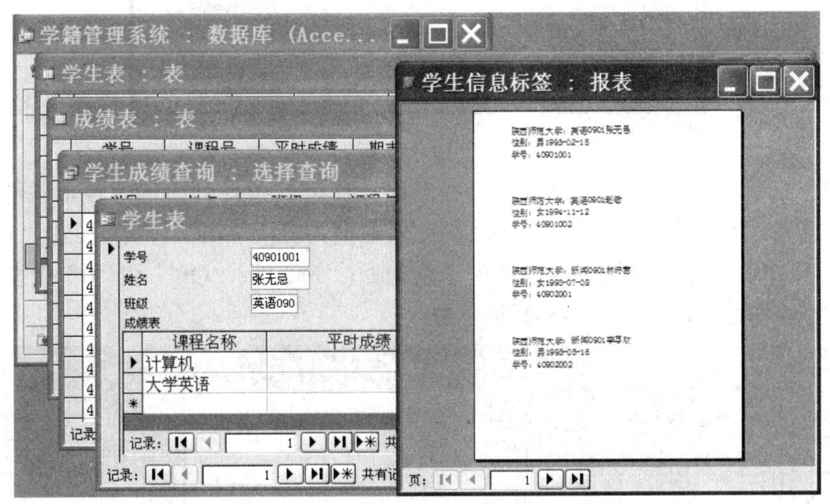

图 7.15　运行宏组结果

7.2.3　条件宏的创建

在有些情况下，用户希望当满足一定条件时才在宏中执行一个或多个操作，这种带有条件的宏，是通过在“宏”设计窗口中添加“条件”来设置的。

【例 7.4】　在“学籍管理系统”数据库中，创建一个带有条件的序列宏，如图 7.16 所示，命名为“有条件打开有关学生信息的宏”，并观察运行结果。

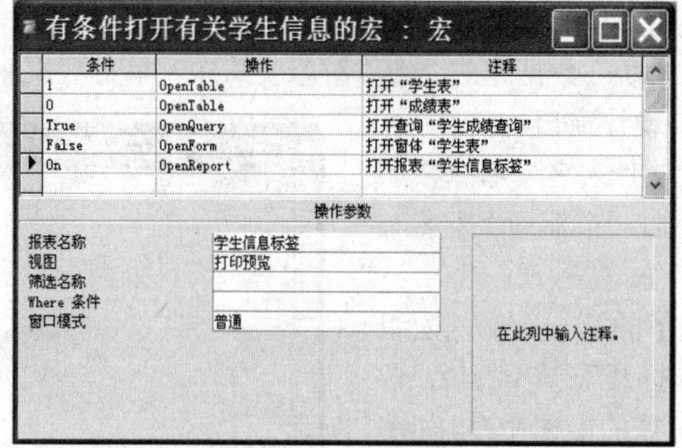

图 7.16 添加了“条件”列的宏设计窗口

操作步骤如下：

(1) 选择“视图”→“条件”命令，则得到插入了“条件”列的宏设计窗口，如图 7.17 所示。

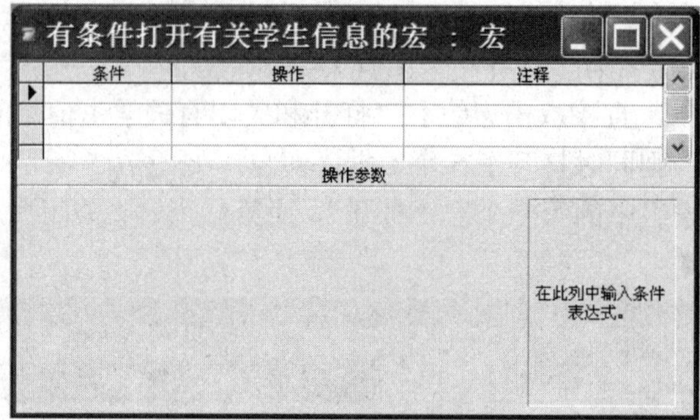

图 7.17 插入“条件”列

(2) 参照图 7.16 中的条件进行设置，在对应操作前的条件列内输入各个条件。

(3) 保存并运行宏后，可以看到只有条件列中值为真(“True”、“On”和“1”代表真)的三个对应操作窗口是打开的，而条件列中值为假(“False”、“Off”和“0”代表假)的两个对应操作窗口没有打开，如图 7.18 所示。■

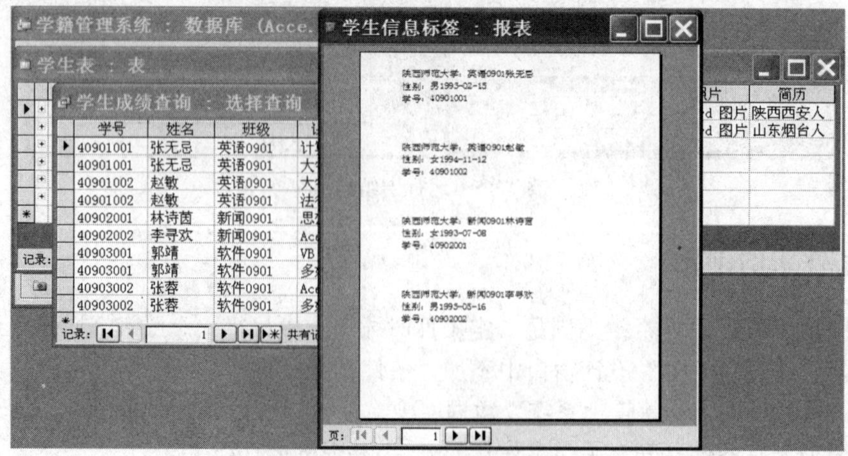

图 7.18 条件序列宏运行结果

说明：在包含条件列的宏设计中，只有当对应操作前的条件值为真时，该操作才会被执行，否则操作不会执行。下面是对常用表达式结果进行的归纳。

(1) 条件列值为真的常用表达式有：

① 代表真的常量，如 True、Yes、On。

② 非零数值，如 3、4.2、–1.2 等。

③ 结果为真的关系表达式，如 4 > 1、5 < 7、"SNNU"="SNNU"、"师大"="师大"、Left("abc",2)= "ab" 等。

(2) 条件列值为假的常用表达式有：

① 代表假的常量，如 False、No、Off。

② 数值零，即 0。

③ 结果为假的关系表达式，如 4 < 1、"SNNU"="SNN"、"师大"="交大"、Left("abc", 2)= "ba"等。

(3) 省略号(...)。在条件宏设计过程中，当遇到一个条件值为真时，需要执行多条操作命令，可以将条件值输入到第一个要执行的操作命令前的条件列中，并在其下其余操作命令前的条件列中输入英文的省略号(...)，如图 7.19 所示。其运行结果如图 7.20 所示。

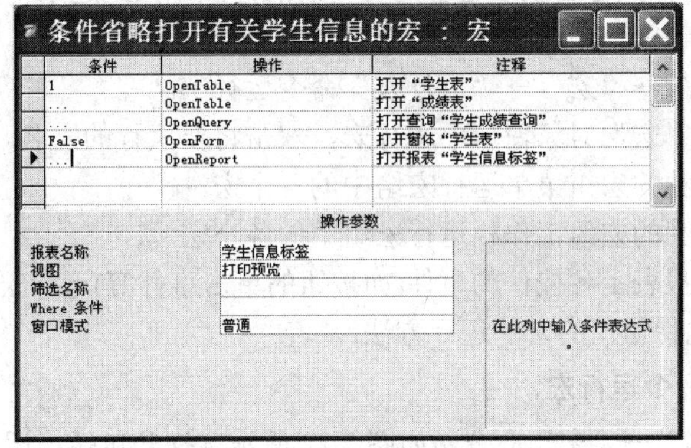

图 7.19　省略号条件宏设计视图

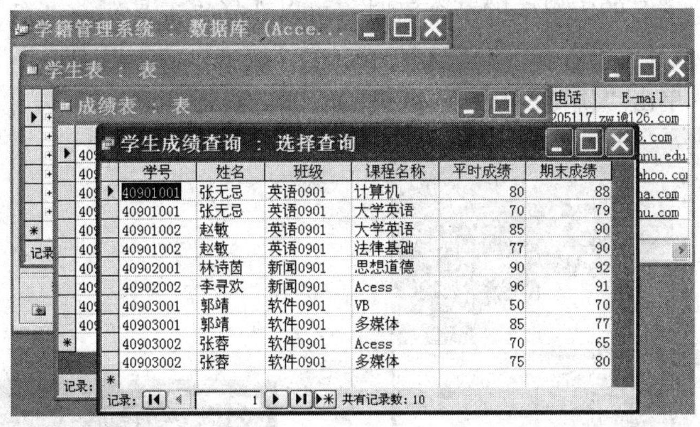

学号	姓名	班级	课程名称	平时成绩	期末成绩
40901001	张无忌	英语0901	计算机	80	88
40901001	张无忌	英语0901	大学英语	70	79
40901002	赵敏	英语0901	大学英语	85	90
40901002	赵敏	英语0901	法律基础	77	90
40902001	林诗茵	新闻0901	思想道德	90	92
40902002	李寻欢	新闻0901	Acess	96	91
40903001	郭靖	软件0901	VB	50	70
40903001	郭靖	软件0901	多媒体	85	77
40903002	张蓉	软件0901	Acess	70	65
40903002	张蓉	软件0901	多媒体	75	80

图 7.20　省略号条件宏运行结果

(4) 省略条件。有时候(3)中的省略号也可以省略，这样条件列中就默认为和前面的条件一样，如图 7.21 所示，其运行结果如图 7.20 所示。

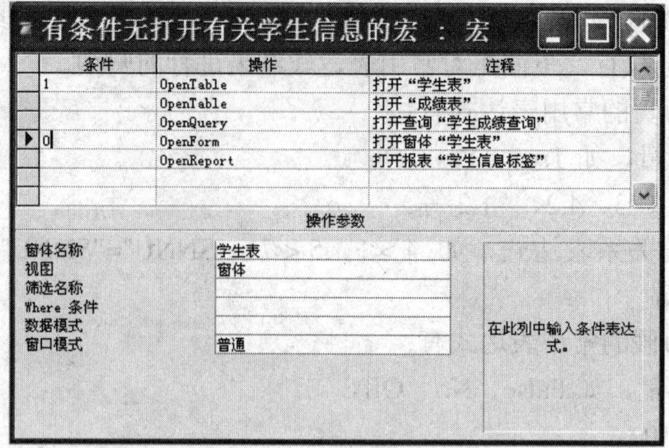

图 7.21　省略条件宏设计视图

7.3　运　行　宏

Access 提供了多种执行宏或宏组中的各个宏的方法，归纳起来主要有以下六类：

(1) 从“宏”设计窗口中运行宏，单击工具栏上的“运行”按钮。

(2) 通过“工具”→“宏”→“运行宏”命令运行宏。

(3) 从数据库的“宏”对象窗口中运行宏，双击将要执行的宏名。

(4) 通过创建单独的宏组菜单运行宏组中的各个宏。

(5) 通过创建单独的宏组工作栏运行宏组中的各个宏。

(6) 通过窗体、报表上各控件的事件(如按钮的单击事件等)运行宏。

下面分别介绍几种常用的宏的运行方法。

1. 通过工具栏命令运行宏

依次选择“工具”→“宏”命令，如图 7.22 所示，打开包括“运行宏”、“用宏创建菜单”、“用宏创建工具栏”和“用宏创建快捷菜单”等操作命令的子菜单。

运行包含多个宏名的宏组中的某个宏时，可以选择“工具”→“宏”→“运行宏”命令，打开“执行宏”对话框，如图 7.23 所示。在“宏名”文本框中选择要执行的宏组名称及其包含的宏名，单击“确定”按钮，选择的宏即被执行。

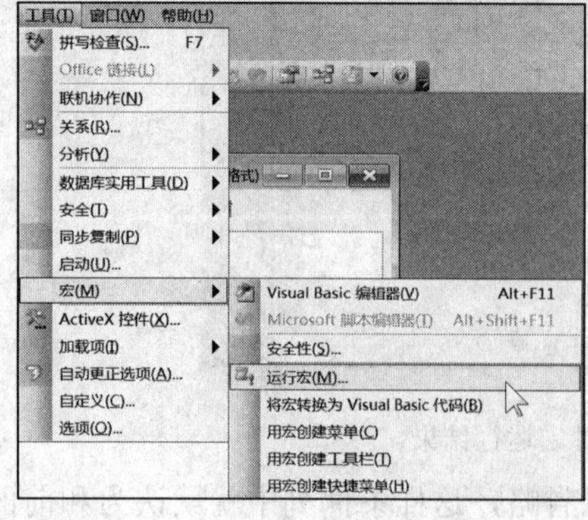

图 7.22　“工具”菜单下的宏命令

图 7.23　执行宏对话框

2. 创建宏组工具栏

运行包含多个宏名的宏组中的某个宏，还可以为宏组创建一个专门的工具栏。

操作步骤如下：

先选择宏组名，点击“工具”→“宏”→“用宏创建工具栏”命令，如图 7.24 所示，则在“视图”→“工具栏”下面多了一个“打开和关闭有关学生信息的宏”的选项，如图 7.25 所示。将该选项选中，则在左上角会弹出一个如图 7.26 所示的“打开和关闭有关学生信息的宏”工具栏。

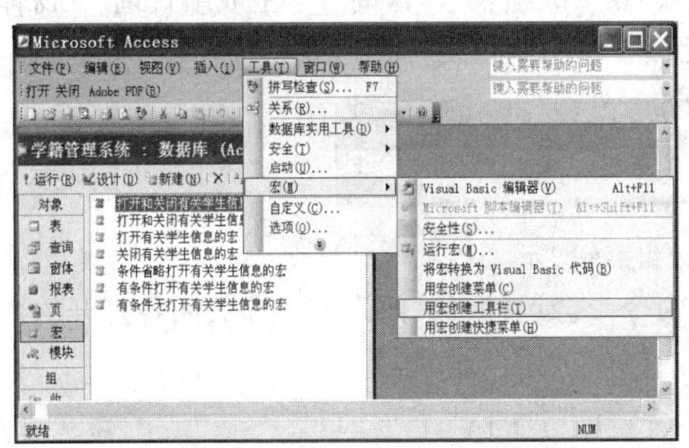

图 7.24　选择“用宏创建工具栏”命令

图 7.25　“打开和关闭有关学生信息的宏”

通过单击宏组工具栏中的某个宏名，如“打开”或“关闭”，即可完成对宏组中的宏的调用。

图 7.26　“打开和关闭有关学生信息的宏”工具栏

3. 创建宏组菜单

运行宏组中的某个宏时，另一种方便的方法是为宏组创建一个专门的菜单。

【例 7.5】 为例 7.3 中的宏组“打开和关闭有关学生信息的宏”创建一个菜单。

操作步骤如下：

(1) 选定“打开和关闭有关学生信息的宏”宏组，选择“工具”→“宏”→“用宏创建菜单”命令，如图 7.27 所示，则新创建的菜单就会出现在窗口顶部，如图 7.28 所示。

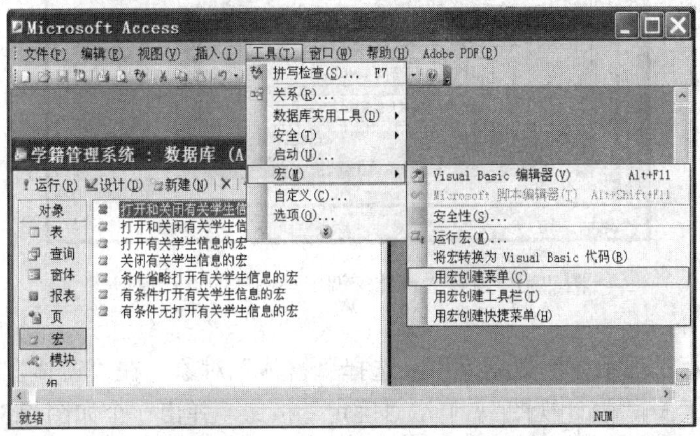

图 7.27　“用宏创建菜单”命令

图 7.28　创建宏组菜单

(2) 将该新创建的宏组菜单用鼠标拖出来，其形状变为如图 7.29 所示，可以看出，工具栏上面的名称为“打开和关闭有关学生信息的宏”。单击宏组菜单中的“打开”命令时，会运行“打开”宏，即依次打开表“学生表”、表“成绩表”、查询“学生成绩查询”、窗体“学生表”和打印预览报表“学生信息标签”。

图 7.29　宏组菜单显示

(3) 同样，单击宏组菜单中的“关闭”命令，会运行“关闭”宏，即关闭各打开的数据对象。■

4. 通过窗口运行宏

前面介绍的运行宏的几种方法都是直接运行宏，通常情况下，直接运行宏只是为了对宏进行测试。在确保宏的设计无误之后，可以将宏附加到窗体、报表的控件中，如用命令按钮的单击事件做出调用宏的响应。

【例 7.6】 在“学籍管理系统”数据库的窗体对象窗口创建一个窗体，窗体名称为“窗体宏调用举例”。窗体设计如图 7.30 所示。

图 7.30　窗体“窗体宏调用举例”的设计窗口

操作步骤如下：

(1) 在“学籍管理系统”数据库中，选择“窗体”对象，在“窗体”对象中，选择工具栏中的“新建”→“设计视图”，点击“确定”按钮，弹出一个如图 7.31 所示的窗体设计界面。

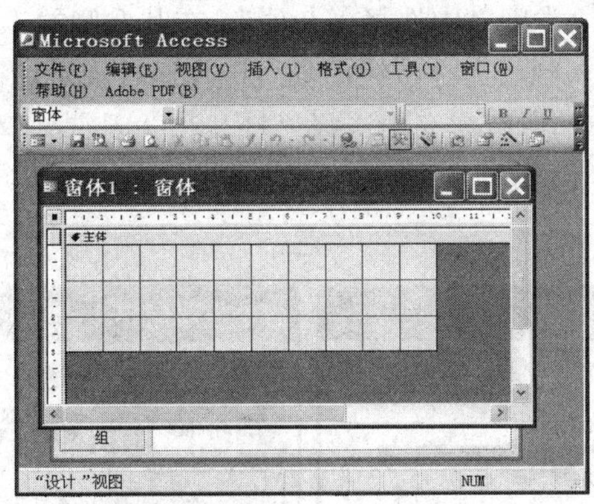

图 7.31　窗体设计界面

(2) 在窗体中添加一个标签，并将标签的标题改为“窗体宏调用举例”，字号设为“16”，大小设为“正好容纳”，设置后如图 7.32 所示。

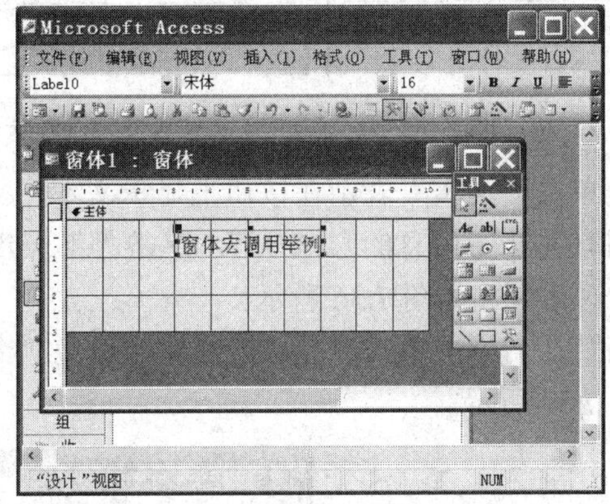

图 7.32　添加“窗体宏调用举例”标签

(3) 添加第一个命令按钮控件并启动“命令按钮向导”。在窗体设计窗口中添加命令按钮控制之前，应首先保证工具箱中的“控件向导”按钮处于按下状态(即可用状态)。单击工具箱中的命令按钮控件，在窗体中添加一个命令按钮控件的同时打开了“命令按钮向导”，如图 7.33 所示。

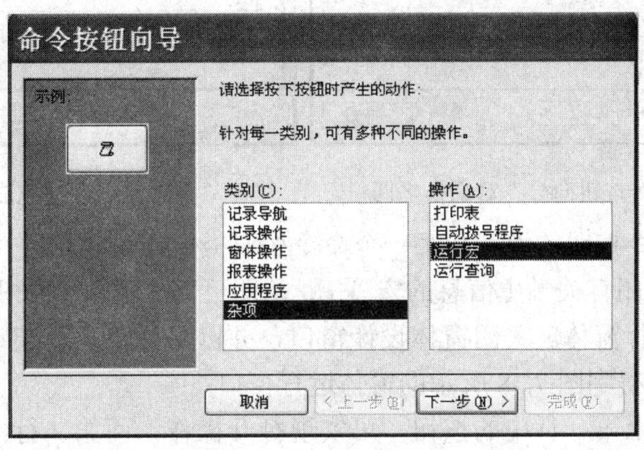

图 7.33　“命令按钮向导”对话框之一

(4) 在图 7.33 左侧的“类别”中选择“杂项”，在其右侧的“操作”中选择“运行宏”，单击“下一步”按钮，进入到“命令按钮向导”选择运行宏对话框，如图 7.34 所示。

(5) 在图 7.34 中列出的所有宏名中选择“打开和关闭有关学生信息的宏.打开”，单击“下一步”按钮，进入到“命令按钮向导”确定按钮是显示文字还是显示图片对话框，如图 7.35 所示。

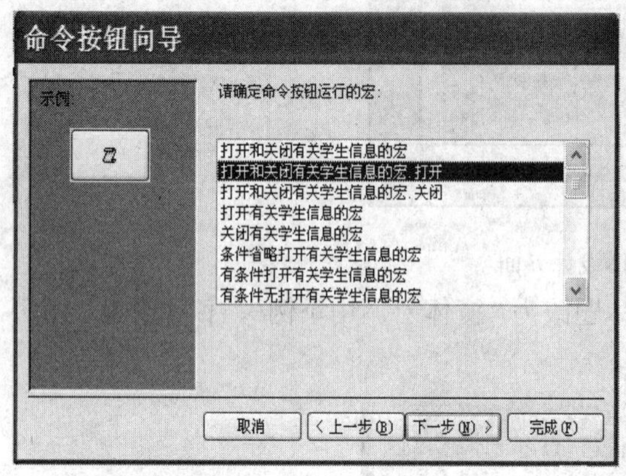

图 7.34 “命令按钮向导”对话框之二

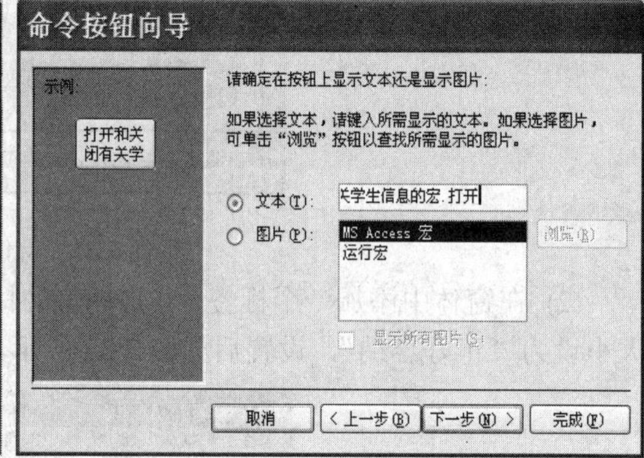

图 7.35 “命令按钮向导”对话框之三

(6) 在图 7.35 中首先单击“文本”表示在按钮上显示文本，并在“文本”后的文本框中输入宏名“打开和关闭有关学生信息的宏.打开”。单击“下一步”按钮，进入到“命令按钮向导”确定按钮名称对话框，如图 7.36 所示。

(6) 在图 7.36 中保留默认名称。单击“完成”按钮，结束“命令按钮向导”操作，返回到窗体设计窗口，如图 7.37 所示。

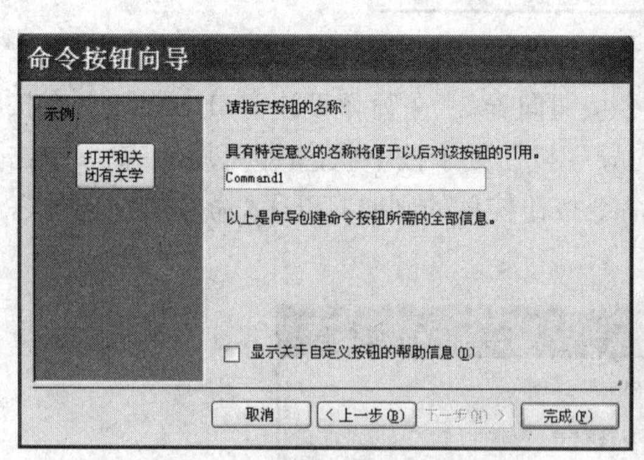

图 7.36 “命令按钮向导”对话框之四

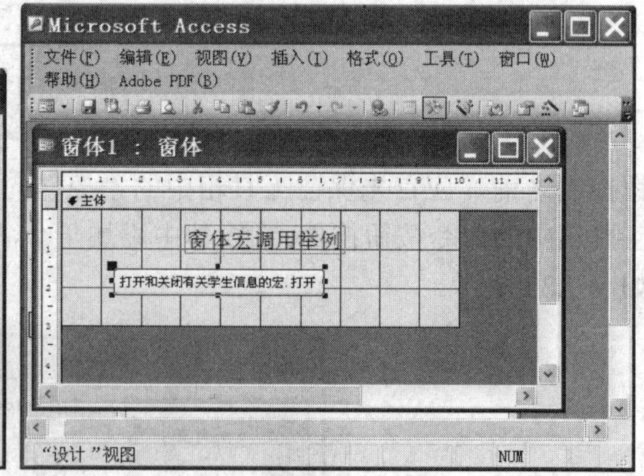

图 7.37 创建完成一个命令按钮

(7) 第二个命令按钮的设置和第一个命令按钮类似，重复(2)～(6)步的操作，设置运行的宏为“打开和关闭有关学生信息的宏.关闭”，即可完成第二个按钮的设计。

(8) 保存并运行窗体。关闭窗体设计窗口，并以名称“窗体宏调用举例”保存窗体。再运行窗体，即可得到图 7.38 所示的窗体运行窗口。

(9) 单击窗体上第一行中的按钮，可实现打开操作，而第二行上的按钮完成对应的关闭操作。■

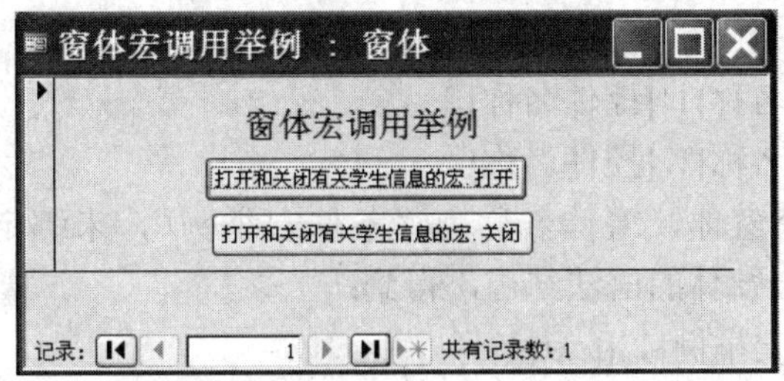

图 7.38　窗体“窗体宏调用举例”的运行窗口

7.4　宏设计举例

利用前面学习的宏对象的设计与调用方法，可以将宏对象与查询和窗体对象综合到一起，设计出非常实用的窗体对象。

7.4.1　应用设计一

此宏综合应用设计要求能够根据窗体上文本框控件中输入的不同值，自动判断并转去执行相应的宏或宏组。

【例 7.7】 在“学籍管理系统”数据库的“窗体”对象窗口中创建一个窗体，窗体名称为“条件宏举例”，如图 7.39 所示。在该窗体中输入一个数字，按“确定”键后执行相应的程序。

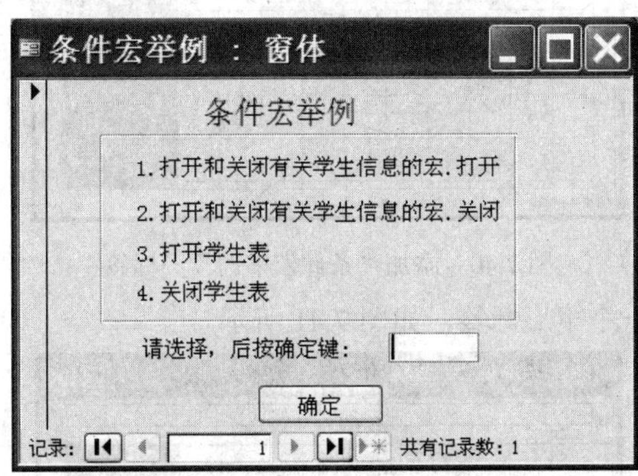

图 7.39　“条件宏举例”窗体

本例题设计思路：

(1) 确定最终设计对象以及总体设计思路。首先明确本例要求创建一个“窗体”对象，在窗体运行时输入选项数字，通过单击按钮事件，调用并执行相应宏操作。这是一个“窗体设计 + 单击事件 + 条件宏编程”的综合设计题目。

(2) 查看宏或宏组是否已存在。若不存在，则需要新建宏或宏组。在本例子中假设这些宏和宏组都存在。

(3) 如何读取窗体上文本框中输入的数字，这是本例的设计难点与重点之一。Access

提供了以下语法结构，用于引用窗体或报表上的控件值：

[Forms]![窗体名称]！[控件名称]

[Forms]![报表名称]！[控件名称]

本例设计的是一个窗体，窗体名称为“条件宏举例”，未绑定文本框控件的名称为“text1”。套用上述适合窗体的语法结构，得到：

[Forms]![条件宏举例]！[text1]

这就是读取窗体上文本框中输入数字的方法。

(4) 单击“确定”按钮后，系统如何根据文本框中输入的数字自动转去执行相应的宏？这个问题的是实质是一个分支结构编程问题(关于编程问题，在第 8 章中有详细描述)，在此使用带有条件表达式的宏(条件宏)来设计此功能，这是该例的设计难点与重点之二。

具体操作步骤如下：

(1) 在“学籍管理系统”数据库中，选择“窗体”对象，在“窗体”对象中，选择工具栏中的“新建”→“设计视图”，点击“确定”按钮，弹出一个窗体设计界面。在窗体中添加 5 个标签，其中第一个标签的标题改为“条件宏举例”，字号设为 16，大小设为“正好容纳”；第二至第五个标签的标题分别设置为“1.打开和关闭有关学生信息的宏.打开”、“2. 打开和关闭有关学生信息的宏.关闭”、“3. 打开学生表”、“4. 关闭学生表”，字号设为 11，大小设为“正好容纳”，如图 7.40 所示。

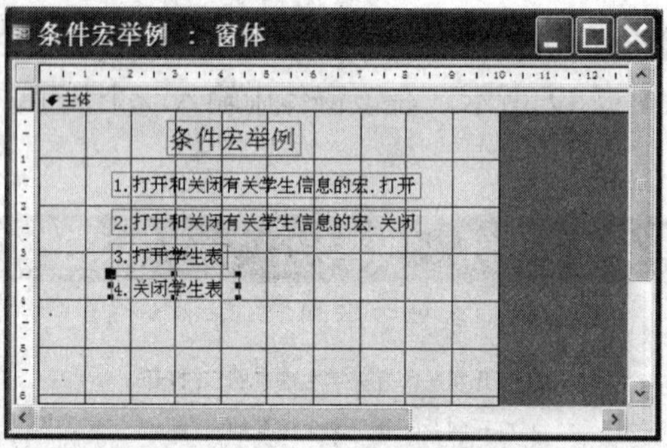

图 7.40　添加“条件宏举例”等标签

(2) 在窗体中添加一个矩形标签，如图 7.41 所示。

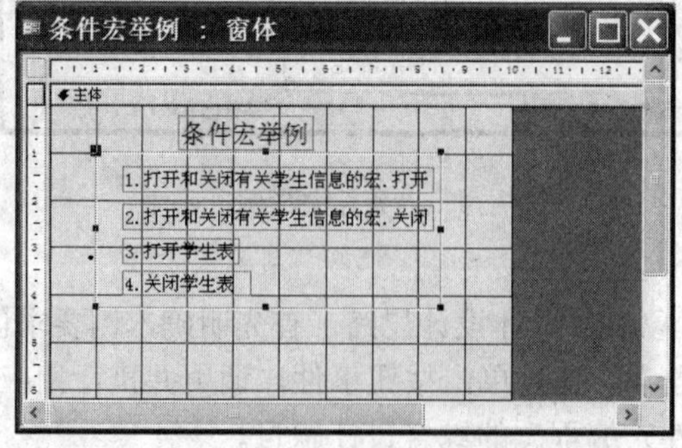

图 7.41　添加矩形标签

(3) 添加一个文本框控件并设置属性。在窗体设计窗口中，首先单击工具箱的“控件向导”按钮，目的是取消控件的向导功能，再添加一个“未绑定”文本框控件，如图 7.42

所示。将标签的标题改为“请选择，后按确定键:”，并将字号设置为“11”。根据前面的设计思路分析，要读取文本框中的数据，需要知道文本框控件的准确名称，为便于理解，将文本框名称更改为“text1”。操作方法：在窗体设计视图中，选中文本框控件，打开其“属性”窗口，参照图 7.43 所示，主要修改其“名称”属性，将原来的名称改为“text1”，也可修改其字体字号属性。

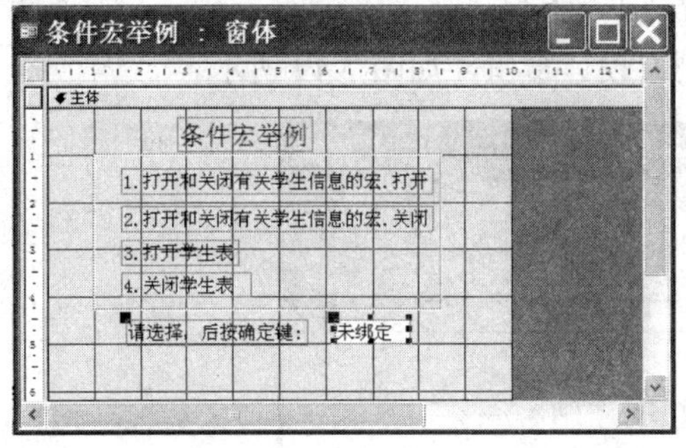

图 7.42　添加并设置文本框控件

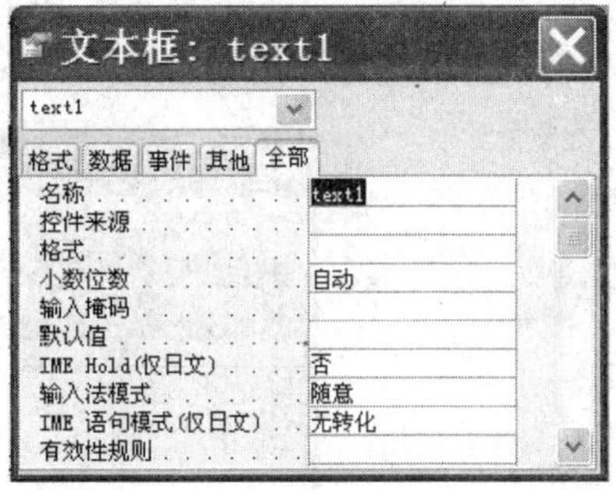

图 7.43　设置文本框控件的“属性”设置窗口

(4) 点击“控件向导”，使“控件向导”处于无效状态，添加“命令按钮”控件，如图 7.44 所示。点击鼠标右键，打开“命令按钮”的属性设置窗口，将“标题”设置为“确定”，如图 7.45 所示。

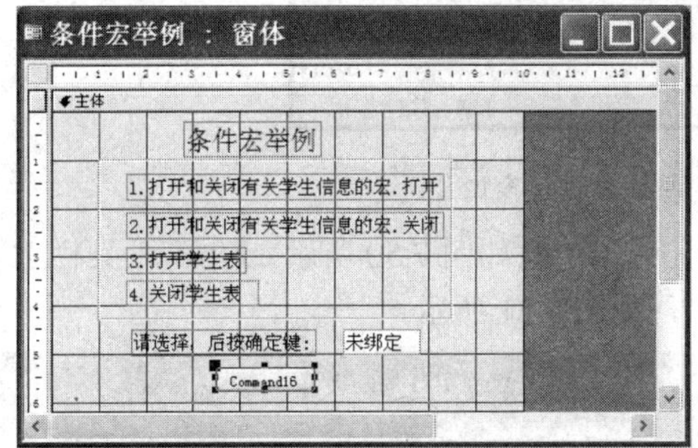

图 7.44　添加“命令按钮”控件

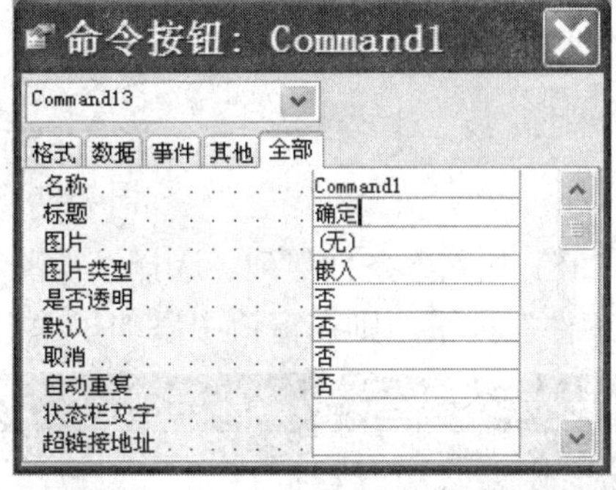

图 7.45　“命令按钮”的属性设置窗口

(5) 设置“事件”选项卡中的“单击”事件，点击如图 7.46 所示中的“…”按钮，弹出如图 7.47 所示的“选择生成器”对话框。

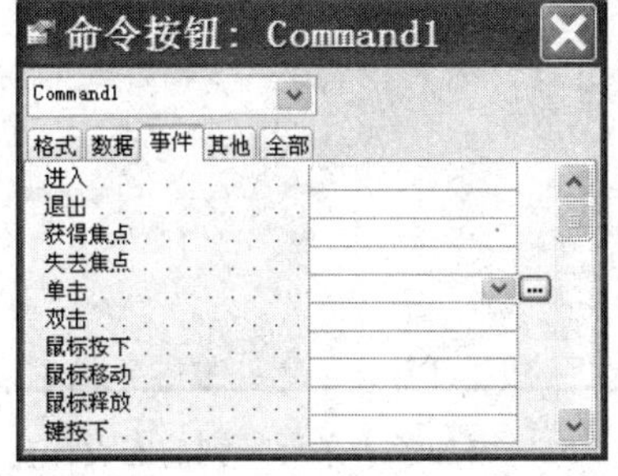

图 7.46　设置“单击”事件

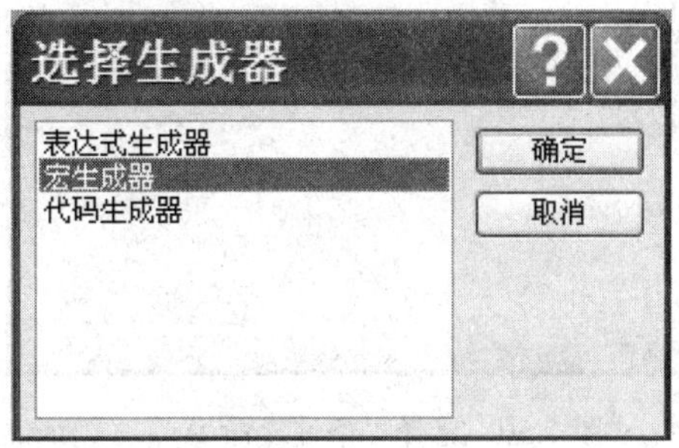

图 7.47　“选择生成器”对话框

(6) 选择其中的“宏生成器”，单击“确定”按钮后，弹出“另存为”对话框，输入名称“条件宏举例”，如图 7.48 所示。

图 7.48 “另存为”对话框

(7)单击“确定”按钮后进入“条件宏举例”设计窗口，如图 7.49 所示。

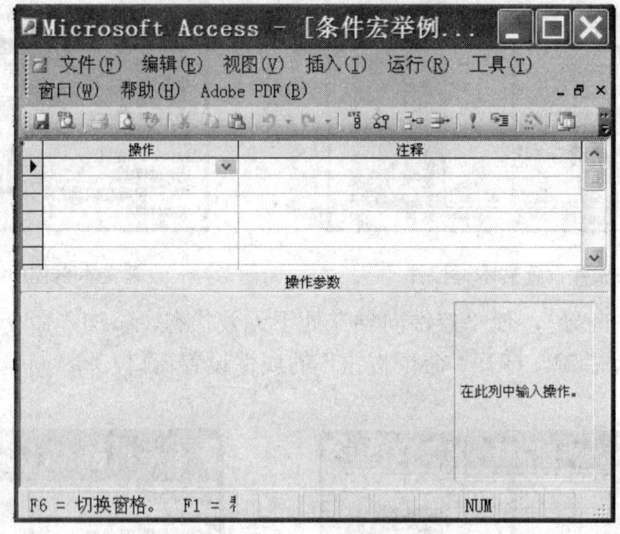

图 7.49 “条件宏举例”设计窗口

(8) 加入“条件”列。选择“视图”→“条件”命令(如图 7.50 所示)或单击工具栏上的“条件”按钮，则在窗口中添加了“条件”列，如图 7.51 所示。

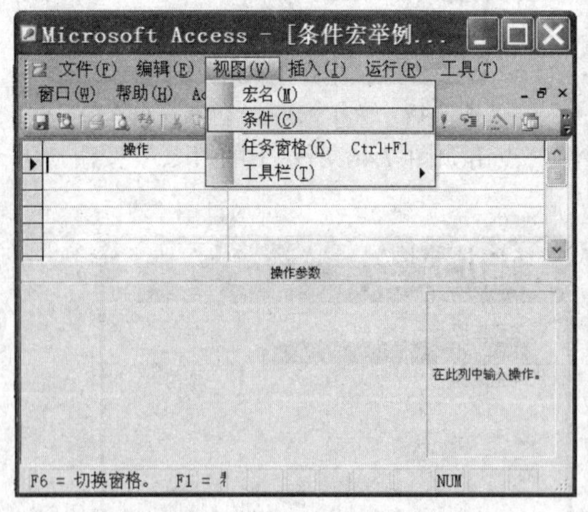

图 7.50 选择“条件”命令

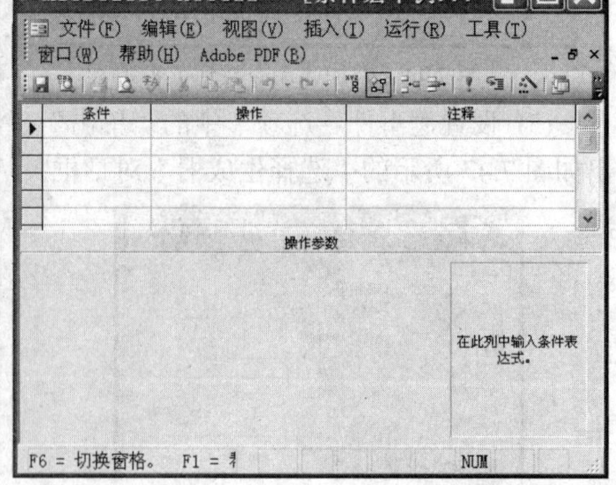

图 7.51 添加了“条件”列的宏设计窗口

(9) 具体设计“条件宏”。根据前面的设计分析，在运行窗体时，如果在文本框中输入数字“1”，将执行宏“打开和关闭有关学生信息的宏.打开”。上述设计的条件表达式即可表示为：[Forms]![条件宏举例]![text1]=1。

在一个宏中执行另外一个宏，可使用宏操作命令“RunMacro”，并在操作参数“宏名”中选择“打开和关闭有关学生信息的宏.打开”，在注释中加入“运行‘打开和关闭有关学生信息的宏.打开’”信息，如图 7.52 所示。

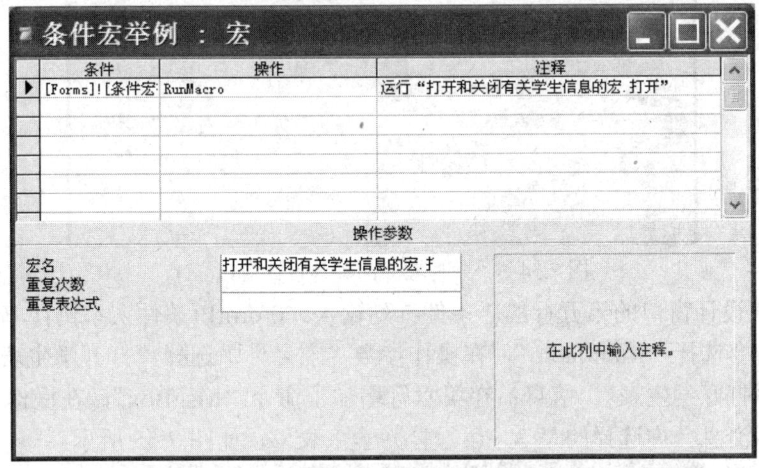

图 7.52　“条件宏”的具体设计窗口(一)

(10) 在第二行增加了一条显示提示信息的宏命令“MsgBox”，如图 7.53 所示。在操作参数“消息”中输入“显示消息‘你选择的是 1，运行打开有关学生信息的宏’”。注意：在条件宏设计中，如果满足一个条件，需要执行多条宏操作时，只在该条件对应的第一行(首行)输入条件表达式，其下其余各行的“条件”列中均输入省略号(...)。

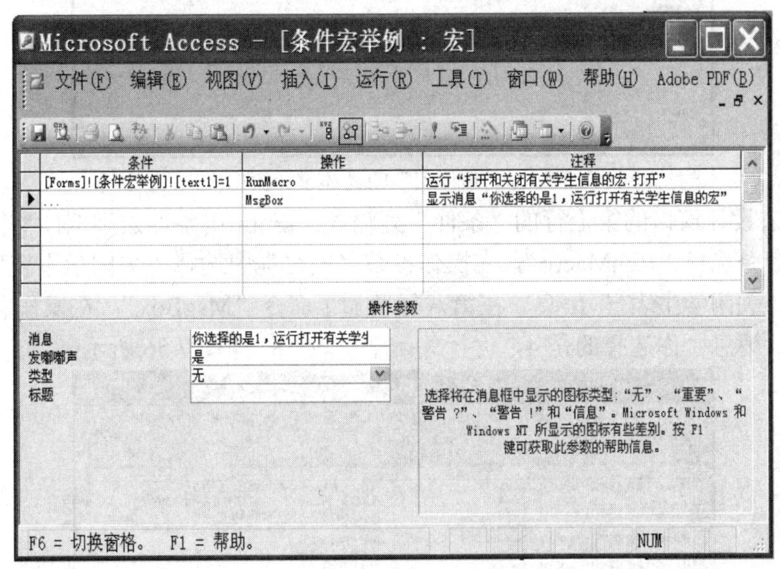

图 7.53　“条件宏”的具体设计窗口(二)

(11) 在宏设计窗口的第三行的“条件”列中输入：[Form]![条件宏举例]! [输入数字]=2，如图 7.54 所示。宏“操作”命令选择“RunMacro”，在操作参数“宏名”中选择“打开和关闭有关学生信息的宏.关闭”，在注释中加入“运行‘打开和关闭有关学生信息的宏.关闭’”信息；在第四行增加了命令“MsgBox”，在操作参数“消息”中输入“显示消息‘你选择的是 2，打开和关闭有关学生信息的宏.关闭’”，如图 7.54 所示。

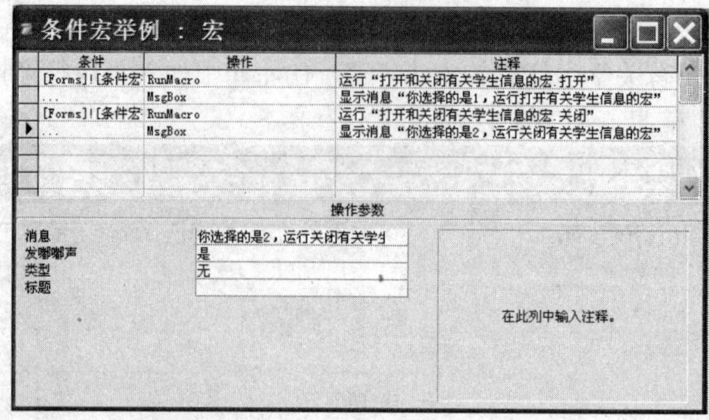

图 7.54 “条件宏”的具体设计窗口(三)

(12) 在宏设计窗口的第五行的“条件”列输入：[Form]![条件宏举例]! [输入数字]=3，宏“操作”命令选择“RunMacro”，在操作参数“宏名”中选择“打开学生表”，在注释中加入“运行‘打开学生表’”信息；在第六行增加了命令“MsgBox”，在操作参数“消息”中输入“显示消息‘你选择的是 3，运行打开学生表’”，如图 7.55 所示。

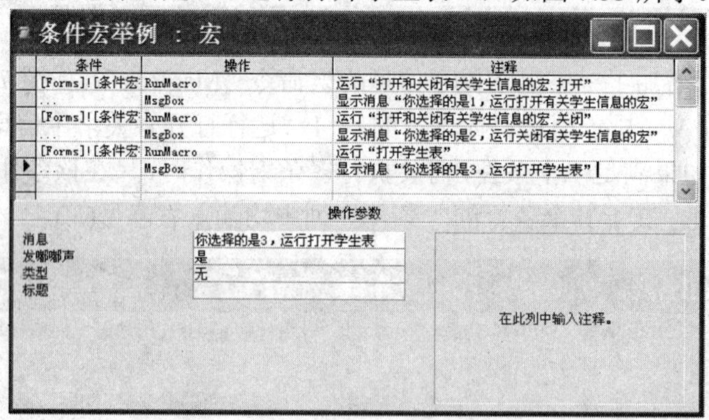

图 7.55 “条件宏”的具体设计窗口(四)

(13) 在宏设计窗口的第七行的“条件”列输入：[Form]![条件宏举例]! [输入数字]=4，宏“操作”命令选择“RunMacro”，在操作参数“宏名”中选择“关闭学生表”，在注释中加入“运行‘关闭学生表’”信息。在第八行增加了命令“MsgBox”，在操作参数“消息”中输入“显示消息‘你选择的是 4，运行关闭学生表’”，如图 7.56 所示。

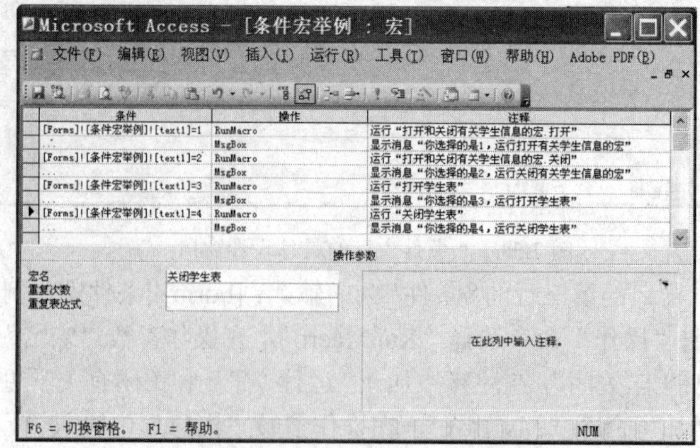

图 7.56 “条件宏”的具体设计窗口(五)

(14) 保存对条件宏的修改，返回到“确定”命令按钮的属性窗口，再按关闭命令按钮，返回到窗体设计视图，如图 7.57 所示。

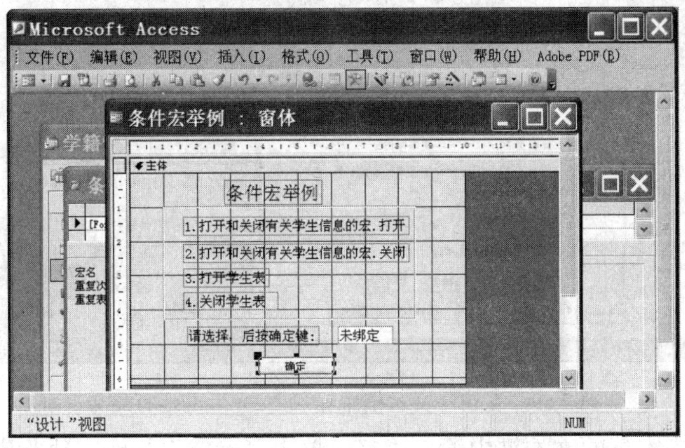

图 7.57　添加“确定”按钮的窗体设计视图

(15) 保存窗体设计，并为窗体命名“条件宏举例”。在“学籍管理系统”数据库的“窗体”对象窗口中，双击窗体名称“条件宏举例”，则进入窗体的运行窗口，可以看到如图 7.39 所示的运行结果。

(16) 在窗口的文本框中输入“1”，按“确定”按钮，则执行宏“打开和关闭有关学生信息的宏.打开”的操作，操作结果如图 7.58 所示，由屏幕下方的任务栏可以看到各个数据库对象的图标。

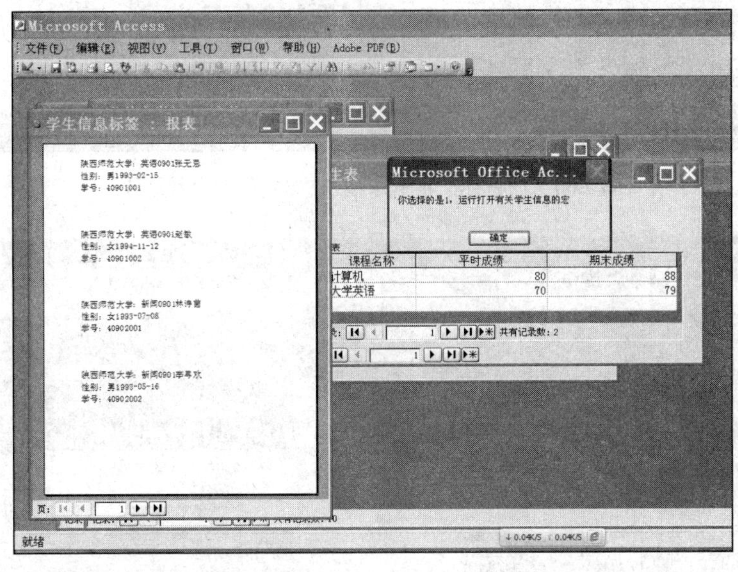

图 7.58　在窗体文本框中输入“1”后的运行结果

(17) 单击处于最前面的活动窗口中的“确定”按钮，再在任务栏上单击窗体“条件宏举例”的图标，将其置于前台，在文本框中输入选项“2”后，单击“确定”按钮，则执行宏“打开和关闭有关学生信息的宏.关闭”，刚才打开的数据库对象窗口全部被关闭，并看

到提示信息，如图 7.59 所示。

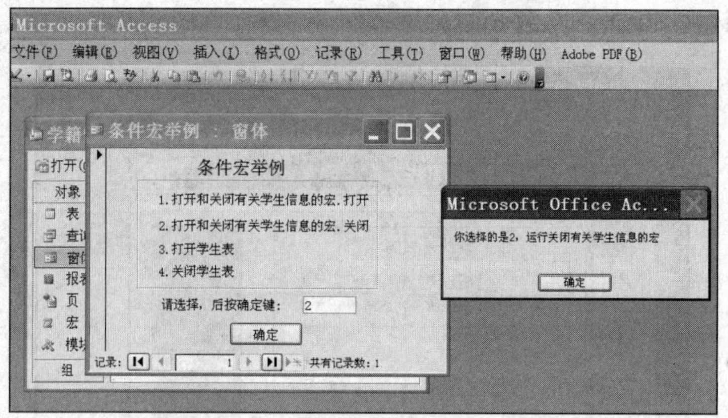

图 7.59　在窗体文本框中输入“2”后的运行结果

(18) 同样，在窗体的文本框中输入“3”，单击“确定”按钮，执行宏“打开学生表”的操作，结果如图 7.60 所示。在窗体的文本框中输入“4”，单击“确定”按钮，执行宏“关闭学生表”宏的操作，结果如图 7.61 所示。■

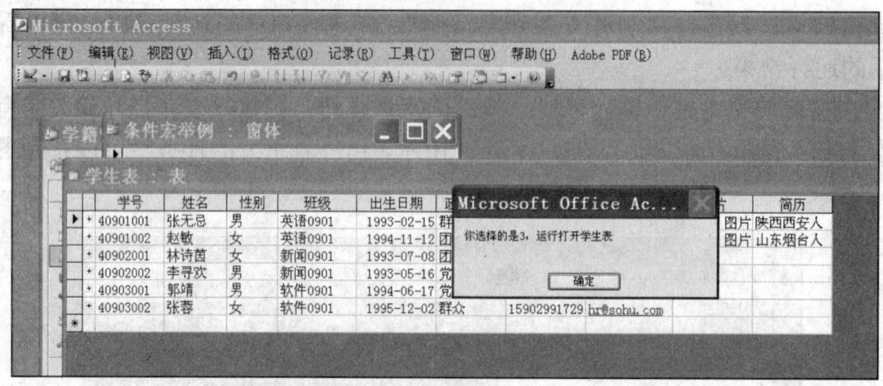

图 7.60　在窗体文本框中输入“3”后的运行结果

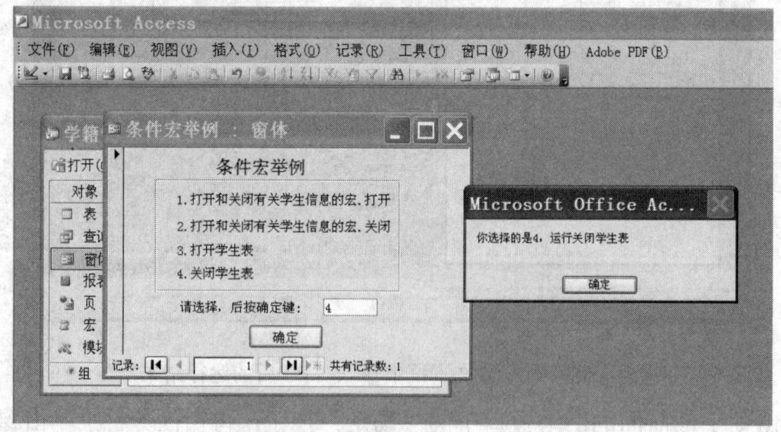

图 7.61　在窗体文本框中输入“4”后的运行结果

带条件的宏可以完成来实际操作中一些重复性的、繁琐的操作，用户可以借鉴这些设计思路，进一步拓宽条件宏的应用范围。

7.4.2　应用设计二

宏对象、窗体对象、查询对象三者之间也可以相互调用，这样用户就可以实现更加灵活的查询操作。

【例 7.8】 在“学籍管理系统”数据库的“窗体”对象窗口中创建一个窗体，窗体名称为“根据姓名查询学生成绩”。当运行窗体时，通过在文本框中输入一个姓名，如图 7.62 所示，单击“查询”按钮，即可得到该姓名下的所有各科成绩，查询结果如图 7.63 所示。

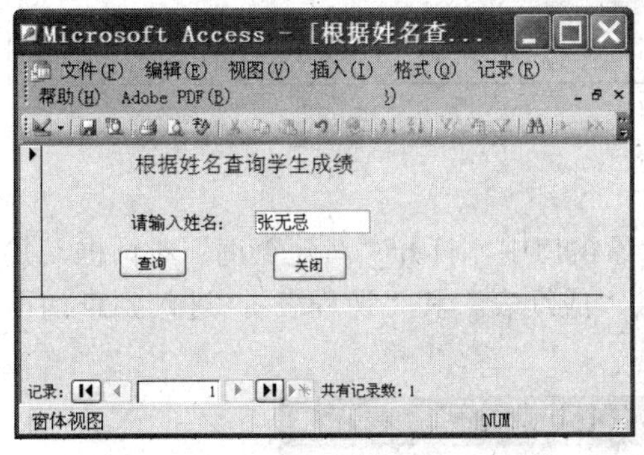

图 7.62　窗体“根据姓名查询学生成绩”

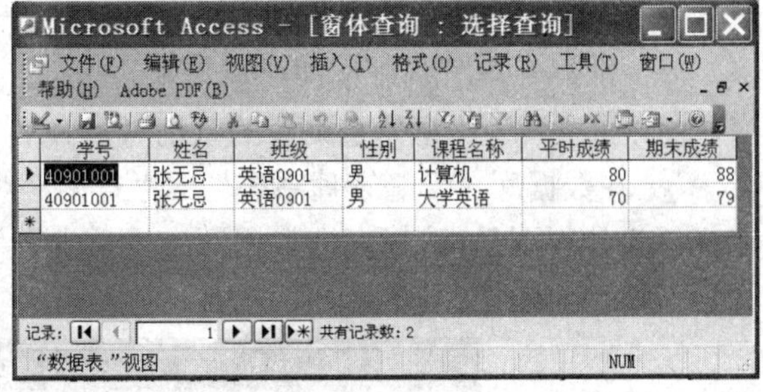

图 7.63　查询结果

本例题设计思路及要点如下：

根据题目实现目标以及设计重点，可以将本题按照实现功能分解成以下 5 个小题目，逐一进行设计，最终实现总体查询功能。

(1) 利用设计视图建立一个名为“根据姓名查询学生成绩”的窗体，主要包含以下控件：

① 一个标签，其标题为“根据姓名查询学生成绩”；

② 一个未绑定文本框控件，其标签标题为“请输入姓名:”，其名称为“姓名”；

③ 两个命令按钮，标题分别为“查询”和“关闭”。

(2) 建立一个名为“窗体查询”的查询对象，查询数据源为“学生成”、“成绩表”和“课程表”，该查询可根据在窗体文本框“姓名”中输入的姓名显示数据源中该姓名所有的课程信息，查询结果包含数据源中所有字段。

(3) 建立一个名为“查询宏”的宏，功能为打开名称为“窗体查询”的查询。

(4) 建立一个名为“关闭宏”的宏，功能为关闭名称为“根据姓名查询学生成绩”的窗体。

(5) 修改窗体“根据姓名查询学生成绩”，增加功能：单击“查询”按钮将运行宏“查询宏”，单击“关闭”按钮则运行“关闭宏”。

操作步骤如下：

(1) 创建名为“查询宏”的宏。在“学籍管理系统”数据库的“宏”对象窗口中，单击“数据库”窗口工具栏上的“新建”按钮，打开“宏”的设计窗口，参照图 7.64 所示选

择并配置有关宏参数，最后以名称“查询宏”保存。

(2) 创建名为“关闭宏”的宏。在“学籍管理系统”数据库的“宏”对象窗口中，单击“数据库”窗口工具栏上的新建按钮，打开“宏”的设计窗口，参照图7.65所示选择并配置有关宏的参数，最后以名称“关闭宏”保存。

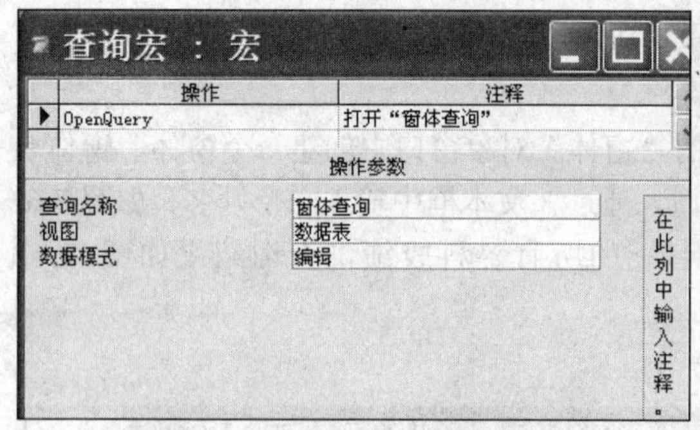

图7.64　宏“查询宏”的设计窗口

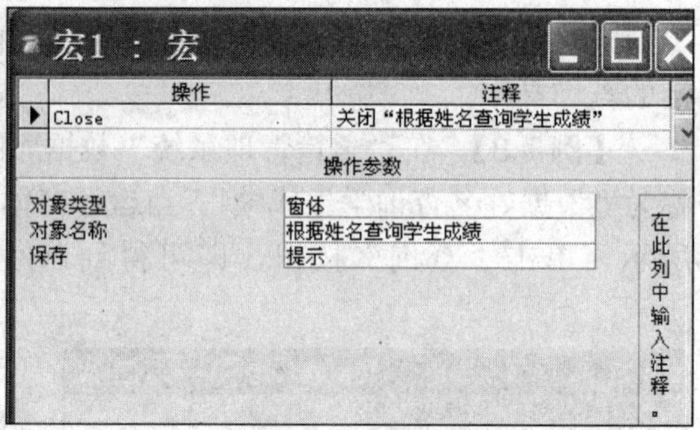

图7.65　宏“关闭宏”的设计窗口

(3) 创建名为“窗体查询”的查询对象。

① 在数据库“学籍管理系统”的“查询”对象窗口中，打开“新建查询”对话框，并选择“设计视图”。选择查询数据源为“学生表”、“成绩表”和“课程表”，进入到查询设计器窗口，如图7.66所示。

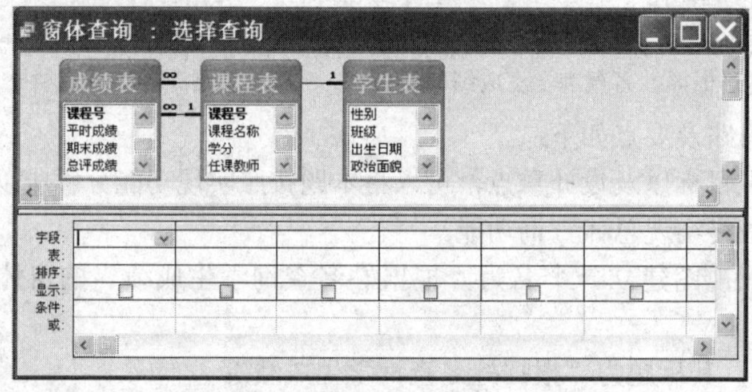

图7.66　查询“窗体查询”的设计窗口

② 根据要求选择数据源中的“学号”、“姓名”、“班级”、“性别”、“课程名称”、“平时成绩”和“期末成绩”等字段，如图7.67所示。

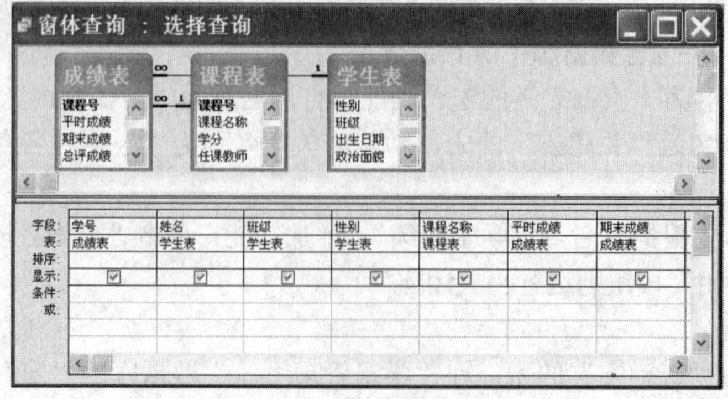

图7.67　选择数据源中的字段

③ 根据题目要求，在字段“姓名”下面的条件行中输入查询条件：[forms]![根据姓名查询学生成绩]![姓名]，这是本题的设计关键，如图 7.68 所示。

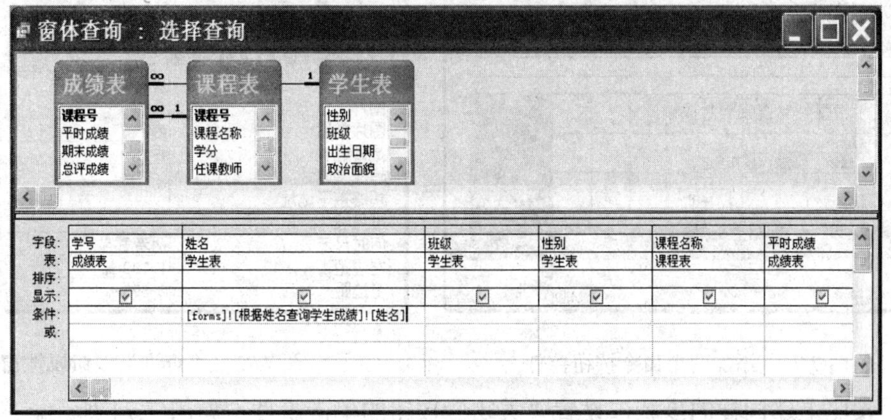

图 7.68　输入查询条件

④ 保存查询，并取名为“窗体查询”。

(4) 创建一个“根据姓名查询学生成绩”的窗体。

① 在“学籍管理系统”数据库的“窗体”对象窗口中，双击“在设计视图中创建窗体”的图标，打开“窗体”设计窗口，添加一个标签控件，将标签标题改为“根据姓名查询学生成绩”，字体设置为 14 号，大小设为“正好容纳”，设置效果如图 7.69 所示。

② 再添加一个未绑定的文本控件，将标签改为“请输入姓名:”，文本框的“名称”改为“姓名”，字体设置为“11 号”，大小设为“正好容纳”，设置效果如图 7.70 所示。

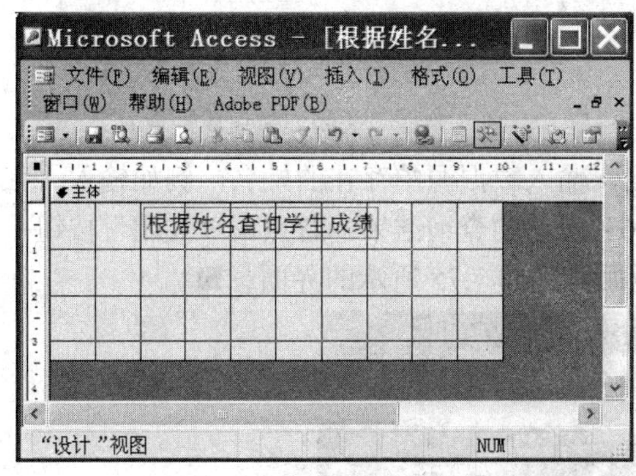

图 7.69　添加“根据姓名查询学生成绩”标签控件

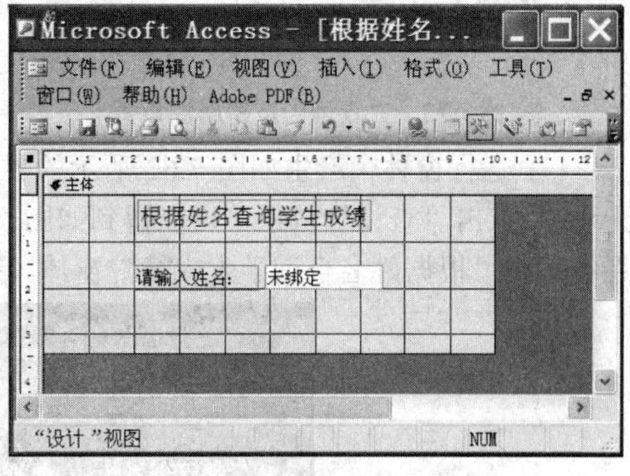

图 7.70　添加“姓名”文本控件

③ 点击“控件向导”，使“控件向导”处于无效状态，添加两个“命令按钮”控件，并将这两个“命令按钮”控件的“标题”属性设置为“查询”和“关闭”，如图 7.71 所示。

(5) 修改窗体“输入学号查询学生成绩”，增加按钮的单击事件。再次进入窗体“输入学号查询学生成绩”的设计窗口，右击“查询”按钮，从弹出的快捷菜单中选择“属性”命令，打开“查询”按钮的属性窗口，如图 7.72 所示。选中“事件”选项卡，将光标放置于事件“单击”后的文本框中，打开右侧的下拉箭头，从列表中选择“查询宏”，如图 7.73 所示。

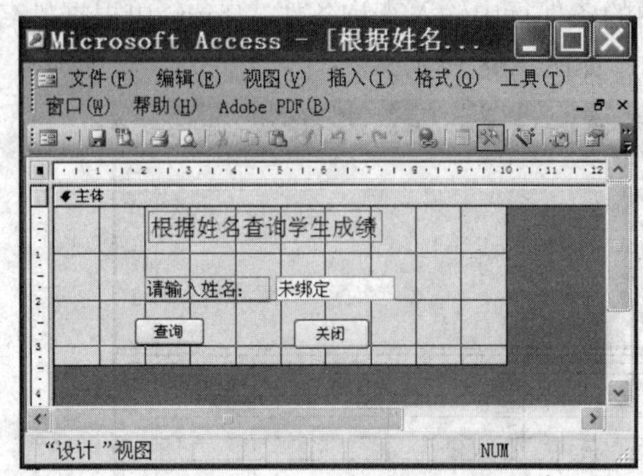

图 7.71 添加两个命令按钮控件

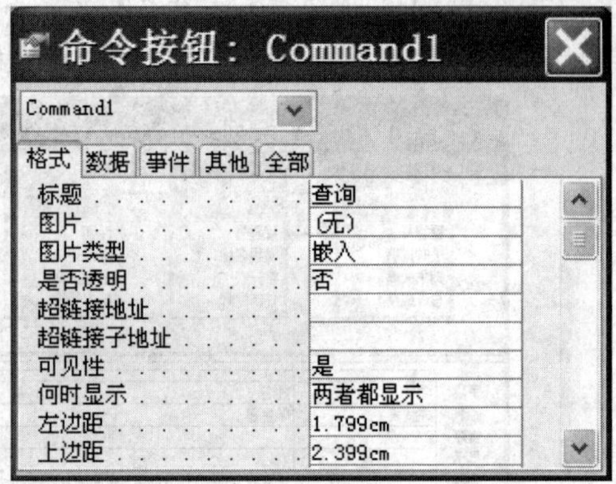

图 7.72 “查询”按钮属性窗口

(6) 按照上述同样的步骤，设置“关闭”按钮的单击事件，如图 7.74 所示。关闭属性窗口，保存对窗体的修改。至此，所有设计全部完成。

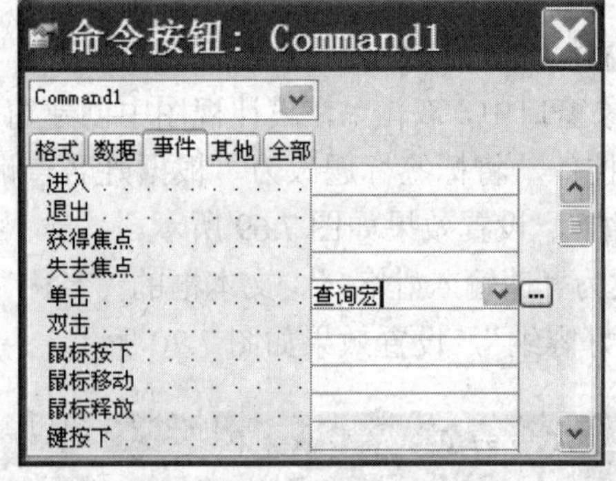

图 7.73 “查询”按钮属性设置

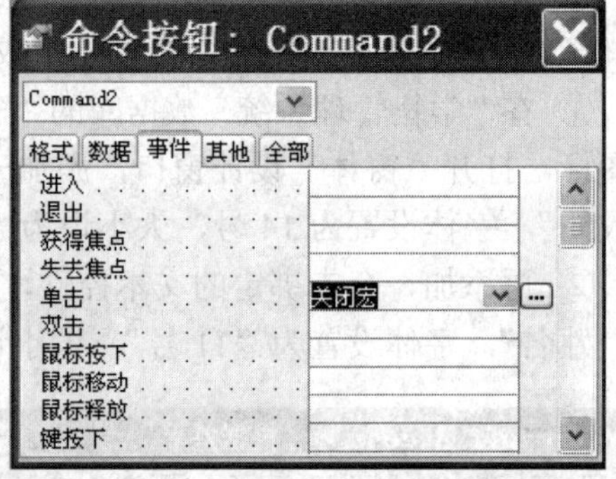

图 7.74 “关闭”按钮属性设置

(7) 运行窗体，产生如图 7.62 所示的界面，输入数据源中存在的姓名，例如输入“张无忌”，点击“查询”按钮，可以得到如图 7.63 所示的查询结果。若点击“关闭”按钮，系统关闭“根据姓名查询学生成绩”窗体，返回到如图 7.75 所示的界面。■

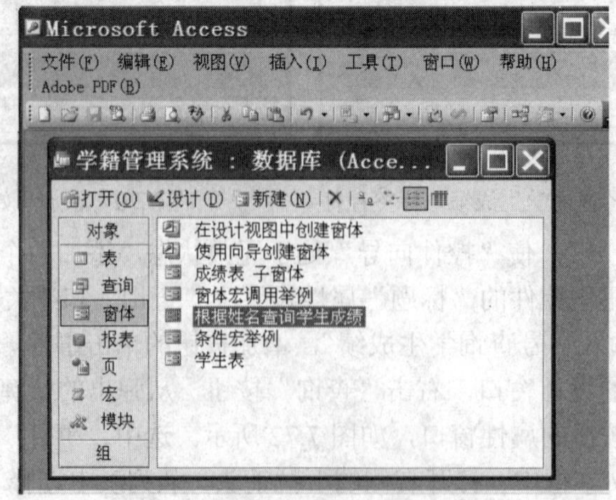

图 7.75 点击“关闭”按钮后的界面

习题7

一、思考题

1. 简述什么是宏。
2. 简述宏的作用。
3. 简述宏与宏组的区别。
4. 运行宏有哪几种方法？
5. 怎样将“宏”与“窗体”结合使用？

二、选择题

1. 能够设计宏的设计器是(　　)。
   A. 窗体设计器　　B. 表设计器　　C. 宏设计器　　D. 表格式编辑器
2. 以下关于“宏”的说法错误的是(　　)。
   A. 宏可以是多个命令组合在一起的宏　　B. 宏一次性能完成多个操作
   C. 宏是使用编辑的方法实现的　　D. 生成宏的操作码，用户必须记忆
3. 用于打开一个窗体的宏命令是(　　)。
   A. OpenTable　　B. OpenReport　　C. OpenForm　　D. OpenQuery
4. 能够自动运行的宏是(　　)。
   A. AutoExec　　B. Autoexe
   C. Auto　　D. AutoExec.bat
5. 用于打开一个查询的宏命令是(　　)。
   A. OpenTable　　B. OpenReport
   C. OpenForm　　D. OpenQuery
6. 用于关闭数据库对象的命令是(　　)。
   A. Close　　B. CloseAll　　C. Exit　　D. Quit
7. 以下关于宏的描述错误的是(　　)。
   A. 宏是 Access 的对象之一
   B. 宏操作能实现一些编辑功能
   C. 所有的“宏”均可以转换为相应的模块代码
   D. 宏命令中不能使用条件表达式
8. 用于显示消息框的命令是(　　)。
   A. InputBox　　B. MsgBox
   C. Beep　　D. Maximize
9. 再设计条件宏时，对于连续重复的条件，其代替符号是(　　)。
   A. …　　B. =　　C. ,　　D. :
10. 在一个宏中运行另一个宏的命令是(　　)。

A. RunApp　　B. RunCommand

C. RunMacro　　D. DoCmd

三、填空题

1. 宏是一个或多个___________的集合。

2. 若要引用宏组中的宏，相应的语句是_________。

3. 如果要建立一个宏，希望执行该宏后，首先打开一个表，然后打开一个窗体，那么在该宏中应该使用________和__________两个操作命令。

4. 在条件宏设计时，对于连续重复的条件，可以用___________符号来代替条件表达式。

5. 由多个操作构成的宏在执行时是按___________依次执行的。

第 8 章　模块与 VBA

在 Access 数据库中，利用宏对象可以完成一些相对简单事件的响应处理，如打开一个窗体或打印一个报表等。但宏的功能有限，不能直接运行 Windows 下的复杂程序，不能实现较为复杂的操作，如创建用户自定义函数、复杂的流程控制、错误处理等。由于宏的局限性，当需要给数据库设计一些特殊功能时，就必须使用编程语言。在 Access 系统中，编程是在“模块”对象中实现的，所采用的编程语言称为 VBA(Visual Basic for Applications)。VBA 是 Microsoft Office 办公软件的内置编程语言。VBA 与 Visual Basic 一样，都是以 Basic 语言作为语法基础的高级语言，使用了对象、属性、方法和事件等面向对象编程概念。

8.1　面向对象编程的优点

我们曾在 1.1.3 节介绍了面向对象的基本概念。面向对象编程与传统的面向过程编程方法(即分析出解决问题所需要的步骤，然后把这些步骤一步步实现)相比具有一系列优点，体现在如下几个方面：

(1) 面向对象方法与人类的习惯思维方法吻合。面向对象方法使用现实世界的概念抽象地思考问题，从而自然地解决问题。该方法用对象的观点把事物的属性和行为两方面的特征封装在一起，使人们能够很自然地模拟客观世界中的实体，并按照人类思维的习惯方式建立起问题领域的模型。

(2) 面向对象方法的可读性好。采用面向对象方法，用户只需要了解类和对象的属性及方法，而无需知道它内部实现的细节。

(3) 面向对象方法的稳定性好。面向对象方法以对象为中心，用对象来模拟客观世界中的实体。当软件的需求发生改变时，往往不需要付出很大的代价就能够做出修改。

(4) 面向对象方法的可重用性好。用户可以根据需要将已定义好的类或对象添加到软件中，或者从已有类派生出一个可以满足当前需要的类。这个过程就像用集成电路来构造计算机硬件一样。

(5) 面向对象方法的可维护性好。面向对象方法允许用户通过操作类的定义和方法，很容易地对软件做出修改。另一方面，它使软件易于测试和调试。

这些优点使得面向对象编程成为当今程序设计的主流。

8.2　模块与 VBA

8.2.1　模块概述

在 Access 2003 中，模块是用 VBA 语言编写的程序代码的集合，每个模块独立保存。

模块有标准模块和类模块两种基本类型。

1. 标准模块

标准模块包含的是通用过程和常用过程，用户可以像创建新的数据库对象一样创建它们，并且它们可以在数据库的其他模块中调用，但不与任何对象相关联。

2. 类模块

类模块是可以包含新对象定义的模块。在创建一个类实例时，也同时创建了一个新对象。在 Access 中，类模块可以单独存在。

一般地，类模块又可以分为以下三种。

(1) 窗体模块：指与特定的窗体相关联的类模块。当向窗体对象中增加代码时，用户将在 Access 数据库中创建新类。用户为窗体所创建的事件处理过程是这个类的新方法。用户使用事件过程对窗体的行为以及用户操作进行响应。

(2) 报表模块：指与特定的报表相关联的类模块，包含响应报表、报表段、页眉和页脚所触发事件的代码。对报表模块的操作与对窗体模块的操作类似。

(3) 独立的类模块：在 Access 2003 中，类模块可以不依附于窗体和报表而独立存在，即类模块是独立的。独立类模块列于数据库窗口中，用户可以方便地找到它。

8.2.2 VBA 概述

VBA(Visual Basic for Applications)是 Microsoft Office 系列软件的内置编程语言，是新一代标准宏语言，简单易学。VBA 的语法与独立运行的 VB(Visual Basic)编程语言互相兼容，两者都来源于编程语言 Basic。VBA 从 VB 中继承了主要的语法结构，但 VBA 不能在一个环境中独立运行，也不能创建独立的应用程序，必须在 Access 或 Excel 等应用程序的支持下才能使用。

8.3 模块创建

Access 没有提供创建模块的向导，创建模块必须采用编写程序的方式。

模块由多个过程组成。过程分两类：Sub 子过程和 Function 函数过程。模块结构如下所示：

```
Option Compare Database              ——系统自动生成此行

               Public Sub 过程名 1()
Sub 子过程     { 语句行               ——用户自行设计
               End Sub

               Public Function 过程名 2()
Function 函数过程 { 语句行            ——用户自行设计
               End Function
```

每个 Sub 子过程都以“Public Sub 过程名()”开始，以“End Sub”结束。中间的语句行是由用户输入的代码。Public 是修饰词，意味该 Sub 过程可被所有模块调用，如果没有此修饰词，该 Sub 过程只能在本模块内被调用。Function 过程与 Sub 过程的区别在于 Function 过程有返回值，Sub 过程没有返回值。现实中有很多类似的的例子：大一学生到校园服务中心办理校园卡就相当于 Function 过程，输入值是学生的学号、姓名，返回值就是办好的校园卡；大四学生离校到校园服务中心注销校园卡，输入值是学号、姓名和校园卡，处理过程是把卡收走注销，没有返回值，相当于 Sub 子过程。

下面通过例子来展示如何创建模块。

【例 8.1】 在“学籍管理系统”数据库中，创建一个“第一个模块”的新模块(以后各例题的 VBA 程序过程均保存在此模块中)。

(1) 建立模块。单击窗口左侧的“模块”对象，然后单击数据库窗口工具栏上的“新建”按钮，如图 8.1 所示，系统会打开如图 8.2 所示的 VBE(Visual Basic Editor)窗口，用户可在 VBE 代码窗口中编写 VBA 程序代码。

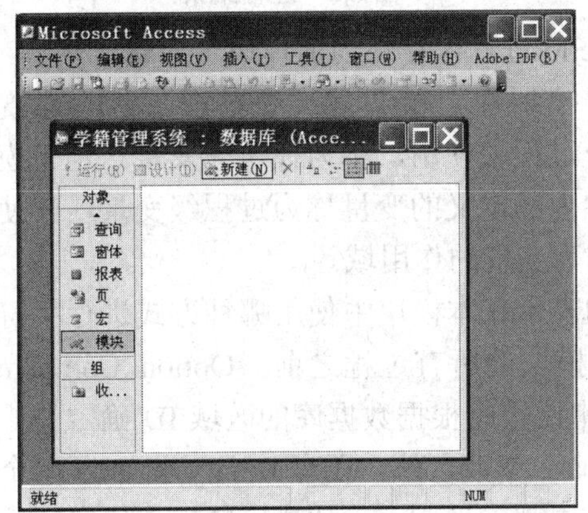

图 8.1　新建模块

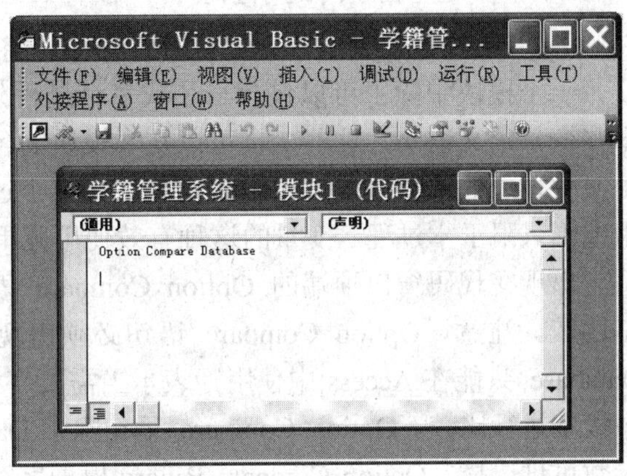

图 8.2　VBE 窗口

(2) 保存模块，单击“文件”→“保存”命令或工具栏上的保存按钮，系统将提示为模块命名，这里输入“第一个模块”。此时保存的模块是空的，没有任何代码，后面介绍的例题将会在这里面添加代码。■

【例 8.2】 在“第一个模块”模块中创建一个 Hello 过程，运行后弹出对话框，显示“同学们好！”。

(1) 双击“第一个模块”模块，在打开的代码窗口中输入“Hello”并按回车键，代码窗口将出现如图 8.3 所示的完整过程构架。

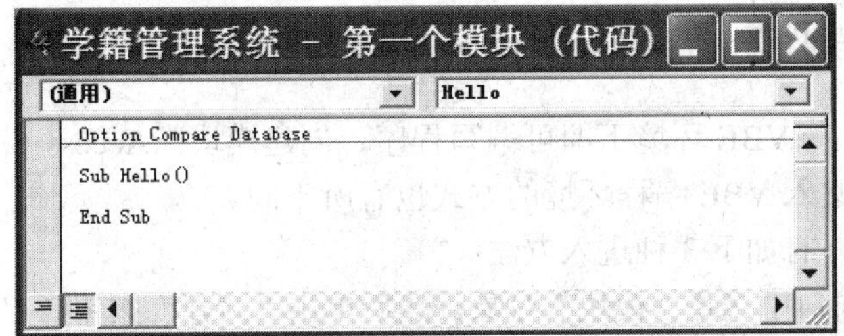

图 8.3　过程框架图

(2) 在 Sub Hello()和 End Sub 之间输入下面的代码：MsgBox "同学们好!"。

(3) 将光标置于过程中，单击“运行”→“运行子过程/用户窗体”命令，Hello 过程被执行，运行过程如图 8.4 所示，运行结果如图 8.5 所示。

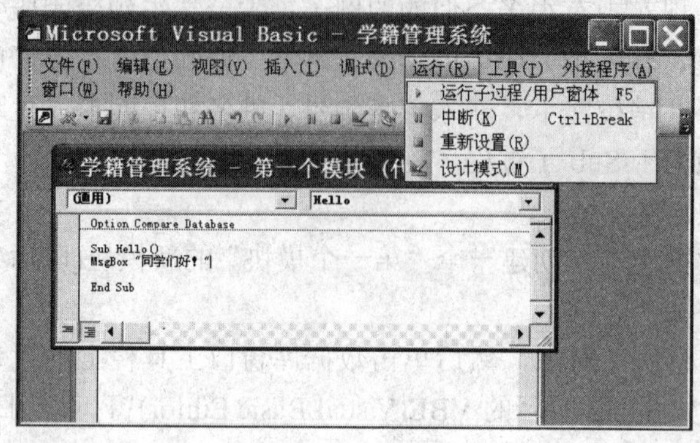

图 8.4　运行过程

图 8.5　运行结果

(4) 单击菜单“文件”→“保存”命令，将 Hello 过程保存在当前模块中。■

一个模块中除了可以包含一个或多个过程外，有时在上端(即第一个过程之上)会出现一些变量定义语句，这些变量可以在本模块的各个过程中使用，称为模块级变量。定义模块级变量之处称为模块的通用声明段。在某个过程内部定义的变量称为过程级变量，其使用范围只限于本过程。变量的这种有效使用范围称为变量的作用域。

出现在代码窗口顶端的 Option Compare 语句表示在本模块中使用哪种方式进行字符串比较。注意，Option Compare 语句必须出现在模块的所有过程之前。Option Compare Database 只能在 Access 中使用，表示当需要字符串比较时根据数据库的区域 ID 确定的排序级别进行比较。Option Compare 语句除了 Database 参数之外，还有 Binary 和 Text 两个参数可供选择。Option Compare Binary 根据字符的内部二进制表示的排序顺序来进行字符串比较，此时，“AAA”将小于“aaa”。Option Compare Text 根据由系统区域确定的一种不区分大小写的文本排序级别来进行字符串比较，此时“AAA”将等于“aaa”。

8.4　VBA 的编程环境与编程方法

Access 系统为 VBA 提供了一个编程开发的界面——VBE(Visual Basic Editor)。VBE 是以 VB 编程环境的布局为基础的，在 VBE 开发环境下，可以完成 Access 的模块编程操作。

8.4.1　VBE 编程环境

在 Access 中，在 VBE 环境下即可编写程序、创建模块。Access 模块分为标准模块和类模块两种，它们进入 VBE 编程环境的方式也有所不同。

对于标准模块，有如下 3 种进入方法：

(1) 在数据库窗口中选择“模块”对象，然后单击“新建”按钮，启动 VBE 编程窗口，并创建一个空白标准模块，如图 8.2 所示。

(2) 在数据库窗口中选择“工具”→“宏”→“Visual Basic 编程器”命令；或按 Alt + F11

键即可进入 VBE，如图 8.6 所示。之后，选择“插入”→“模块”或“类模块”或“过程”，若选择前两者，则会创建一个如图 8.2 所示的空白标准模块。

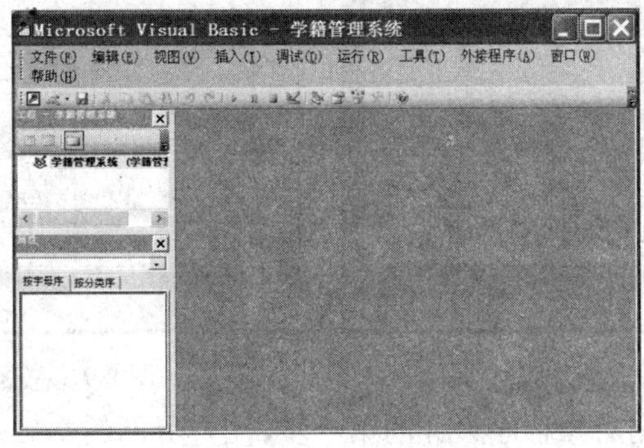

图 8.6　Visual Basic 编程器界面

(3) 对于已存在的标准模块，只需要从数据库窗体对象列表选择“模块”对象，双击要查看的模块对象即可进入。

对于类模块，有如下 4 种进入方法：

(1) 在数据库窗口中单击“窗体”或“报表”对象，选择某个窗体或报表，单击工具栏中的“代码”按钮即可进入 VBE 窗体。

(2) 进入相应窗体或报表设计视图，右击窗体左上角的黑块“■”，在弹出的快捷菜单中选择“事件生成器”命令(如图 8.7(a)所示)，即可进入 VBE 窗口。

(3) 进入相应窗体或报表的属性对话框，选择“事件”选项卡，单击其中的某个事件，既可看到该栏右侧的“...”引导标记(如图 8.7(b)所示)，单击即可进入 VBE 窗口。

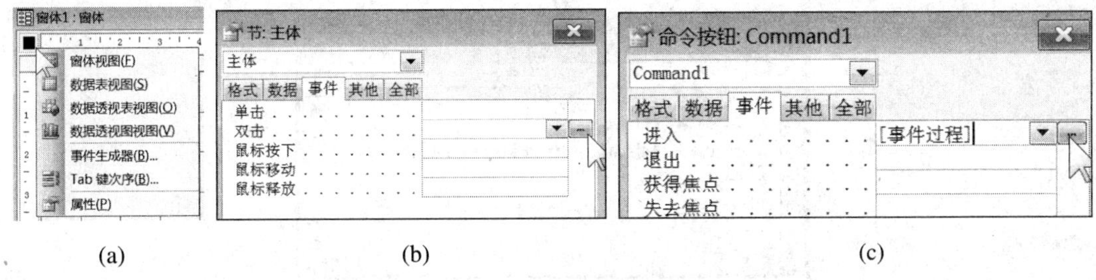

(a)　　(b)　　(c)

图 8.7　进入类模块的几种途径

(4) 打开某个控件属性对话框，选择“事件”选项卡中的“进入”选项，再选择“事件过程”选项，单击属性栏右侧的“...”引导标记(如图 8.7(c)所示)，即可进入 VBE 窗口。

8.4.2　VBA 编程方法

VBA 提供面向对象的设计功能和可视化编程环境。编写 VBA 程序的目的就是通过计算机执行 VBA 程序解决数据库实际问题。创建用户界面是面向对象程序设计的第一步。在 Access 中，用户界面的基础是窗体以及窗体上的控件，一般是在设计窗体(或报表、数据访问页)之后，才编写窗体或窗体上某个控件的事件过程。下面通过一个具体实例说明 VBA 程序设计的方法及步骤。

【例 8.3】 根据“学生成绩”表统计学生期末考试总评成绩，如图 8.8 所示。

(1) 创建用户界面，即创建一个总评成绩窗体，如图 8.9 所示。

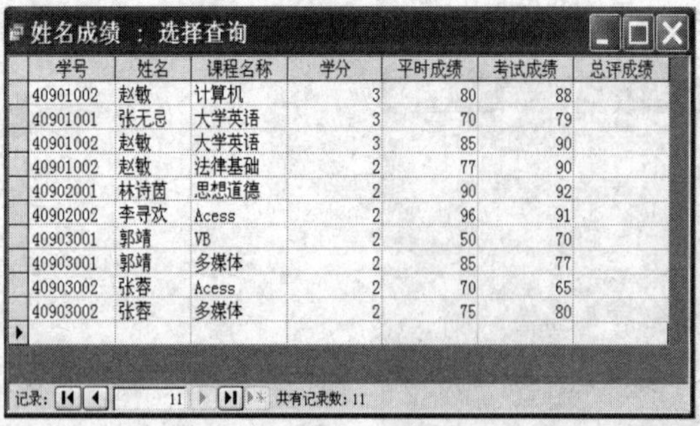

姓名成绩 : 选择查询

学号	姓名	课程名称	学分	平时成绩	考试成绩	总评成绩
40901002	赵敏	计算机	3	80	88	
40901001	张无忌	大学英语	3	70	79	
40901002	赵敏	大学英语	3	85	90	
40901002	赵敏	法律基础	2	77	90	
40902001	林诗茵	思想道德	2	90	92	
40902002	李寻欢	Acess	2	96	91	
40903001	郭靖	VB	2	50	70	
40903001	郭靖	多媒体	2	85	77	
40903002	张蓉	Acess	2	70	65	
40903002	张蓉	多媒体	2	75	80	

记录: 11 共有记录数: 11

图 8.8 “学生成绩”表

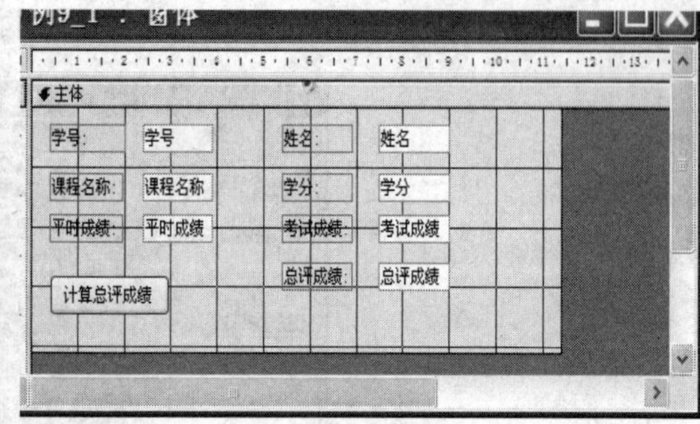

图 8.9 总评成绩窗体

创建用户界面是面向对象程序设计的第一步，用户界面的基础是窗体及窗体上的控件，同时，要根据需要对它们进行属性设置。

(2) 选择事件并打开 VBE。

① 在窗体设计视图中右击“计算总评成绩”按钮，打开相应的“属性”窗口。

② 切换到“属性”窗口的“事件”项，选定“单击”事件行，显示“V”和“...”两个按钮。

③ 单击按钮“V”，并在弹出的下拉列表中选择“事件过程”选项。

④ 单击按钮“...”，打开 VBE，或用其他方法打开 VBE。

(3) 在 VBE 中编写程序代码。打开 VBE 后，光标自动停留在所选的事件过程框架内，在其中输入“总评成绩 = [平时成绩] * 0.2 + [考试成绩] * 0.8”VBA 代码，如图 8.10 所示。最后一行 End Sub 为过程代码的结束标志。

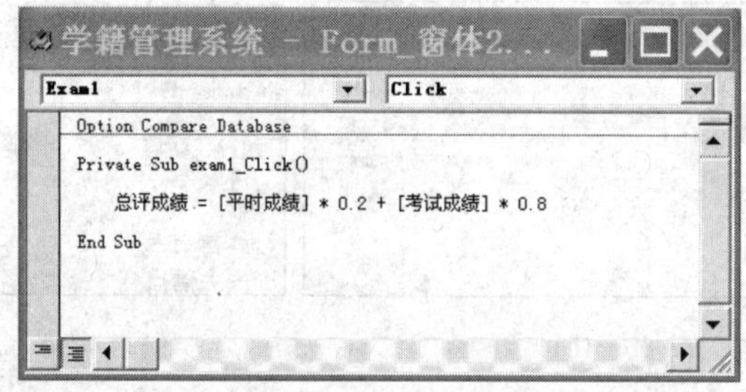

图 8.10 输入 VBA 代码图

输入完所有代码之后，选择“文件”→“保存”命令，保存过程代码，然后关闭 VBE。

(4) 运行程序。双击该窗体，即可进入窗体的运行状态，如图 8.11 所示。此时，要计算某条记录的总评成绩，只需单击“计算总评成绩”按钮即可。■

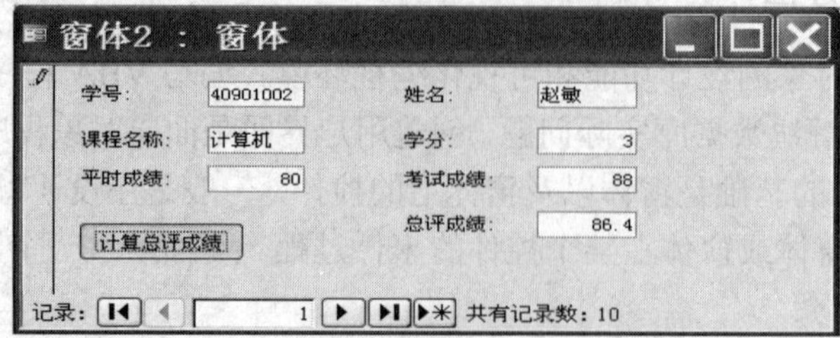

图 8.11 过程代码运行结果

8.5　VBA 编程基础

VBA 应用程序包括两个主要部分，即用户界面和程序代码。其中，用户界面由窗体和控件组成，而程序代码则由基本的程序元素组成，包括数据类型、常量、变量、内部函数、运算符和表达式等。

8.5.1　数据类型

数据是程序的重要组成部分，也是程序处理的对象。为便于程序的数据处理，每一种程序设计语言都规定了若干种基本数据类型。在各种程序设计语言中，数据类型的规定和处理方法基本相似，但又各有特点。VBA 提供了较为完备的数据类型，Access 数据表中的字段使用的数据类型(OLE 对象和备注字段数据类型除外)在 VBA 中都有对应的类型。由 VBA 系统定义的基本数据类型共有 11 种，每一种数据类型所使用的关键字、占用的存储空间和数值范围是各不相同的，如表 8.1 所示。

表 8.1　VBA 基本数据类型

数据类型	关键字	类型符	占字节数	范　围
字符型	Byte	无	1	0～255
逻辑型	Boolean	无	2	True 与 False
整型	Integer	%	2	–32 768～32 767
长整型	Long	&	4	–2 147 483 648～2 147 483 647
单精度型	Single	!	4	负数：–3.402 823E38～–1.401 298E-45 正数：1.401 298E-45～3.402 823E38
双精度型	Double	#	8	负数：–1.797 693 134 862 32E308～ –4.940 656 458 412 47E–324 正数：4.940 656 458 412 47E–324～ 1.797 693 134 862 32E308
货币型	Currency	@	8	–922 337 203 685 477.5808～ 922 337 203 685 477.5807
日期型	Date(time)	无	8	100-01-01～9999-12-31
字符型	String	$	与字符串长度有关	0～65535
对象型	Object	无	4	任何对象引用
变体型	Variant	无	数字：16 字符：22＋字符串长	由最终所代表的(上面任何一种)数据类型来决定

8.5.2　常量与变量

1. 常量

在程序运行过程中，其值不能被改变的量称为常量。在 VBA 中有三种形式的常量：直

接常量、符号常量和系统定义常量。

1) 直接常量

直接常量就是在程序代码中，以直接明显的形式给出的数据。根据使用的数据类型，直接常量分为数值常量、字符串常量、逻辑常量和日期常量。

例如，123，3.45，1.26E2 为数值常量；“12345”，“abcde”，“程序设计”为字符串常量；True 和 False 为两个逻辑常量；#06/07/2012# 为时间常量。

2) 符号常量

如果在程序中经常用到某些常数值，或者为了便于程序阅读或修改，有些常量可以用一个“符号名”来代替。这个“符号名”即称为符号常量，其定义形式如下：

Const 符号常量名[As 类型]=表达式

例如，“Const PI As Double=3.14159”声明了符号常量 PI，在程序代码中代表 3.14159。

3) 系统定义常量

为了方便用户编程，VBA 系统预定义了 3 个符号常量 True、False 和 Null，用户可在对象的方法或属性设置中直接使用。

2. 变量

计算机在处理数据时，必须将其存储在内存中。机器语言是借助于内存单元的编号(称为地址)访问内存中的数据的，而在高级语言中，可将存放数据的内存单元命名，通过内存单元的标识名来访问其中的数据。这种内存单元的标识名，就是变量。与常量不同，变量的值在程序运行过程中是可以改变的。

1) 变量的命名规则

在 VBA 的代码中，对变量的命名有如下规定：

(1) 最长只能有 255 个字符；

(2) 必须用字母开头；

(3) 可以包含字母、数字或下划线字符；

(4) 不能包含标点符号或空格；

(5) 不能与 VBA 关键字、函数过程、语句及方法同名。

2) 变量的声明

与其他程序设计语言不同，VBA 可以不经过特别声明而直接使用变量，这时变量的类型被默认为 Variant 数据类型。在使用变量前，一般要先声明变量，给变量取个名字，指定变量的类型及其使用范围，以便系统为它分配存储单元。每一个变量在其范围内部都有唯一的名称。在 VBA 中可以使用 Dim 来声明变量及其类型。

使用 Dim 声明变量有两种格式，分别如下：

格式 1：Dim 变量名[类型符]

格式 2：Dim 变量名[As 类型]

说明：

(1) 在格式 1 中，把类型符放在变量名的末尾，可以表示不同的变量类型。其中“%”表示整型；“!”表示单精度型；“#”表示双精度型；“@”表示货币型；“$”表示字符型。例如，在“Dim A%,Sum!,Average#, Ch1$”中，一个 Dim 语句同时定义了多个变量，各项之间使用逗号分隔。

(2) 在格式 2 中，As 是关键字；“类型”可以是标准数据类型或用户自定义数据类型。例如：

```
Dim Total As Integer, X As Single, Average As Double, Ch2 As String
```

(3) 在定义字符串变量时，使用格式 1 定义的是变长的字符串变量，而使用格式 2 既可以定义变长的字符串变量，也可以定义定长的字符串变量。例如：

```
Dim Ch1$                    'Ch1 为变长的字符串变量
Dim Ch2 As String           'Ch2 为变长的字符串变量
Dim Ch3 As String  *10      'Ch3 为定长的字符串变量，长度为 10 个字节
```

(4) Dim 语句适用于标准模块(Module)、窗口模块(Form)和过程(Procedure)声明变量。

(5) 可以使用 Dim 语句声明一个数组变量。

(6) 当默认“类型符”或“As　类型”时，所定义的变量默认为变体类型。

8.5.3　运算符与表达式

程序中对数据的操作，其本质就是指对数据的各种运算。被运算的对象，如常数、常量和变量等称为操作数，运算符则是用来对操作数进行各种运算的操作符号。VBA 中的运算符可以分为算术运算符、字符串运算符、关系运算符和逻辑运算符 4 种。诸多操作数通过运算符连成一个整体后，成为一个表达式。

1. 算术运算符与算术表达式

VBA 提供的算术运算符如表 8.2 所示。其中“–”运算符在单目运算(单个操作数)中作取负号运算，在双目运算符(两个操作数)中作算术减法运算。运算优先级指的是当表达式中含有多个运算符时，各运算符执行的优先顺序。表 8.2 中的运算符从上至下按优先级的非增顺序排列。

表 8.2　算术运算符

运　算	运算符	例　子	结　果
指数运算	^	3^2	9
取负运算	–	–3	–3
乘法运算	*	3*2	6
浮点除法运算	/	10/3	3.333 333 333
整数除法运算	\	10\3	3
取模运算	Mod	10 Mod 3	1
加法运算	+	3 + 3	6
减法运算	–	10 – 3	7

说明：

(1) 算术运算符两边的操作数要求是数值型的，若是数字字符或逻辑型数据，则自动转换成数值型数据后再做相应的运算。例如：

```
8-True              '运算结果是 9，逻辑量 True 转为数值-1，False 转为数值 0
False+5+"3"         '运算结果是 8
```

(2) 整除运算符“\”和取模运算符 Mod 一般要求操作数为整型数，当操作数带有小数时，系统首先将其四舍五入为整型数，然后进行整除运算或取模运算。例如：

```
25\6.66             '运算结果为 3
100 Mod 2.58        '运算结果为 1
```

2. 字符串连接符与字符串表达式

VBA 中，字符串连接符有两个：“&”和“+”，它们的作用都是将两个字符串连接起来。例如：

```
"This is a"&"Visual Basic"        '结果为“This is a Visual Basic”
"高级语言"+"程序设计"              '结果为“高级语言程序设计”
```

在 VBA 中，“+”既可以作加法运算符，也可用作字符串连接符，而“&”专门用作字符串连接符。

3. 关系运算符与关系表达式

关系运算符是双目运算符，用来对两个常数或表达式的值进行比较，比较的结果为逻辑值，即若关系成立，则返回 True，否则返回 False。在 VBA 中，True 用 –1 表示，False 用 0 表示。VBA 共提供了 6 个关系运算符，如表 8.3 所示。

表 8.3 关系运算符

运算符	含 义	例 子	结 果
=	相等	3=3	真
<>	不相等	3<>5	真
>	大于	3>5	假
>=	大于等于	5>=3	真
<	小于	3<5	真
<=	小于等于	5<=3	假

用关系运算符既可进行数值的比较，也可以进行字符串的比较，在比较时应注意以下规则：

(1) 当两个操作数均为数值型时，按其大小比较。

(2) 当两个操作数均为字符型时，按字符的 ASCII 码值从左到右逐一比较，即首先比较两个字符串的第 1 个字符，其 ASCII 码值大的字符串大；如果第 1 个字符相同，则比较第 2 个字符，依次类推，直到出现不同的字符为止。例如：

```
"abcd">"abCD"                     '结果为 True
```

(3) 汉字字符大于西文字符。

(4) 所有关系运算符的优先级相同。

4. 逻辑运算符与逻辑表达式

逻辑运算符的作用是对操作数进行逻辑运算，操作数可以是逻辑值(True 或 False)或关系表达式，运算结果是逻辑值 True 或 False。逻辑运算符除 Not 是单目运算符外，其余的都是双目运算符。在 VBA 中，逻辑运算符共有 6 种。表 8.4 列出了 VBA 中的逻辑运算符及其运算优先级等。

表 8.4　逻辑运算符

运算符	含义	优先级	说　明
Not	取反	1	当操作数为假时，结果为真；当操作数为真时，结果为假
And	与	2	两个操作数为真时，结果才为真
Or	或	3	两个操作数中有一个为真时，结果为真，否则为假
Xor	非	3	两个操作数不相同，即一真一假时，结果才为真，否则为假
Eqv	异或	4	两个操作数相同，结果才为真
Imp	蕴含	5	第 1 个操作数为真、第 2 个操作数为假时，结果才为假，其余结果均为真

下面给出各种逻辑运算的应用实例。

【例 8.4】 设 a=2，b=5，c=8，则下列逻辑运算的过程及结果如下。

(1) Not(a>b)的值为 True。具体运算过程为：

Not(a>b)→Not(2>5)→Not(False)→True

(2) a+b=c And a*b>c 的值为 False。具体的运算过程为;

a+b=c And a*b>c→2+5=8 And 2*5>8→False And True→False

(3) a<>b Or c<>b 的值为 True。具体运算过程为：

a<>b Or c<>b→2<>5 Or 8<>5→True Or True→True

(4) a+c>a+b Xor c>b 的值为 False。具体运算过程为：

a+c>a+b Xor c>b→2+8>2+5 Xor 8>5→True Xor True→False

5. 运算符优先顺序

在一个表达式中进行若干操作时，每一部分都会按预先确定的顺序进行计算求解，称这个顺序为运算符的优先顺序。

在表达式中，当运算符不止一种时，要先处理算术运算符，接着处理比较运算符，然后再处理逻辑运算符。所有比较运算符的优先顺序都相同；也就是说，要按它们出现的顺序从左到右进行处理。

8.5.4　常用内部函数

函数是具有特定运算、能完成特定功能的模块。例如，求一个数的平方根、正弦值等，求一个字符串的长度、取其子串等。由于这些运算或者操作在程序中会经常使用到，因此，VBA 提供了大量的内部函数(也称标准函数)供用户在编程时调用。内部函数按其功能可分成数学函数、转换函数、字符串函数、日期和时间函数等。

1. 数学函数

数学函数用来完成一些基本的数学计算，其中一些函数的名称与数学中相应函数的名称相同。表 8.5 列出了常用的数学函数，其中函数参数 N 为数值表达式。

表 8.5 常用的数学函数

函数名	含 义	实 例	结 果
Abs(N)	取绝对值	Abs(-7.65)	7.65
Sqr(N)	平方根	Sqr(81)	9
Cos(N)	余弦函数	Cos(1)	.54030230586814
Sin(N)	正弦函数	Sin(2)	.909297426825682
Tan(N)	正切函数	Tan(1)	1.5574077246549
Exp(N)	以 e 为底的指数函数，即 ex	Exp(3)	20.086
Log(N)	以 e 为底的自然对数	Log(10)	2.3
Rnd(N)	产生一个[0,1)之间的随机数	Rnd	0～1 之间的随机数
Sgn(N)	符号函数	Sgn(−3.5)	−1
Fix(N)	取整	Fix(−2.5) Fix(2.5)	−2 2
Int(N)	取小于或者等于 N 的最大整数	Int(−2.5) Int(2.5)	−3 2
Round(N)	四舍五入取整	Round(−2.5) Round(2.5)	−3 3

2. 转换函数

在编码时可以使用数据类型转换函数将某些操作的结果表示为特定的数据类型，如将十进制数转换成十六进制数，将单精度数转换成货币型数，将字符转换成对应的 ASCII 码等。常用的转换函数如表 8.6 所示，其中函数参数 C 为字符表达式，N 为数值表达式。

表 8.6 常用的转换函数

函数名	含 义	实例	结果
Asc(C)	字符转换成 ASCII 码	Asc("A")	65
Chr$(N)	ASCII 码值转换成字符	Chr$(65)	A
Hex(N)	十进制转换成十六进制	Hex(99)	63
Lcase$(C)	大写字母转换为小写字母	Lcase$("AaBb")	"aabb"
Oct[$](N)	十进制转换成八进制	Oct[$](99)	143
Str$(N)	数值转换成字符串	Str$(123.456)	"123.456"
Ucase$(C)	小写字母转换成大写字母	Ucase$("abc")	"ABC"
Val(C)	数学字符串转换为数值	Val("123.456")	123.456

3. 字符串函数

字符串函数用来完成对字符串的一些基本操作和处理，如求取字符串的长度、截取字符串的子串、除去字符串中的空格等。VBA 提供了大量的字符串函数，给字符类型变量的处理带来了极大的方便。字符串函数如表 8.7 示，其中函数参数 C、C1、C2 为字符表达式，N、N1、N2 为数值表达式；M 值表示所采用的比较方法：–1 表示由 Option Compare 来确定比较结果，0 表示比较二进制值，1 表示比较汉字。

表 8.7 字符串函数

函数名	功 能	实例	结果
Len(C)	求字符串长度	Len("中国 China")	7
LenB(C)	字符串所占的字节数	LenB("AB 高等教育")	12
Left(C,N)	取字符串左边 N 个字符	Left("ABCDEFG",3)	"ABC"
Right(C,N)	取字符串右边 N 个字符	Right("ABCDEFG",3)	"EFG"
Mid(C,N1[,N2])	从字符串的 N1 位置开始向右取 N2 个字符，默认 N2 到串尾	Mid("ABCDEFG",2,3)	"BCD"
Space(N)	产生 N 个空格的字符串	Space(3)	□□□
Ltrim(C)	去掉字符串左边的空格	Ltrim("□□□ABCD")	"ABCD"
Rtrim(C)	去掉字符串右边的空格	Rtrim("ABCD□□□")	"ABCD"
Trim(N)	去掉字符串两边的空格	Trim("□□□ABCD□□")	"ABCD"
InStr([N1,]C1,C2[,M])	查找字符串 C2 在 C1 中出现的开始位置，找不到为 0	InStr("ABCDEFG","EF")	5
String(N,C)	返回由 C 中首字符组成的 N 个字符串	String(3, "ABCDEF")	"AAA"
*Join(A[,D])	将数组 A 各元素按 D(或空格)分隔符连接成字符串变量	A=array("123","ab","c") Join(A, "")	"123abc"
*Replace(C,C1,C2[,N1][,N2][,M])	在 C 字符串中从 1(或[N1])开始用 C2 替代 C1(有 N2，替代 N2 次)	Replace("ABCDABCD","CD","123")	"AB123AB123"
*Split(C[,D])	将字符串 C 按分隔符 D(或空格)分隔成字符数组。与 Join 作用相反	S=Split("123,56,ab",",")	S(0)= "123" S(1)= "56" S(2)= "ab"
*StrReverse(C)	将字符串反序	StrReverse("ABCDEF")	"FEDCBA"

4. 日期和时间函数

日期和时间函数可以显示日期和时间，如求当前的系统时间、求某一天是星期几等。

常用的日期函数如表 8.8 所示，其中函数参数 C 表示字符串表达式，N 表示数值表达式。

表 8.8 日期函数

函数名	功能	实例	结果
Date[()]	返回当前的系统日期	Date$()	2005-5-25
Now	返回当前的系统日期和时间	Now	2005/5/25 10:50:30AM
Day(C|N)	返回日期代号(1～31)	Day("97,05,01")	1
Hour(C|N)	返回小时(0～24)	Hour(#1:12:56#)	13
Minute(C|N)	返回分钟(0～59)	Minute(#1:12:56#)	12
Month(C|N)	返回月份代号(1～12)	Month("97,05,01")	5
MonthName(N)	返回月份名	MonthName(1)	一月
Second(C|N)	返回秒(0～59)	Second(#1:12:56PM#)	56
Time[()]	返回系统时间	Time	11:26:53AM
WeekDay(C|N)	返回星期代号(1～7) 星期日为 1，星期一为 2	WeekDay("2,06,20")	5(即星期四)
WeekDayName(N)	返回星期代号(1～7)转换为星期名称，星期日为 1	WeekDayName(5)	星期四
Year(C|N)	返回年代号(1753～2078)	Year(365)相对于(1899,12,30)为 0 天后 365 天的代号	1900

8.6 程序结构

程序由语句组成，语句是执行具体操作的指令。语句的组合决定了程序结构。VBA 与其他计算机语言一样，也具有结构化程序设计的 3 种基本结构，即顺序结构、选择结构和循环结构。

8.6.1 顺序结构

顺序结构就是按各语句出现的先后次序执行的程序结构，它是最简单、最基本的程序结构。在一般的程序设计语言中，顺序结构主要由赋值语句、输入/输出语句等组成。

1. 赋值语句

赋值语句在任何程序设计语言中都是最基本的语句，它可以赋值给某个变量。赋值语句的格式为

变量名=表达式

其中，"变量名"可以是普通变量，也可以是对象的属性；"表达式"可以是任何类型的表达式，但其类型一般要与"变量"的类型一致。例如：

```
Dim A%, Sum, Ch1$
A=123
Sum=86.50
```

```
Ch1="Li Ming"
Command1.Caption="计算总评成绩"
```

使用赋值语句时需要注意以下几点：

(1) 执行赋值语句首先要计算“=”号(称为赋值号)右边的表达式的值，然后将此值赋给赋值号左边的变量或对象属性。

例如，“语句 A=A+3”表示将变量 A 的值加 3 后的结果再赋给变量 A，而不表示等号两边的值相等。

(2) 赋值号左边必须是变量或对象属性。例如，“A+2=A”为错误的赋值语句，因为赋值号左边的“A+2”不是一个合法的变量名。

(3) 变量名或对象属性名的类型应与表达式的类型相容。所谓相容是指赋值号左右两边数据类型一致，或者右边表达式的值能够转化为左边变量或对象属性的值。例如：

```
Dim  A  As  Integer
A=56.789          '非整型数据赋值给整型变量，四舍五入后再赋值给变量 A
A="123.45"        '将数字字符串赋值给整型变量，变量 A 中存放 123
A="12abc"         '错误，字符串“12abc”无法转换成数字，类型不匹配
```

(4) 变量未赋值时，数值类型变量的默认值为 0，字符串变量的默认值为“Null”。

(5) 不能在一个赋值语句中同时给多个变量赋值。例如：

```
Dim  x%, y%, z%
x=y=z=1
```

执行赋值语句前，x、y、z 变量的默认值为 0。VBA 在编译时，将右边两个“=”作为关系运算符处理，最左边的一个“=”作为赋值运算符处理。执行该语句时，先进行“y=z”比较，结果为 True，接着进行“True=1”比较(True 转换为-1)，结果为 False，最后将 False(False 转换为 0)赋值给 x=0，因此，最后 3 个变量的值还是 0。正确写法应该是分别用 3 条赋值语句进行赋值。

2. 输入语句

程序进行数据处理的基本流程为：首先接收数据，然后进行计算，继而将计算结果以完整有效的方式提供给用户。因此，把加工的初始数据从某种外部设备(如键盘)输入到计算机中，并把处理结果输出到指定的设备(如显示器)，这是程序设计语言具备的基本功能。在 VBA 过程中允许用户通过 InputBox 函数用输入对话框或文本框(TextBox)接收用户输入的数据。

1) 使用 InputBox 函数接收用户输入的数据

InputBox 函数可以打开一个对话框，并以该对话框作为用户输入数据的界面，等待用户输入数据和单击按钮，当用户单击“确定”按钮或按回车键时，函数返回用户输入的数值。其语法格式为

InputBox(提示信息[,标题][,默认值][,x 坐标值][,y 坐标位置])

格式说明如下：

(1) 提示信息：该项不能省略，是字符串表达式，在对话框中作为信息显示，可为汉字，提示用户输入数据的范围和作用。

(2) 标题：该项为可选项，是字符串表达式，用作对话框标题栏的题目。如果省略，则在标题栏中显示当前的应用程序名。

(3) 默认值：该项为可选项，是字符串表达式。若对话框的输入区无输入数据，则以值作为输入数据，显示在对话框的文本框中。如果无默认值，则文本框为空白，等待用户输入数据。

(4) x 坐标位置、y 坐标位置：这两项为可选项，是整型表达式，作用是指定对话框左上角在屏幕上显示的位置。如果该参数采用默认值，则对话框显示在屏幕中心。

【例 8.5】 编写 FunctionInput 过程，运行显示如图 8.12 所示的对话框。

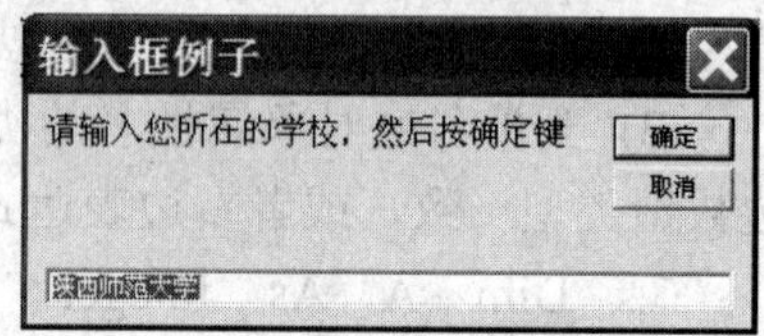

图 8.12 “输入框例子”对话框

在数据库窗口中选中“模块”对象，点击“新建”按钮进入 VBE 窗口，在代码窗口中输入如图 8.13 所示的程序代码。

点击菜单“运行”→“运行子过程/用户窗体”，弹出一个如图 8.14 所示的“宏”对话框。

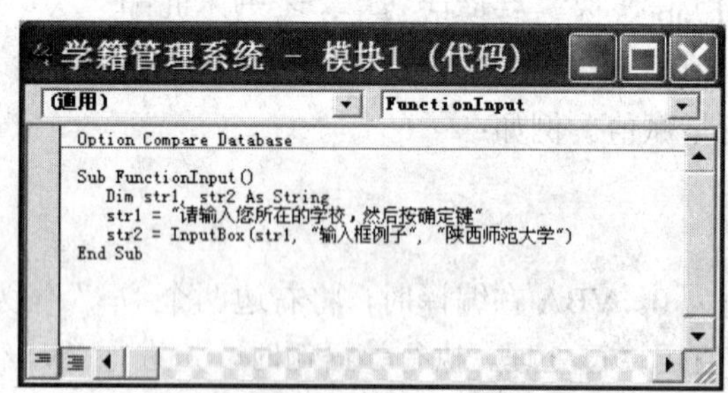

图 8.13 输入框例子代码图

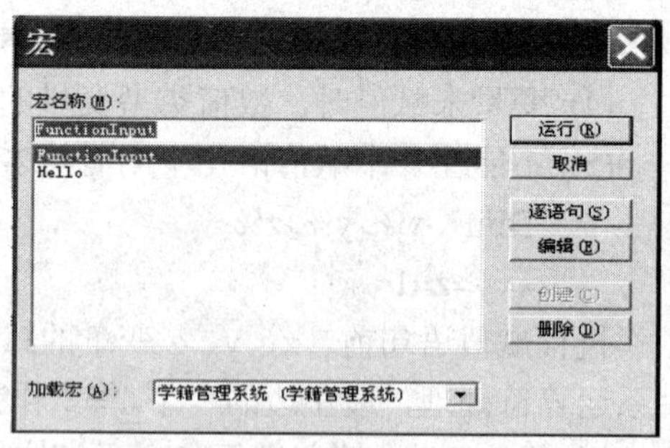

图 8.14 “宏”对话框

选择 FunctionInput，点击“运行”，将会出现一个如图 8.12 所示的对话框。■

“输入框例子”对话框上有“确定”和“取消”两个按钮，文本框的默认值为“陕西师范大学”，若要输入其它值，则在输入值后，单击“确定”按钮或按回车键，对话框消失，输入的数据作为函数的返回值赋给了变量 str2。

2) 使用文本框 TextBox 接收用户输入的数据

文本框控件在工具箱中的名称为 TextBox，在 VBA 中，可以使用文本框控件作为输入控件，在程序运行时接收用户输入的数据。文本框接收的数据是字符型数据，若要把其值赋给其他类型的变量或对象，则要使用类型转换函数。

3. 输出语句

在程序设计中对输入的数据进行加工后，往往需要将数据输出，包括文本信息的输出和图形信息的输出。在 VBA 中可以使用消息框(MsgBox)函数或过程、Print 方法、文本框(TextBox)控件来实现输出。

1) 用消息框函数输出提示信息

VBA 提供的 MsgBox 函数可以输出提示信息，它是与 InputBox 相对应的。这两个函数可以实现人机对话。MsgBox 函数的格式为

MsgBox(提示信息[,按钮值][,对话框标题])

其中，提示信息为字符串表达式，表示要在对话框中显示的内容。

MsgBox 函数有返回值，如果不需要 MsgBox()函数的返回值，也可以使用 MsgBox 过程，这样更加简练。

【例 8.6】 编写 functionOut 过程，运行结果显示如图 8.15 所示界面。

(1) 在数据库窗口中选中“模块”对象，点击“新建”按钮进入 VBE，在代码窗口中输入如图 8.16 所示的程序代码。

图 8.15　MsgBox 函数运行界面

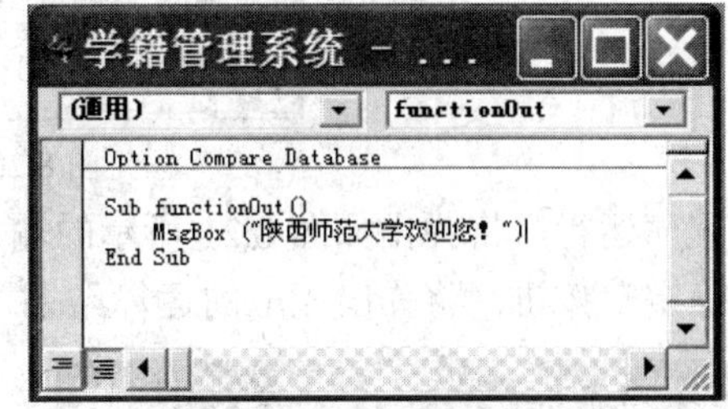

图 8.16　MsgBox 例子程序

(2) 点击“运行”→“运行子过程/用户窗体”，将弹出一个如图 8.15 所示的窗口。■

2) 用 Print 方法输出数据

在 VBA 中，可以使用 Print 方法在立即窗口中输出数据。其格式如下：

Debug.Print[表达式列表][,|;]

【例 8.7】 编写 functionPrint 过程，运行结果通过立即窗口输出。

(1) 在数据库窗口中选中“模块”对象，点击“新建”按钮进入 VBE，在代码窗口中输入如图 8.17 所示的程序代码。

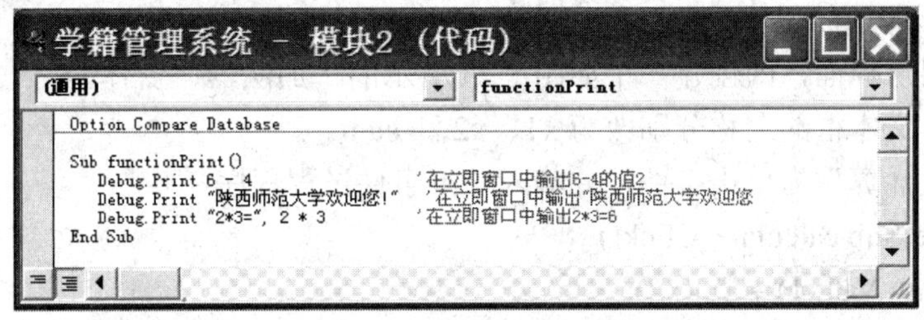

图 8.17　立即窗口显示程序图

(2) 点击“视图”→“立即窗口”，在屏幕上会弹出一个立即窗口，如图 8.18 所示。

(3) 点击“运行”→“运行子过程/用户窗体”，选择 functionPrint，点击“运行”，在立即窗口将会出现如图 8.19 所示的信息。■

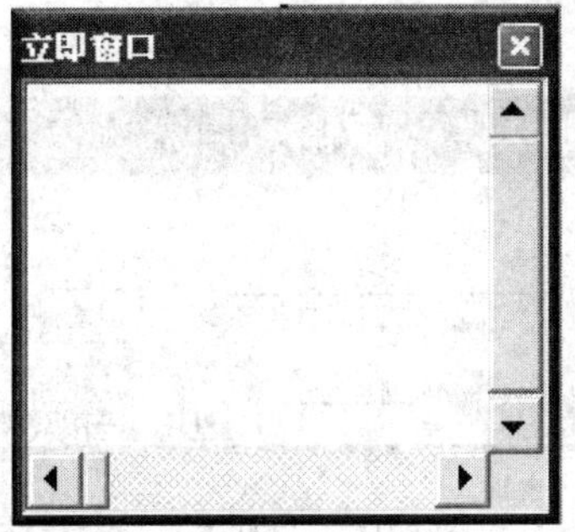

图 8.18　立即窗口

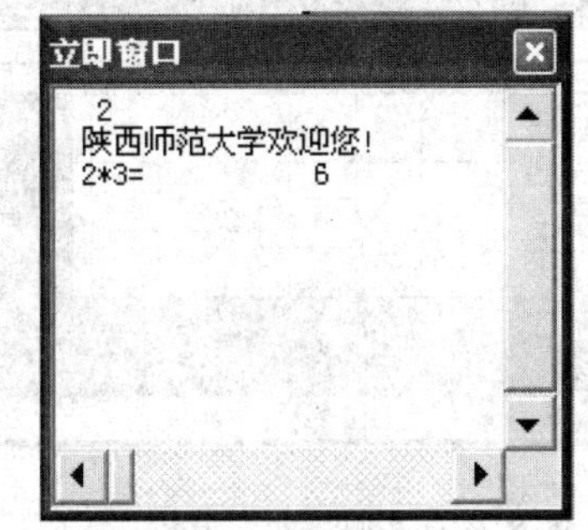

图 8.19　立即窗口显示结果

【例 8.8】 编写一个程序，实现输入一个圆半径，显示该圆的面积。

程序代码如图 8.20 所示。

图 8.20 程序代码

程序运行后将弹出如图 8.21 所示的输入圆半径界面，在文本框中可以输入圆的半径，按“确定”按钮，将弹出相应的运算结果，如图 8.22 所示。■

图 8.21 输入半径界面

图 8.22 运算结果

3) 用文本框控件输出数据

在 VBE 中，文本框控件有简单的输出功能。下面通过一个简单的例子说明文本框还可以作为输出控件使用。

【例 8.9】 在窗体上输入 x1 和 x2 值，并输出 x1 + x2 的结果。

(1) 创建用户界面，即创建一个如图 8.23 所示的“加法器”窗体。

(2) 将三个文本框的名称分别改为 x1、x2 和 sum。

(3) 定义“计算”为单击事件，并输入如下事件过程程序：

```
Private Sub calculate_Click()
    sum = Val(x1) + Val(x2)
End Sub
```

(4) 双击该窗体，在窗体中输入 x1 和 x2 值，单击“计算”按键，则输出计算结果，如图 8.24 所示。■

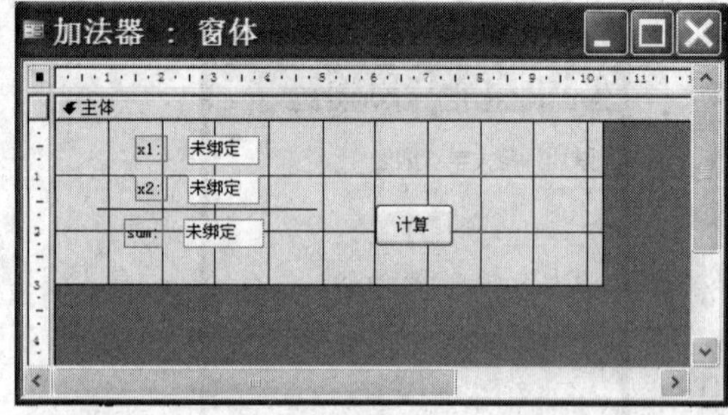

图 8.23 “加法器”窗体

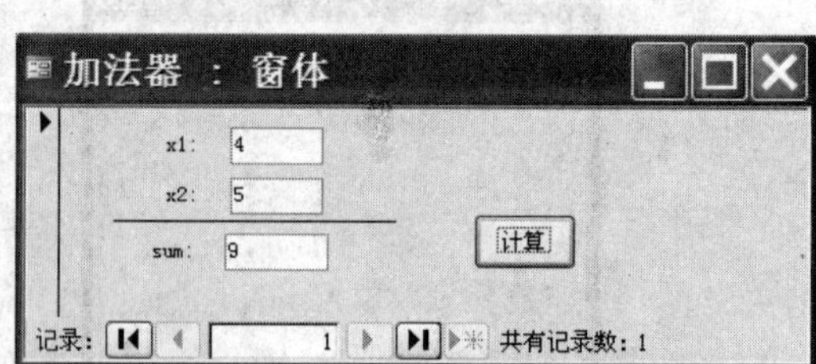

图 8.24 “加法器”设计结果

8.6.2　选择结构

选择结构根据条件是否成立决定程序的执行方向，在不同的条件下进行不同的运算。在 VBA 中，选择结构式是由 If 语句和 Select Case 语句来实现的。

1. If 语句

If 语句也称为条件语句，有 3 种基本语句形式：单分支条件语句、双分支条件语句和多分支条件语句。

1) 单分支条件语句 “If...Then”

单分支结构根据给出的条件是 True 或 False 来决定执行或不执行分支的操作。该语句有两种格式：

① If　<表达式>　Then　<语句>

② If　<表达式>　Then

<语句块>

End　If

格式①称为行 If 语句，格式②称为块 If 语句。表达式可以是关系表达式、逻辑表达式或算术表达式。对于算术表达式，VBA 将 0 作为 False、非 0 作为 True 处理。

在 If 语句 Then 之后可以是一条语句或多条语句。若为多条语句，则必须写在一行上，且语句间必须用“；”分隔。语句块可以是一条语句或多条语句，可以写在一行或多行上。

If 语句执行过程为：首先计算表达式的值，若表达式的值为非 0(True)，则执行“<语句>”或“<语句块>”，否则执行该语句的后续语句。图 8.25 给出了执行单分支条件语句的流程。

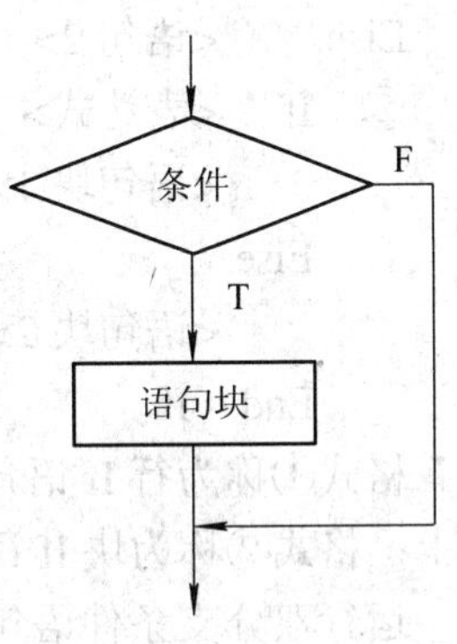

图 8.25　单分支结构流程

【例 8.10】 输入一个数，输出该数是“偶数”还是“奇数”。

在数据库窗口中选择“模块”对象，单击“新建”按钮进入 VBE 编程窗口，在代码窗口中输入如图 8.26 所示的代码，以 define_even 为模块名保存代码。

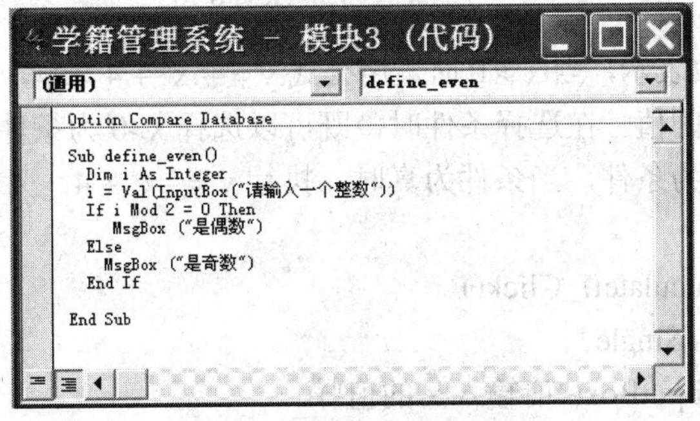

图 8.26　输入奇偶判断代码

选择“运行”→“运行子过程/用户窗体”命令，在弹出的“宏”对话框中选择 define_even，单击“确定”按钮即可运行 define_even 模块中的代码。

当运行到 InputBox 函数时弹出如图 8.27 所示的对话框，程序要求用户输入一个整数，

如输入“5”后单击“确定”按钮，则系统会弹出显示“是奇数”的消息框，如图 8.28 所示。

图 8.27 要求输入一个整数

图 8.28 判断结果

2) 双分支条件语句“If...Then...Else”

双分支结构根据给出的条件是 True 或 False 来决定执行两个分支中的哪一个，该结构由“If...Then...Else”语句实现，其语句格式有两种：

```
① If   <表达式>   Then   <语句 1>
Else   <语句 2>
② If   <表达式>   Then
       <语句块 1>
   Else
       <语句块 2>
   End If
```

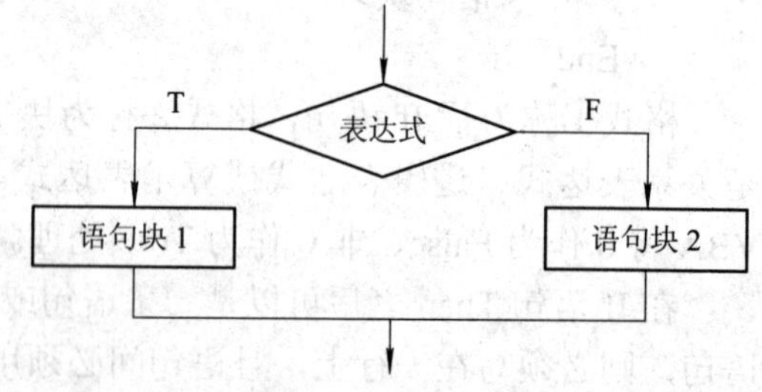

图 8.29 双分支结构流程

格式①称为行 If 语句，其内容必须写在一行上；格式②称为块 If 语句。

运行双分支条件语句时，首先计算表达式的值，若表达式的值为非 0(True)，则执行<语句 1>或<语句块 1>，否则执行<语句 2>或<语句块 2>。图 8.29 给出了执行双分支条件语句的流程。

【例 8.11】 根据以下分段函数，任意输入一个 x 值，求出 y 值。

$$y=\begin{cases}-x^2+4, & x>0\\ x^2-4, & x\leqslant 0\end{cases}$$

分析：该分段函数表示，当 $x>0$ 时，用公式 $y=-x^2+4$ 求解 y 的值；当 $x\leqslant 0$ 时，用公式 $y=x^2-4$ 求解 y 的值。在选择条件时，既可以选择 $x>0$ 为条件，也可以选择 $x\leqslant 0$ 为条件。这里选择 $x>0$ 为条件，当条件为真时，执行 $y=-x^2+4$，为假时执行 $y=x^2-4$。

程序代码如下：

```
Private Sub calculateIf_Click()
    Dim x As Single
    x = Val(InputBox("请输入 x 的值"))
    If x > 0 Then
        y = -x ^ 2 + 4
    Else
        y = x ^ 2 - 4
```

```
        End If
        MsgBox ("函数的值为" & y)
    End Sub
```

程序运行后会弹出一个如图 8.30 所示的对话框，输入 x 值后，按“确定”按钮，会显示出计算结果，如图 8.31 所示。

Microsoft Office Access
请输入x的值
确定
取消
4

图 8.30　输入 x 的值

图 8.31　计算结果

3) 多分支条件语句 If...Then...ElseIf

在实际应用中，处理问题常常需要进行多次判断或需要多种条件，并根据不同的条件执行不同的分支，这就要用到多分支结构。其语句格式如下：

```
If        <表达式 1>   Then
          <语句块 1>
ElseIf    <表达式 2>   Then
          <语句块 2>
…
ElseIf    <表达式 n>   Then
          <语句块 n>
[ Else    <语句块 n + 1>     ]
End   If
```

多分支条件语句的作用是根据不同条件表达式的值确定执行哪一个语句块。首先计算<表达式 1>，如果其值为非 0(True)，则执行 <语句块 1>，否则按顺序计算 <表达式 2>、<表达式 3>……一旦遇到表达式值为非 0(True)，就执行该分支的语句块。End If 作为整个条件分支语句的结束。图 8.32 表示执行多分支条件语句的流程。

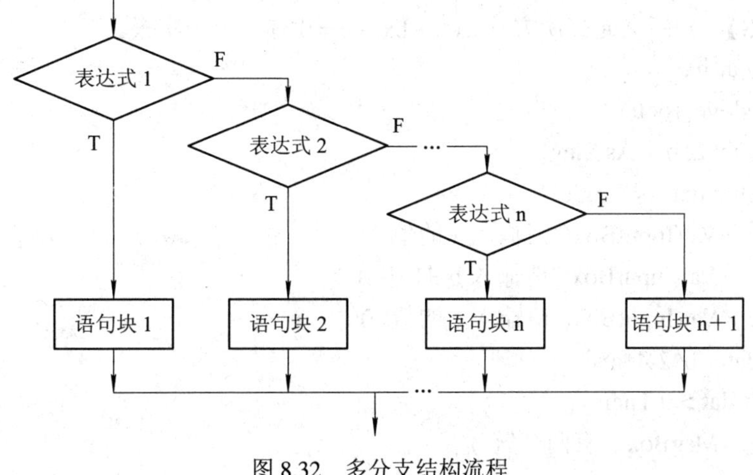

图 8.32　多分支结构流程

【例 8.12】 学生成绩分五个等级：成绩小于 60 分为“不及格”，大于等于 60 分且小于 70 分为“及格”，大于等于 70 分且小于 80 分为“中等”，大于等于 80 分且小于 90 分为“良好”，大于等于 90 分为“优秀”，试编写过程 Grade 判断学生成绩的等级。

程序代码如下：

```
Private Sub Grade_Click()
    Dim score As Single
    score = Val(InputBox("请输入学生成绩"))
    If score < 60 Then
    MsgBox ("该成绩为不及格")
    ElseIf score < 70 Then
    MsgBox ("该成绩为及格")
    ElseIf score < 80 Then
    MsgBox ("该成绩为中等")
    ElseIf score < 90 Then
    MsgBox ("该成绩为良好")
    Else
    MsgBox ("该成绩为优秀")
    End If
End Sub
```

程序运行后会弹出一个如图 8.33 所示的输入成绩对话框，输入成绩后，按“确定”按钮，会显示出该成绩所对应的成绩等级，如图 8.34 所示。

图 8.33 输入成绩

图 8.34 对应的成绩等级

【例 8.13】 判断一元二次方程 $ax^2 + bx + c = 0$ 有多少个实根。

程序代码如下：

```
Sub slove_root()
    Dim a, b, c As Single
    Dim dat As Single
    a = Val(InputBox("请输入 a 的值"))
    b = Val(InputBox("请输入 b 的值"))
    c = Val(InputBox("请输入 c 的值"))
    dat = b^2-4*a*c
    If dat > 0 Then
        MsgBox ("有两个解")
```

```
        ElseIf dat = 0 Then
            MsgBox ("有一个解")
        Else
            MsgBox ("无解")
        End If
    End Sub
```

运行程序后会弹出要求输入 a、b、c 的值的对话框，如图 8.35(a)、(b)、(c)所示。输入后，按“确定”按钮，会显示该一元二次方程解的情况，如图 8.35(d)所示。

(a) 输入 a 值

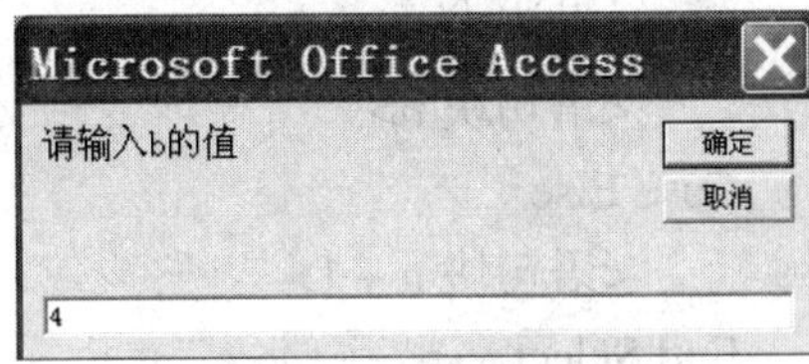

(b) 输入 b 值

(c) 输入 c 值

(d) 判断解结果

图 8.35　例 8.13 运行过程及结果

4) If 语句的嵌套

If 语句的嵌套是指在一个 If 语句的语句块中又完整地包含另一个 If 语句。If 语句的嵌套形式可以有多种，其中最典型的嵌套形式为

```
If    <表达式 1>    Then
      If    <表达式 11>   Then
            …
      End If
…
End If
```

另外，If 语句嵌套还可发生在双分支 If 语句的 Else 语句块中或多分支 If 语句的 ElseIf 语句块中。在使用嵌套的 If 语句编写程序时，应该采用缩进形式书写程序，这样可使程序代码看上去结构清晰、可读性强，便于修改调试。另外还要注意，不管书写格式如何，Else 或 End If 都将与前面最靠近的未曾配对的 If 语句相互配对，构成一个完整的 If 结构语句。

2. Select Case 语句

Select Case 语句也称为情况语句，是一种多分支选择语句，用来实现多分支选择结构。虽然可以用前面介绍过的多分支 If 语句或嵌套的 If 语句来实现多分支选择结构，但如果分支较多，则分支或嵌套的 If 语句层数较多，程序会变得冗长而且可读性降低。为此，VBA

提供的 Select Case 语句以更直观的形式来处理多分支选择结构。Select Case 语句的格式如下：

```
Select   Case<测试表达式>
Case<表达式 1>
    <语句块 1>
Case<表达式 2>
    <语句块 2>
…
Case<表达式 n>
    <语句块 n>
Case Else
    <语句块 n + 1>
End Select
```

说明：

(1) Select Case 后的“测试表达式”可以是任何数值表达式或字符表达式。

(2) Case 后的<表达式>可以是如下形式之一：

① <表达式 1>[,<表达式 2>][,<表达式 3>]…

如“Case1, 3, 5” 表示<测试表达式>的值为 1，3 或 5 时将执行该 Case 语句之后的语句组。

② <表达式 1>To<表达式 2>

如“Case 2 To 15”表示<测试表达式>的值在 2 到 15 之间(包括 2 和 15)时将执行该 Case 语句之后的语句组。

又如“Case"A"To"Z"”表示<测试表达式>的值在“A”到“Z”之间(包括“A”和“Z”)时将执行该 Case 语句之后的语句组。

③ Is<关系运算符><表达式>

如“Case Is>=10”表示<测试表达式>的值大于或等于 10 时将执行该 Case 语句之后的语句组。

以上 3 种形式可以同时出现在同一个 Case 语句之后，各项之间用逗号隔开。例如“Case1, 3, 10 To 20, Is<0”表示<测试表达式>的值为 1 或 3，或在 10 到 20 之间(包括 10 和 20)，或小于 0 时将执行该 Case 语句之后的语句组。

(3) <测试表达式>只能是一个变量或一个表达式，且其类型应与 Case 后的表达式类型一致。

(4) Select Case 语句也可以嵌套，但每个嵌套的 Select Case 语句必须要有相应的 End Select 语句。

(5) 不要在 Case 后直接使用逻辑运算符来表示条件，例如，表示条件 0≤X≤3：

方法一：

```
Select Case X
    Case X>=0 And X<=3
    …
```

```
    End Select
```

方法二：

```
    Select Case X
        Case 0 To 3
        …
    End Select
```

方法三：

```
        If X>=0 And X<=3 Then
        …
    End If
```

其中，方法一错误，方法二、方法三正确，从中可发现 Select Case 语句表达条件的方式比 If 语句更为简洁。

【例 8.14】 用 Select Case 语句实现例 8.13.

程序代码如下：

```
Sub slove_root2()
    Dim a, b, c As Single
    Dim dat As Single
    a = Val(InputBox("请输入 a 的值"))
    b = Val(InputBox("请输入 b 的值"))
    c = Val(InputBox("请输入 c 的值"))
    dat = b ^ 2 - 4 * a * c
    Select Case dat
        Case Is < 0
          MsgBox ("无解")
        Case Is = 0
          MsgBox ("有一个解")
        Case Else
          MsgBox ("有两个解")
    End Select
End Sub
```

8.6.3　循环结构

在实际应用中，很多问题的解决需要在程序中重复执行一组语句或过程。例如，要输入全校学生的成绩、求若干个数之和、统计本单位所有员工的工资等。这种重复执行一组语句或过程的结构称为循环结构。VBA 支持两种类型的循环结构：For 循环和 Do...Loop 循环。

1. For 循环语句

For 循环语句是计数型循环语句，用于控制循环次数已知的循环结构。其语句格式

如下：

```
For 循环变量=初值 To 终值 [Step 步长]
    语句块
    [Exit For]
Next 循环变量
```

说明：

(1) 参数“循环变量”、“初值”、“终值”和“步长”必须为数值型的。语句块称为循环体。

(2) “步长”为循环变量的增值，其值可正可负，但不能为0；若步长为正，则只有当“初值”小于等于“终值”时执行“语句块”，否则不执行；若步长为负，则只有当“初值”大于等于“终值”时执行“语句块”，否则不执行。如果步长值为1，Step 1可以省略不写。

(3) Exit For语句的作用是退出循环，可以出现在循环体中的任何位置。一般与一个条件语句配合使用才有意义。

(4) 循环体被执行的次数是由初值、终值和步长确定的，其计算公式为“循环次数=Int((终值 − 初值)/步长 + 1)”。

(5) For循环语句的执行过程是：

① 把“初值”赋给“循环变量”；

② 检查“循环变量”的值是否超过“终值”，如果超过就结束循环，执行Next后面的语句，否则执行一次“循环体”；

③ 每次执行完“循环体”后，把“循环变量＋步长”的值赋给“循环变量”，转到第②步继续循环。这里所说的“超过”有两种含义，即大于或小于。当步长为正值时，循环变量大于终值为“超过”；当步长为负值时，循环变量小于终值为“超过”。

图8.36表示了执行For循环语句的流程。

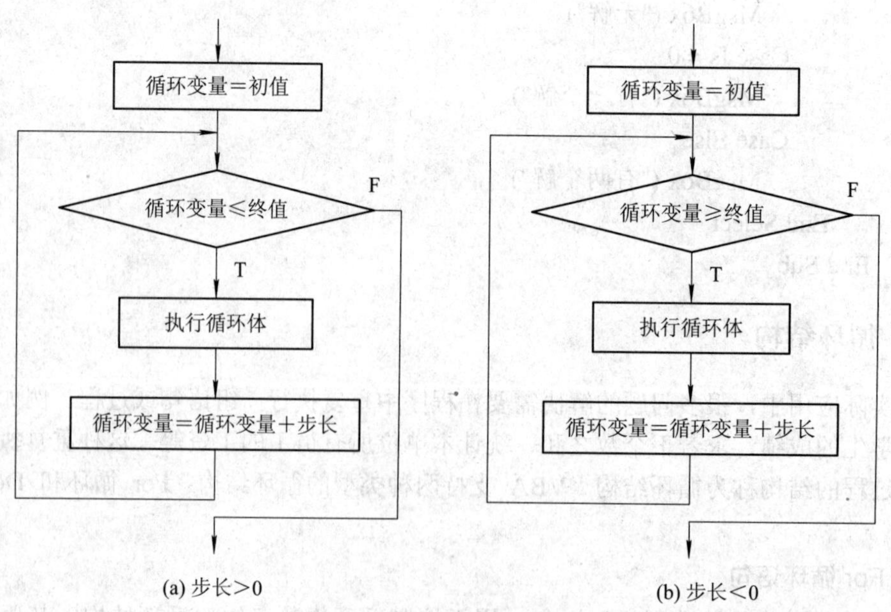

图8.36　For循环语句的流程

【例 8.15】 求数列 1 + 4 + 7 + … + (1 + 3n)的和。

程序代码如下：

```
Sub sum1()
    Dim n, i, sum As Integer
    n = Val(InputBox("请输入 n 的值"))
    sum = 0
    For i = 1 To n Step 3
        sum = sum + i
    Next i
    MsgBox ("结果为" + str(sum))
End Sub
```

运行程序后会弹出一个要求输入 n 的值的对话框，如图 8.37 所示。输入 n 值后，按“确定”按钮，会输出计算结果，如图 8.38 所示。

图 8.37　输入 n 值

图 8.38　输出计算结果

2. Do…Loop 循环语句

Do…Loop 循环语句是条件型循环语句，用于控制循环次数事先无法确定的循环结构，既可以实现当型循环，也可以实现直到型循环，是一种通用、灵活的循环结构。Do…Loop 循环语句有以下两种语句格式。

格式一：

```
Do[{While|Until}<条件>]
语句块
Loop
```

格式二：

```
Do
    语句块
Loop [{While|Until}<条件>]
```

说明：

(1) “条件”可以是关系表达式、逻辑表达式或算术表达式。“语句块”即为循环体。

(2) “格式一”为先判断后执行，循环体有可能一次也不被执行；“格式二”为先执行后判断，循环体至少被执行一次。

(3) 选用关键字 While 时，为当型循环，当条件为 Ture 时就执行循环体，为 False 时退出循环；选用关键字 Until 时，为直到型循环，当条件为 False 时就执行循环体，为 Ture

时退出循环。其执行的流程如图 8.39 所示。

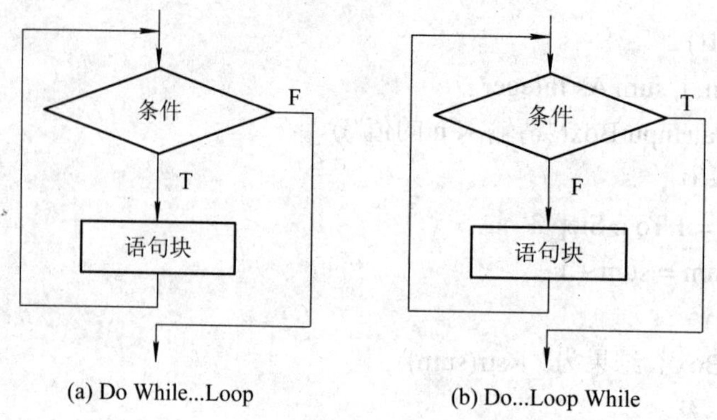

图 8.39　Do….Loop 循环流程

(4) 可以在循环体中任何位置放置 Exit Do 语句，其作用是退出循环。

【例 8.16】 若物价每年以 5%的速度上涨，多少年后物价将翻一番？

模块代码如下：

```
Sub exam_price()
    Dim n, rate As Single
    Dim i As Integer
    rate = 0.05
    n = 1
    Do
        n = n * 1.05
        i = i + 1
    Loop While n < 2
    MsgBox ("要经过" + str(i) + "年")
End Sub
```

运行程序后会输出计算结果，如图 8.40 所示。

图 8.40　输出计算结果

8.7 数　组

在实际应用中，往往会有大量相关的、有序的和同一性质的数据需要处理。例如，要统计某个班同学的数学成绩平均分，或要将某个班同学的数学成绩按从高到低排序，这样成批数据需要处理的问题就可以用数组来解决。

8.7.1 数组的概念

数组是一个在内存中顺序排列的，由若干相同数据类型的变量组成的数据集合。数组的每个成员称为数组元素，每一个数组元素都有唯一的下标，通过数组名和下标，可以唯

一标识和访问数组中的每一个元素。数组元素的表示形式为

数组名(下标 1[，下标 2…])

其中，“下标”表示数组元素在数组中的顺序位置。只有一个下标的数组表示一维数组，如 a(3)；有两个下标的数组表示二维数组，如 b(2,6)；有多个下标的数组表示多维数组。下标的取值范围不能超出数组定义的上、下界范围。

如果在定义数组时确定了数组的大小，即确定了下标的上、下界取值范围，数组元素的个数在程序运行过程中固定不变，称其为静态数组；如果在定义数组时暂时不能确定数组的大小，在使用时根据需要重新定义其大小，称其为动态数组。

8.7.2　静态数组

声明静态数组的形式如下：

Dim 数组名(下标 1[，下标 2…])[As 数据类型]

说明：

(1) “数组名”必须是一个合法的变量名。

(2) “下标”必须为常数，不可以是表达式或变量。例如，数组声明：

```
Dim x(10)   As   Single
```

是正确的，而数组声明：

```
n = 10
Dim x(n)   As   Single
```

则是错误的。

(3) 下标的形式为：[常数 1 To] 常数 2。其中，“常数 1”称为下界，“常数 2”称为上界。下标下界最小可为−32 768，上界最大可为 32 767，若省略下界，则其默认值为 0。例如，以下数组声明均合法：

```
Dim a (1   to   50) As single
Dim b (−2   to   3) As single
```

(4) 一维数组的大小，即数组元素个数的计算公式为“上界 − 下界 + 1”。例如：

```
Dim a (100) As single
Dim b (−2   to   3) As single
```

数组 a 的大小为：100 − 0 + 1 = 101 个元素；数组 b 的大小为：3 − (−2) + 1 = 6 个元素。

(5) 子句 As 说明数组元素的类型，可以是 Integer、Long、Single、Double、Boolean、String(可变长度字符串)、String*n(固定长度字符串)、Currency、Byte、Date、Object、Variant、用户定义类型或对象类型。如果省略该项，则与前述简单变量的声明一样，默认为变体类型数据。例如：

```
Dim s(50)   As Integer
```

该语句声明了数组 s，其元素类型为整数，下标范围为 0～50，共有 51 个元素。若在程序中使用 s(−1)或 s(51)等，则系统会提示“下标越界”。

声明数组后，计算机为该数组分配存储空间，数组中各元素在内存中占一片连续的存储空间，且存放的顺序与下标顺序一致。

【例 8.17】 编写一个程序，要求用随机函数产生 10 位同学的考试成绩，求最高分、最低分和平均分。

分析：10 位同学的成绩可以设置一个一维数组 Score 来存储。求最高分、最低分实际上就是求一组数据的最大值、最小值的问题；求平均分必须先求出 10 个数据之和，再除以 10 即可。

求 10 个数的最大值，可以按以下方法进行：

(1) 设一个存放最大值的变量 Max，其初值为数组中第 1 个元素，即 Max=Score(1)。

(2) 用 Max 分别与数组元素 Score(2)，Score(3)，…，Score(10)进行比较，如果数组中的某个数 Score(i)大于 Max，则用该数替换 Max，即 Max=Score(i)。所有数据比较完后，Max 中存放的即为所有数组元素的最大数。求最小值的方法与求最大值的方法类似。

程序代码如下：

```
Option Base 1                              '在窗体模块的声明段设数组的默认下界为 1
Dim Score(10) As Integer                   '声明数组 Score
Dim Max As Integer, Min As Integer, Average As Single, Total As Integer, i As Integer
Sub Count_Score()
    For i = 1 To 10
      Score(i) = Int(Rnd * 101)            '产生成绩
      Debug.Print Score(i)                 '通过立即窗口显示成绩
    Next i

    Total = 0                              'Total 用于存放总成绩
    Max = Score(1)                         '设置 Max 的初值为数组中的第一个元素
    Min = Score(1)                         '设置 Min 的初值为数组中的第一个元素
    For i = 1 To 10                        '通过循环依次比较，求最大值、最小值并求总和
      If Score(i) > Max Then
          Max = Score(i)
      End If
      If Score(i) < Min Then
          Min = Score(i)
      End If
      Total = Total + Score(i)
    Next i
    Average = Total / 10                   '求平均值

    Debug.Print
    Debug.Print "最高成绩="; Max           '通过立即窗口显示最高成绩
    Debug.Print "最低成绩="; Min           '通过立即窗口显示最低成绩
    Debug.Print "平均成绩="; Average       '通过立即窗口显示平均成绩
End Sub
```

运行程序后会输出计算结果，如图 8.41 所示。

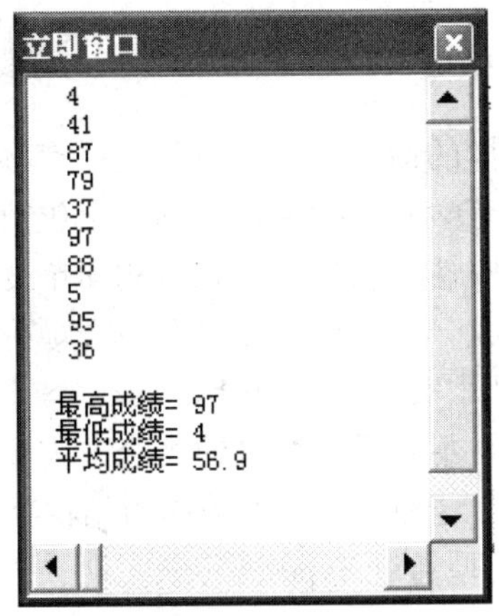

图 8.41　例 8.17 输出结果

8.7.3　动态数组

静态数组的大小在定义数组时通过指定上、下界确定。在解决实际问题时，所需要的数组到底应该定义多大才合适，有时可能无法确定，所以希望能够在运行程序时改变数组的大小。

动态数组是指在程序执行过程中数组元素的个数可以改变的数组。动态数组也称可变大小的数组。使用动态数组就可以在任何时候改变其大小，并且可以在不需要时消除其所占的存储空间。例如，可以在短时间内使用一个大数组，然后在不使用这个数组时将内存空间释放给系统。因此，使用动态数组更加灵活、方便，并有助于高效管理内存。

建立动态数组需要分两个步骤进行：

(1) 使用 Dim、Private 或 Public(公用数组)语句声明括号内为空的数组，即声明一个空数组。如：Dim Score() As Integer

(2) 在执行程序时，在过程代码中使用 ReDim 语句指明该数组的大小。ReDim 语句的形式为：

ReDim 数组名(下标 1[,下标 2...])[As 类型]

说明：

在动态数组声明中的下标只能是常量，而 ReDim 语句中的下标可以是常量，也可以是有确定值的变量。“As 类型”可以省略，若不省略，必须与 Dim 声明语句保持一致。

ReDim 语句只能出现在过程中，是一个可执行语句，在程序运行时执行，可以进行动态内存分配。

在过程中可以多次使用 ReDim 语句来改变数组的大小，也可以改变数组的维数。

每次执行 ReDim 语句时，当前存储在数组中的值会全部丢失。VBA 重新对数组元素进行初始化，即将可变类型数组元素值置为 Empty，将数值类数组元素值置为 0，将字符串类型数组元素值置为零长度字符串。

可以在 ReDim 之后使用 Preserve 关键字，来保留动态数组中原有数据，但这时只能改

变最后一维的上界。

8.7.4 自定义数据类型

在实际应用中，常遇到这样的情况：一个对象往往有多个属性，而它们的数据类型又各不相同，如一个学生的属性有学号、姓名、性别、出生日期和学习成绩等，这些属性都与某一学生相关，如果将每个属性分别定义为独立的简单变量，则难以反映它们之间的联系。因此，有必要把它们组织成一组合项，在一个组合项中包含若干个不同的数据项。可以利用 VBA 的自定义数据类型来实现这种组合。

用户自定义数据类型是一组不同类型变量的集合，需要先定义，再做变量声明，然后才能使用。在有的高级语言中，这种数据类型被称为结构类型或者记录类型。

在 VBA 中，自定义数据类型通过 Type 语句来实现。语法格式如下：

```
Type  自定义类型名
    元素名 1[下标]As  类型名
    元素名 2[下标]As  类型名
    元素名 3[下标]As  类型名
    …
End Type
```

其中，“自定义类型名”是数据类型名，而不是变量名。“元素名”表示自定义数据类型的一个成员，即对象的属性。“下标”表示该成员数组。

例如，以下语句定义了一个学生信息的自定义数据类型：

```
Type Students
    num As Integer
    name As String *20
    Sex As String *1
    Mark(1 to 5) As Integer
    Total As Single
End Type
```

自定义数据类型定义好了之后，即可以在变量声明时使用该类型。如定义一个类型为 Students 的变量 Stu

```
Dim Stu As Students
```

在声明了自定义数据类型变量以后，就可以引用该变量中的元素。引用形式如下：

变量名.元素名

例如，Stu.num 表示 Stu 变量中的学号，Stu.name 表示 Stu 变量中的姓名，Stu.mark(3) 表示 Stu 变量中的第三门课程的成绩。使用赋值语句可以给它们赋值：

```
Stu.num=2012001
Stu.name="李四"
Stu.mark(3)=86
```

当成员元素太多时，可以使用 With 语句对变量 Stu 进行简化，例如：

```
With Stu
  .num=2012001
  .name="李四"
  .mark(3)=86
End With
```

自定义数据类型一般在标准模块(.bas)中定义，默认为 Public。若在窗体模块中定义，必须是 Private。自定义数据类型的元素类型可以是字符串，但必须是指定长度的字符串。

8.8　过程调用和参数传递

8.8.1　Function 过程的定义和调用

1. Function 过程定义

Function 过程又称函数过程，调用 Function 会得到一个返回值。如，要求一个三角形的面积、求 N 个数中最大数等，就可调用 Function 过程来解决。Function 过程定义如下：

```
[Private][Public][Static] Function 过程名[参数列表] [As 类型]
    函数代码
End Function
```

说明：

Private 表示 Function 过程为私有过程，只能被本模块的其他过程调用。Public 表示 Function 过程为公有过程，可以在任何模块中调用它。Static 表示 Function 过程中的局部变量在程序运行中能保持其值不变

“函数代码”中应该至少包含一个赋值语句“过程名=表达式”，该语句的作用是把表达式的值作为函数的返回值。

“参数列表”不为空时，每个参数的格式为：

```
[ByVal] 变量名 As 类型
```

其中，选择 ByVal 时表示参数传递为值传递，否则为地址传递。

【例 8.18】 编写一个求立方体体积的函数过程。

```
Function Cubage(ByVal a!,ByVal b!,ByVal c!) As Single
    Dim S!
    S=a*b
    Cubage =S*c
End Function
```

2. Function 过程的调用

要执行一个 Function 过程，必须要调用该过程。调用 Function 过程就像调用 VBA 内部函数一样。如，使用内部函数 Abs(x)求绝对值，并把其值赋给变量 y 的调用语句为

```
y=Abs(2)
```

调用 Cubage 函数求边长分别为 2、3、4 的立方体的体积及并把其值赋给 S 的调用语句为：

```
S= Cubage (2,3,4)
```

由于 Function 过程能返回一个值，因此可以把它当成一个函数，它与内部函数的区别在于：内部函数是由系统提供的，而 Function 过程是由用户根据需要来定义的。

在调用一个函数过程时，一般都有参数传递，即把主调函数的实际参数传递给被调函数的形式参数。实际参数和形式参数的数据类型、顺序及个数必须要保持一致。

8.8.2 Sub 过程的定义及调用

1. Sub 过程的定义

Sub 过程又称为子过程，调用 Sub 过程，无返回值。Sub 过程还可以分为通用过程和事件过程。通用过程可以实现各种应用程序的执行；而事件过程是基于某个事件而执行的，如命令按钮的 Click 事件的执行。

通用过程的定义格式如下：

```
[Private][Public][Static] Sub 过程名([参数列表])
    过程代码
End Sub
```

【例 8.19】 在立即窗口中输入“陕西师范大学欢迎您！”。

Sub 通用过程代码如下：

```
Sub star()
    Ddbug.print "陕西师范大学欢迎您！"
End Sub
```

事件过程的定义格式如下：

```
[Private][Public][Static]Sub 对象名_事件名([参数列表])
    过程代码
End Sub
```

其中，常用的对象有窗体(Form)、命令按钮(Command)和文本框(Text)等控件对象；常用事件有鼠标单击(Click)、鼠标双击(Dbclick)和窗体加载(Load)等事件。

【例 8.20】 设计一个窗体，在窗体中按“Calculate”按钮，弹出一个对话框，要求输入一个正整数 n，计算 n!，并输出计算结果。

Sub 事件过程代码如下：

```
Private Sub Calculate_click()
    Dim n, i, S As Integer
    n=InputBox("请输入 n：")
    S=1
    For i = 1 to n
        S=S*i
    Next i
```

```
    MsgBox("结果为: "+str(S))
End Sub
```

2. Sub 过程调用

在过程代码中使用一个过程调用语句可以调用一个 Sub 过程。Sub 过程的调用格式有以下两种：

Call　过程名[(实参列表)]

或

过程名[(实参列表)]

【例 8.21】 用 Sub 过程调用实现例 8.20 的功能。

程序代码如下：

```
Public Sub Calculate_factorial(ByVal n As Integer)
    Dim i, S As Integer
    S = 1
    For i = 1 To n
        S = S * i
    Next i
    MsgBox ("结果为:" + str(S))
End Sub

Private Sub Main_calculate_Click()
    Dim n As Integer
    n = InputBox("请输入 n：")
    Call Calculate_factorial(n)
End Sub
```

运行程序后会弹出一个要求输入 n 的值的对话框，如图 8.42 所示。输入一个 n 值后，按“确定”按钮，会输出计算结果，如图 8.43 所示。

图 8.42　输入 n 值

图 8.43　输出计算结果

【例 8.22】 用函数过程调用实现例 8.20 的功能。

程序代码如下：

```
Public Function Calculate_fac(ByVal n As Integer)
    Dim i, S As Integer
    S = 1
    For i = 1 To n
```

```
        S = S * i
    Next i
    Calculate_fac = S
End Function

Private Sub Main_calculate_Click()
    Dim n, i, S As Integer
    m= InputBox("请输入 n：")
    S = Calculate_fac(n)
    MsgBox ("结果为:" + str(S))
End Sub
```

程序执行后将会出现和例 8.21 一样的过程和结果，从表面上看例 8.22 和例 8.21 没有什么区别，但是例 8.21 是通过 Sub 过程调用实现的，而例 8.22 是通过函数过程调用实现的。Sub 过程调用没有返回值，所以它只能在函数中显示计算结果；而函数过程调用有返回值，所以它可以在调用函数中显示计算结果。

8.8.3 参数传递

参数传递分为形式参数(形参)传递和实际参数(实参)传递两种。在定义过程中出现的参数为形参；在调用程序的过程中出现的参数为实参。如在例 8.22 中 Public Function Calculate_fac(ByVal n As Integer)的参数 n 属于形参；调用过程 Calculate_fac(n)中的参数 n 为实参。

在 VBA 中，实参传递给形参的方式有“值传递”和“地址传递”两种。在形参中使用关键字 ByVal 为值传递，使用关键字 ByRef 为地址传递，默认为地址传递。

值传递方式是：当调用一个过程时，系统将过程外部的变量的值复制给对应的形参，形参获得实参的值后参与过程体的执行，此时，形参与外部变量之间没有联系。实际上，形参和实参在程序运行过程中各自拥有不同的存储单元，也就是说过程体执行完毕后，实参的值并不会改变。

地址传递方式是：调用一个过程时，系统将实参的地址复制给对应的形参，形参从该地址取值参与过程体的执行，在过程运行中，实参与形参是同一存储单元。过程体执行完毕后，实参的值可能会被改变。

8.9 VBA 与数据库

在实际应用中，很多应用程序在运行过程中都会对数据库进行访问，以便检索数据库中的信息以及处理信息。VBA 对 Access 数据库的访问是通过 Micorsoft Jet 数据库引擎工具来实现的。所谓数据库引擎实际上是一组动态链接库，但程序运行时被连接到 VBA 程序而实现对数据库数据的访问。

在 VBA 中，主要提供了 3 种数据库访问接口：ODBC、DAO 和 ADO。本文仅介绍使

用 DAO 访问数据库的方法。

VBA 通过数据库引擎可以访问的数据库类型有以下 3 种：

(1) 本地数据库，即 Access 数据库

(2) 外部数据库，即所有的索引访问方法(ISAM)数据库。

(3) ODBC 数据库，即符合开放式数据库连接(ODBC)标准的客户/服务器数据库。

数据访问对象 DAO(Data Access Object)也称为 DAO 数据访问接口，通过该接口可以访问本地和远程数据库中的数据和对象。

使用 DAO 访问数据库的步骤如下：

(1) 声明 DAO 对象变量。语句为

```
Dim 变量 As DAO 对象类型
```

其中，DAO 对象主要类型有 Workspace(工作区)、Database(数据对象)、Recordset(记录集)、Fields(字段信息)、Querydef(查询信息)和 Error(出错处理)等。

例如：

```
Dim Ws As Workspace
Dim Db As Database
Dim Rs As Recordset
```

(2) 通过 Set 语句引用 DAO 对象变量。例如：

```
Set Ws =Dbengine. Workspace ()          '打开工作区
Set Db =wo.OpenDatabase ()              '打开数据库
Set Rs = Db.OpenRecordset("学生表")     '打开数据表
```

(3) 关闭数据库以及回收内存单元。关闭数据库使用 Close 方法，例如：

```
Db.Close
```

回收变量的内存单元使用 Set 语句，例如：

```
Set Rs =Nothing
```

【例 8.23】 根据学籍管理系统中的“学生表”表(如图 8.44 所示)统计男女生人数。

过程代码如下。

```
Public Sub Calculate_number()
    Dim female, male As Integer
    Dim Ws As DAO.Workspace
    Dim Db As DAO.Database
    Dim Rs As DAO.Recordset
    Dim x As DAO.Field
    Set Db = CurrentDb()
    Set Rs = Db.OpenRecordset("学生表")
    Set x = Rs.Fields("性别")
    female = 0
    male = 0
    Do While Not Rs.EOF
        If x < "女" Then
```

```
                female = female + 1
            Else
                male = male + 1
            End If
            Rs.MoveNext
        Loop
        MsgBox ("女生数:" + str(female) + "      男生数:" + str(male))
        Db.Close
    End Sub
```

运行过程 Calculate_number，弹出一个显示男女生人数的窗口，如图 8.45 所示。

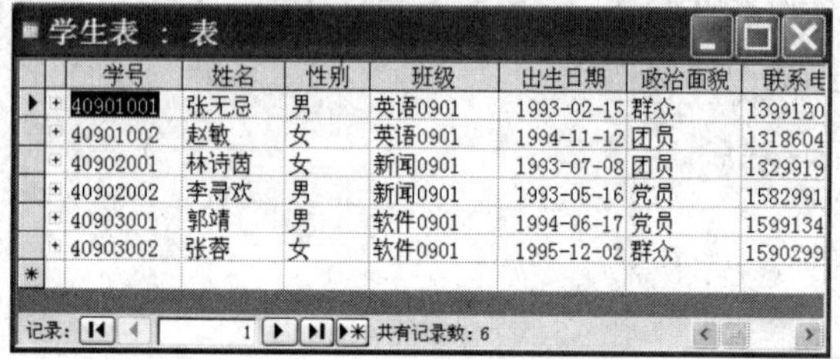

学生表 : 表

学号	姓名	性别	班级	出生日期	政治面貌	联系电
40901001	张无忌	男	英语0901	1993-02-15	群众	1399120
40901002	赵敏	女	英语0901	1994-11-12	团员	1318604
40902001	林诗茵	女	新闻0901	1993-07-08	团员	1329919
40902002	李寻欢	男	新闻0901	1993-05-16	党员	1582991
40903001	郭靖	男	软件0901	1994-06-17	党员	1599134
40903002	张蓉	女	软件0901	1995-12-02	群众	1590299

记录: 1 共有记录数: 6

图 8.44　学生表

图 8.45　男女生人数显示窗口

习题 8

一、选择题

1. 在 VBA 中，下列符号(　　)不是数据类型符。

   A. #　　B. %　　C. $　　D. *

2. 下列符号中，(　　)不是 VBA 的合法变量名。

   A. 中国　　B. china　　C. 123_ok　　D. of_123

3. 以下符号中，不属于系统定义常量的是(　　)。

   A. Null　　B. Yes　　C. True　　D. False

4. 在 Access 模块设计中，能够接收用户输入数据的函数是(　　)。

   A. InpuBox()　　B. MsgBox()　　C. Now()　　D. Sgn()

5. 表达式“4+5\6*7/8”的运算结果是(　　)。

   A. 4　　B. 5　　C. 6　　D. 8

6. 下列数组定义中，错误的是(　　)。

   A. Dim a(1 to 10) As Integer　　B. Dim a(10) As Integer

   C. Dim a(1,10) As Integer　　D. Dim a(10)%

7. 以下是一个过程中的程序段，执行该程序段后，A、B、C 的值为(　　)。

```
A=3;     B=6;
If A>B Then
```

```
        C=A: A=B:C=A
    End If
```

A. 3、3、6　　B. 3、6、3　　C. 6、3、3　　D. 6、6、3

8．以下是一个过程中的程序段，执行该程序段后，Sum 的值为(　　)。

```
    Sum=0
    For  i= 0  to 10  step=2
        Sum= sum+i
    Next  i
```

A. 25　　B. 35　　C. 45　　D. 55

二、填空题

1．VBA 是 Microsoft Office 系列软件的__________，其语法与独立运行的__________编程语言互相兼容。

2．在 VBA 中，定义符号常量使用关键字________，定义变量使用关键字____。

3．在 Access 的模块设计中，能够输出信息的函数是__________。

4．结构化程序设计的 3 种基本结构是___________、__________、__________。

5．在 For 循环结构中，步长可以是______，也可以是______，默认为____。

6．模块中的过程以___________开头，以________结束。

7．模块中的函数以___________开头，以________结束。

8．声明了二维数组 Dim　Array(2,30) As Integer，则该数组的元素个数为________。

三、简答题

1．什么是模块？如何创建模块？

2．VBA 和 Access 有什么关系？

3．过程与模块是什么关系？

4．如何定义函数过程？如何调用函数过程？

5．如何在窗体上运行 VBA 程序代码？

四、设计题

1．实现一个查找窗体，当输入学生的学号时，显示该学生的考试成绩。

2．按要求完成以下设计：

(1) 编写一个过程函数求 N!，即自然数 N 的阶乘。

(2) 编写一个过程，调用(1)中的函数过程求 1! + 2! + 3! + N!。

第9章 数据库安全

数据安全对于数据库管理系统来讲是非常重要的。数据库中通常存储了大量的数据，包括个人信息、客户清单或其它机密资料。有时，系统或人为操作不当等原因会导致数据的损坏和丢失，并可能造成严重后果，特别是在银行、金融等系统中。为了保证数据的安全可靠、正确可用，Access 提供了一系列数据安全保护措施，如数据备份、密码及其他安全机制。

9.1 数据备份

在 Access 中，数据备份主要是指对数据库文件及其对象的备份。数据库系统中的数据是用户管理和使用的核心，为了防止数据的丢失和损坏，数据备份是最常用，也是最重要的安全保障措施。

1. 数据丢损的主要原因

数据丢损的主要原因有：

(1) 系统硬件故障，如磁盘的损坏导致数据丢失，突然停电或死机也可能导致数据的丢失或损坏。

(2) 应用程序或操作系统出错。由于操作系统或应用程序中可能存在不完善的地方，当遇到某种突发事件时，应用程序非正常终止或系统崩溃，可能会导致数据丢失。

(3) 人为错误。一些人工误操作，如格式化、删除文件、终止系统或应用程序进程，也可能导致数据丢失或损坏。

(4) 感染电脑病毒、黑客入侵。目前，大多数计算机都连接在网络上，若缺少有效的防范机制，很容易遭受病毒的感染或黑客入侵，轻者数据被损坏，重者系统瘫痪。

2. 数据库文件的备份

使用数据库的过程中，为了保护重要的数据不丢失，可以通过备份数据库来保护数据。Access 数据库将所有对象都集中存放在一个 mdb 文件中，要实现 mdb 文件的备份很方便，可以通过菜单命令备份数据库，也可以通过复制或压缩的方式将数据库文件存放到其它磁盘分区中。

通过菜单命令备份数据库的方法如下：

(1) 打开需要备份的数据库，然后选择“工具”→“数据库实用工具”→“备份数据库”命令。

(2) 打开“备份数据库另存为”对话框，在其中选择存放的位置，然后输入备份数据库文件名，单击“保存”按钮，即可完成对数据库文件的备份。

【例 9.1】 将“学籍管理系统”数据库文件备份到 D 盘中。

操作步骤如下：

(1) 打开“学籍管理系统”数据库，选择菜单中的“工具”→“数据库实用工具”→“备份数据库”命令，如图 9.1 所示。

(2) 打开“备份数据库另存为”对话框，在“保存位置”下拉列表中选择“本地磁盘(D:)”选项，“文件名”下拉列表框中的文件名保持默认，然后单击“保存”按钮，如图 9.2 所示，即可将“学籍管理系统”数据库保存到 D 盘中。■

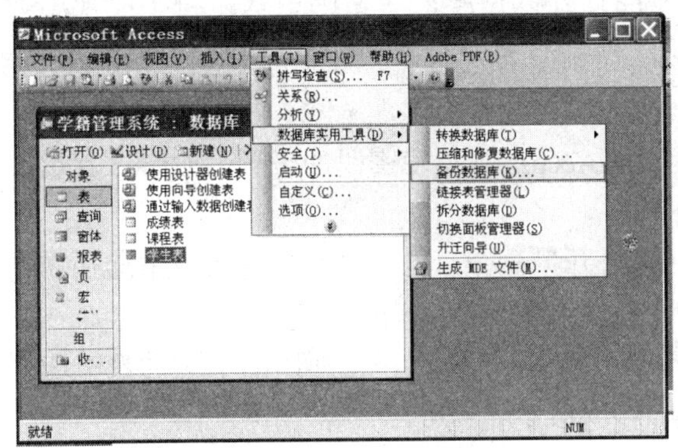

图 9.1　数据备份步骤(1)

图 9.2　数据备份步骤(2)

3. 数据库对象的备份

数据库是由基本表、查询、窗体、报表、数据访问页、宏和模块 7 种对象组成的。在对某个对象进行操作、编辑、修改时，可能会因系统故障或误操作导致数据损坏和丢失，为了保护原有数据及新增加和修改的数据，完全有必要对数据库对象进行备份。

在 Access 中可以通过打开数据库，选择数据库中的某个对象，然后选择菜单“文件”→“另存为”命令或“文件”→“导出”命令来实现对数据库对象的备份。

【例 9.2】 备份“学籍管理系统”数据库文件中的基本表“学生表”。

操作步骤如下：

(1) 打开“学籍管理系统”数据库。

(2) 单击“表”对象，选取“学生表”表。

(3) 选择菜单中的“文件”→“另存为”命令，打开“另存为”对话框。

(4) 在“另存为”对话框中指定文件名和保存类型，如图 9.3 所示。

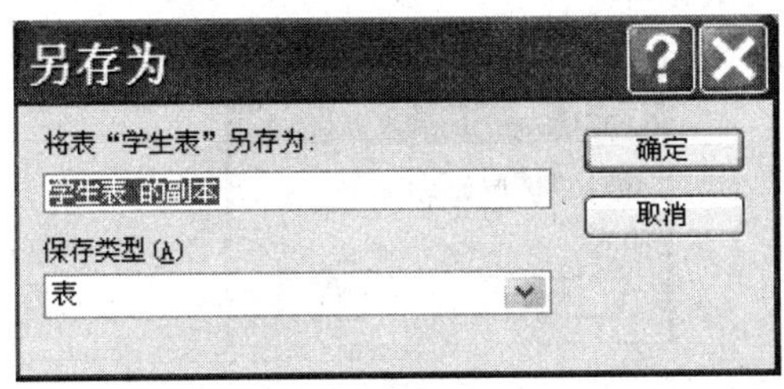

图 9.3　文件备份方法一

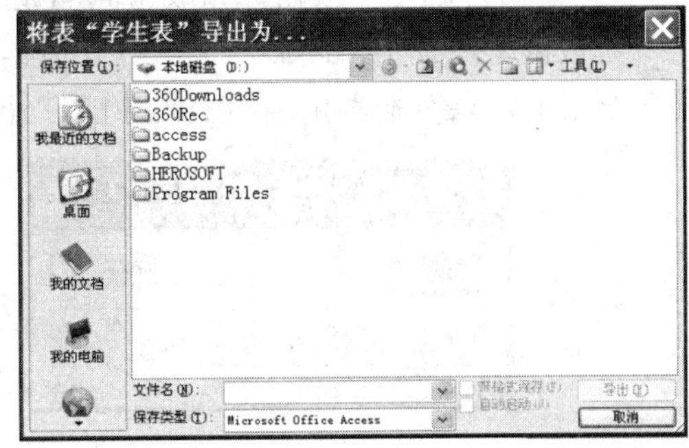

图 9.4　文件备份方法二

(5) 也可以通过选择“文件”→“导出”命令把表备份到其它磁盘分区中，如图 9.4 所示。■

9.2 设置数据库密码

保护数据库最简单的方法是设置数据库密码，在打开数据库时，系统首先弹出一个输入密码的对话框，只有输入正确的密码，才能打开数据库；若密码错误，将不能使用数据库。

1. 设置密码

由于 Access 是 Office 中的一个组件，因此，Access 数据库密码的设置与 Office 其它组件的文件密码设置方法相同，具体操作如下：

(1) 启动 Access 2003，选择“文件”→“打开”命令，在“打开”对话框中选择需要设置密码的数据库。

(2) 单击“打开”对话框中“打开”按钮右侧的下拉按钮，在弹出的下拉列表中选择“以独占方式打开”选项来打开数据库，如图 9.5 所示。

(3) 在打开的数据库中，选择“工具”→“安全”→“设置数据库密码”命令，如图 9.6 所示。

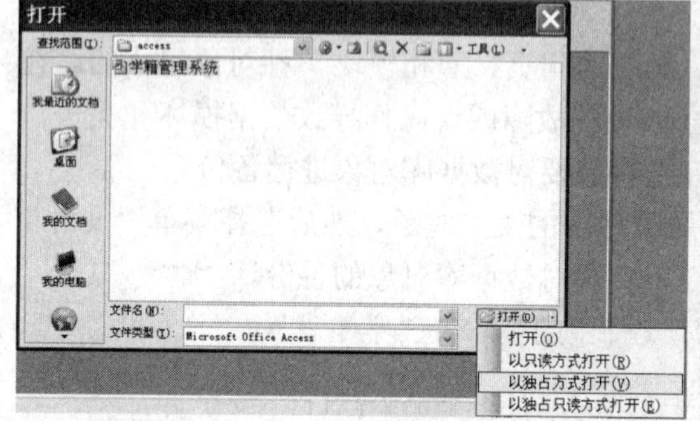

图 9.5　数据库的打开

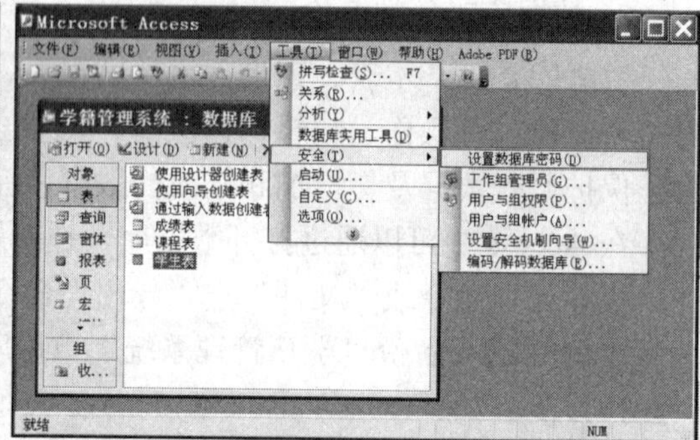

图 9.6　选择“设置数据库密码”命令

(4) 在弹出的“设置数据库密码”对话框的“密码”文本框中设置密码，密码是区分大小写的；然后再一次在“验证”文本框中输入相同的密码进行确认，如图 9.7 所示。

(5) 单击“确定”按钮，完成密码的设置。

对数据库设置了密码后，下次打开数据库时，就会弹出如图 9.8 所示的“要求输入密码”对话框，只有输入正确的密码才能打开和使用数据库。

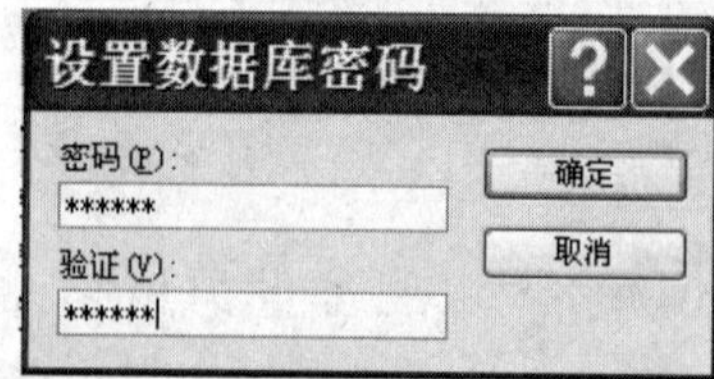

图 9.7　设置数据库密码

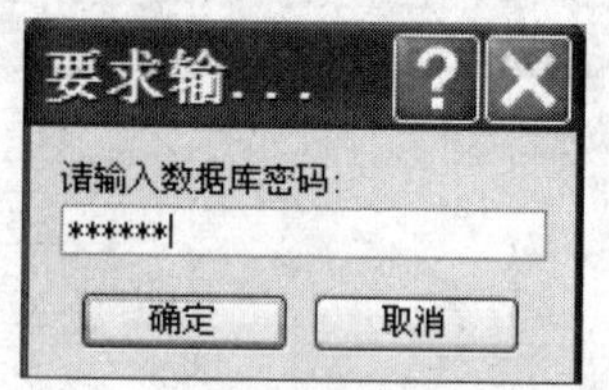

图 9.8　“要求输入密码”对话框

2. 撤消密码

只有对设置了密码的数据库，才能执行撤消密码操作。如果要更改密码，也必须要先撤消密码，再重新设置密码。撤消密码的操作步骤如下：

(1) 关闭数据库。

(2) 选择“文件”→“打开”命令，在“打开”对话框中选择需要撤消密码的数据库。

(3) 单击“打开”对话框中“打开”按钮右侧的下拉按钮，在弹出的下拉列表中选择“以独占方式打开”选项来打开数据库。

(4) 输入密码打开数据库。

(5) 选择“工具”→“安全”→“撤消数据库密码”命令，如图9.9所示，弹出“撤消数据库密码”对话框。

(6) 在“撤消数据库密码”对话框中输入要撤消的密码，单击“确定”按钮，如图9.10所示。

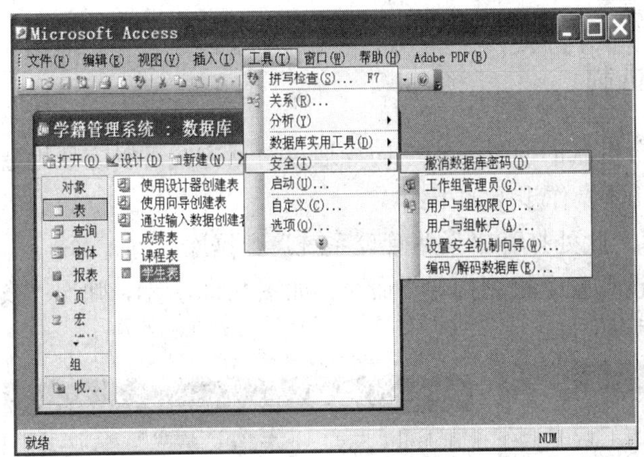

图9.9 选择“撤消数据库密码”命令

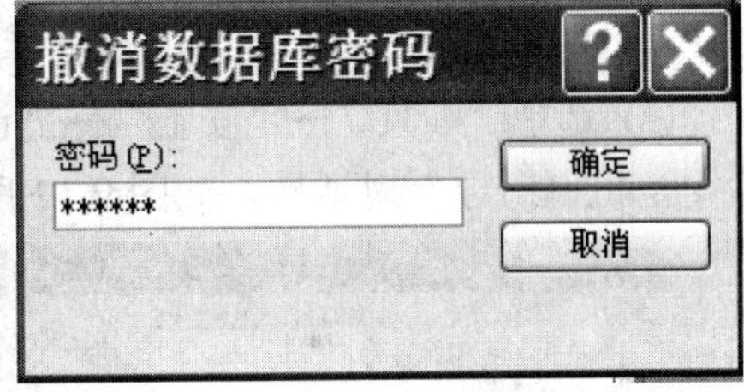

图9.10 “撤消数据库密码”对话框

9.3 用户级安全机制

Access 数据库的用户级安全机制和在基于服务器的系统上看到的用户级安全机制相同，一个 Access 数据库往往有若干个用户同时使用，数据库中的对象有些可以看成是公有的，有些可以看成是私有的；有些可以看成是用户级别的，还有些可以看成是管理员级别的。为了数据库中数据的安全，可以对不同的用户设置不同的访问密码和权限，并且可以规定哪些用户可以访问数据库中的哪些对象，可以进行哪些操作。

9.3.1 用户级安全机制的概念

1. 用户与用户账户

用户是指普通用户，其对数据库的操作往往受到系统管理员的限制。用户账户是指数据库为个人提供的特定的权限，用户可以使用用户账户访问数据库中的信息资源。

2. 管理员与管理员账户

管理员是指对数据库拥有最大权限的用户，主要包括“所有权”、“管理权”、“修改权”和“读取权”等。在最初建立数据库时，Access 将管理员账户默认为 Administrator。

3. 工作组与工作组信息文件

工作组是指在多用户环境下的一种用户，又分为用户组和管理员组，同一组成员共享数据和同一个工作组的信息文件。工作组信息文件存储了有关工作组成员的信息，该信息包括用户的用户名、用户账户及所属的组。在首次安装 Access 时，系统会自动生成一个默认的工作组信息文件。

4. 权限与权限管理

权限是指用户对数据对象的操作权力，用于指定账户对数据库中的数据或对象所拥有的访问类型，是一组属性。权限管理主要是管理员组成员使用的，以给不同用户分配相应的权力。

9.3.2 利用向导设置用户级安全机制

Access 提供了一个设置用户级安全机制的向导，利用向导通过对话方式可以方便地建立新的账户和工作组，并分配权限。具体操作步骤如下：

(1) 打开要设置安全机制的数据库。此处打开“学籍管理系统”数据库。

(2) 选择“工具”→“安全”→“设置安全机制向导”命令，如图 9.11 所示，弹出“设置安全机制向导”对话框，如图 9.12 所示。

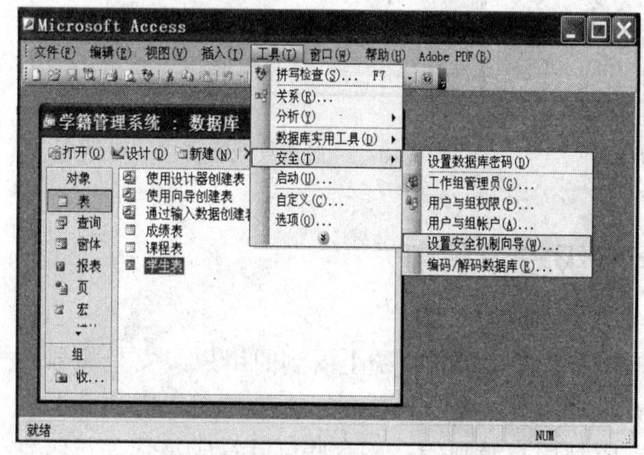

图 9.11 “设置安全机制向导”命令

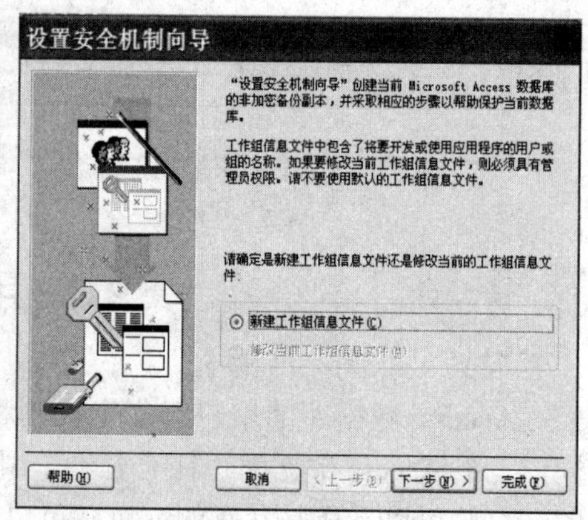

图 9.12 “设置安全机制向导”对话框之一

(3) 选中“新建工作组信息文件”单选按钮，单击“下一步”按钮，弹出如图 9.13 所示的界面。填写相关信息，包括工作组信息文件名、WID(即工作组 ID，可随机产生)、姓名(为可选项)、公司(为可选项)，选中“创建快捷方式，打开设置了增强安全机制的数据库”单选按钮。

(4) 单击“下一步”按钮，弹出如图 9.14 所示界面，确定哪些对象是需要保护的对象，一般情况下，选择所有对象，可通过单击“全选”按钮实现。

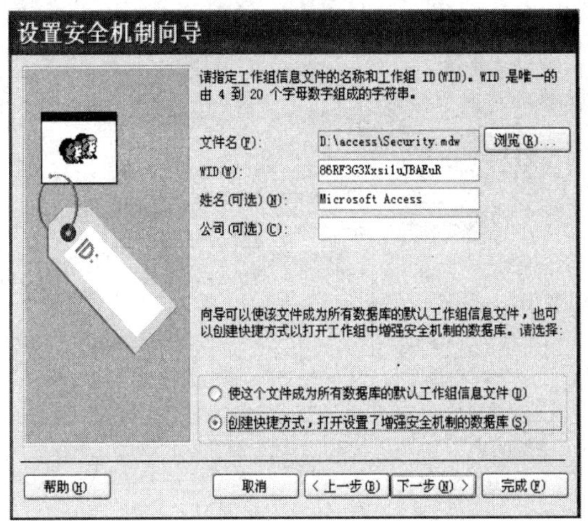

图 9.13　“设置安全机制向导”对话框之二

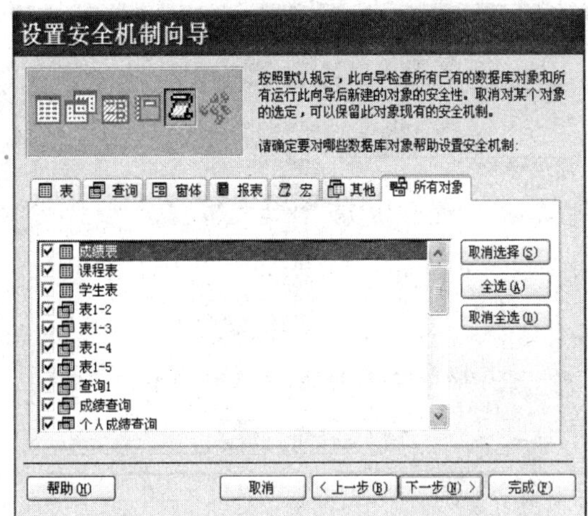

图 9.14　选择设置安全机制的对象

(5) 单击“下一步”按钮，弹出如图 9.15 所示的界面。指定加入到组中的用户的特定权限，选中“完全权限组”复选框，该组对所有的数据库对象具有完全的权限，但不能对其他用户指定权限。除了在该对话框中创建的组以外，向导还将自动创建一个管理员组和一个用户组。

(6) 单击“下一步”按钮，弹出如图 9.16 所示的界面，选中“是，是要授予用户组一些权限”单选按钮，可以给新创建的组赋予一些权限，如数据库的打开、表中数据的读取等。

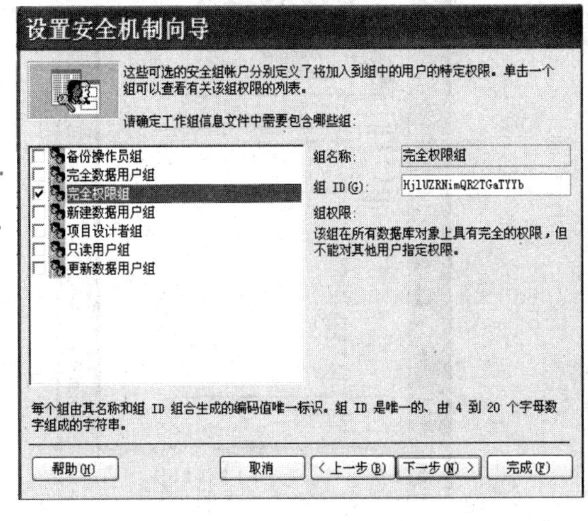

图 9.15　确定用户的权限组

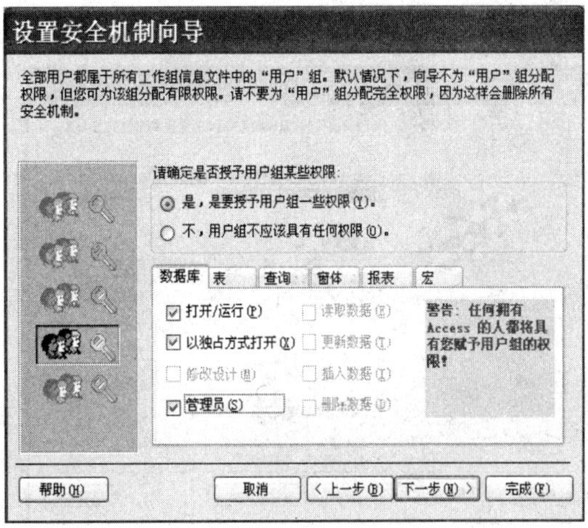

图 9.16　确定用户的权限

(7) 单击“下一步”按钮，弹出如图 9.17 所示的界面，指定工作组信息文件中所需的用户的用户名和密码，单击“将该用户添加到列表”按钮。

(8) 单击“下一步”按钮，弹出如图 9.18 所示的界面，选中“选择用户并将用户赋给组”单选按钮，在“组或用户名称”下拉列表框中选择所定义的组，在复选框中指定用户所属的组。

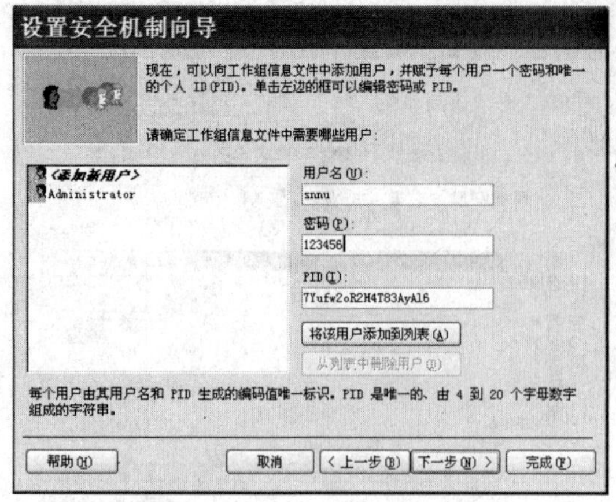

图 9.17　添加用户名和密码

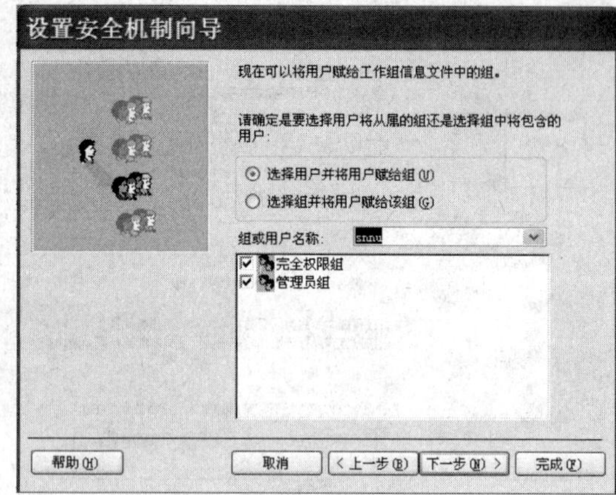

图 9.18　分配用户组

(9) 单击"下一步"按钮，弹出如图 9.19 所示的界面，系统为数据库建立一个无安全机制的数据库备份副本，副本的文件名可以使用系统默认的数据库名。

(10) 单击"完成"按钮，系统创建一张名为"单步设置安全机制向导报表"的报表，如图 9.20 所示，以表明该数据库已经建立了安全机制。该报表内容非常重要，包括建立安全机制的数据库名称、数据库副本名称、安全机制的对象列表及组和用户名、ID、密码等信息，应妥善保管。Access 系统创建一张报表的同时，在 Windows 桌面上生成一个名称为"学籍管理系统.mdb"的快捷方式图标。

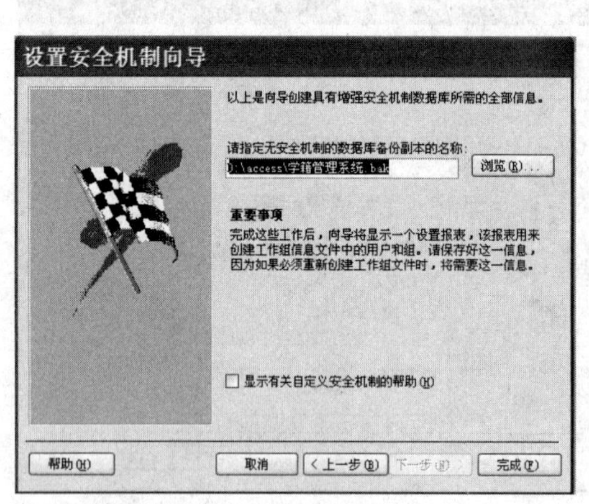

图 9.19　备份数据库

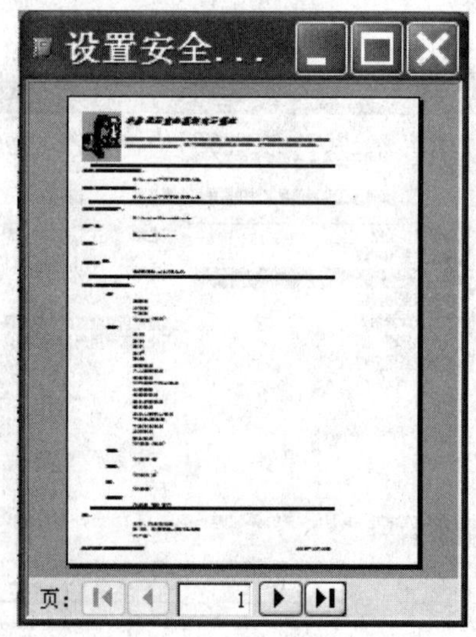

图 9.20　"单步设置安全机制向导报表"的报表

9.3.3　打开已建立安全机制的数据库

数据库安全机制建立完成之后，这个数据库只能以建立的特定方式打开。如要打开"学籍管理系统"数据库，其操作步骤如下：

(1) 双击桌面上的“学籍管理系统.mdb”快捷方式图标，弹出如图9.21所示的“登录”对话框。

(2) 输入用户名称和密码。

(3) 单击“确定”按钮。

只有当用户名和密码都正确时，才能够进入到数据库中。

图9.21 “登录”界面

9.4 管理安全机制

Access系统提供了管理安全机制的一些方法，主要包括添加用户与组账户、删除用户与组账户、更改账户权限、打印账户列表等。

1. 添加账户

下面以“学籍管理系统”数据库为例，说明在已设置安全机制的数据库中添加一个账户的方法。

【例9.3】 在“学籍管理系统”数据库中添加一个名为shaanxi的账户。

操作步骤如下：

(1) 以管理员账号进入“学籍管理系统”数据库。

(2) 选择菜单“工具”→“安全”→“用户与组账户”命令，如图9.22所示，弹出如图9.23所示的对话框。

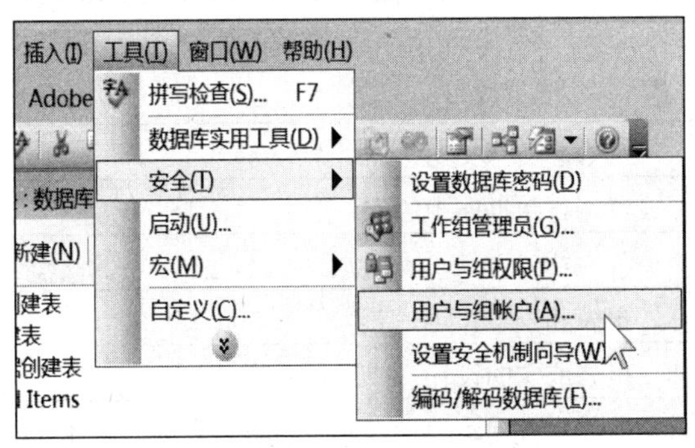

图9.22 选择“用户与组账户”命令

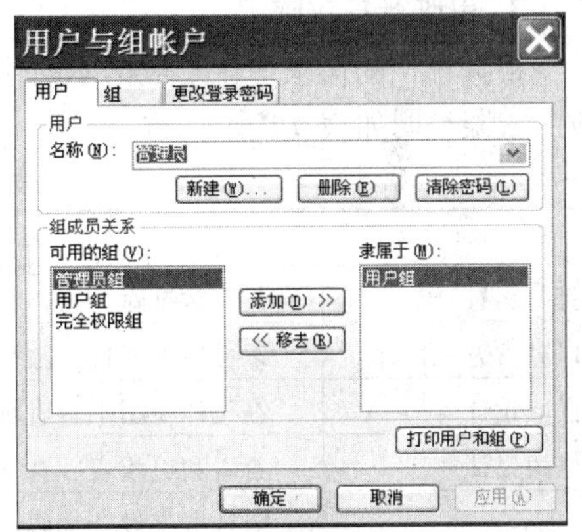

图9.23 “用户与组账户”对话框

(3) 在“用户”选项卡中单击“新建”按钮。

(4) 弹出“新建用户/组”对话框，在“名称”和“个人ID”文本框中分别输入名称和个人ID，如图9.24所示。

(5) 单击“确定”按钮。■

只有管理员组成员才有资格增加账户的操作权限。

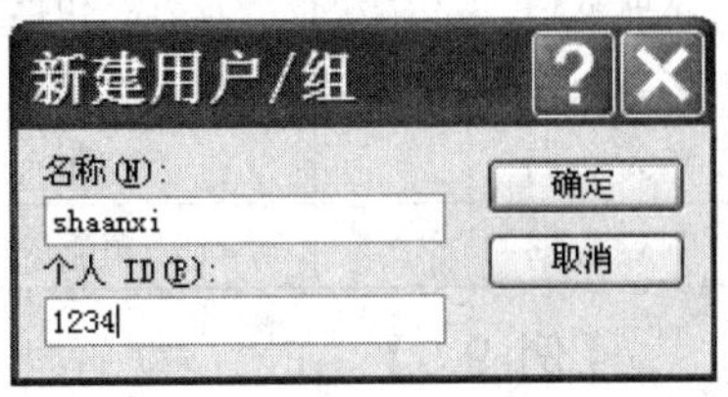

图9.24 “新建用户/组”对话框

2. 删除账户

管理员有权删除已创建好的用户账户，而管理员账户

是不允许被删除的。删除用户账户的操作也比较简单。

【例 9.4】 在“学籍管理系统”数据库中删除已存在的 shaanxi 账户。

操作步骤如下：

(1) 双击桌面数据库文件的快捷方式图标，以管理员身份打开数据库。

(2) 选择菜单“工具”→“安全”→“用户与组账户”命令。

(3) 在“用户”选项卡的“名称”下拉列表框中选择用户名为 shaanxi，如图 9.25 所示。

(4) 单击“删除”按钮，然后单击“是”按钮，shaanxi 账户即被删除。■

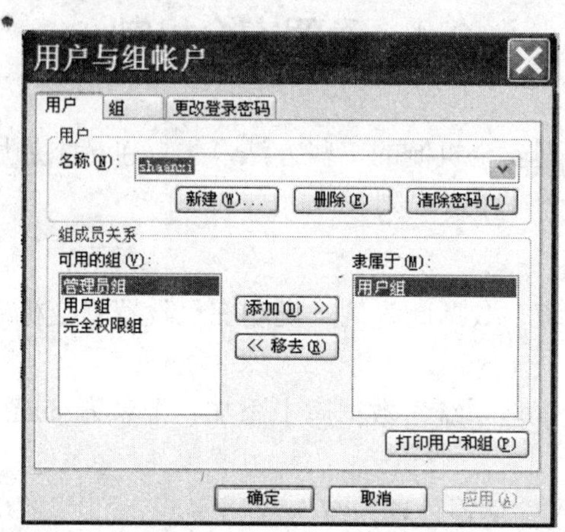

图 9.25 删除用户

3. 更改账户权限

根据用户的需求变化及数据库的使用安全，管理员有权对用户的操作访问权限进行更改。权限说明如表 9.1 所示。

表 9.1 权 限

权限	说 明
打开运行	打开数据库、窗体和报表，或者运行数据库中的宏
以独占方式打开	以独占方式打开数据库
读取设计	在设计视图中查看表、窗体、报表和宏
修改设计	查看和更改表、查询、窗体、报表或宏的设计，或进行删除
管理员	对数据库设计密码，复制数据库并更改启动属性。具有对象、查询、窗体、报表和宏这些对象和数据的完全访问权限，包括指定权限的能力
读取数据	查看表和查询表中的数据
更新数据	查看表和查询表中的数据，但不向其中插入数据和删除数据
插入数据	查看表和查询中的数据，并向其中插入数据，但不修改和删除数据
删除数据	查看和删除表或查询中的数据，但不修改其中的数据或插入数据

【例 9.5】 在“学籍管理系统”数据库中对 snnu 账户的权限进行修改。操作步骤如下：

(1) 双击桌面数据库文件的快捷方式图标，以管理员组成员的身份打开数据库。

(2) 选择菜单“工具”→“安全”→“用户与组权限”命令，如图 9.26 所示。

(3) 打开“用户与组权限”对话框，在“权限”选项卡中的“用户名/组名”列表框中选择 snnu 用户。

(4) 在“对象名称”列表框中选择要授权的对象，如“学生表”。

(5) 在“权限”栏中授予权限，如“读取设计”和“读取数据”等，如图 9.27 所示。

(6) 单击“确定”按钮。■

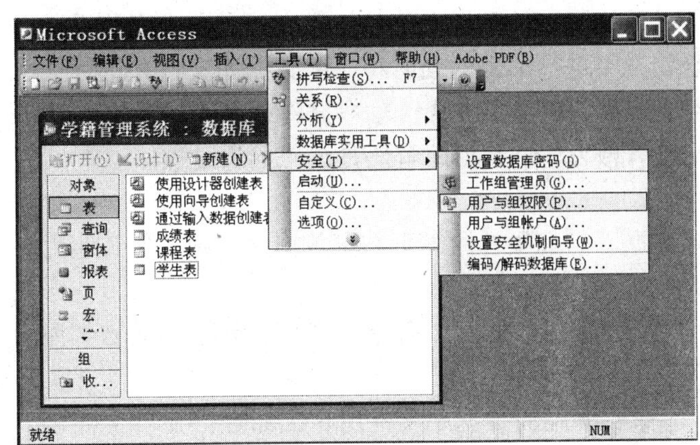

图 9.26　选择“用户与组权限”命令

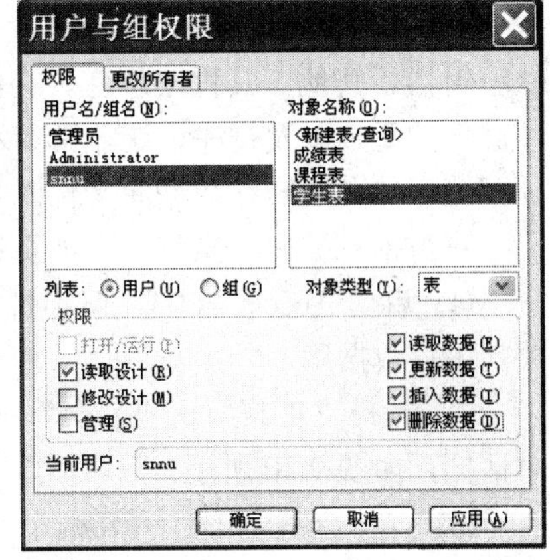

图 9.27　“用户与组权限”对话框

4. 打印账户和组账户列表

在完成对数据库安全机制设置的修改后，可以打印一张用户账户和组账户列表，以备日后查询。具体操作步骤如下：

(1) 选择菜单“工具”→“安全”→“用户与组账户”命令，弹出如图 9.28 所示的对话框。

(2) 在“用户”选项卡中，单击“打印用户和组”按钮，弹出“打印安全性”对话框，如图 9.29 所示。

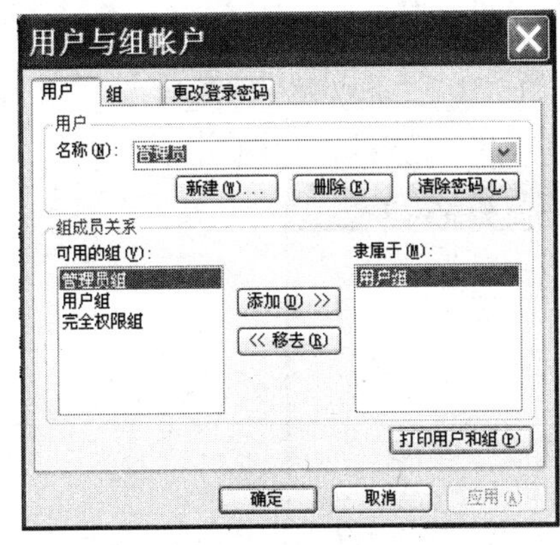

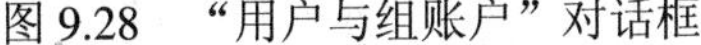

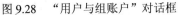

图 9.28　“用户与组账户”对话框

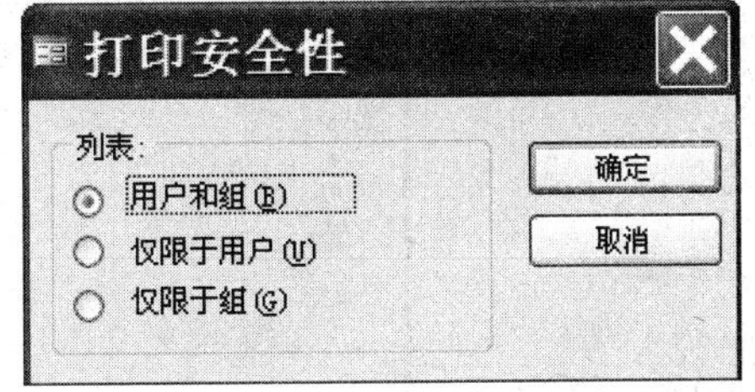

图 9.29　“打印安全性”对话框

(3) 在“列表”栏可以选择打印内容，如选择“用户和组”。

(4) 单击“确定”按钮。

系统将打印出符合要求的报表，报表列出所有的组和组中的所有成员。

9.5 数据库加密

对信息安全要求极高的数据库，可以采用对数据库进行编码的方法来进一步加强安全机制。Access 系统提供了一套安全的数据库加密机制，即通过对数据编码或解码来实现数据安全性。对数据库进行编码，就是将数据库中的数据全部转换成密码，使其无法通过文件编辑器、其他工具程序解密。在给数据库进行编码的同时将压缩数据库文件并进行数据库文件的重整以及排序，这非常有利于防范使用电子方式传输数据库或者通过 U 盘、移动硬盘等存储介质转存数据库文件时导致信息丢失。数据库解码是编码的反过程。

对数据库编码的操作步骤如下：

(1) 启动 Access 2003，但不打开数据库。如果在网络下共享数据库，则确保其他用户关闭了该数据库。

(2) 选择“工具”→“安全”→“编码/解码数据库”命令，打开“编码/解码数据库”对话框，如图 9.30 所示。

(3) 在“查找范围”列表框中，选择要编码的数据库文件所在的路径；在“文件名”下拉列表框中，选择要编码的数据库文件名，如图 9.31 所示。

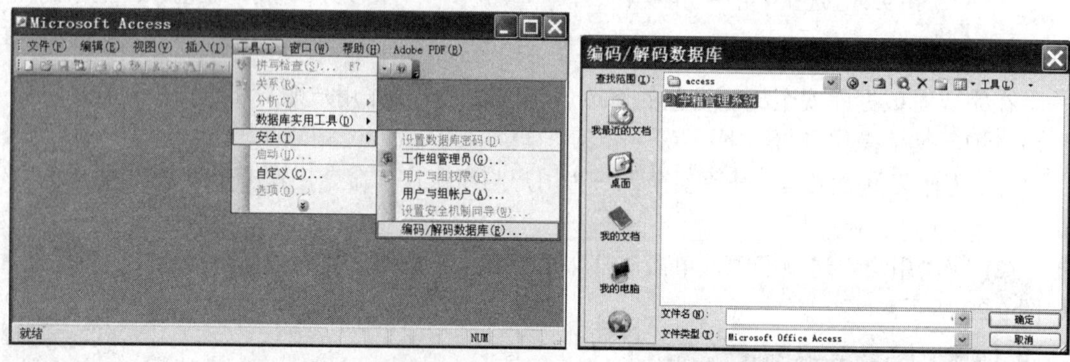

图 9.30 “编码/解码数据库”命令　　图 9.31 “编码/解码数据库”对话框

(4) 单击“确定”按钮，出现“数据库编码后另存为”对话框，如图 9.32 所示。

图 9.32 “数据库编码后另存为”对话框

(5) 在对话框中指定编码后文件的保存位置和文件名。单击“保存”按钮，完成对数据库的编码。

经过编码的数据库文件不能被 Access 以外的其他应用程序打开。

对编码后的数据库进行解码的操作步骤如下：

(1) 关闭当前数据库。

(2) 选择菜单“工具”→“安全”→“编码/解码数据库”命令，打开“编码/解码数据库”对话框。

(3) 在“查找范围”列表框中，选择要解码的数据库文件所在的路径；在“文件名”下拉列表框中，选择要解码的数据库文件名。

(4) 单击“确定”按钮，出现“数据库解码后另存为”对话框。

(5) 在对话框中指定解码后文件的保存位置和文件名，单击“保存”按钮，完成对数据库的解码操作。

习题 9

一、填空题

1. 数据备份主要指________及________的备份。
2. 保护数据最简单的方法是________。
3. 在建立、删除和修改用户权限时，一定要先使用________进入数据库。
4. 为数据库设置密码，必须以______方式打开数据库。
5. 对数据库拥有最大权限的用户为________，管理员账户在最初建立数据库的时候默认为_______。

二、简答题

1. 如何对数据库以及数据库对象进行备份？
2. 如何给数据库设置密码？
3. 普通用户与管理员用户的区别是什么？
4. 工作组信息文件包含哪些内容？
5. 如何打开已建立安全机制的数据库？

参 考 文 献

[1] http://office.microsoft.com/zh-cn/access-help/.

[2] 冯伟昌. Access 数据库技术及应用. 北京：科学出版社，2011.

[3] 李雁翎. Access 2003 数据库技术及应用. 北京：高等教育出版社，2008.

[4] 陈宏朝，张兰芳，刘红翼. Access 数据库实用教程. 北京：清华大学出版社，2010.

[5] 段雪丽，邵芬红，史迎春. 数据库原理及应用(Access 2003). 北京：人民邮电出版社，2010.

[6] Rebecca M Riordan. Designing Effective Database Systems. 何玉洁，张俊超，等，译. 北京：机械工业出版社，2006.